非常规储层地质力学

——页岩气、致密油和诱发地震

［英］马克·D. 佐巴克（Mark D. Zoback）
［英］阿琼·H. 科利（Arjun H. Kohli）　著

刘　春　路俊刚　罗爱忠　王俊鹏　王　波　李　勇　译

U0274929

石油工业出版社

内 容 提 要

本书系统地阐述了非常规储层的概念、类型、物理性质、增产及环境影响与诱发地震等基础理论问题，研究主题涉及从纳米尺度的孔隙成像到数百千米级尺度盆地中的应力状态，并对国内外十余个非常规储层案例进行剖析，归纳总结各个油田的数据，分析目前非常规储层勘探开发面临的主要问题和挑战，提出非常规油气资源成功开采的解决方案，对我国非常规油气勘探开发有重要借鉴意义。

本书可供从事非常规储层研究及油气勘探的科研人员及大专院校相关专业师生参考阅读。

图书在版编目（CIP）数据

非常规储层地质力学：页岩气、致密油和诱发地震 /
（英）马克·D. 佐巴克，（英）阿琼·H. 科利著；刘春等
译 . -- 北京：石油工业出版社，2025. 1. -- ISBN 978-
7-5183-5734-5

Ⅰ . P618.130.2

中国国家版本馆 CIP 数据核字第 2024Z4G400 号

出版发行：石油工业出版社

（北京安定门外安华里 2 区 1 号　100011）

网　址：www.petropub.com

编辑部：（010）64222261　　图书营销中心：（010）64523633

经　销：全国新华书店

印　刷：北京中石油彩色印刷有限责任公司

2025 年 1 月第 1 版　2025 年 1 月第 1 次印刷

787×1092 毫米　开本：1/16　印张：26

字数：660 千字

定价：260.00 元

（如出现印装质量问题，我社图书营销中心负责调换）

版权所有，翻印必究

序 /FOREWORD

自 2005 年美国页岩气革命爆发以来，非常规油气资源的开发在世界范围内加快了步伐。本书全面概述了控制非常规储层油气开发的关键地质、地球物理和工程因素。本书首先详细讨论了非常规储层特征，包括储层的组成和微观结构、力学性质以及控制断层滑动和流体流动的过程。其次讨论了地质力学原理，包括应力状态、孔隙压力以及裂缝和断层的重要性。在回顾了水平井钻井、多级水力压裂和对先存断层滑动增产作用的基础上，探讨了影响油气生产的关键因素。最后几章介绍了环境影响以及如何减轻与诱发地震有关的危害。本书为对非常规储层感兴趣的学生、研究人员和行业专家提供了基本概述。

Mark D. Zoback 博士是斯坦福大学地球物理系的教授。他主要从事地应力、断层力学和页岩气、致密气和致密油生产的储层地质力学方面的研究。他的专著《储层地质力学》由剑桥大学出版社于 2007 年出版，目前已重版 15 次。他的"储层地质力学"在线课程在全球已经约有 10000 名学生完成学习。Zoback 教授获得了许多奖项和荣誉，包括当选美国国家工程院院士。

Arjun H. Kohli 博士是斯坦福大学地球物理系的讲师，主要从事板块边界断层地震物理学和地质储层中诱发地震方面的研究工作。他与其团队共同制作了两门有关储层地质力学的大型在线公开课程，其中包括针对从高中到业界专业人员设计的互动练习。

前言 /PREFACE

在过去的十一年中，斯坦福大学应力与储层地质力学小组的学生和研究人员一直在努力加强对与非常规储层开发和诱发地震活动有关的广泛的多尺度过程的理解。研究主题涉及从纳米级尺度孔隙成像到研究数百千米盆地中的应力状态。除了在实验室进行大量理论研究之外，研究团队还与多家石油和天然气公司合作，开展了十多项全面的案例研究，使我们能够在各油田收集数据用于各种基础问题的研究。这些案例的研究贯穿整本书。尽管对某些高度复杂的储层仍有许多需要加强研究的地方，但本书尽可能地解决一些影响资源成功开采的基础理论，同时尽量减少生产对环境的影响，尤其是诱发地震的发生。

感谢斯坦福大学的多位研究人员为本书作出的重要贡献，他们是 Gader Alalli、Maytham Al-Ismael、Richard Alt、Indrajit Das、Noha Farghal、Yves Gensterblum、Alex Hakso、Rob Heller、Sander Hol、Owen Hurd、Lei Jin、Madhur Johri、Wenhuan Kuang、Cornelius Langenbruch、Jens Erik Lund Snee、Xiaodong Ma、Fatemeh Rassouli、Julia Reece、Ankush Singh、Hiroki Sone、John Vermylen、Rall Walsh、Randi Walters、Matt Weingarten、Wei Wu 和 Shaochuan Xu。特别感谢 Jens、Kate Matney 和 Fatemeh 提供了许多图件。另外还要感谢 Usman Ahmed 和 Francesco Mele 提供的图件。

还要感谢各位同事，他们为本书编写提供了有关章节早期的图片、数据和建设性的意见。这些同事包括 Cal Cooper、Leo Eisner、Bo Guo、Paul Hagin、Peter Hennings、Tony Kovscek、Lin Ma、Shawn Maxwell、Julian Mecklenburgh、Mike Ming、Kris Nygaard、Cindy Ross、Vik Sen、Julie Shemeta、Ed Steele、Richard Sullivan，尤其是 Steve Willson。他们的见解让我们受益匪浅。另外，还要感谢 Mark McClure 允许我们使用 ResFrac 软件包进行第八章和第十一章所示的一些计算。

需要说明的是编写本书的资金支持部分来自斯坦福大学天然气倡议和斯坦福大学诱发和触发地震活动中心。

目录 /CONTENTS

第二篇　非常规储层增产

第三篇　环境影响与诱发地震

第一篇
非常规储层的物理性质

第一章 绪 论

本书旨在阐述一系列超低渗透率的非常规油气储层中影响油气采收率的问题。尽管对非常规储层的定义多种多样，但在本书中，是指渗透率很低的含油气地层，只有通过水平钻井和多级水力压裂才能实现具有经济价值的生产。这些非常规储层的渗透率是纳达西级别而不是毫达西，换句话说，它们的渗透率比常规储层低百万倍。尽管其渗透率超低，但过去十年来，美国和加拿大非常规储层的生产规模和影响却是毫无疑问的。

本书从第一性原理的角度阐述了这些问题。为了解决这些问题，需要对岩心样品（从纳米级到厘米级）进行广泛的实验室研究，并在地质学、地球物理学、天然地震学、岩石力学和油藏工程学等领域进行研究。将在多学科案例研究的背景下讨论第一性原理，这些案例主要来自北美各种类型的非常规储层。在接下来的章节中，将整合生产层位和周围地层中非常规储层对模拟的响应信息（如水力压裂、微地震和生产数据所示）与可用的地质和地球物理数据以及地质力学信息（关于应力状态、天然裂缝、断层和孔隙压力的知识）。

本书第一篇（第一章至第七章）论述了非常规储层的物理性质。该篇讨论了北美迄今为止开发的一些地层，包括它们的组成、微观结构、力学和流动特性、应力状态和孔隙压力以及已存在的裂缝和断层。在某种程度上，该篇考虑的是规模逐渐扩大的主题，首先对岩心样品进行实验室研究，重点是从厘米级到纳米级尺度的物理性质（岩石物质），最后讨论盆地尺度的应力场、裂缝和断层系统（控制水力裂缝扩展和储层增产效率）。事实上，非常规储层开发的一个有趣方面是影响开发的因素和过程跨越了非常广泛的尺度——从油气流经纳米级尺度的孔隙，到在几十米甚至几百千米范围内可能出现的应力方向和大小的变化。

第二章至第五章重点介绍了不同类型的非常规储层岩石的组成、组构、物理性质和孔隙网络，尽管这些岩石具有超低渗透的共同特征，但目前正在进行经济开采。第六章讨论了超低渗透率基质中的流动物理学特性及其对压力损耗的敏感性。尽管从操作角度（井距和水力压裂作业）对非常规区块的增产措施进行了大量的讨论，其根本挑战是必须以经济可行的方式在非常小尺度（微米级到纳米级）的孔隙中激发油气流动。

第七章讨论应力场、孔隙压力和天然裂缝和断层系统。如上所述，储层岩石的物理性质很重要，但其地质力学背景也很重要。地层的原位物理状态影响水力压裂和油气产量。包括地层（包括生产地层及其周围地层）的应力状态、温度和热演化历史、孔隙压力以及先存裂缝和断层的特征。Zoback（2007）在常规储层的背景下对这些主题进行了一定程度的讨论。

优化非常规储层产量的最具挑战性的方面可能与岩石的内在属性（岩石成分、组构、成岩作用程度、干酪根含量和成熟度等）和明显的外在条件（应力状态、温度、孔隙压力和裂缝和断层等）之间的联系有关。本书试图阐明这些联系，例如，第六章讨论了非常规储层岩石的超低基质渗透率，在第十二章中，用它来建立一个概念框架理解枯竭和生产之间的关系。这反过来又有助于读者理解微地震数据在确定岩石体积或储层改造体积（SRV）方面的适用性（第九章至第十二章）。另一个例子是被称为脆性的力学性质，在工业界中，脆性经常被用作确定非常规储层钻井和增产的指标。如第三章所讨论的，脆性通常定义为弹性刚度和岩石压缩破坏的性质。第十章和第十一章讨论了影响脆性变化的因素与应力大小之间的关系，应力大小对垂直水力裂缝的增长和支撑剂的放置有直接影响。在考虑增产（第十章）和枯竭效应（第十二章）时，应力状态和孔隙压力（第七章）的详细特征具有一定的重要性。

第二篇论述了利用水平钻井和多级水力压裂对非常规储层油气增产的过程。虽然水平钻井和多级水力压裂的重要性已被充分认识，但导致非常规储层成功开采的第三个关键技术是低黏度水力压裂液（通常称为滑溜水）的利用。第八章回顾了水平钻井和多级水力压裂的几个重要工程方面，以及影响垂直和横向水力裂缝扩展的一些工程和地质问题。第九章介绍了微地震监测的基础知识，微地震监测是目前监测压裂过程时空特征的最佳工具。与微地震监测相关的技术主要是基于几十年来发展起来的研究天然地震的原理。在第十章中，讨论了应力状态、先存裂缝和断层以及水力裂缝之间相互作用的重要性，这对理解水力压裂至关重要。第十一章讨论了水力裂缝的扩展和支撑剂的铺置，在开发过程中地质力学意义以及支撑剂的作用。第十二章介绍了通过模拟裂缝网络从纳米级孔隙到水力裂缝的综合概述。试图说明生产地层（以及周围地层）的基质组成、组构、渗透率和力学性质如何决定应怎样进行水力压裂。

第三篇论述了非常规储层开发对环境的影响，特别是诱发地震的发生。第十三章提供一种了解如何确定（并尽量减少）开发对环境的影响的方法，同时平衡生产大量天然气和石油的收益。近年来美国天然气资源丰富，其中一个重要的影响是从煤改为天然气发电，从而减少了温室气体排放。图 1.1 显示了 2005—2006 年，随着得克萨斯州东北部沃斯堡盆地 Barnett 组页岩气产量开始增加，美国天然气供应量急剧增加。值得注意的是，从发电开始，燃料从煤转化为天然气（红色和蓝色曲线）使 CO_2 排放量显著减少。在大约 10 年的时间里，煤炭在美国电力供应中的占比从 48.2% 下降到 33.4%，而用于发电的天然气从 21.4% 增加到 32.5%。因此，CO_2 排放量下降了约 15%，降至 25 年来从未见过的水平，颗粒物和其他一些与煤炭使用有关的空气污染物的排放量也下降了 15%。另一点值得肯定的是，在页岩气革命开始时，天然气供不应求，其价格相当高，美国正在建设一批液化天然气（LNG）进口码头。由于非常规天然气产量的增加，尽管价格处于历史低位，但是 2008 年之后的天然气产量继续增加。幸运的是，所有的液化天然气进口码头都没有建成，到 2015 年，它们开始转变为液化天然气出口码头。

也就是说，非常规储层开发存在许多环境和社会影响，而钻井数量过多又加剧了这些影响。尽管全面讨论这一主题超出了本书的范围，但在第十三章的开头，讨论了与不当施工有关的含水层污染和甲烷泄漏的可能性，以及水力压裂作业是否会损害气井完整性。在美国和加拿大，出现的一个有些出乎意料的环境问题就是在一些非常规储层开发地区地震活动的增加。第十三章论述了水力压裂引起的地震活动、压裂后返排水的处理和采出水的处理。第十四章介绍了与诱发地震活动相关的风险管理策略。其中一些也适用于地热储层的开发以及 CO_2 的注入和储存。

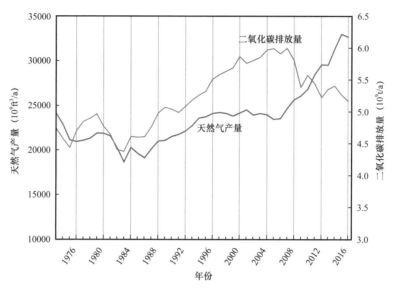

图 1.1　过去 43 年美国天然气年产量和二氧化碳排放量（据 EIA，2017）

1ft=0.3048m

在本章剩余部分中，将建立一个框架来理解本书后面讨论的一些主题，包括对正在生产的不同类型的非常规地层的简要讨论以及低采收率面临的基本挑战，这将在第十二章详细讨论。还简要介绍了在非常规储层中如何进行水平钻井和多级水力压裂。

第一节　非常规能源

不可否认的是，在短短十多年的时间里，非常规储层开采了大量的天然气和石油。图 1.2 总结了美国主要非常规区块中钻取的约 100000 口水平井的天然气（图 1.2a）和石油（图 1.2b）的累计产量。图中的数据显示非常规天然气产量增长了 3 倍，非常规石油产量增长了 5 倍。美国的天然气生产量如此之大，以至于在 20 世纪初建造的液化天然气进口码头，在 10 年多一点之后就被转换成了液化天然气出口码头。虽然 Barnett 组页岩气的最初生产发生在天然气价格异常高的时候，但自 2008 年以来，尽管天然气价格稳步下降，美国的页岩气产量仍稳步增长。如下文所述，这是通过显著提高运行效率实现的。加拿大的情况也类似。因此，在北美使用大量能源的公民和公司（墨西哥已开始从美国和加拿大进口大量天然气）都从日益丰富的廉价天然气供应中受益，同时也减少了空气污染和温室气体排放。

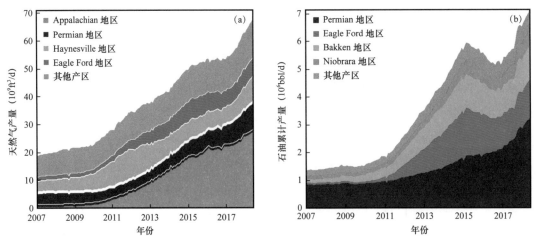

图 1.2　美国非常规储层天然气（a）和石油（b）的累计产气量（据 EIA，2017）

同样，美国超低渗透油藏的产量也显著增加，进口石油量大幅减少（图 1.2b）。到 2017年，美国进口的石油不到 10 年前的一半，导致美国贸易逆差大幅减少，减少了对进口石油的依赖，促进了美国经济的增长。由于美国的石油主要用于运输，汽车和卡车效率的提高也导致了进口石油的减少，非常规油藏每天生产数百万桶石油也导致了进口石油减少。

绝大多数非常规油气产量来自五个产气区和四个产油区。在过去十年中经历了广泛发展的一些地区，面对油价从 2015 年之前的约 100 美元 /bbl 下降到 2018 年的约 60 美元 /bbl，产量将出现下滑。Williston 盆地就是一个这样的地区，那里有 Bakken 页岩。然而，其他地区如二叠盆地，目前钻井和生产量显著增加，因为人们已经认识到，由于作业效率的不断提高，叠层产层（同一位置的多个生产层）可以得以经济开采。

一、美国过去和未来的非常规油气开发

正如图 1.2 所示令人印象深刻的产量数字一样，根据得克萨斯大学经济地质局的数据，在未来十年内，这些区块可能会钻多达 160 万口新井。值得注意的是，该估算基于技术可采储量的估算、任何给定区域的实际井网密度以及 2017 年允许钻探地区的进行钻井的假设。图 1.2 还显示了一些重要的区块，如科罗拉多州和新墨西哥州的 Niobara 和 Mancos 页岩，俄克拉何马州 Anadarko 盆地的 SCPOOP、STACK 和 Merge 区块，可能涉及数万口新井。未显示 Utica 地层（主要是俄亥俄州的天然气）和加拿大的重要区块，如 Montney 和 Duvernay，以及尚未确定（或公布）的其他潜在重要区块。

本章后面将介绍非常规储层油气采收率持续显著提高的必要性，并在本书中进行了重新讨论。在这一点上，提高采收率的重要性远远超出了它对任何一家公司、任何一个区块或任何一个国家的影响。

二、全球非常规油气资源

尽管迄今为止，大多数非常规油气生产都在北美，但假设以北美过去十年开发过程中

获得的操作经验和知识为基础，非常规油气开发在世界其他地区可能会产生巨大影响。值得注意的是，在全球范围内，非常规天然气产量可能会增加近50%的湿天然气（天然气和天然气液体）。由于中东有大量已探明的常规油气储量，对石油的总体影响较小（全球11%），但这些资源的分布极为重要。

十分清楚的是，随着全球能源系统在未来半个世纪内逐步脱碳，广泛分布的非常规油气的充足供应足以满足全球需求，即使是发展中国家经济迅速增长而导致的能源用量的显著增加。因此，关键问题在于如何以对环境、社会和气候影响最小的方式来最大化经济效益和开发利用这些资源。

第二节　非常规储层类型

对重要油气产量有贡献的非常规储层（图1.2及其他所列的储层）在地质上存在显著差异，因此需要采用不同的方法对其进行优化开采。尽管本书将强调这些差异，但重要的是要认识到通常有三种基本类型的非常规储层通过水平钻井和多级水力压裂技术可以得到成功开采。

一、富有机质烃源岩和成熟度

非常规储层的第一种基本类型是富有机质烃源岩，有时称为资源区带。Barnett 页岩就是一个例子，这是第一个通过水平钻井和多级水力压裂成功开采的非常规地层。常规油气是在渗透率相对较高的储层中生产的，油气是从富含有机质的烃源岩中运移而来。相比之下，资源区带指的是富含有机质（通常富含黏土）的生油岩的产层，如上所述，其特征是超低渗透率。虽然烃源岩已经被人们认识和研究了一个多世纪，但直到2004年左右，在 Mitchell 能源公司成功开发 Barnett 页岩之前，一直认为烃源岩不具有获得经济生产的潜力。图1.3说明了 Barnett 页岩的沉积环境（Loucks 和 Ruppel，2007），其中各种类型的有机质沉积在厌氧、相对深水的海岸环境中，导致了密西西比纪（约325Ma）富黏土沉积物中有机质的保存。

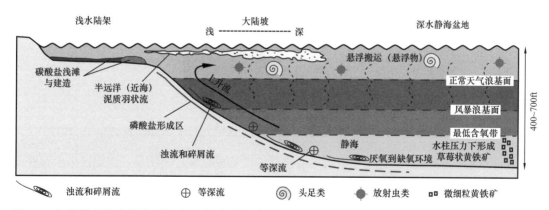

图1.3　各种类型的有机物质沉积和保存在深水静海盆地中形成 Barnett 页岩的示意图（据 Loucks 和 Ruppel，2007）

与大多数非常规储层的情况一样，Barnett 组页岩由不同的岩相组成，根据矿物、组构、生物群和结构来确定。图 1.4 显示了一个例子，其中根据矿物和伽马测井确定了三种不同的 Barnett 组岩相（Sone 和 Zoback，2014a）。大多数产物都来自 Barnett 组下部烃源岩。请注意，即使在 Barnett 组下部，也定义了子单元，即使在这些子单元内，也存在单个的层理单元或具有相对精细组成的岩相。这种多尺度非均质性将在本章后面进行详细讨论。

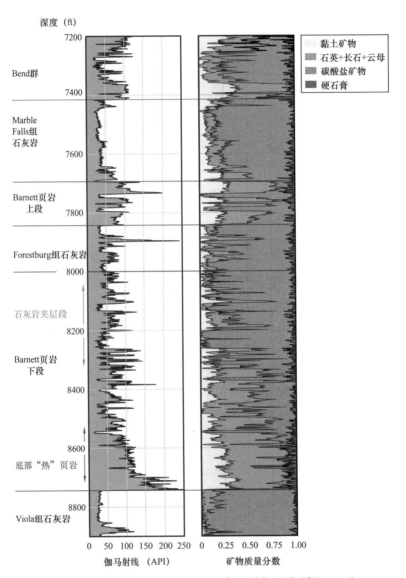

图 1.4　根据岩性和物理性质确定的 Barnett 页岩和邻近层位地层（据 Sone 和 Zoback，2014）

Peters 等（2005）详细论述了烃源岩有机质丰度和成熟度。很明显，资源区带中存在的有机质的数量对生产非常重要，有机质的成熟程度也是如此。图 1.5 示意性地显示了干酪根转化为干气、湿气（天然气、天然气液体）和石油的大致深度和温度（Peters 等，2005）。它还指示一种常用的成熟度指标的镜质组反射率 R_o。温度表明了对应大约 25℃ /km 的平均地热梯度。在浅层，地下水中的细菌消耗沉积物中的煤和其他有机物，并产生生物成因气，这是煤层气资源的典型来源。只有密歇根州的 Antrim 组页岩似乎与生物成因气有关。热成因油气的生成发生在很宽的温度范围内，部分原因是所涉及的干酪根类型（和其他因素）。生油高峰期出现在约 100℃ 以内（$R_o \approx 1.0\%$），同时伴生了湿气、天然气和液体天然气的生成。当温度超过约 150℃（$R_o > 1.4\%$）时，干酪根的热成熟作用主要产生干气。

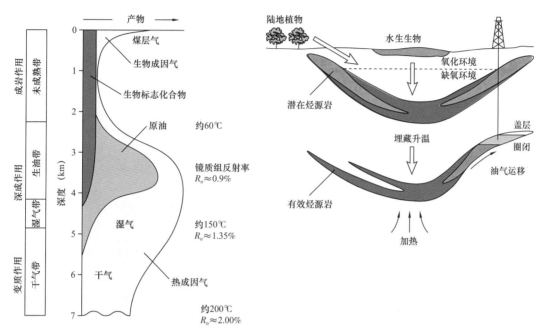

图 1.5　沉积物中有机物成熟为石油、湿气（天然气和凝析气）和干气的深度和温度条件示意图
（据 Peters 等，2005，有修改）

沃斯堡盆地 Barnett 组页岩气的密度（Pollastro 等，2007）与镜质组反射率 R_o 值 1.3%~1.7% 的预期值相关（Montgomery 等，2005）。相应地，其他干酪根成熟度指标，如氢指数（HI）和基于氢指数的干酪根转化率也表明，最大产气量区域与干酪根成熟度相关。氢指数参数化了热解（热分解）过程中相对于样品中总有机碳含量生成的石油量。它的单位是每克 TOC 中碳氢化合物的毫克数（Peters 等，2005）。氢指数是烃源岩质量的一个指标，较高的氢指数表明干酪根更易生油，而较低的氢指数则表明干酪根更易产气。

在确定 Barnett 最大的生产区域时，其他因素也显然很重要，因为最佳成熟区域很好地延伸到了生产区域之外的东南部。与镜质组反射率数据相比，沃斯堡盆地西部的潜在天然气产量更大（Montgomery 等，2005）。注意，Barnett 组石油产量延伸至天然气生产核心区的西北部，与预期的镜质组反射率值 R_o 较低有关。

表 1.1 总结了美国和加拿大许多富含有机质页岩地层的基本性质。值得注意的是，非常规储层中干酪根的质量体积通常很小，平均 TOC（按质量计）永远不会超过约 7%，尽管单个样品可以达到这一数量的两倍。由于这种有机物质是碳氢化合物的来源，因此它显

然对生产至关重要（其他重要因素，如成熟度）。如第三章至第六章所述，有机物的存在对各种页岩性质有重要影响，其中包括力学性质、结构和各向异性（见第二章和第三章）、摩擦力（见第四章）、孔隙结构（见第五章）和渗透率（见第六章）。质量百分比小或有机质含量小对富含有机质页岩的许多关键特性有重要影响，这有两个主要原因。首先，由于干酪根密度较小，其在页岩中的体积百分比通常比质量百分比高 2 倍左右。换句话说，含干酪根质量 7% 的页岩体积约为 14%。其次，在许多盆地中，TOC 和黏土含量之间存在直接相关性（见第二章）。虽然这种相关性的性质是可变的，但通常可以观察到 TOC 含量随着黏土含量的增加而增加。正如将在接下来的章节中讨论的，有机质和黏土在岩石基质中的共同作用会显著影响页岩的力学和流动特性。

表 1.1 富含有机质页岩地层的基本性质

层位	Barnett	Duvernay	Eagle Ford	Haynesville	Wolfcamp	Marcellus	Horn River	Woodford
地层顶部深度（km）	1.4~2.6[#]		1.8~3.6[#]	3.3~3.5[#]	1.2~2.6[#]		2.42[#]（180 口井数据平均值）	2.0~3.9[#]
地层温度（℃）				150[#]	60~80[#]		129[#]（118 口井数据平均值）	
孔隙度（%）	4.5~6.5[#]			8~12[#]	5~7[#]		3~8[#]	6[#]（200 个样品数据平均值）
总有机碳范围/平均值（质量分数）（%）	0~14.0/7.1[*]/2~7[#]	4~11[^]	1.9~5.7/3.5[*]	1.6~3.1/2.5[*]0~8[#]	2.3[*]	2~10[#]	1~5/3.6[#]	0~13/5.3[#]
总有机碳的样品数	16[*]		17[*]	13[*]	8[*]			193[#]
总有机碳的平均深度（km）	2.6[*]2.0[#]		3.9[*]2.7[#]	3.5[*]3.4[#]	2.0[*]	2.5[#]	2.4[#]	2.9[#]

*斯坦福实验室的样品数据，^引自 Khosrokhavar 等（2014）的样品数据，#引自 Edwards 和 Celia（2018）的研究数据，空白区域表示原始参考文献中未报告的数据。

　　一般来说，目前大多数资源区带的深度和温度都低于最大埋藏时的深度和温度。这方面的证据是页岩发生了明显的成岩作用。正如第二章和第三章所讨论的，大多数非常规盆地都是由坚硬的岩石组成的。此外，如第二章所示，非常规油气区带中的大多数黏土都经历了蒙皂石到伊利石的转变（在约100℃），尽管目前的储层温度可能低于100℃。因此，可以假设在地质历史中油气可能已经成熟。然而，油气资源区带中可开采油气的存在可能与正在进行的或地质上最近的成熟有关，这取决于存在的有机物质的数量和类型、热演化史/成熟历史之间的复杂相互作用，以及生烃速度是否快于油气可以从烃源岩中扩散出来。事实上，正在进行或最近的成熟可能是许多油气资源区带中所观察到的超孔隙压力的来源，这对于从这些超低渗透率储层的成功开采至关重要（Engelder等，2009）。第七章对各种非常规储层的超压程度及其与应力大小和断层活动的关系进行了更详细的描述。第十二章讨论了它对油气生产的重要性。

图1.6为成岩作用（压实作用和胶结作用）、干酪根成熟度、黏土转化和烃源岩演化的其他方面提供了一个有用的框架（据Loucks，2012），其中一些将在后续章节中进一步探讨。例如，干酪根孔隙空间发育的演化对流体运移很重要（见第五章），胶结作用和蒙皂石转化为伊利石等过程对页岩的物理性质有重要影响（见第三章）。如图1.6所示，这些过程受盆地演化的时间、温度和压力的一级控制，即埋藏的时间、深度和温度等。

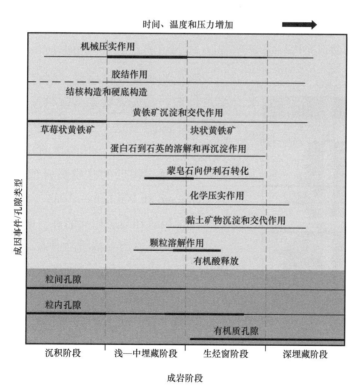

图1.6　富有机质的烃源岩的成岩作用、成熟过程与时间、温度、深度的关系（据Loucks等，2012）

二、传统非常规储层和混合型储层

致密油储层是第二类非常规储层，可被同等称为传统非常规储层，因为油气已从传统烃源岩运移到储层中。这些储层也属于非常规储层，原因是它们的超低渗透率需要具有多个水力裂缝的水平井才能实现经济可行的生产。Bakken 组就是一个很好的例子。如图 1.7 所示，生产层为低渗透率的 Bakken 组中段砂岩。油气已从储层正上方和下方的 Bakken 组上段和下段烃源岩运移到 Bakken 组中段（Miller 等，2008）。尽管自 20 世纪 60 年代初以来，Bakken 组一直处于断断续续的生产状态，但直到 2008 年左右水平钻井和多级水力压裂开始广泛应用，持续生产才具有经济可行性（图 1.2b）。

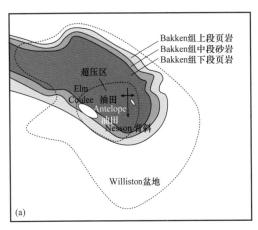
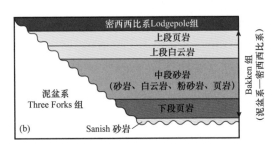

图 1.7 美国中北部和加拿大中南部 Williston 盆地 Bakken 组（据 Miller 等，2008）（a）；地层柱状图表明，Bakken 组极低渗透率中砂岩段为产层段，而烃源于富含有机质的 Bakken 组页岩下部和上部（b）

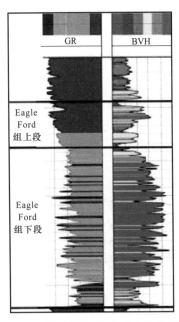

图 1.8 地层柱图解说明富含有机质页岩的精细分层。GR 代表伽马曲线（向左增加），BVH 代表烃类的体积（向右增加）（据 Jweda 等，2017）

第三类非常规储层是"混合型"储层，其产量来自烃源岩和低渗透率常规储层。加利福尼亚西部的 Monterey 组就是一个很好的例子，尽管它主要是在水平钻井和多级水力压裂之前开发的。Monterey 组是一种渗透率很低的硅质页岩，在许多地区高度破碎（Graham 和 Williams，1985）。成功的井通常是那些与先存裂缝和断层相交的井，这些裂缝和断层增加了油气进入低渗透率基质的通道。因此，单个层段可以代表烃源岩层段和油气已经运移进入低渗透储层的产量。

在这方面，得克萨斯州东南部 Eagle Ford 区块，也是相似的。如图 1.5 所示，成熟时生油窗最浅，生气窗深度最大，凝析油气窗口在两者之间。图 1.8 显示了 Eagle Ford 组上段和下段的精细分层（Jweda 等，2017）。如 Jweda 等所述，通常在 Eagle Ford 组开采，在 Eagle Ford 组上段有一口水平井，在较厚的 Eagle Ford 组下段有两口水平井，在靠近顶部和底部的位置交替出现一口水平井，从而在横截面上产生"W"

形（这将在第十一章中进一步讨论）。由于每口水平井产生的水力裂缝预计跨越上部或下部单元的厚度，因此很明显，其油气可能既来自富含有机质的烃源岩，也可能来自运移到的储层岩石的油气。出于类似的原因，其他一些致密油区块可被视为混合区块。

第三节　采收率和生产率

尽管过去十年来，美国和加拿大非常规油气开发取得了成功并产生了影响，但仍有三个突出问题表明，迫切需要提高对非常规油气资源的认识，以提高油气采收率。首先是页岩气和致密油井生产的前两年到三年的生产率迅速下降。

一、随时间变化的生产速率和累计产量

图 1.9 显示了连续两年的 Eagle Ford 组（仅产石油）、Marcellus 组（仅产天然气，在标准压力和温度条件下）油井的平均月油气产量和累计产量（Hakso 和 Zoback，2019）。数据从生产后的第三个月开始显示，仅显示 200 多口井可用数据的年份。总的来说，随着时间的推移，改进的开发措施（更长的横切面、更多的水力压裂阶段、改进的井和水力压裂间距、更有效的压裂程序等）会导致生产率的提高，以及因为开发措施逐年改进而增加累计产量。一个值得注意的例外是 Eagle Ford 组，在 2010 年之后，它的产量几乎没有变化。其他地区的共同点是生产前几年生产率会迅速下降。

对 Barnett 组页岩的一个较小数据集的分析表明（Patzek 等，2013），类似的指数式生产率下降模式遵循简单的 $t^{-1/2}$ 指数形式，第十二章对此进行详细讨论。页岩气产量的快速下降不仅限于图 1.9 所示的四个区域。Sandrea 和 Sandrea（2014）指出，Haynesville 组的初始生产率相当高（可能是由于储层深度处非常高的孔隙压力），但衰竭速率也是如此。

当然，经济开发的关键是每口井随时间的累计产量。如果将三年内的累计产量作为衡量平均每一口油井是否盈利的合理指标，可以看到随着开发的进行，Marcellus 组 3 年累计产量翻了一番，但其他区块的增长却低得多（约 50%）。如果仅考虑 Bakken 组和 Barnett 组可获得的更长时间的生产数据，则 Bakken 组前 4 年的产量占累计产量的 62%，Barnett 组前 4 年的产量占累计产量的 73%。

当然，经济开发的其他关键是资源价格和每口井的成本。然而，必须认识到，尽管近年来由于作业效率的显著提高，与之相关的钻井和水力压裂的成本显著降低，但开采油气所需的工作量也有所增加。换言之，无论是每口井更多的压裂阶段（在第八章中讨论）、更近的井距和 / 或更长的横剖面、更多的压裂液和支撑剂等，图 1.9 中所示的每口井累计产量的增加很大程度上源于开采油气所花费的精力和资源的增加（例如，横切面长度、水力压裂阶段数量、水和砂等的用量等）。第十章和第十二章包括了这些过程在各种情况下的必要性。

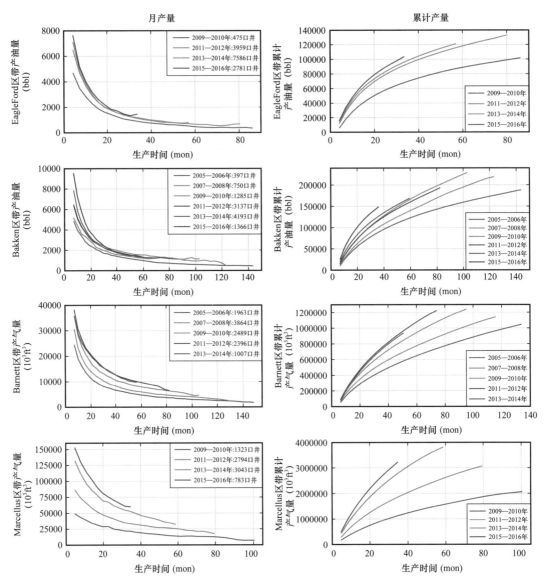

图 1.9 Eagle Ford（仅生产石油）、Marcellus（仅生产天然气）、Bakken（仅生产石油）和 Barnett（仅生产天然气）连续两年的月平均产量和累计产量

数据由 Drillinginfo 提供。显示每个月平均数的井数。仅显示了 200 多口井可用数据的年份

二、采收率

与采收率相关的第二个重要问题是单口页岩气井和致密油井以及非常规区块的总体低采收率（产出的油气与估计的总储量之比）。虽然关于这一主题的公开数据很少，但似乎有一个共识即干气藏（如 Barnett 组）在投产后头几年的采收率约为 25%。显然这些数字是不确定的，因为很难估计天然气的储量，而且直到一口井最终被废弃，才能确定总的采收率。对于致密油来说，情况更糟，因为大多数人估计采收率为石油储量的 2%～100%。换句话说，非常规油气区块的绝大多数油气最终都难以被开发出来。

尽管很难准确估计采收率，但与常规储层相比，上述数字显然相当低。此外，在详细观察任何一个区块时，采收率的差异很大，从"航道"或"甜点"之间的区块到产量较低的外围区域，有时各个油井的采收率可能存在很大差异。表1.2强调了这一点（Baily 等，2010），对于六个非常规油气区块，井的上部四分位数（P75 和 P90）的产量远远超过下部三个四分位数的总和。

表 1.2　最佳 3 个月平均产气量（据 Baily 等，2010）

层位	井数（口）	P10（$10^3ft^3/d$）	P25（$10^3ft^3/d$）	P50（$10^3ft^3/d$）	P75（$10^3ft^3/d$）	P90（$10^3ft^3/d$）
Barnett	1143	737	1118	1569	2121	2927
Fayetteville	1037	976	1429	2020	2657	3289
Woodford	417	821	1389	2153	3336	4959
Haynesville	625	5578	7179	8970	11370	14111
Eagle Ford	389	2151	2883	4107	5442	6696
Marcellus	446	1926	2927	4757	6366	7679

三、非生产井

与整个油气生产相关的第三个问题是在非常规油气区块中钻探的大量经济上不成功的井。正如 King（2014）所指出的，"在美国，大约三分之一的页岩井没有经济效益。另外三分之一只有在高天然气价格前提下是经济的，但是排在前三分之一的气井表现非常好，而且具有可观的经济效益，以至在开发项目中，它们可能能够承载其余的气井的成本。"同时，还可以显著提高累计采收率，延长非常规油气井的生产寿命，减少不经济井的钻探和缩短学习曲线以提高开采效率是非常规储层优化生产的首要任务。在写本书的时，已经有一系列的实验利用在致密油气藏中注入甲烷或 CO_2 来提高产量。目前还不清楚这些技术对最终生产效率的影响。

第四节　水平钻井和多级水力压裂

水平钻井和多级水力压裂过程是众所周知的。第八章将详细讨论这些过程的一些具体方面。在这一点上，只想介绍一些基本概念，为后面几章讨论的一些主题打下基础。首先，横向（井的水平段）通常针对一个生产层。如图1.10所示，横向上通常延伸1.3～3km（表1.3），这取决于钻井和地质条件以及其他因素。每个横向剖面进行分段水力压裂，这是指同时加压的层段，从井的趾端开始，向跟部方向移动。在套管和水泥井中，一个阶段内可能有 5 个或更多个射孔段，从而使多个水力裂缝同时扩展（见第八章）。在一个单一的横向段有超过 40 个或更多的水力压裂阶段并不少见。如果对侧壁进行套管和固井（最常见的完井类型），则每个阶段都要进行多次射孔，目的是从每组射孔中引发裂缝。因此，如果有 40 个压裂阶段，每个阶段有 4 个射孔，则预计将有 160 个水力裂缝从一个井筒传播出去。

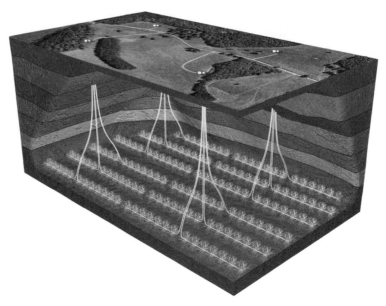

图 1.10　水力压裂作业示意图

其中从四个井场各钻取多个水平井，每口井产生多个水力裂缝。如图所示，通常在同一方位钻井，但方向相反。在几乎相同的空间位置，在不同深度钻取的井可以开采多个生产区。图由挪威国家石油公司提供

表 1.3 总结了北美一些非常规生产地层的属性（Kennedy 等，2016）。按照传统油气开发的现代标准，大多数非常规井都相对较浅，从 1500～3500m 不等。产层厚度从 15m 到近 300m 不等，尽管最有效的层段厚度可能要小得多。第十一章从地层性质和垂直水力裂缝扩展的角度讨论了横向稳定性问题。在 Bakken 组和其他地层中，侧向长度从 800m（受地质因素限制）到 3000m。尽管在许多正在开采的地层中，1500m 是一个典型的侧向长度，但目前在许多非常规油气区块中正在钻探较长的侧向长度。例如，最近在 Marcellus 组中钻的一些井的横向长度超过 5000m。侧向长度取决于实际问题，如土地租赁（通常与美国的方形土地段有关，每侧 1mi❶），以及长侧向的地质和技术限制，特别是有效水力压裂井底并充分水泥固结套管的能力。此外，由于多级水力压裂的成本通常高于钻井成本，因此，如果能够对气井的远端进行更有效的增产，则钻两口井的成本可能是可以接受的。

表 1.3　不同非常规盆地水平井的基本性质（据 Kennedy 等，2016）

层位	深度范围（m）	厚度范围（m）	横向长度（m）
Bakken	2920～3200	12～22	2650～3050
Barnett	2000～2600	30～180	1200～1325
Duvernay	2500～4000	20～70	1830～2150

❶　1mi=1.609km。

－ 16 －

层位	深度范围（m）	厚度范围（m）	横向长度（m）
Eagle Ford	2100～3700	30～145	1500～2135
Fayetteville	300～2150	6～61	1430～1680
Haynesville	3200～4100	61～91	1340～1430
Horn River	2000～2750	38～137	1524～2000
Marcellus	1200~-2600	15～61	1280～1500
Montney	1500～3500	46～305	1430～1740
Niobrara	900～4300	15～91	1230～1550
Utica	600～4300	21～230	1430～1890
Wolfcamp	1676～3350	457～795	1390～2050

一、井台批量钻井和叠置区带

图 1.10 还说明了井台批量钻井，即从一个钻井位置钻探大量井。从一个钻井平台钻多口井在操作上是高效的。一旦一台钻机和需要钻探的许多设备移到一个平台上，他们就可以通过短距离移动钻机（最短 10m）来钻更多的井。一些操作人员使用的钻机能够在井口与井口之间"行走"（无需拆卸即可自行移动）。井台批量钻井是过去十年开发的几项技术之一，这些技术使开采非常规油气储层的作业效率得到了显著的提高，这一点相当了不起。如上所述，非常规天然气繁荣始于天然气价格异常高的时期。然而，由于效率的提高，即使在 2008 年全球金融危机开始的天然气价格大幅下跌之后，页岩气产量稳步增长（图 1.1）。井台批量钻井也很有利，由于它显著地限制了钻井作业的环境影响及其对当地居民的影响（如第十三章所述），也因为建造了一个钻井平台，一条用于通行的道路和一条用于从单一位置的多口井中输送石油和或天然气的管道。一条道路用于从一个场地运输多口油井的石油和 / 或天然气。

在图 1.10 中，当在一个平台钻取多口井时，会产生复杂的轨迹，它们必须避免碰撞，并在产层深度确定正确的位置。如第十一章所述，井距旨在激发尽可能多的改造面积。显然，如果井距太远，井与井之间会有未受增产措施波及的产层部分，但如果井距太近，多口井的增产层可能会干扰并从相同的储层部位生产。

如果给定区域有多个产层（叠置产层），则将在不同深度钻多口井，以获取每个层中的油气（有时称为立体钻井）。显然，如果能够精确地控制水力裂缝的垂直扩展，就有可能从同一水平的多个层位进行生产。然而，岩石性质在各层之间的变化，特别是最小水平主应力 σ_{hmin} 的变化，促进或阻碍了垂直水力裂缝的扩展。在第十一章中讨论了贯穿地层层序的最小主应力的大小以及如何随着深度变化（并控制水力裂缝的扩展）。应力大小因层而异的原因有多种，包括与生产地层上下相关的地层黏塑性（时间相关）的变化（如第三章所述）。这一现象说明了为什么需要非常精确的水平轨迹来保持一口井正好处于水平产层的相应岩相中，可能只有 5～10m 产层厚度才能产生最佳结果。本章后面将介绍这方面的一个例子，并在第十一章进一步讨论。

虽然水平钻井和多级水力压裂的成功（和显著提高的效率）经常被认为是非常规储层产量提升的关键驱动因素，但使用滑溜水的重要性也不容忽视。滑溜水是一种低黏度流体，由 98% 以上的水和有限的化学添加剂组成。使用低黏度流体的弊端是它输送支撑剂的能力大大降低。最初，在"解锁"Barnett 组页岩成功开发的关键之前，工业界的趋势是使用高黏度凝胶使单个水力裂缝尽可能大，并尽可能多地填充支撑剂。滑溜水在水力增产过程中起作用的原因是其低黏度促使流体压力从水力裂缝中滤失到围岩的裂缝中，从而在已有的裂缝和断层上产生剪切滑移。这反过来又在水力裂缝面附近形成了一个渗透性裂缝网络（第十章和第十一章将详细讨论），形成了有时称为储层体积激发或储层体积改造（SRV）。这一过程显著增加了超低渗透性基质和高渗裂缝网络之间的整体接触面积（如第十二章所述）。

影响给定井设计和如何进行水力压裂（例如，用于水力压裂的设备类型、各个水力压裂阶段应为多少 / 多长时间、每个阶段需要多少射孔、应使用何种类型的压裂液和支撑剂等）在第八章中讨论。第十一章和第十二章讨论了与井距有关的问题，以及当填充井钻井时一口井或一组井的储层枯竭如何影响增产。这有时被称为母井和子井问题。它还与压裂命中现象有关，即从一口井延伸出来的水力裂缝与之前钻过的井相交。这很可能是由于老井周围区域的枯竭导致的孔隙弹性应力变化所致。第十二章也讨论了这一点。

水平钻井的方位由最小主水平应力 σ_{hmin} 的方位控制。下面简要介绍了非常规储层的应力状态，但在第七章将全面讨论。储层地质力学的详细讲解读者可参考 Zoback（2007），该书讨论了地壳中的应力状态及其对油气开采相关问题的影响。这一点需要注意的是，由于水力裂缝在垂直于最小主应力（通常为 σ_{hmin}）的平面上传播（Hubbert 和 Willis，1957），因此进行开发的总体几何结构相对简单。如图 1.11（a）所示，在 σ_{hmin} 方向钻井，以使水力裂缝垂直于井道传播，并且设计了阶段和射孔间距以及相邻井之间的间距，以便从储层的连续体积中获取油气。在典型的套管井和水泥固井作业中，每个阶段都会对多个射孔孔眼加压，从而使水力裂缝从每个射孔扩展。图 1.11（a）中的示意图说明了这样一种情况：在这种情况下，分阶段压裂和射孔沿侧向长度进入大部分生产区，但由于这些井相距太远，因此在油井之间有部分储层未被开采。

与水力压裂相关的最重要的技术发展之一是发现了伴随水力压裂而发生的数千次微地震事件（极微小地震）。图 1.11（a）示意性地说明了这一点，并在图 1.11（b）、（c）中的两个实际数据集中显示了这一点。在每个水力裂缝周围，地震滑动在预先存在的裂缝上产生，形成了水力裂缝周围剪切断层的模拟网络。这些事件产生的地震波清楚地表明，它们不是由水力裂缝本身发出的，而是像自然发生的地震一样，由先前存在的平面上的剪切滑动引起的（Rutledge 等，2004；Maxwell 和 Cipolla，2011；Warpinski 等，2013）。这在第九章中有详细讨论。这些微地震事件的典型震级约为 M–2，这意味着在大约 1m 大小的断层上滑动约 0.1mm。最重要的是，微地震事件记录了这样一个事实：水力裂缝的压力渗透到一个相互连通的剪切裂缝网络中。这种相对渗透的平面网络（在第十章中讨论）显著增加了与极低渗透率基质的接触面积，从而大大促进了生产（见第十二章）。如前所述，滑溜水水力压裂的成功很可能是因为其低黏度增强了水力裂缝，以及已存在裂缝和层面的压力扩散。

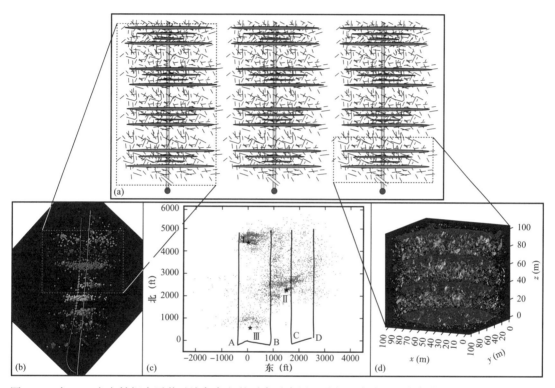

图 1.11　在 σ_{hmin} 方向钻探水平井（浅灰色）的平台示意图，进行了多阶段（彩色带）的水力压裂（a）；在西弗吉尼亚州泥盆系页岩中记录的与多级水平裂缝有关的微地震事件（据 Moos 等，2011）（b）；俄克拉何马州四口井（黑线）开采叠置区带（Woodford 页岩和 Mississippi 石灰岩）（据 Ma 和 Zoback，2017b）。在标记为Ⅰ、Ⅱ和Ⅲ的三口垂直井（星号）中利用地震记录阵列定位微地震事件（c）；Barnett 页岩井增产期间获得的微地震数据得出的理论裂缝网络模型，这个模型在第十章和第十二章中有更详细的讨论（据 Hakso 和 Zoback，2019）（d）

　　由于水力裂缝周围模拟区的建立对于成功地从这种低渗透率地层中生产油气的过程至关重要，本书将讨论这一过程的要素。第七章详细介绍了应力、裂缝和储层规模断层。第九章回顾了储层地震学中的一些主题，以提供一个背景来加深对事件的了解（它们的位置、大小和滑动的几何结构）以及如何使用井下（和地面）地震仪阵列记录它们。图 1.11（b）（Moos 等，2011）中所示的事件是由一组地震仪记录的，该组地震仪位于正被激发井的正下方的水平井中。请注意不同阶段微地震事件的数量。图 1.11（c）中所示记录在三个由星号表示并标记为Ⅰ、Ⅱ和Ⅲ的垂直井中的微地震事件（Ma 和 Zoback，2017b）。尽管每口井的压裂程序相似，但存在高度不一致的响应，在某些地方有许多微地震事件，而在其他地方几乎没有。显然，在大面积地区微地震事件很少，一些微地震事件与穿过叠置产层的相对大规模断层有关 [这些数据在第七章及 Ma 和 Zoback（2017b）中有更详细的讨论]。因此，尽管微地震事件的空间分布使人们对水力压裂周围滑动区域的体积有了一定的了解，但在本书中讨论的各种因素可以影响事件的实际分布。这些因素包括诸如目的层岩相中黏塑性应力松弛程度的物理性质（见第三章和第十一章）、这些岩相中断层的摩擦行为（见第四章）、先存裂缝和断层（见第七章）的存在以及沿侧向穿过各种岩相时的准确井径。第九章讨论了微地震事件的可探测性和事件位置的不确定性对解释的影响程度。

第十章重点介绍了水力压裂过程中剪切事件如何触发的地质力学特性。除记录微地震事件的滑动外，本章还讨论了储层在增产过程中可能发生抗震剪切变形（即在先存断层上缓慢滑动）的可能性。第七章讨论"平台尺度"断裂如何以多种方式影响水力压裂过程。正如第四章和第十章将要讨论的，岩石成分和剪切作用的具体方式将决定剪切滑移是否会导致地震辐射。换言之，在增产过程中，裂缝可能会缓慢剪切而不会产生地震波，但仍可能有助于在水力裂缝周围形成可渗透的裂缝网络。第十二章讨论了基质中纳米级孔隙到水力裂缝的流动，说明了剪切裂缝网络的重要性。图 1.11（d）显示了一个发育于 Barnett 组页岩中的微地震数据集的理论裂缝网络，将在第十章和第十二章中进一步讨论。

二、层理、岩相和滞留区

除了非常规油气藏的超低渗透性带来的挑战外，它们在各种规模和方式上都是非均质性的。非均质性的一种系统形式是层理和纹理。正如第二章详细地讨论的那样，在厘米级以下的尺度上，这些地层本质上是各向异性的。然而，由于层理（1m 或更大的比例尺）或给定岩层内成分的变化，它们在更大尺度上也是各向异性的。换言之，即使在给定的油气层内，也可能存在不同的岩相，字面意思是指一个指定地层单元的可分区，根据组成或特定的岩性特征与相邻岩相细分开来。在开采非常规油气的情况下，很明显与层理相关的成分和岩石性质的变化或给定地层内岩相的变化将影响到钻井和水力压裂的最佳单元。为了获得足够厚度的含烃地层，水力裂缝必须垂直穿过许多层边界，以满足生产需要。

图 1.8 中的成分和地球物理数据显示了 Eagle Ford 组上段和下段的不同层理特征。图 1.12（a）、（b）强调了道路切割照片中 Eagle Ford 组的薄层地层。图 1.12（a）显示了得克萨斯州 Comstock 附近 Boquillas 组（Eagle Ford 组下段）约 20m 厚剖面的高成层性。图 1.12（b）左侧的图像是图 1.12（a）左侧看到的部分道路切口的特写视图。注意，各个层的厚度范围为 10cm～2m。显然，在这个地点，Eagle Ford 组下段是平坦的和相对未变形的地层。然而，图 1.12（b）右侧的照片显示了得克萨斯州 Langtry 附近的 Eagle Ford 组下段的另一个视图。在这一地区通常局限于单个岩性单元可以看到适度的褶皱以及许多近垂直的裂缝。从颜色的可变性也可以清楚地看出，各层的组成存在显著差异。

图 1.12（c）展示了 Eagle Ford 组样品的显微照片及其相应的黏土矿物和方解石的质

量百分比（黏土矿物含量从左到右增加，方解石含量减少）。值得注意的是，随着黏土含量的增加，细鳞片层理诱导的结构变得更加明显。此外，由于三维地震勘探中使用的典型频率下的纵波波长为数十米至100m（远大于层厚），层理的分层性质产生了影响波传播和成像的各向异性。

图1.12　道路切割得克萨斯州Comstock附近Boquillas（Eagle Ford组下段）约20m厚的地层照片（a）；左图为Eagle Ford组下段的近景显示了道路切入处（a）的分层比例（10cm～2m），右图为得克萨斯州Langtry附近的一个不同的露头出现了平缓褶皱、交替的岩相和近垂直裂缝，照片由得克萨斯大学Peter Hennings提供（b）；不同黏土矿物/方解石百分含量样品的显微照片，请注意，小尺度层理（以及由此产生的各向异性）随着黏土矿物含量的增加而增加（c）

　　在图1.12所示的多个尺度上的固有各向异性和亚水平分层的结果产生了垂直横向各向异性或VTI（Thomsen，1986）。简单地说，VTI意味着纵波在垂直方向（垂直于分层）比在水平方向（与分层平行）传播得慢。然而，如果存在具有类似趋势的普遍近垂直裂缝，则可能存在水平横向各向异性（HTI），这可能导致水平传播的地震波在平行于裂缝的方向上比垂直于裂缝的方向传播得快（见第七章）。水平应力各向异性（水平主应力σ_{Hmax}和σ_{hmin}之间的差值）也可以产生HTI，因为水平行进的P波在σ_{Hmax}方向的传播速度比σ_{hmin}方向的要快。因此，当观察到HTI时，可能不清楚它是由排列的裂缝还是由水平应力各向异性引起的（见第七章）。

　　如上所述，在第十一章中将详细讨论应力大小随深度变化的影响，以及其对水力压裂起裂和扩展（垂直和水平方向）的影响，并确定侧向的正确着陆区。图1.13简要说明了成分垂直变化的重要性的两个实例（以及相应的应力大小变化）。Alalli和Zoback（2018）研究了西弗吉尼亚州Marcellus组的一系列钻井。当井眼轨迹位于Marcellus组的Cherry

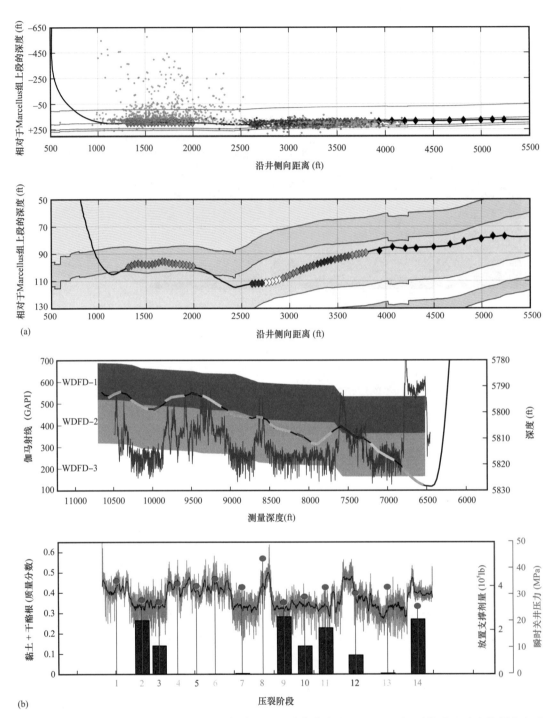

图 1.13　在西弗吉尼亚州 Cherry Valley 石灰岩（显示为灰色）和 Marcellus 组下段（显示为浅绿色）中钻探的水平井（据 Alalli 和 Zoback，2018）。在压裂 Marcellus 组下段的过程中造成水平水力裂缝。在井尖附近的前十个阶段的增产期间，没有记录到微地震数据（a）；俄克拉何马州 Woodford 组水平井的轨迹遇到了三种不同的岩相，即 WDFD-1、WDFD-2 和 WDFD-3，最小主应力值用红点表示（近似于WDFD-2 中的上覆岩层应力），注入支撑剂的量用蓝色条表示（b）（据 Ma 和 Zoback，2017b）

1lb=0.45359237kg

Valley 单元（图 1.13a 中以灰色显示）时，如预期一样产生了垂直的水力裂缝。最小主应力实测值小于上覆应力，微地震事件垂直向上传播到 Marcellus 组上段（UMRC）。相比之下，富黏土和有机质的 Marcellus 组下段（LMRC）的水力压裂阶段产生了水平水力裂缝，这一点可以通过测量的最小主应力大小与上覆应力（σ_v）相等以及诱发的微地震事件仅限于 Marcellus 组下段（LMRC）这一事实来说明。

　　图 1.13（b）显示了一个类似但更微妙的情况，即组分的垂直变化在影响增产方面发挥了重要作用，这一次是在俄克拉何马州 Woodford 组钻入的一口井（Ma 和 Zoback，2017b）。在这种情况下，井眼轨迹保持在 Woodford 组内，轨迹呈"趾部向上"。由于深度刻度的垂直放大，井径似乎起伏很大，但实际上脚趾和脚后跟之间的高差只有 40ft。然而，井眼轨迹与三种不同岩相的剖面相交，每个岩相厚 10～20ft。缓慢推进到 WDFD-1 岩相（富含黏土和有机物）井段的水力压裂阶段，由于担心筛选事件的发生，高注入压力下没有注入支撑剂，如此高的最小主应力值（基本上相当于上覆应力）导致这些井没有完井成功。当支撑剂注入水力裂缝失败并填满井眼时，砂堵就会发生。

　　最小主应力的存在及其原因是本书一个重要的主题。如前所述，这代表了水力压裂岩相（以及其上下岩石）的固有特性与这些岩相中各自的应力大小之间的重要联系。通常认为，由于脆性程度不同，某些层段更适合水力压裂，这通常描述了岩石的相对脆性及其与变形相关的韧性变形。多年来，基于经验关系，脆性被以多种方式定义。第三章提出了重新思考脆性的原因，即岩石成分和微观结构促进非脆性或黏塑性变形（与时间相关的塑性变形）的方面如何影响岩石中的应力状态。这在第十一章的垂直水力裂缝增长和水力裂缝萌生的背景下进行探讨。图 1.13（b）中的例子表明，精确控制 Woodford 组的井眼轨迹（将井保持在约 20ft 厚的中间岩相内）是该地区成功进行水力压裂的关键。这些例子将在第十一章中更详细地讨论。

　　本章简要介绍的几乎所有问题都将在本书的后续章节中被证明是重要的。本章的主要目的是介绍不同地质和地质力学因素之间的相互作用是理解如何提高非常规储层采收率的关键。本质上，本书的总体目的是建立与非常规储层属性多样性相关的基本原则，这些属性对优化增产和生产至关重要。

第二章　成分、组构、弹性性质和各向异性

本章探讨了非常规储层岩石的组成和结构，以了解弹性性质和各向异性的变化。首先，调查了非常规盆地的成分范围，并对各种岩相进行了简单分类。然后，讨论了岩石基质的每一种成分，并描述了它们在不同尺度上形成岩石组构的作用。本章还介绍弹性性质和各向异性的实验室测量，首先简要回顾获得静态、动态、各向异性弹性性质的方法。在理论范围内讨论弹性性质随成分和组构的变化，从简单的分层介质岩石物理学模型发展到对岩石基质硬度的微观结构控制的物理理解。本章最后涵盖了如何从地球物理测井和储层规模地震研究中分析弹性性质。比较了现场和实验室得出的弹性性质，并讨论了它们在非常规储层岩石原位物理性质方面的应用。

第一节　成分和组构

非常规油气资源的有效和智能开发取决于在储层性质的背景下优化水力增产。在第一章中，讨论了非常规储层岩石最初是如何作为沉积层序沉积的，从而引起了组成、有机质含量和岩石组构的变化。在这里，详细研究了这些变化，从岩石成分角度分析了岩石基质特征。本书将主要讨论斯坦福大学应力和地壳力学组的样品，这些样品是通过与不同能源公司的合作研究获得的。这些样品覆盖了北美大多数主要的非常规油气区带，由每个盆地的一小部分但具有代表性的储层岩石组成。

在科学和工程文献中，大多数非常规储层岩石都是用"页岩"一词来描述的，这一惯例源于对常规油气藏的研究，其中"页岩"属于细粒、超低渗透单元或充当烃源岩或盖层岩相（Ulmer-Scholle 等，2015）。本书采用简单的三元分类法对非常规储层岩石进行分类，而不是试图使用地质术语（如泥岩、石灰岩、燧石），该分类方法以 QFP（石英、长石、黄铁矿）、碳酸盐（方解石、白云石、铁白云石、菱铁矿）和黏土矿物 + 干酪根的形式呈现矿物特征（图 2.1a）。这种分类对比较具有不同沉积历史的岩石特别有用，原因有二。首先，它包含了约 90% 甚至更多来自美国主要非常规油气盆地的岩石矿物学（表 2.1）。剩余的副矿物可能包括磷灰石、天青石、石膏和重晶石，但这些矿物的质量分数很少超过 5%。此外，三种成分端元根据其相对力学和化学行为进行分组（Loucks 等，2012）。黏土矿物和有机质具有相对的化学反应性、机械韧性和各向异性。QFP 具有相对的化学活性和机械刚性。碳酸盐矿物具有相对的化学反应性和机械硬度。在图 2.1（a）中的三元分类中，QFP 大于 50%（质量分数，下同）的岩石被称为硅质，碳酸盐含量大于 50% 的岩石被称为钙质，黏土含量大于 30% 的岩石被称为"富黏土"。富黏土岩石的临界值略低于其他岩石，因为 30%～40%（体积分数）黏土被证明是微观结构、力学性质（Kohli 和 Zoback，2013）和流

动性（Crawford 等，2008）方面的过渡点（Revil 等，2002）。

在各章节中讨论黏土和有机物含量的变化如何影响这些物理性质。值得注意的是，在文献（以及本书引用的研究）中，质量分数和体积分数都被广泛使用。如第一章所述，干酪根密度（1.3g/cm³）几乎比岩心样品的测量体积密度小 2 倍（Sone 和 Zoback，2013a），因此从质量分数转换为体积分数会使 TOC 增加近两倍。黏土、硅酸盐和碳酸盐矿物的密度比块状样品略高，因此当从质量分数转换为体积分数时，它们的比例会降低。在以下各节中，将详细检查岩石基质上的每种成分。

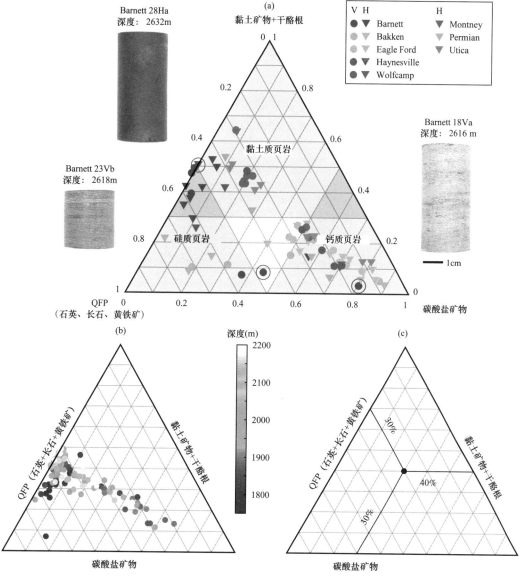

图 2.1 非常规储层岩石组成的三元分类（所有数值均以质量分数表示）

（a）从斯坦福应力和地壳力学组收集的美国主要非常规盆地中的页岩样品，Barnett 页岩 Wolfcamp 单井的圈状岩心样品照片突出了成分的米级变化；（b）取自 Wolfcamp 页岩单井的样品很好地显示出组成随深度的系统变化；（c）从三元图中读取取值的指南

表2.1 利用斯坦福应力和地壳力学组收集的用于物理性质的实验室测试的非常规储层岩心样本的成分数据、XRD和岩石热解数据（第一章至第六章）

盆地	样品号	样品标签	方向	深度（m）	石英（%）	长石（%）	黄铁矿（%）	碳酸盐（%）	黏土（%）	TOC（%）	其他（%）	实验室数据	参考文献	符号标记
Barnett	22Ha	Barnett-1	H	2615	53	3.8	1.5	3.6	29.2	8.7	0.2	应力松池	Sone 和 Zoback（2013a, b）	▶
Barnett	31Ve	Barnett-1	V	2632	42	4.1	1.8	0.4	36	13	2.7	弹性、强度、蠕变	Sone 和 Zoback（2013a, b）	●
Barnett	31Vd	Barnett-1	V	2632	48	2.5	1.7	0.3	38	8.5	1	弹性、强度、蠕变	Sone 和 Zoback（2013a, b）	●
Barnett	28Ha	Barnett-1	H	2632	43	4.1	1.6	0	37	14	0.3	弹性、强度、蠕变	Sone 和 Zoback（2013a, b）	▶
Barnett	25Ha	Barnett-1	H	2625	39	1.8	2	4	42	11	0.2	弹性、强度、蠕变	Sone 和 Zoback（2013a, b）	▶
Barnett	19Ha	Barnett-1	H	2609	46	4	1.4	5.9	35.1	7.3	0.3	应力松池	Sone 和 Zoback（2013a, b）	▶
Barnett	18Va	Barnett-2	V	2616	15	0.5	0.1	80.7	2.2	1.2	0.3	弹性、强度、蠕变	Sone 和 Zoback（2013a, b）	○
Barnett	18Ha	Barnett-2	H	2616	27	0.7	0.3	56.9	6.1	8.8	0.2	弹性、强度、蠕变	Sone 和 Zoback（2013a, b）	▽
Barnett	19Va	Barnett-2	V	2609	51	2.2	0.7	38.2	6.8	0	1.1	弹性、强度、蠕变	Sone 和 Zoback（2013a, b）	○
Barnett	18Vb	Barnett-2	V	2616	52	3.5	1.3	4.3	26.6	12	0.3	弹性、强度、蠕变	Sone 和 Zoback（2013a, b）	○
Barnett	23Vb	Barnett-2	V	2618	44	2.1	0.9	45	7.6	0.4	0	摩擦	Kohli 和 Zoback（2013）	○

续表

盆地	样品号	样品标签	方向	深度（m）	石英（%）	长石（%）	黄铁矿（%）	碳酸盐（%）	黏土（%）	TOC（%）	其他（%）	实验室数据	参考文献	符号标记
Barnett	21Va	Barnett-1	H	2632	56	4.1	1.6	3.3	35	0	0	摩擦	Kohli 和 Zoback（2013）	●
Barnett	31Ha	Barnett-1	H	2615	52	3.5	1.7	0.4	38	4.4	0	摩擦	Kohli 和 Zoback（2013）	▶
Barnett	25Ha	Barnett-1	H	2625	39	1.8	2	4	42	11	0.2	摩擦	Kohli 和 Zoback（2013）	▶
Barnett	18Va	Barnett-2	V	2616	15	0.5	0.1	80.7	2.2	1.2	0.3	摩擦	Kohli 和 Zoback（2013）	○
Barnett	21Ha	Barnett-1	H	2632	37	4.1	1.7	6.9	34	16	0.3	渗透性、吸附性	Vermylen（2011）	▶
Barnett	27Ha	Barnett-1	H	2615	55	3.7	1.7	8.9	22.9	6.7	1.1	渗透性、吸附性	Vermylen（2011）	▶
Barnett	31Ha	Barnett-1	H	2632	52	3	1.7	0.4	38	4.4	0.5	渗透性、吸附性	Vermylen（2011）	▶
Barnett	31Ha	Barnett-1	H	2632	52	3	1.7	0.4	38	4.4	0.5	渗透性、吸附性	Heller 等（2014）	▶
Barnett	27Ha	Barnett-1	H	2615	55	3.7	1.7	8.9	22.9	6.7	1.1	渗透性、吸附性	Heller 等（2014）	▶
Barnett	18Vb	Barnett-2	V	2616	52	3.5	1.3	4.3	26.6	12	0.3	SEM, μCT	Kohli（未出版）	●
Barnett	30Vd	Barnett-1	H	2609	—	—	—	—	—	—	—	SEM, μCT	Kohli（未出版）	▶
Bakken	B1V	Bakken-2	V	3022	—	—	—	87	5	—	—	多孔弹性	Ma 和 Zoback（2017a）	○
Bakken	B3V	Bakken-2	V	3038	—	—	—	31	11	—	—	多孔弹性	Ma 和 Zoback（2017a）	○
Bakken	B3H	Bakken-2	H	3038	—	—	—	23	15	—	—	多孔弹性	Ma 和 Zoback（2017a）	▷

盆地	样品号	样品标签	方向	深度 (m)	石英 (%)	长石 (%)	黄铁矿 (%)	碳酸盐 (%)	黏土 (%)	TOC (%)	其他 (%)	实验室数据	参考文献	符号标记
Bakken	B4V	Bakken-1	V	3065	—	—	—	47	22	—	—	多孔弹性	Ma 和 Zoback (2017a)	●
Bakken	B9V	Bakken-2	V	3069	—	—	—	19	10	—	—	多孔弹性	Ma 和 Zoback (2017a)	○
Bakken	B10V	Bakken-2	V	3124	—	—	—	51	15	—	—	多孔弹性	Ma 和 Zoback (2017a)	○
Bakken	001 H3	Lodgepole-1	H	—	5	2	0	89	4	0	0	弹性、蠕变	Yang 和 Zoback (2016)	▶
Bakken	001 V3	Lodgepole-1	V	—	6	2	0	87	5	0	0	弹性、蠕变	Yang 和 Zoback (2016)	●
Bakken	003 H2	Lodgepole-2	H	—	42	12	0	23	15	0	8	弹性、蠕变	Yang 和 Zoback (2016)	▽
Bakken	003 V3	Lodgepole-2	V	—	40	13	0	31	11	0	5	弹性、蠕变	Yang 和 Zoback (2016)	○
Bakken	004 H2	Middle Bakken-1	H	—	12	12	0	58	15	0	3	弹性、蠕变	Yang 和 Zoback (2016)	▶
Bakken	004 V3	Middle Bakken-1	V	—	14	14	0	47	22	0	3	弹性、蠕变	Yang 和 Zoback (2016)	●
Bakken	007 H1	Lower Bakken-1	H	—	61	9	3	3	13	9	2	弹性、蠕变	Yang 和 Zoback (2016)	▶
Bakken	009 H1	Middle Bakken-2	H	—	59	14	0	18	9	0	0	弹性、蠕变	Yang 和 Zoback (2016)	▽

续表

盆地	样品号	样品标签	方向	深度（m）	石英（%）	长石（%）	黄铁矿（%）	碳酸盐（%）	黏土（%）	TOC（%）	其他（%）	实验室数据	参考文献	符号标记
Bakken	009 V2	Middle Bakken-2	V	—	56	14	0	19	10	0	1	弹性、蠕变	Yang 和 Zoback（2016）	●
Bakken	010 H2	Three Forks-1	H	—	23	16	0	40	20	0	1	弹性、蠕变	Yang 和 Zoback（2016）	▶
Bakken	010 V2	Three Forks-1	V	—	16	15	0	51	15	0	3	弹性、蠕变	Yang 和 Zoback（2016）	●
Eagle Ford	176Ha	Eagle Ford-1	H	3916	21.2	0	3.6	54.2	15.8	4.97	0.23	弹性、强度、蠕变	Sone 和 Zoback（2013a, b）	▶
Eagle Ford	121Ha	Eagle Ford-1	H	3890	22.7	1.2	4.7	53.2	12.3	4.83	1.07	弹性、强度、蠕变	Sone 和 Zoback（2013a, b）	▶
Eagle Ford	288Va	Eagle Ford-1	V	3917	22.1	1.2	5.7	48.9	15.8	5.69	0.61	弹性、强度、蠕变	Sone 和 Zoback（2013a, b）	●
Eagle Ford	250Va	Eagle Ford-1	V	3890	24.3	1.9	4.8	47.2	16.4	5.2	0.2	弹性、强度、蠕变	Sone 和 Zoback（2013a, b）	●
Eagle Ford	285Va	Eagle Ford-1	V	3915	16.4	1.9	6.7	47.5	22.4	4.42	0.68	弹性、强度、蠕变	Sone 和 Zoback（2013a, b）	●
Eagle Ford	246Va	Eagle Ford-1	H	3887	17.9	1	4	56	16	4.66	0.44	弹性、强度、蠕变	Sone 和 Zoback（2013a, b）	●
Eagle Ford	65Hb	Eagle Ford-2	H	3863	12.3	2.5	0.85	68.9	13.3	2.1	0.05	弹性、强度、蠕变	Sone 和 Zoback（2013a, b）	▽
Eagle Ford	208Va	Eagle Ford-2	V	3863	13	1.5	3.3	65.3	14.1	2.49	0.31	弹性、强度、蠕变	Sone 和 Zoback（2013a, b）	○

续表

盆地	样品号	样品标签	方向	深度（m）	石英（%）	长石（%）	黄铁矿（%）	碳酸盐（%）	黏土（%）	TOC（%）	其他（%）	实验室数据	参考文献	符号标记
Eagle Ford	206Va	Eagle Ford-2	V	3861	11	2.5	2.5	72.2	9.6	1.86	0.34	弹性、强度、蠕变	Sone 和 Zoback（2013a, b）	○
Eagle Ford	254Va	Eagle Ford-2	V	3893	9.7	0	1.1	79.6	6.5	2.35	0.75	弹性、强度、蠕变	Sone 和 Zoback（2013a, b）	○
Eagle Ford	210Va	Eagle Ford-2	V	3864	13.1	1.8	3.2	69.4	10.3	1.86	0.34	弹性、强度、蠕变	Sone 和 Zoback（2013a, b）	○
Eagle Ford	AUK-7	Eagle Ford-2	H	3868	8	0	1	84.99	3	3.01	0	蠕变	Rassouli（2017）	▽
Eagle Ford	AUK-8	Eagle Ford-1	V	3873	16	3	5	51.27	20	4.73	0	蠕变	Rassouli（2017）	●
Eagle Ford	65Hb	Eagle Ford-2	H	3863	12.3	2.5	0.85	68.9	13.3	2.1	0.05	摩擦	Kohli 和 Zoback（2013）	▽
Eagle Ford	174Ha	Eagle Ford-1	H	3915	16	6	1	47	22	5	3	摩擦	Kohli 和 Zoback（2013）	►
Eagle Ford	246Va	Eagle Ford-1	V	3887	17.9	1	4	56	16	4.66	0.44	摩擦	Kohli 和 Zoback（2013）	●
Eagle Ford	254Va	Eagle Ford-2	V	3893	9.7	0	1.1	79.6	6.5	2.35	0.75	摩擦	Kohli 和 Zoback（2013）	○
Eagle Ford	AUK-8	Eagle Ford-1	V	3873	16	3	5	51.27	20	4.73	0	摩擦	Kohli 和 Zoback（2013）	●
Eagle Ford	AUK-7	Eagle Ford-2	H	3868	8	0	1	84.99	3	3.01	0	摩擦	Kohli 和 Zoback（2013）	▽
Eagle Ford	127Ha	Eagle Ford-2	H	3893	7	4	1	80	4	2	2	渗透性	Heller 等（2014）	▽

盆地	样品号	样品标签	方向	深度 (m)	石英 (%)	长石 (%)	黄铁矿 (%)	碳酸盐 (%)	黏土 (%)	TOC (%)	其他 (%)	实验室数据	参考文献	符号标记
Eagle Ford	174Ha	Eagle Ford-1	H	3915	16	6	1	47	22	5	3	渗透性	Heller 等（2014）	▷
Eagle Ford	MR1	Eagle Ford-2	H	3296	—	—	1.1	64.1	12	3.6	—	渗透性、吸附性、MIP	Al Allali（2018）	▽
Eagle Ford	MR2	Eagle Ford-2	H	3302	—	—	1.4	71.6	11.8	2.4	—	渗透性、吸附性、MIP	Al Allali（2018）	▽
Eagle Ford	MR3	Eagle Ford-2	H	3287	—	—	0.8	81.9	7.1	2.7	—	渗透性、吸附性、MIP	Al Allali（2018）	▽
Eagle Ford	MR4	Eagle Ford-1	H	3298	—	—	3.2	50.3	21.6	5.9	—	渗透性、吸附性、MIP	Al Allali（2018）	▽
Eagle Ford	174Ha	Eagle Ford-1	H	3915	16	6	1	47	22	5	3	SEM、μCT	Kohli（未公开发表）	▶
Eagle Ford	65Hb	Eagle Ford-2	H	3863	12.3	2.5	0.85	68.9	13.3	2.1	0.05	SEM、μCT	Kohli（未公开发表）	○
Fort St. John	594-3	Fort St John-1	H	—	—	—	—	—	—	—	—	应力松弛	Sone 和 Zoback（2013a, b）	▶
Fort St. John	611-3	Fort St John-1	H	—	—	—	—	—	—	—	—	弹性、强度、蠕变	Sone 和 Zoback（2013a, b）	▶
Fort St. John	461-1	Fort St John-1	H	—	—	—	—	—	—	—	—	弹性、强度、蠕变	Sone 和 Zoback（2013a, b）	▶
Fort St. John	611-1	Fort St John-1	H	—	—	—	—	—	—	—	—	弹性、强度、蠕变	Sone 和 Zoback（2013a, b）	▶

盆地	样品号	样品标签	方向	深度（m）	石英（%）	长石（%）	黄铁矿（%）	碳酸盐（%）	黏土（%）	TOC（%）	其他（%）	实验室数据	参考文献	符号标记
Haynesville	BWH 1-1	Haynesville-1	V	3439	25	10	1	20	41	2.94	0.06	应力松弛	Sone 和 Zoback（2013a，b）	●
Haynesville	BWH 1-2	Haynesville-1	V	3439	23	6	2	22	43	3.08	0.92	应力松弛	Sone 和 Zoback（2013a，b）	●
Haynesville	BWH 1-3	Haynesville-1	V	3439	23	11	3	20	40	2.86	0.14	弹性、强度、蠕变	Sone 和 Zoback（2013a，b）	●
Haynesville	BWH 1-4	Haynesville-1	V	3439	25	7	2	20	43	2.93	0.07	弹性、强度、蠕变	Sone 和 Zoback（2013a，b）	●
Haynesville	BWH 1-5	Haynesville-1	V	3439	23	11	3	20	40	2.84	0.16	弹性、强度、蠕变	Sone 和 Zoback（2013a，b）	●
Haynesville	BWH1-7	Haynesville-1	V	3439	—	—	—	—	—	—	—	弹性、强度、蠕变	Sone 和 Zoback（2013a，b）	●
Haynesville	BWH 1-8	Haynesville-1	V	3439	—	—	—	—	—	—	—	弹性、强度、蠕变	Sone 和 Zoback（2013a，b）	●
Haynesville	BWH1-9	Haynesville-1	V	3439	25	8	2	21	40	3.24	0.76	弹性、强度、蠕变	Sone 和 Zoback（2013a，b）	●
Haynesville	BWH1-10	Haynesville-1	V	3439	—	—	—	—	—	—	—	弹性、强度、蠕变	Sone 和 Zoback（2013a，b）	●
Haynesville	Stan25	Haynesville-1	H	3439	—	—	—	—	—	—	—	弹性、强度、蠕变	Sone 和 Zoback（2013a，b）	▶
Haynesville	Stan27	Haynesville-1	H	3439	—	—	—	—	—	—	—	弹性、强度、蠕变	Sone 和 Zoback（2013a，b）	▶

盆地	样品号	样品标签	方向	深度（m）	石英（%）	长石（%）	黄铁矿（%）	碳酸盐（%）	黏土（%）	TOC（%）	其他（%）	实验室数据	参考文献	符号标记
Haynesville	BWH 2-1	Haynesville-2	V	3481	—	—	—	—	—	—	—	应力松弛	Sone 和 Zoback（2013a, b）	●
Haynesville	BWH 2-2	Haynesville-2	V	3481	16	6	1	51	24	1.8	0.2	弹性、强度、蠕变	Sone 和 Zoback（2013a, b）	○
Haynesville	BWH 2-3	Haynesville-2	V	3481	17	5	2	54	20	1.74	0.26	弹性、强度、蠕变	Sone 和 Zoback（2013a, b）	○
Haynesville	BWH2-4	Haynesville-2	V	3481	—	—	—	—	—	—	—	弹性、强度、蠕变	Sone 和 Zoback（2013a, b）	●
Haynesville	Stan29	Haynesville-2	H	3482	—	—	—	—	—	—	—	弹性、强度、蠕变	Sone 和 Zoback（2013a, b）	▶
Haynesville	Stan30	Haynesville-2	H	3482	—	—	—	—	—	—	—	弹性、强度、蠕变	Sone 和 Zoback（2013a, b）	▶
Haynesville	BWH2-6	Haynesville-2	V	3481	—	—	—	—	—	—	—	弹性、强度、蠕变	Sone 和 Zoback（2013a, b）	▶
Haynesville	Stan 35	Haynesville-1	V	3384	20	1	3	7	62	1.6	5.4	蠕变	Rassouli 和 Zoback（2018）	●
Haynesville	Stan 37	Haynesville-1	H	3384	20	1	3	7	62	1.6	5.4	蠕变	Rassouli 和 Zoback（2018）	▶
Haynesville	BWH 2-2	Haynesville-2	V	3481	16	6	1	51	24	1.8	0.2	摩擦	Kohli 和 Zoback（2013）	●
Haynesville	BWH 1-5	Haynesville-1	V	3439	23	11	3	20	40	2.84	0.16	摩擦	Kohli 和 Zoback（2013）	●

盆地	样品号	样品标签	方向	深度（m）	石英（%）	长石（%）	黄铁矿（%）	碳酸盐（%）	黏土（%）	TOC（%）	其他（%）	实验室数据	参考文献	符号标记
Haynesville	BWH 1-2	Haynesville-1	V	3439	23	6	2	22	43	3.08	0.92	摩擦	Kohli 和 Zoback（2013）	○
Montney	Montney	Montney	H	—	41	11	4	12	24	2	6	渗透性、吸附性	Heller 等（2014）	▶
Permian	P1	Permian-1	H	—	35.4	6.5	3.3	27.8	27	5.9	—	渗透性、吸附性	Al Ismail 和 Zoback（2016）	▶
Permian	P2	Permian-2	H	—	17.5	7.2	1	68.8	5.5	1	—	渗透性、吸附性	Al Ismail 和 Zoback（2016）	▽
Permian	P4	Permian-1	H	—	25.3	11.1	2.7	7.9	53	0.8	—	渗透性、吸附性	Al Ismail 和 Zoback（2016）	▶
Utica	U1	Utica-1	H	—	28	10	1	12	49	2.4	—	渗透性、吸附性	Al Ismail 和 Zoback（2016）	▶
Utica	U2	Utica-1	H	—	26	6	1	26	41	1.7	—	渗透性、吸附性	Al Ismail 和 Zoback（2016）	▶
Utica	U3	Utica-2	H	—	19	5	1	55	20	3.3	—	渗透性、吸附性	Al Ismail 和 Zoback（2016）	▽
Utica	U4	Utica-2	H	—	7	1	1	80	11	2.1	—	渗透性、吸附性	Al Ismail 和 Zoback（2016）	▽
Utica	U1-1	Utica-1	H	1914	—	—	—	11.6	47.3	2.3	—	渗透性、吸附性、MIP	Al Allali（2018）	▶
Utica	U1-2	Utica-1	H	1964	—	—	—	25.1	39.5	1.6	—	渗透性、吸附性、MIP	Al Allali（2018）	▶

盆地	样品号	样品标签	方向	深度（m）	石英（%）	长石（%）	黄铁矿（%）	碳酸盐（%）	黏土（%）	TOC（%）	其他（%）	实验室数据	参考文献	符号标记
Utica	U1-3	Utica-2	H	1978	—	—	—	53	19.3	3.2	—	渗透性、吸附性、MIP	Al Allali（2018）	▽
Utica	U1-4	Utica-2	H	1990	—	—	—	77.1	10.6	2	—	渗透性、吸附性、MIP	Al Allali（2018）	▽
Wolfcamp	Cr1	Wolfcamp-2	H	6614	15	0	1	70	10	1.39	2.61	蠕变	Rassouli（2018）	▽
Wolfcamp	Cr2	Wolfcamp-1	H	6355	31	2	3	14	39	2.69	8.31	蠕变	Rassouli（2018）	▶
Wolfcamp	Cr3	Wolfcamp-2	V	6356	17	1	2	50	23	2.4	4.6	蠕变	Rassouli（2018）	○
Wolfcamp	Cr4	Wolfcamp-2	V	6465	18.3	0	0	68.5	7.3	3.65	2.25	蠕变	Rassouli（2018）	○
Wolfcamp	Cr5	Wolfcamp-2	H	6465	15	0	1	70	10	1.87	2.13	蠕变	Rassouli（2018）	▽
Wolfcamp	Cr6	Wolfcamp-1	V	6466	27	1	3	19	44	3.94	2.06	蠕变	Rassouli（2018）	●
Wolfcamp	Cr7	Wolfcamp-2	V	6614	14.5	0	0.8	71	9	1.54	3.16	蠕变	Rassouli（2018）	○
Wolfcamp	Cr8	Wolfcamp-2	V	6760	18	1	2	61	16	0.85	1.15	蠕变	Rassouli（2018）	○

注：样品标签数据中，后缀 -1 表示相对富黏土 +TOC 的岩石，后缀 -2 表示相对贫黏土 +TOC 的岩石。本表中的符号将在整本书的附图中使用，以参考对应特定的样本。符号颜色表示储层，填充/未填充表示高/低黏土 +TOC（-1 或 -2），符号形状表示样品方向。

一、黏土

非常规储层岩石中的黏土含量的质量分数为0～60%（表2.1）。黏土矿物的存在是决定一系列物理性质的关键因素，包括强度和各向异性（第二章）、延展性（第三章）、摩擦性能（第四章）和流动性质（第六章）。在大多数非常规油气盆地中，黏土含量与TOC呈正相关关系，但由于特定的沉积条件，各储层的个别趋势有所不同（图2.2）。大多数盆地的黏土矿物主要为伊利石和伊/蒙层，以及少量高岭石和绿泥石（Passey等，2010；Milliken和Day Stirlat，2013）。这个方面是明确的，因为大多数非常规油气盆地经历了足以将大多数黏土转化为伊利石的压力—温度条件（Curtis，2002；Passey等，2010；Loucks等，2012）。在70～100℃之间，蒙皂石和伊/蒙混层开始转化为伊利石（Ho等，1999），130℃以上的高岭石也转化为伊利石（Bjørlykke，1998）。

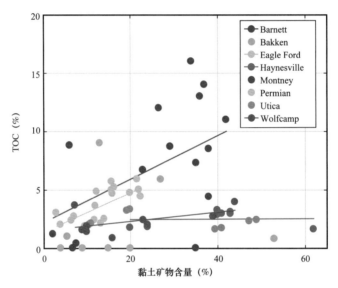

图2.2　几个主要非常规油气盆地黏土矿物含量和总有机碳（TOC）含量的相关性

伊利石化过程还导致埋藏期间晶体排列的显著增加，因为溶解的蒙皂石层被沉积应力下形成的伊利石所取代（Aplin和Macquaker，2011）。此外，蒙皂石与伊利石的反应产生了过量的二氧化硅，这些二氧化硅可以作为微晶石英被困在黏土层中，增加了埋藏过程中的密度和岩石硬度（Peltonen等，2009）。这一过程对于在黏土中产生更多的粒间孔隙很重要（图2.3b、见图5.4）。第五章详细讨论了黏土矿物对基质孔隙度的贡献。伊利石在非常规储层岩石中的普遍存在且很重要，因为伊利石是一种非膨胀黏土，这意味着层间阳离子阻止水进入其结构而避免导致膨胀（图2.3a）。相比之下，伊/蒙混层黏土的体积膨胀可达25%（Williams和Hervig，2005）。第五章将进一步讨论黏土膨胀的原因及其后果。

黏土矿物是非常规储层岩石中机械强度和各向异性的主要来源，因为其内在（晶体学）各向异性（图2.3a）以及在沉积和成岩过程中倾向于在层理平面上对齐（图2.3b）（Sayers，1994）。黏土矿物在岩石基质中表现为细粒，板状聚集体（10～500nm）

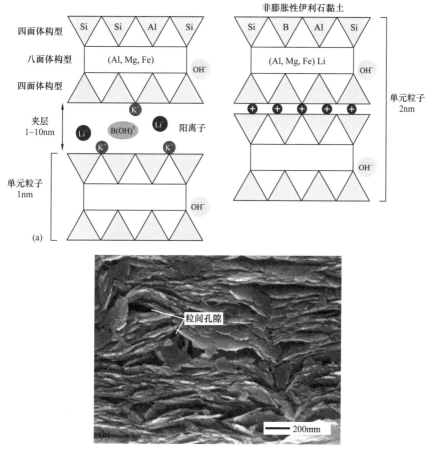

图 2.3　蒙皂石和伊利石黏土矿物的晶体结构（据 Williams 和 Hervig，2005，有修改）（a）；黏土矿物聚集体（由许多基本颗粒组成）形成强烈的局部优势取向和纳米级的粒间孔隙，Haynesville 1–5，二次电子图像（b）

（图 2.3b；Sondergeld 等，2010a），包含大量纳米级基本粒子（图 2.3a）。岩石基质中黏土团聚体的排列程度（优选方向）取决于许多因素，包括沉积条件、黏土含量和热成熟度（Revil 等，2002；Wenk 等，2008；Kanitpanyacharoen 等，2011，2012）。在非常规储层岩石中，电子显微镜显示黏土在微米级尺度上形成局部优势方向，当黏土团聚体层似乎围绕较大的碎屑颗粒"流动"时，这种优势方向通常会旋转（Curtis 等，2012b）。在毫米级至厘米级尺度上，岩相显微镜和 X 射线测角法表明黏土聚集体形成次水平优势方向，与其他基质成分一起形成一种各向异性组构，定义为层理平面（图 2.4；Wenk 等，2008；Kanitpanyacharoen 等，2011，2012；Sone 和 Zoback，2013a）。Sone 和 Zoback（2013a）观察到黏土含量体积分数小于 30% 时黏土在优势方向上的损失，这通常与形成黏土的相互关联基质的估计阈值一致（Curtis，1980；Revil 等，2002）。

低于该值时，碎屑颗粒形成承重框架，破坏了从毫米级至厘米级尺度上的黏土组构的连续性。黏土组构的形成也促进了平行于层理的颗粒间淤泥状孔隙的发育（图 2.3b；Daigle 和 Dugan，2011；Loucks 等，2012；Leu 等，2016）。

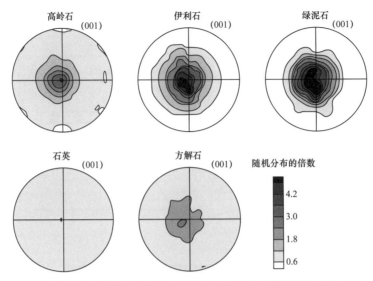

图 2.4　Benken 页岩（法国）样品中黏土和碎屑矿物的 X 射线测角极图（据 Wenk 等，2008）

矿物择优取向的强度通过随机分布的倍数来量化

这些孔隙的形状优势方向代表了力学性质（第二章、第三章）和流动性质（第五章、第六章）中各向异性的另一个可能来源。

二、碳酸盐

碳酸盐矿物（主要是方解石和白云石）是岩石基质的重要组成部分。非常规储层岩石中碳酸盐质量分数为 0～80%（图 2.5）。碳酸盐含量的变化代表了单个盆地之间和内部的主要组成趋势之一（图 2.1a、c）。非常规储层岩石中碳酸盐的主要来源是海洋生物化石，包括有孔虫（图 2.6c、图 2.8b）、钙质球和双壳类（Loucks 和 Ruppel，2007）。碳酸盐的生物起源和沉积条件的变化导致了颗粒形状和尺寸的广泛变化，从亚微米级的大量填充裂缝和颗粒之间（图 2.8a）到微米级尺度的化石颗粒（图 2.8b；Haynesville-1、Eagle Ford-1）到毫米级的角形颗粒（图 2.8b，Barnett-1）。碳酸盐含量与黄铁矿含量和 TOC 呈负相关关系（图 2.5），因为沉积过程中的硫化物和缺氧条件有利于有机质的保存，同时限制了钙质海洋生物的存在（Loucks 和 Ruppel，2007）。与黏土和 TOC 之间的关系类似，由于特定的沉积条件，各个储层之间的趋势也不同。

三、有机质

有机质是含油气非常规储层岩石的永恒特征（Passey 等，2010）。"干酪根"一词用于描述不同有机化合物的混合物，但具体的化学成分在不同盆地之间和盆地内部可能有很大差异。干酪根是通过化学方法测定总有机碳（TOC）来量化。与 TOC 质量分数为 2%～15% 的典型沉积岩相比，大多数非常规烃源岩相对富含有机质（图 2.5b、表 2.1）。有机质在岩石基质中呈现出多种形态，包括微米级尺度的层理平行透镜体（图 2.6a、图 2.8 Eagle Ford-1、见图 5.6）、毫米级尺度填充的微裂缝（图 2.6、见图 5.3）、微化石中的孤立沉积物（图 2.6c、见图 5.5）。事实上，许多不同类型的有机质结构可以在同一岩相中共存（Milliken 等，2013）。在富含有机质的岩石中，充填微裂缝和沿层理平面上延伸的干酪根透镜体的存在是弹性和流动各向异性的一个重要来源，因为干酪根比其他基质组分更柔韧且多孔（Vanorioet 等，2008；Al Ismail 和 Zoback，2016）。

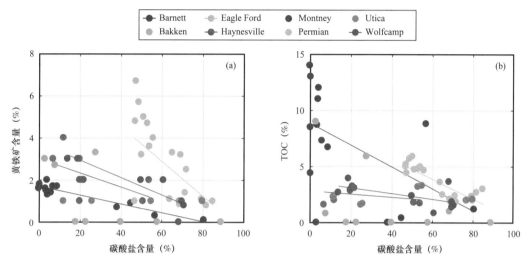

图 2.5　几个主要非常规盆地的碳酸盐含量与黄铁矿（a）和总有机碳（TOC）（b）的相关性

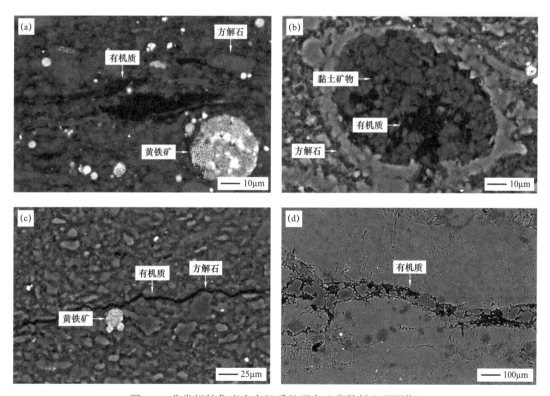

图 2.6　非常规储集岩中有机质的形态（背散射电子图像）

（a）50～100μm 的透镜状沉积物，长的方向平行于层理，Marcellus 页岩；（b）充满有机质的有孔虫化石，Eagle Ford 250Va；（c）层理平行于充满有机物微裂缝，宽 1～3μm，Haynesville 1–5V；（d）有机质网络，Barnett 18Vb

四、孔隙度

非常规储层岩石的孔隙度范围为1%～15%（图2.7；Chalmers等，2012a），并且包含从亚纳米级到亚微米级尺度的各种孔隙类型（Curtis等，2012a；Ma等，2016）。岩石基质中常见的三种主要孔隙类型：有机质中的亚纳米级至微米级孔隙、矿物基质中的纳米级至微米级孔隙（粒间孔隙和粒内孔隙）以及主要在层理面内发现的微米级微裂缝（Loucks等，2012）。第五章将详细探讨基质孔隙网络的特征。此处考虑孔隙度与主要孔隙类型组成趋势的关系。

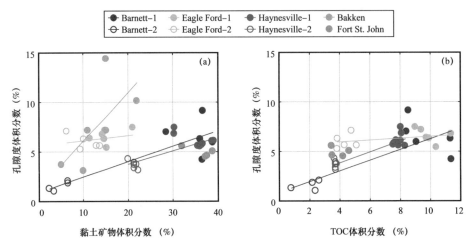

图2.7　几个主要非常规油气盆地孔隙度与黏土含量（a）和总有机碳（TOC）（b）的相关性（据Sone和Zoback，2013a）

美国主要页岩盆地的孔隙度与黏土和干酪根均呈正相关关系（图2.7）。黏土矿物可在黏土集合体（图2.3b）和黏土—碎屑接触（其中组构连续性受到干扰）之间形成明显的纳米级粒间孔隙（见图5.4）。膨胀黏土矿物，如伊利石—蒙皂石，在层间空间中也可能含有更小的粒内孔隙（图2.3a）。由于片状黏土集合体倾向于形成优先排列，黏土颗粒间孔隙通常由与局部组构或层面对齐的淤泥状孔隙组成。

有机质含有亚纳米级至亚微米级孔隙，沉积物的孔隙度范围为0～40%（Curtis等，2012b）。有机质中的孔隙度和孔隙类型取决于一系列因素，包括化学成分、成熟度和围岩基质的矿物成分（Curtis等，2011，2012b；Milliken等，2013；Anovitz等，2015）。多孔有机质通常表现为海绵状结构，由形状近似球形的孔隙组成，无明显的优先方向（见图5.6；Curtis等，2012a；Milliken等，2013），但也可能包含排列整齐的淤泥状孔隙（Loucks等，2012）。有机质也可能在与黏土或碎屑矿物接触时形成最大可以达到数微米的更大粒间孔隙（见图5.6）。

粒状硅酸盐、碳酸盐、磷酸盐和氧化物矿物也对岩石基质贡献粒间孔隙和粒内孔隙。粒间孔隙形成于碎屑含量和黏土—碎屑接触处之间。与黏土相比，由于碎屑矿物的粒度较大，碎屑接触面之间的孔隙通常更大。碳酸盐矿物通常显示出明显的粒内孔隙，尤其是在遗迹化石（见图 5.5）、大量裂缝填充物（Loucks 等，2012；Vega 等，2015）和具有溶解—沉淀特征的大颗粒内（Rassouli 和 Zoback，2018）。草莓状黄铁矿（图 2.6a）在单个自形晶体之间也含有明显的粒内孔隙（见图 5.5）。在大多数情况下，颗粒基质孔隙显示出从相同到不规则到粉粒状的各种类型的孔隙形状，并且在毫米级到纳米级尺度上没有任何优先方向（Loucks 等，2012）。岩石基质中的微裂缝长度从厘米级到毫米级尺度，孔径范围为 $1\sim100\mu m$（见图 5.3；Vega 等，2015；Zhang 等，2017）。在大多数情况下，微裂缝由有机质（见图 5.3d）或矿物胶结物填充（Loucks 等，2009，2012；Vega 等，2015）。在岩心回收、储存或样品制备过程中，由于力学卸载（例如，研磨、薄截面的环氧树脂浸渍），也可能在层理面上形成较大的裂缝（见图 5.3a）。

考虑到非常规储层岩石中孔隙度和孔隙类型的变化与组成的关系，黏土和富含有机质的岩石可能主要含有有机质孔隙和黏土粒间孔隙，这些孔隙定向于层理面，而碎屑岩可能含有较多的粒内孔隙和粒间孔隙，且无定向性。在黏土和富含有机质的岩石中，微裂缝可能被有机质填充，或者由于相对于碎屑岩的塑性增加而根本不形成裂缝（第三章）。在硅质和钙质岩相中，微裂缝也可能被在成岩流体流动过程中沉淀的有机质或矿物相填充。

五、组构

本章讨论了非常规油气盆地中岩石组构的各种尺度，从露头尺度的沉积层到厘米级尺度的成分变化（见图 1.12）。从米级到微米级尺度，岩石组构（结构各向异性）由各种特征定义，这取决于岩石基质组成。黏土矿物在成岩作用、压实作用和相变过程中形成平行于层理的优先方向。在这些黏土组构中，板状黏土集合体的分层导致平行于层理的淤泥状孔隙的发育，这有助于在基质孔隙结构中的组构形成。分布在平行于层理透镜体和矿脉（微裂缝）中的有机质代表了各向异性的另一个潜在来源（图 2.6a、b）。同样，在这些平行于层理的特征中孔隙的发育可以在孔隙网络中形成一个组构。在某些情况下，有机质实际上可能会填充黏土集合体之间的纳米级粒间孔隙（Kuila 等，2014），从而增强现有黏土组构的强度。如本章前面所述，有机质的形态、孔隙度和孔隙分布强烈依赖于物源来源、沉积条件和围岩基质。尽管非常规储层岩石组构强度的主要控制因素是黏土和有机质的丰度和分布，但在某些岩相中，碎屑矿物（石英和碳酸盐）也表现出与层理平行的颗粒形状的优先方向（图 2.8b，Eagle Ford 176Ha；Klaver 等，2012）。平行于层理的微裂缝代表另一个潜在的各向异性来源，不一定与黏土和有机质有关。

由于影响非常规储层组构发育的因素众多，各向异性与基质组成之间的关系并不一定简单明了。图 2.8 显示了通过增加黏土和 TOC 排序的硅质岩和通过增加碳酸盐含量排序的钙质岩石的岩相图像。在硅质岩中，黏土的含量明显增加了平行于层理组构的强度；然而，增加 TOC 是否加强组构取决于其形态和分布（Haynesville 1–5 和 Barnett 25Ha）。在钙质岩石中，碳酸盐矿物的顺层优先方向在所有碳酸盐含量条件下都有不同程度的存在。随着碳酸盐含量的增加，基质的任何其他成分都可能通过特定储层的岩性趋势而减少。例如，在图 2.8（b）中，碳酸盐的增加主要以牺牲黏土和 QFP（石英、长石、黄铁矿）为代价，而 TOC 含量是相对恒定的，这为每个样品提供了一致的各向异性来源。各向异性（组构）和成分之间的复杂关系强调了实验室测试对了解不同岩相物理性质的重要性。

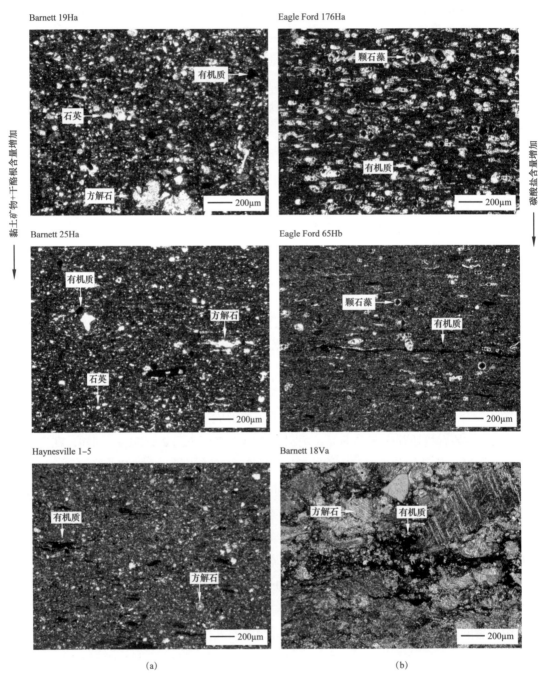

（a）　　　　　　　　　　　　　　　　（b）

图 2.8　页岩显微结构和组构随成分的变化（所有图像都是在垂直于层面切割的薄片上的交叉偏振光中拍摄）（据 Sone 和 Zoback，2013a，有修改）

（a）富黏土页岩的组构强度随黏土含量的增加而增加，颗粒大小随黏土含量的增加而减小；（b）钙质页岩的黏土组构强度随碳酸盐含量的增加而降低，样品组成见表 2.1

六、非均质性的规模

当第二章至第六章开始讨论对回收岩心样品进行的一系列实验室测量时，必须注意到，在非常规储层岩石中，成分和微观结构可能在厘米级到毫米级尺度之间发生显著变化。图 2.9 显示了 Mancos 组页岩水平岩心样品的显微照片。即使在 1in 岩心样品（美国岩石性能测试标准）的尺度上，也有毫米级尺度的层理代表着明显不同的岩相。一些毫米级尺度的岩相显示出干酪根是在一个坚固的黏土组构中连续的平行于层理的脉体，而另一些岩相则显示出黏土组构较弱，只有孤立的干酪根沉积物的石英的粒状结构。当考虑在岩心尺度上测量岩石性质时，必须记住，任何观察到的行为都反映了各种微观结构的综合效应。将在第五章中讨论量化岩石基质的代表性基本体积（REV）的工作。

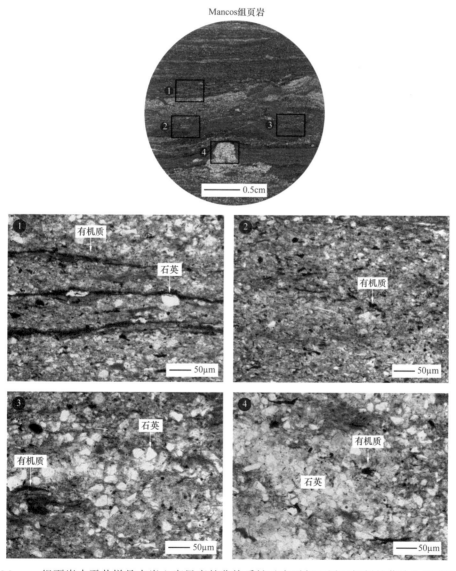

图 2.9　Mancos 组页岩水平井样品中岩心塞尺度的非均质性（在平行于层面切割的薄片上的平面偏振光中的所有图像）

第二节　弹性性能

一、垂直横向各向同性

非常规储层岩石的厘米级至米级尺度组构表明，组分和微观结构的主要变化是在垂直方向上，而单相在水平面上相对连续（见图1.12；Sayers，1994；Slatt 和 Abouseleiman，2011）。岩心尺度样品也显示出水平分层，在垂直方向上产生了毫米级的成分变化（图2.9）。这种组构在不同尺度上的普遍存在表明页岩在横向上是各向同性的，具有旋转对称的垂直轴或垂直横向各向同性（VTI）（图2.10；Vernik 和 Nur，1992）。第三节将探讨如何使用VTI模型来量化非常规储层岩石的弹性性质和各向异性。

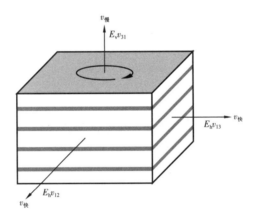

图 2.10　垂直横向各向同性层状材料示意图

垂直方向 x_3 是对称轴。快波极化位于水平面（层理）内，而慢波极化垂直于层理

二、静态和动态模量

Sone 和 Zoback（2013a）开发了一套测量各种应力水平下弹性模量和随时间变化的变形（蠕变）的实验程序（图2.11）。第三章将讨论时间相关变形的测量。静态模量从每个加载步骤的应力—应变响应确定。杨氏模量 E，由轴向应力与轴向应变之比计算得出。泊松比 ν 由轴向应变和侧向应变之比计算得出。动态模量由施加恒定应力（蠕变测量）前后每个应力水平的波速测量值确定。随后，将样品部分卸载并重新加载至相同的应力水平，以重新测量静态模量。该程序旨在揭示首次加载和卸载—重新加载测量之间的任何滞后现象，这可以从理论上深入了解样品先前的原位地应力条件。正如将在本章后面讨论的，由于在岩心回收和储存过程中可能影响岩石刚度的因素较多，这并不一定简单明了。

对于VTI材料，仅需进行五个独立的波速测量便可计算动态模量和量化各向异性（Mavko 等，2009）。VTI 材料的应力应变关系（胡克定律）为

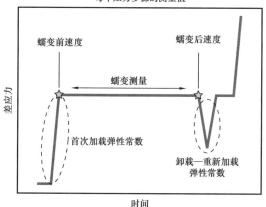

图 2.11　描述静态和动态弹性特性的实验程序（据 Sone 和 Zoback，2013a）
静态模量由第一次加载和几个小时恒定应力作用（蠕变）后的应力—应变关系确定。在蠕变步骤前后测量声速。第三章（见图 3.1）详细讨论了整个程序和蠕变测量

$$
\begin{bmatrix}
\sigma_{11} \\
\sigma_{22} \\
\sigma_{33} \\
\sigma_{23} \\
\sigma_{31} \\
\sigma_{12}
\end{bmatrix}
=
\begin{bmatrix}
C_{11} & C_{12} & C_{13} & 0 & 0 & 0 \\
C_{12} & C_{11} & C_{13} & 0 & 0 & 0 \\
C_{13} & C_{13} & C_{33} & 0 & 0 & 0 \\
0 & 0 & 0 & C_{44} & 0 & 0 \\
0 & 0 & 0 & 0 & C_{44} & 0 \\
0 & 0 & 0 & 0 & 0 & C_{66}
\end{bmatrix}
\begin{bmatrix}
\varepsilon_{11} \\
\varepsilon_{22} \\
\varepsilon_{33} \\
2\varepsilon_{23} \\
2\varepsilon_{31} \\
2\varepsilon_{12}
\end{bmatrix}
\tag{2.1}
$$

式中，σ_{ii} 为正应力；σ_{ij} 为剪应力；C_{ij} 为弹性刚性系数；ε_{ii} 为正应变；ε_{ij} 为剪切应变。

刚性系数根据不同方向的波速测量值计算得出：

$$
\begin{aligned}
C_{11} &= \rho v_{P0}{}^2 \\
C_{33} &= \rho v_{P90}{}^2 \\
C_{44} &= \rho v_{S90}{}^2 \\
C_{66} &= \rho v_{S0}{}^2
\end{aligned}
\tag{2.2}
$$

$$
C_{13} = -C_{44} + \sqrt{4\rho^2 v_{P45}{}^4 - 2\rho v_{P45}{}^2\left(C_{11} + C_{33} + 2C_{44}\right) + \left(C_{11} + C_{44}\right)\left(C_{33} + C_{44}\right)}
$$

式中，ρ 为密度；v_{P0} 和 v_{P90} 分别为平行和垂直于层理传播的纵波速度；v_{S90} 和 v_{S0} 分别为横波的垂直和水平传播速度；v_{P45} 为准纵波的速度，与层理呈 45°（图 2.12）。

Wang（2002a，b）开发了一种在单个水平岩心样品（x_3 平行于层理）上测量 VTI 材料所有五种速度的程序。该方法在垂直方向上使用一组纵波换能器和两个横波换能器，以及与层理垂直和 45° 的水平纵波换能器。对于 VTI 介质，P 波和 S 波（快）速度随入射角的变化可用于获得五个独立刚度系数集（Mavko 等，2009）：

$$
v_{\mathrm{p}} = \sqrt{\frac{C_{11}\sin^2\theta + C_{11}\sin^2\theta + C_{44} + \sqrt{M}}{2\rho}}
\tag{2.3}
$$

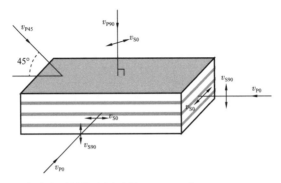

图 2.12　岩心尺度波速测量的术语（据 Johnston 和 Christensen，1995，有修改）

其中

$$M=\left[\left(C_{11}-C_{44}\right)\sin^2\theta+\left(C_{33}-C_{44}\right)\cos^2\theta\right]^2+\left(C_{13}-C_{44}\right)^2$$

$$v_{s0}=\sqrt{\frac{C_{66}\sin^2\theta+C_{44}\sin^2\theta}{2\rho}}\qquad(2.4)$$

在没有水平传感器的情况下，可以在一系列岩心样品上进行垂直速度测量，这些岩心样品相对于层理的方向为 0°～90°，并与式（2.3）和式（2.4）相匹配确定弹性常数（图 2.13）。

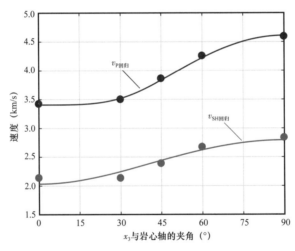

图 2.13　Haynesville 页岩在不同角度层理的岩心尺度各向异性定量化的速度测量示例（据 Sone 和 Zoback，2013a）

三、成分和组构控制

Sone 和 Zoback（2013a）测量了来自美国多个重要盆地的非常规储层岩石的静态和动态弹性性质，这些岩石的黏土 + TOC 体积分数范围为 0～50%。图 2.14 显示了 P 波模量、S 波模量、首次加载杨氏模量、泊松比与黏土 + 干酪根的函数关系。这些数据是在 50MPa 的轴向压力下选取的，在该压力下，只观察到随着压力增加而出现的轻微硬化。正如 Sone 和 Zoback（2013a）所讨论的，这确保了测量不会因取心或样品制备过程中产生的闭合裂纹而产生压力硬化效应。

随着黏土＋干酪根的增加，所有模量显著降低（图 2.14a—c）。在每个储层中，来自相对较低黏土＋TOC 的样品的硬度始终高于相对较高黏土＋TOC 的样品，这反映了基质（QFP 和碳酸盐）相对硬度较大组分比例的增加。所有储层的样品也显示出明显的弹性各向异性。水平样品（x_3 平行于层理）的硬度始终高于垂直样品（x_3 垂直于层理）。水平和垂直刚度值之间的差异随着黏土＋干酪根的增加而增大，反映了黏土组构和有机质对弹性各向异性的贡献（图 2.8a）。静态泊松比（图 2.14d）没有显示出对成分的明显依赖性，但反映了类似的各向异性方式。在每个样品组中，水平泊松比 v_{13} 大于垂直泊松比 v_{31}。

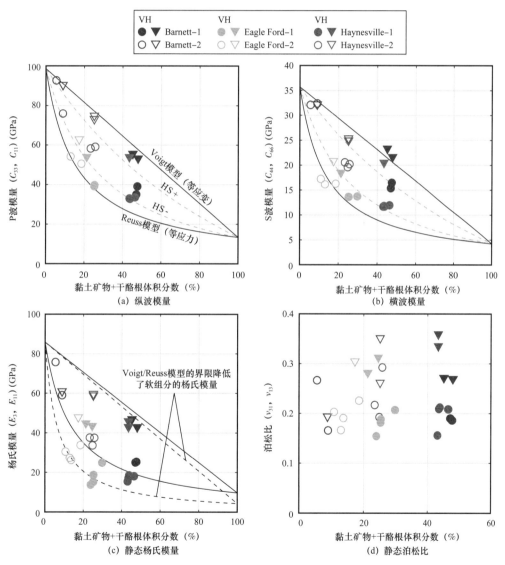

图 2.14　作为黏土矿物＋干酪根体积函数的动态和静态模量（与 Voigt/Reuss 界限和上 / 下 Hashin–Shrikman 界限相比较）（据 Sone 和 Zoback，2013a）

使用表 2.2 中的值计算 Voigt 和 Reuss 界限。在（c）中，虚线表示通过将软组分的杨氏模量减少到表 2.2 中给出值的一半而计算出的界限

四、弹性性质的理论界限

为了了解弹性性质随成分的变化，Sone 和 Zoback（2013a）将实验室数据与层状介质简单物理模型的理论界限进行了比较（图 2.14a—c）。

由于弹性性质的主要变化源于相对软组分（黏土和干酪根）的变化，Sone 和 Zoback（2013a）简单地将基质视为硬组分（石英和方解石）与软组分的二元混合物。端元的弹性特性根据硬组分和软组分的各向同性弹性特性的 Hill 平均值（算术平均值）计算得出（表 2.2）。请注意，该分析忽略了孔隙度的影响，因为它是基质体积分数为 1%～10% 的一个相对较小的组分（表 2.1，图 2.4），并且可能已经考虑了软组分的弹性特性。这是合理的，因为岩石基质中的孔隙通常集中在黏土和有机质（图 2.7），因此纯组分弹性性质的测量应包括粒间孔隙和粒内孔隙的影响（图 2.3b、见图 5.6）。

表 2.2　用于计算图 2.14 中边界的弹性特性（据 Sone 和 Zoback，2013a）

组分	K（GPa）	μ（GPa）	M（GPa）	E（GPa）	来源
石英	37	44	—	—	Mavko 等（2009）
方解石	70.2	29	—	—	Mavko 等（2009）
硬组分	51	35.7	98.6	86.9	
黏土矿物	12	6	—	—	Vanorio 等（2003）
干酪根	5	3	—	—	Bandyopadhyay（2009）
软组分	7.8	4.3	13.4	10.8	

注：硬组分和软组分的计算根据石英 / 方解石和黏土矿物 / 干酪根弹性性质的 Hill（算术）平均值。K 为体积模量，μ 为剪切（S 波）模量，M 为纵波模量（C_{11} 或 C_{33}）。

从硬组分和软组分考虑岩石基质使基于层状介质的简单物理模型的理论界限应用成为可能。Voigt/Reuss 界限表示硬组分和软组分弹性特性的算术和几何加权平均值：

Voigt（等应变）（图 2.15a）：

$$E_{\mathrm{v}} = f_{软组分} E_{软组分} + f_{硬组分} E_{硬组分} \tag{2.5}$$

Reuss（等应力）（图 2.15b）：

$$E_{\mathrm{R}}^{-1} = f_{软组分} E_{软组分}^{-1} + f_{硬组分} E_{硬组分}^{-1} \tag{2.6}$$

式中，f 为指给定组分的体积或质量分数；E 为指给定组分的杨氏模量。

Reuss 模型表示等应力状态，其中最大应力的施加对硬软层是正常的，应变则集中在软组分中（图 2.15a）。Voigt 模型表示等应变条件，其中最大应力的施加与层理平行，应力集中在硬组分上（图 2.15b）。

图 2.14（a）—（c）表明实验室测量的弹性模量通常介于 Voigt/Reuss 界限之间；然而，垂直杨氏模量的测量值略低于 Reuss（等应力）界限（图 2.14c）。正如 Sone 和 Zoback

（2013a）所讨论的，这种差异可能是由软组分的动态和静态弹性特性测量的差异引起的。表2.2中使用的值来自实验室波速（动态）测量值。在静态测量过程中，由于相对较大应变下的非弹性变形增加，软组分可能看起来更一致。将软组分杨氏模量降低一半是压缩Eagle Ford组和Haynesville组最一致页岩数据所必需的（图2.14c）。中等黏土和干酪根含量的异常低模量可能是由几个因素造成的。第一，这些简单的模型没有考虑到不同储层之间端元成分的可能变化。例如，在Eagle Ford组，低黏土和干酪根含量样品的钙质含量更高，而Barnett组的硅质含量更高。第二，该模型没有考虑硬（碎屑）组分中的任何粒间孔隙或粒内孔隙，这可能导致一致性增加而不受黏土和干酪根含量的影响。这可能与相对钙质盆地相关，如Eagle Ford组，其样品在方解石和白云石中具有明显的粒内孔隙（见图5.5；Rassouli和Zoback，2018）。第三，异常低的模量可能表示组构各向异性强。Voigt和Reuss边界物理上表示完全分层介质的端元组分情况（图2.15），因此Reuss边界上或以下的数据点可能表示组构具有强各向异性的样品。这实际上与Eagle Ford组和Haynesville组样品的微观结构一致，其在岩相图像中显示出强烈的组构各向异性，部分原因是有机物透镜在层理平面中被拉长（图2.8）。

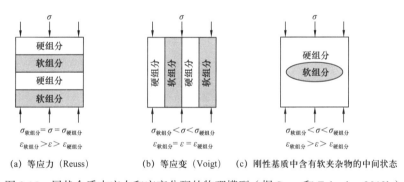

图2.15　层状介质中应力和应变分配的物理模型（据Sone和Zoback，2013b）

五、有关的静态和动态弹性特性

在考虑如何在原位储层变形的情况下使用弹性测量，了解静态和动态弹性特性之间的关系非常重要。静态模量通常在两个阶段进行测量：第一个加载阶段和随后的卸载—重新加载循环（图2.11）。首次加载和重新加载弹性特性之间的差异通常在岩石力学中观察到，并且通常归因于在第一次加载超过岩石先前经历的最大应力水平时不可恢复的非弹性变形。图2.16（a）显示首次加载期间测得的杨氏模量始终比重新加载时低约20%，表明初始非弹性变形的重要组成部分。这种影响甚至低于估计的原地应力，表明岩心样品可能在恢复过程中失去了力学"记忆"（Sone和Zoback，2013a）。这种失稳可能是由各种机制引起的，包括超压气体引起的孔隙膨胀和岩石框架的弹性恢复缓慢（Warpinski和Teufel，1986）。来自超压环境的样品在低压差应力下也可能表现出明显的滞后现象，因为它们的"记忆"反映了非常低的原位有效应力。

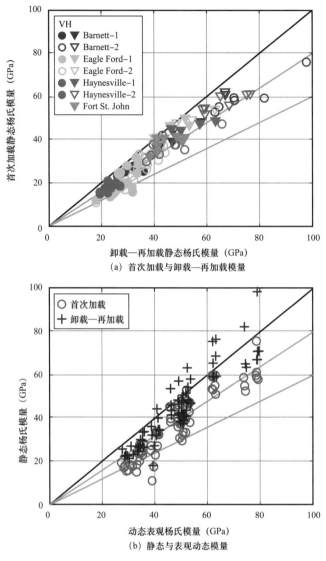

（a）首次加载与卸载—再加载模量

（b）静态与表观动态模量

图 2.16　静态和动态杨氏模量的比较（据 Sone 和 Zoback，2013a）

在所有应力水平上首次加载和重新加载静态模量之间的差异反映了在实验室岩心样品实验中恢复原位弹性性质的困难。尽管由于实验的有限时间尺度下，重新加载测量没有包含完全重新压缩的状态，但第一次加载测量捕获了可能不代表原位行为的额外非弹性变形。通过比较第一次加载和卸载—重新加载时的模量与各向同性介质视动态模量后，Sone 和 Zoback（2013a）说明了这个差异：

$$E_1^{\text{apparent}} = \frac{C_{66}\left(3C_{11} - 4C_{66}\right)}{C_{11} - C_{66}}$$
$$E_3^{\text{apparent}} = \frac{C_{44}\left(3C_{44} - 4C_{44}\right)}{C_{33} - C_{44}}$$

（2.7）

图 2.16（b）显示第一次加载的杨氏模量始终低于视动态模量，类似于在许多其他沉

积岩中观察到的静态和动态杨氏模量关系（Mavko 等，2009）。卸载—重新加载的杨氏模量更接近于动态模量，这意味着第一次加载测量中的大多数非弹性变形是永久性的（不可恢复的）。静态和动态杨氏模量关系的变化突出了在考虑现场储层变形的实验室弹性性质时，了解静态测量条件的重要性。在本章的后面部分，将研究实验室弹性测量和现场井筒测量之间的关系。

第三节　弹性各向异性

弹性各向异性用 Thomsen 提出的参数 ε、γ 和 δ 量化（Thomsen，1986），这些参数由弹性刚度系数［式（2.8）～式（2.10）］的各种组合定义。在 VTI 材料中，ε（P 波各向异性）表示垂直和水平纵波速度（v_{P0}，v_{P90}）之间的差异，γ（S 波各向异性）表示垂直和水平横波速度（v_{S0}，v_{S90}）之间的差异。δ 表示对称轴（x_3）附近纵波速度的差异，但用物理术语解释有点困难。

$$\varepsilon = \frac{C_{11} - C_{33}}{2C_{33}} \quad\quad (2.8)$$

$$\gamma = \frac{C_{66} - C_{44}}{2C_{44}} \qu\quad (2.9)$$

$$\delta = \frac{\left(C_{13} + C_{44}\right)^2 - \left(C_{33} - C_{44}\right)^2}{2C_{33}\left(C_{33} - C_{44}\right)} \qu\quad (2.10)$$

静态弹性各向异性定义为水平与垂直杨氏模量之比 E_h/E_v。图 2.17 表明各参数的各向异性随黏土和干酪根含量的增加而增强，这与之前的研究一致，即页岩的各向异性归因于黏土矿物的优先排列和有机质的分布（Vernik 和 Nur，1992；Sayers，1994；Vernik 和 Liu，1997）。对于任何一个样品，很难区分黏土和干酪根对各向异性的独特影响，因为它们在这些样品中的丰度呈正相关关系（图 2.2）。

每个盆地下部黏土 + 干酪根（Barnett-2）的样品表现出一致的弱各向异性。然而，不同盆地之间具有相似黏土 + 干酪根的样品表现出不同的各向异性（Haynesville-1 和 Barnett-1），这可能反映了岩石基质中各种各向异性成分（黏土、干酪根、微裂缝）的形态和分布差异（图 2.8）。

图 2.18 表明每个参数的各向异性程度与垂直波速和静态模量呈负相关关系。之前关于页岩研究中也观察到类似的趋势（Bandyopadhayy，2009；Mavko 等，2009），这归因于黏土和干酪根含量与孔隙度（图 2.7）及孔隙度各向异性（Leu 等，2016）的相关性。正如本章前述所讨论的，黏土和有机质可能以各种方式影响各向异性和弹性刚度。黏土矿物的各向异性、与碎屑相的相对一致性（表 2.2）以及它们在层理平面上排列的趋势导致各向异性增强，刚度随黏土含量的增加而降低。有机质的多孔性、其极低的一致性以及

其在层理平行特征中分布的趋势（图 2.6、见图 5.3d、图 5.6c）也可能有助于增加各向异性并降低刚度。图 2.17 和图 2.18 中的成分、刚度和各向异性之间的相关性对于来自美国主要非常规油气盆地的样品来说似乎相对一致，这表明软组分（黏土和干酪根）的比例是各向异性的主要控制因素，但是这种关系在沉积条件明显不同的盆地之间可能有很大的差异。

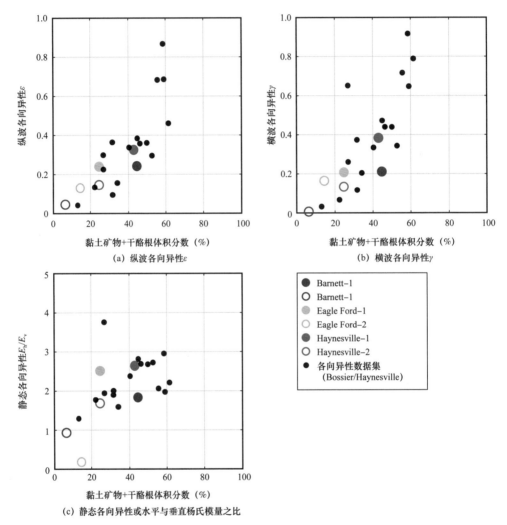

图 2.17　各向异性弹性性质与黏土矿物 + 干酪根体积分数的函数关系（据 Sone 和 Zoback，2013a）

例如，Vernik 和 Liu（1997）研究了比 Sone 和 Zoback（2013a）研究样品（体积分数达到 12%）有机质含量更高的样品（体积分数高达 42%），但发现相对一致岩性的各向异性值范围更广。这有点违反直觉，但可以解释为 Vernik 和 Liu（1997）研究的样品的成熟度范围大，而 Sone 和 Zoback（2013a）主要研究的是生气窗中的成熟至后成熟样品。

关于富有机质页岩各向异性随成熟度变化的研究发现，干酪根在平行层理中分布的各向异性在峰值成熟期达到最强（Vanorio 等，2008；Ahmadov，2011；Kanitpanyacharon 等，

2012）。在未成熟页岩中，干酪根可能以与其来源更为密切相关的无定形分布（Curtis 等，2012b），而在成熟页岩中，它可能在基质中的沿着运移路径分散（Ahmadov，2011），这可以解释 Vernik 和 Liu（1997）获得的一致富有机质页岩的各向异性值范围。

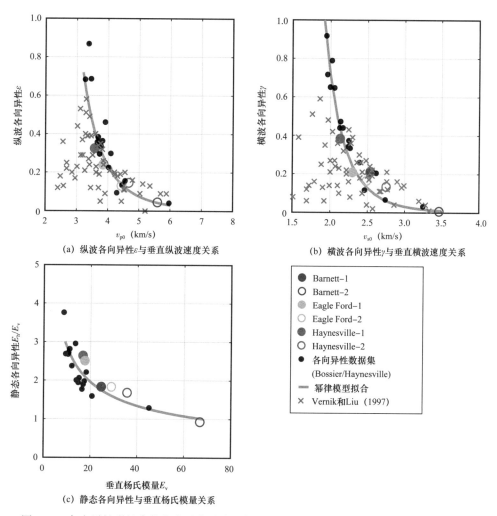

图 2.18　各向异性弹性参数作为垂直速度和杨氏模量的函数（据 Sone 和 Zoback，2013a）

第四节　孔隙弹性

　　非常规储层岩石弹性性质的大多数研究都是在干燥条件下（无孔隙流体压力）对岩心样品或在低温干燥后进行的（Sone 和 Zoback，2013a；Bonnelye 等，2016a；Meléndez-Martínez 和 Schmitt，2016；Geng 等，2017）。这种方法有助于研究基质成分和微观结构对弹性刚度的影响。然而，这并不一定代表原位储层条件，在这种情况下，岩石基质可能被盐水和 / 或油气饱和。第五章将讨论非常规储层中原位孔隙流体的范围。本节回顾了在饱和流体条件下非常规储层岩石中弹性变形的实验室观察结果。

在饱和多孔介质中，作用在基质上的应力是一个简单的有效应力，即围压与孔隙压力之差（$\sigma=p_c-p_p$）。Terzaghi（1923）提出了这种关系式，用于描述围压和孔隙压力对松散土变形的同等影响。在固结岩石基质中，颗粒结构减小了承受孔隙压力的面积，而当岩石基质变得更硬时，又降低了孔隙压力的相对影响。

对于固结多孔介质，Nur 和 Byerlee（1971）提出了有效应力表达式：

$$\sigma_{eff}=p_c-\alpha p_p \tag{2.11}$$

式中，α 为 Biot 系数（Biot，1941），它描述了孔隙压力对有效应力 σ_{eff} 的相对影响。Skempton（1960）提出了体积变形情况下 α 的一种形式：

$$\alpha=1-\frac{K_{bulk}}{K_{grain}} \tag{2.12}$$

式中，K_{bulk} 为总（岩石基质和孔隙网络）的体积模量；K_{grain} 为基质成分的体积模量。

K_{bulk} 很容易通过实验室测量得到，可能随孔隙压力和围压的变化而变化，但是，对于非常规储层岩石，由于岩石基质复杂的矿物成分和细粒度，K_{grain} 可能难以估计。仅根据组分估计弹性性质的困难可通过不同储层具有相似基质成分的页岩之间弹性性质的变化来说明（图 2.14）。K_{grain} 也可能随有效压力的变化而变化，特别是对具有显著粒内孔隙的基质组分（黏土、有机质、碳酸盐）。认识到 α 值取决于孔隙和围压，Todd 和 Simmons（1972）提出了 α 的通用表达式，该表达式对比了恒定孔隙压力和恒定有效应力下的测量值。Ma 和 Zoback（2017a）采用该表达式来描述体积变形：

$$\alpha=1-\frac{\left(\partial\sigma/\partial\varepsilon_v\,|\,p_p\right)}{\left(\partial p_p/\partial\varepsilon_v\,|\,\sigma\right)} \tag{2.13}$$

其中，在恒定孔隙压力下，简单有效应力随体积应变的变化，$\left(\partial\sigma/\partial\varepsilon_v|p_p\right)$ 表示有效应力对变形的贡献；而在恒定有效应力下，孔隙压力随体积应变的变化，$\left(\partial p_p/\partial\varepsilon_v|\sigma\right)$ 表示围压对变形的贡献。

图 2.19 显示了 Bakken 组页岩样品上注入和采出序列的围压体积应变关系示例（Ma 和 Zoback，2017a）。在一定有效应力下，体积应变随围压的增大而增大，随孔隙压力的增大而减小。恒定孔隙水压力线（实心线）的斜率代表 K_{bulk}，始终低于恒定简单有效应力线的斜率（虚线），表明 α 值小于 1。

图 2.20 显示了 Biot 系数随图 2.19 中采出和注入序列的简单有效应力函数的演变。

一般来说，α 随简单有效应力的增加而减小（对于给定的孔隙压力），随着孔隙压力的增加而增加（对于给定的简单有效应力）。α 随孔隙压力的增加表明，在低有效应力下，孔隙压力通过围压阻止孔隙闭合。对于给定的有效应力，注入过程中 α 的测量值通常高于采出过程中的测量值。注入和采出之间孔隙弹性行为的差异可归因于各种因素，包括卸载—再加载滞后（Suarez Rivera 和 Fjær，2013）、孔隙压力平衡不足和 / 或孔隙网络的非弹性损伤。参见 Ma 和 Zoback（2017a），了解与低孔隙度、低渗透率岩石孔隙弹性性质测量相关的实验考虑因素的详细讨论。

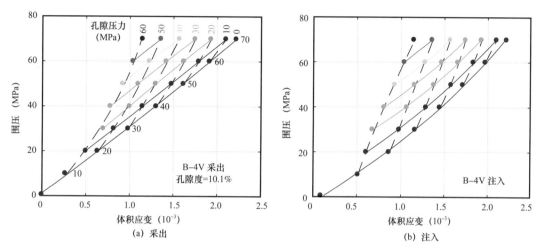

(a) 采出   (b) 注入

图 2.19 　用于评估有效应力、孔隙压力和体积应变之间关系的加载 / 卸载顺序示例

（据 Ma 和 Zoback，2017a）

恒定孔隙压力序列（实线）用不同的彩色符号表示；恒定有效应力序列用虚线表示

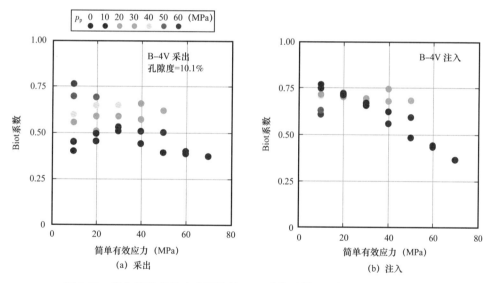

(a) 采出   (b) 注入

图 2.20 　作为简单有效应力函数的 Biot 系数（据 Ma 和 Zoback，2017a）

彩色点对应图 2.19 中的孔隙压力

Ma 和 Zoback（2017a）研究了 Bakken 组页岩样品中从钙质到硅质的多孔弹性变形。图 2.20 显示了 Biot 系数随孔隙度、黏土 + 干酪根和体积模量的变化。在钙质组中，α 与孔隙度相关（图 2.20a）。一般来说，由于孔隙比表面积增大，孔隙压力对高孔隙度岩石的影响更大。每种岩相 Biot 系数的可变性预计也取决于孔隙网络的特征。α 随有效应力的变化可能是由岩石基质的压力相关变形引起的，这可能会改变孔隙网络中的流体通道。在这种情况下，孔隙压实对具有低孔隙度（连通性）和 / 或一致性孔隙的岩石的孔隙弹性响

应有更大的影响，这可以解释为什么孔隙度最高、硬度最高的样品在 α 上的最小可变性（图 2.21a、c）。α 随着刚度（体积模量）而减小，与成分无关（图 2.21b）。Ma 和 Zoback（2017a）认为，体积模量与孔隙弹性的关系比成分或孔隙度更为密切，原因有二：首先，体积模量综合了岩石基质的所有微观结构特征，包括成分和孔隙度；其次，孔隙率通常是在环境压力下测量的，这并没有包含压力引发的变形对孔隙弹性的影响。考虑到孔隙弹性与刚度之间的相关性，体积模量随孔隙压力和围压的变化可以为 α 随孔隙压力和围压的变化提供深入的见解。

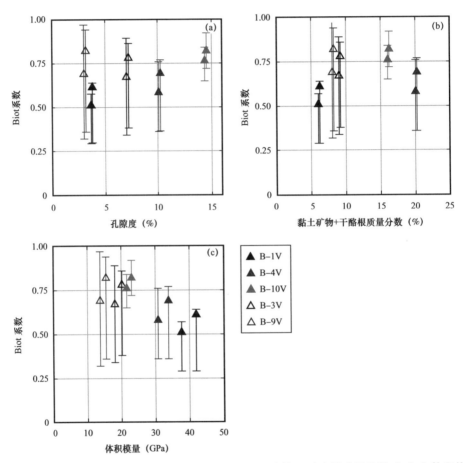

图 2.21　Bakken 地层样品的 Biot 系数与孔隙度（a）、黏土矿物 + 干酪根质量分数（b）和体积模量（c）的相关性（据 Ma 和 Zoback，2017a）

数据点表示 p_c=60MPa，p_p=30MPa 时的数据。空心符号和实心符号分别表示硅质和钙质组。误差线包括注入和采出测量

　　岩心尺度下孔隙弹性的测量为不同加载条件（注入、采出）下岩石基质的变形提供了重要的约束条件。然而，岩心样品并不能包括储层遭受孔隙弹性变形的所有特征，包括厘米级至米级的裂缝和断层（见第七章）。这些特征将强烈影响储层的孔隙弹性响应，因此，为了确定储层规模的应力变化，可能有必要考虑将裂缝效应与岩石基质隔离开来的双重孔隙模型。第十章将探讨裂缝和断层对有效应力变化的影响，第十二章将讨论对采出引起的孔隙弹性应力变化进行建模的方法。

第五节 从地球物理资料估算弹性性质

对岩心样品的弹性性质进行详细的实验室测量需要大量的尝试、资源和时间。在岩心回收不可能的情况下，可使用地球物理测量（测井和／或三维地震勘探）来估计厘米级至米级尺度岩相的原位弹性性质。元素俘获光谱测井提供矿物估计以描绘不同岩相。偶极子声波测井提供声速测量，并与密度测井相结合，以确定弹性参数［式（2.2）］。

图 2.22 显示了包括 Barnett 组页岩在内的地层层序的测井衍生弹性性质示例（Perez Altamar 和 Marfurt，2014）。数据按地层着色，分为两个不同的组：泊松比范围较大的相对一致性岩石，对应 Barnett 组页岩单元；相对坚硬的岩石，泊松比范围窄，对应于上覆和下伏的钙质（石灰岩）单元。图中引用了来自 Sone 和 Zoback（2013a）的 Barnett 组页岩样品的实验室数据。

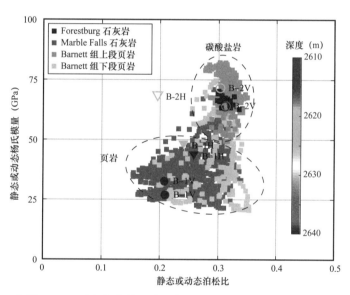

图 2.22 包括 Barnett 页岩在内的地层层序的测井曲线的杨氏模量与泊松比的关系

数据根据地层着色；改编自 Perez Altamar 和 Marfurt（2014）；Sone 和 Zoback（2013a）的实验室测量值被覆盖并按深度着色

相对较高黏土＋干酪根组（Barnett-1）的垂直样品在 Barnett 页岩区域内绘制，而石灰岩（Barnett-2）的垂直样品在石灰岩单元区域内绘制。部分样品表现出水平方向的趋势，这种趋势是可以分析的，因为根据测井数据得出的弹性属性是基于垂直速度的测量结果（Perez Altamar 和 Marfurt，2014）。

按深度对样品着色表明 Barnett-1 和 Barnett-2 对应于 Barnett 组页岩下部的狭窄范围（Sone 和 Zoback，2014b），这说明测井数据中不一定强调精细尺度成分变化。实验室样品来自盆地的不同位置，因此无法通过测井数据进行明确的解释，但这种分布特征可用来分析实验室测量与原位弹性性质之间关系。

图 2.23 根据密度与拉梅参数 λ 和 μ（各向同性弹性模量）的乘积绘制了图 2.22 中 Barnett 组页岩单元的数据。这些 $\mu\rho$—$\lambda\rho$ 交会图通常用于地球物理研究，以说明不同岩相的弹性性质变化（Goodway 等，1997，2010；Perez Altamar 和 Marfurt，2014）。这可以用来比较不同尺度下用不同方法进行的弹性测量。

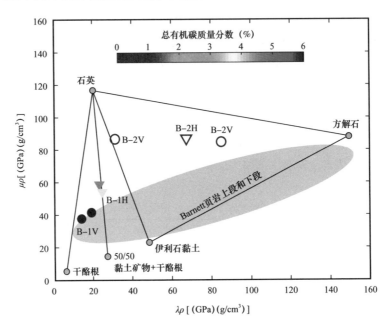

图 2.23　由石英、方解石和黏土矿物 + 干酪根的固体纯组分值定义的 $\mu\rho$—$\lambda\rho$ 交会图中的三元空间（表 2.2）（据 Perez Altamar 和 Marfurt，2014）

方形符号表示图 2.22 中 Barnett 页岩的数据。圆和三角形是 Sone 和 Zoback（2013a）的实验室数据。数据用总有机碳质量分数着色

事实上，Goodway 等（1997）开发了一种通过在没有密度测量的情况下反演三维地面地震数据来估计 $\mu\rho$ 和 $\lambda\rho$ 值的方法。在图 2.23 中，Perez Altamar 和 Marfurt（2014）提出了一个三元方案，以了解主要组成矿物弹性性质背景下 $\mu\rho$—$\lambda\rho$ 值的变化（表 2.2）。笔者修改了这个方案，包括黏土—干酪根混合物（50 个）和纯干酪根（50 个）的顶点，这些顶点似乎包含了更完整的数据。值得注意的是，该分析假设没有孔隙度、裂缝或流体饱和度。增加孔隙率和 / 或裂缝密度会降低 $\mu\rho$—$\lambda\rho$ 值。

密度和刚度的降低（对于给定的孔隙度值）取决于特定孔隙度特征的成分一致性（成分）和几何形状。增加流体含量会降低压缩刚度 λ，但不会影响剪切刚度 μ。$\mu\rho$—$\lambda\rho$ 交会图也可根据所有地球物理测井曲线进行绘制，以评估不同岩相之间的性质。例如，通过用 TOC 绘制图 2.23 中的数据轮廓表明有机物含量的增加对应于剪切刚度的增加和压缩刚度的降低。在三元空间背景下，这意味着高 TOC 归因于相对硅质（富含石英）岩相，这与 Perez Altamar 和 Marfurt（2014）研究的 Barnett 地区的测井和岩心数据一致。

与图 2.22 类似，将 Sone 和 Zoback（2013a）的弹性数据叠加在图 2.23 上。该图中，$\mu\rho$—$\lambda\rho$ 值由静态杨氏模量和泊松比测量值计算，使用均匀各向同性介质的拉梅参数之间

的关系。来自黏土和干酪根富集组（Barnett-1）的样品在富有机物测井数据区域内绘图。钙质组（Barnett-2）的样品在远离 Barnett 组页岩走向的更高刚度下绘制，考虑到这些样品与相邻的石灰岩单元更为相似，这一点并不奇怪（图 2.22）。同样，实验室测量值和测井数据之间的位置差异减弱了比较的意义，但该框架有可能说明现场测量值和实验室测量值之间的弹性特性差异。目前，地球物理研究在成分信息的背景下投射 $\mu\rho$—$\lambda\rho$ 交会图，以描绘脆性和韧性岩性来预测水力压裂的有效性（Alzate，2012；Perez Altamar 和 Marfurt，2015）。虽然这些方法在某些情况下可能有用，但也可能将地球物理数据与实验室中的延性直接测量联系起来。第三章将检查非常规储层岩石黏塑性（随时间变化）变形的实验室观察结果，以建立弹性刚度和延性之间的关系。增加黏塑性变形会降低应力各向异性（最小主应力增加），这导致相对韧性岩相成为水力压裂的屏障（见图 3.22；第十一章）。正如将在第三章中讨论的，与基于成分或弹性性质的经验关系（表 2.2）相比，量化黏塑性变形提供了岩石延性的直接测量（脆性的倒数）。对于能够获得地震勘探、测井和岩心样品的非常规储层，未来的研究可考虑使用实验室推导的弹性和黏塑性性质之间的关系，以了解岩相地球物理分类背景下延展性的变化（图 2.23）。

第三章 岩石强度和延展性

本章将在充分考虑各种应力和应变条件的变形机制情况下，继续探讨非常规储层岩石的力学属性。具体来说，本章将重点关注岩石强度（完整岩石脆性破坏所需的应力）和延展性，即作为应力函数的随时间变化的（黏性）应变响应。

第一节回顾了测量岩石强度参数的实验室方法。考虑采用第二章中的同一组样品来评估矿物成分和结构对强度的控制，以及强度和弹性性能之间的关系。第二节重点讨论如何根据时间相关变形（蠕变）来量化延展性。第三节和第四节在一个简单应力分配模型背景下讨论了蠕变随成分和组构的变化，该模型为关联弹性刚度和延展性提供了物理基础。

第五节将讨论如何使用线性黏弹性理论（特别是时间的幂律函数）来模拟非常规储层岩石中观察到的时变变形。将幂律模型参数与弹性测量值进行比较，以了解它们的物理意义及对变形响应的影响。最后，通过考虑黏弹性应力松弛对地质时期构造荷载响应的影响，研究了岩石延展性与原位应力差之间的关系。

第六节讨论了脆性的概念及其在机械、成分和测井测量方面的各种定义。这种脆性指数是根据储层特定的相关性得出的，而不是脆性行为的不同物理模型。基于蠕变变形的实验室观察，描述了一个重新考虑脆性的框架，即延展变形对原位地应力大小的影响。

本章最后列举了几个例子，说明应力松弛如何降低在相对韧性地层中的水平应力各向异性，使其成为垂直水力裂缝增长的屏障。

第一节 岩石强度

在岩石力学中，强度是由各种指标量化的，这取决于具体的荷载条件。本章将重点讨论常规三轴荷载，其中，施加在承受围压（p_c）下的圆柱形样品的轴向荷载（p_a）会产生为差应力。Sone 和 Zoback（2013a，b）开发了一套测量三轴荷载下岩石强度和延展性的综合程序（图 3.1）。在程序的第一部分，样品在差应力下经受一系列操作。每个应力阶段保持恒定 3h，观察到随时间变化的应变响应。将在本章后面详细讨论这些观察结果。在每个应力阶段的开始和结束阶段，测量 P 波和 S 波速度，以量化蠕变变形对动力刚度的影响。在应力步骤之后，加载条件由恒定应力变为恒定应变速率。样品承受恒定的轴向应变率（$10^{-5}s^{-1}$），直到完全脆性破坏，并在合成的破坏面上开始剪切变形。抗压强度由最大轴向应力定义，而摩擦强度由破坏面上的剪切与法向应力之比定义。

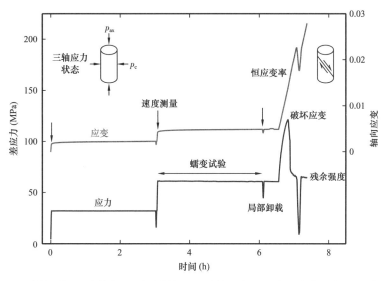

图 3.1　脆性破坏（摩擦）后测量弹性、延展性、岩石强度和残余强度的试验程序
（据 Sone 和 Zoback，2013a）

为了简述最大轴向应力对压力的依赖性，强度通常用单轴抗压强度（UCS）和内摩擦系数 μ_i 来表示。在莫尔—库仑破坏准则中，可以从最大轴向应力与围压趋势的 y 轴截距推断出单轴抗压强度（UCS）（图 3.2a），并根据斜率 m 计算内摩擦系数：

$$\mu_i = \frac{m-1}{2\sqrt{m}} \tag{3.1}$$

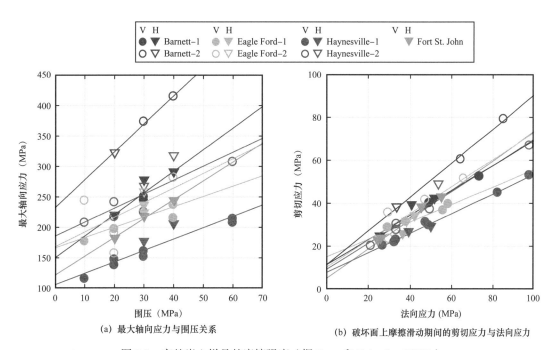

（a）最大轴向应力与围压关系　　　　（b）破坏面上摩擦滑动期间的剪切应力与法向应力

图 3.2　完整岩心样品的摩擦强度（据 Sone 和 Zoback，2013b）

滑动摩擦系数 μ 由破坏面上的剪切应力与法向应力之比得出（图 3.2b）。在这种几何结构中诱发脆性破坏会产生粗糙的破坏面，在该平面上发生摩擦滑动。该技术适用于评估完整岩心样品摩擦强度的相对差异，但由于破坏面具有几何复杂性，在某种程度上断层面粗糙度的影响与岩石摩擦特性有关（Marone 和 Cox，1994）。第四章将分析预切割断层的实验，以了解摩擦强度以及地震或抗震滑动可能性的控制。

一、成分和组构控制

非常规储层岩石的峰值强度值范围很广，从 100～400MPa 不等（图 3.2a）。水平样品点略高于每个样品组的趋势，这意味着在平行于层理平面的方向上强度增加。尽管峰值强度通常被认为是在具有单一明确层理平面的岩石中与方位无关（Paterson 和 Wong，2005），这一结果与页岩的最新研究一致，这些研究表明，与层理平行时强度最大，当层理与最大压应力呈 45° 时，强度最小 [Lisjak 等（2014）：Opalinus 组黏土；Chandler 等（2016）：Mancos 组页岩；Bonnelye 等（2016a）：Tournemire 组页岩]。Bonnelye 等将这种方向依赖性归因于与层理平行的微裂缝和粒间孔隙的存在。在 0°（垂直样品）处，最大压应力定向为垂直于层理平行特征的长轴，相对于 90°（水平样品）的临界应力强度因子（断裂韧性）降低（Ashby 和 Sammis，1990）。45° 时，层理平面上的剪切应力最大，进一步降低了断裂韧性，并可能导致更多较弱的破坏机制，如层面分层（Lisjak 等，2014；Bonnelye 等，2016a）。尽管在所有非常规储层岩石强度研究中都观察到宏观脆性破坏，Bonnelye 等指出，与典型沉积岩相比，其应力下降和伴随破坏的滑动速度较慢有关。

此外，在破坏过程中没有记录到声发射，这表明在微观和宏观尺度上的变形主要是抗震的。Geng 等（2017）研究了来自 Tournemire 组页岩的类似样品，发现岩石在中等温度（75℃）的脆性破坏过程中，弹性各向异性减小并最终转向。岩石组构的这种逆转归因于应力诱导的微裂缝转向和 / 或黏土矿物的重新定向。如果这些现象在非常规储层的断层上发育，由于滑动造成的伤害累计可能会增加断层损伤区域中弹性和 / 或非弹性变形的能力，从而导致局部应力变化（Faulkner 等，2006）。

滑动摩擦系数在 0.4～0.8 之间变化很大，但垂直和水平样品之间没有显著差异（图 3.2b）。这是可预期的，因为摩擦强度将取决于破坏面特性（通常与 p_a 呈 30°～60° 夹角）。参见 Bonnelye 等（2016b）关于脆性破坏和层理之间结构关系的详细分析。第四章将详细研究矿物成分与摩擦性能之间的关系。

与弹性性质和各向异性类似，岩石强度强烈依赖于矿物成分，尤其是相对一致的多孔相的存在：黏土矿物和有机质。图 3.3 显示了岩石强度参数随黏土 + 干酪根体积分数的变化。单轴抗压强度（UCS）和摩擦强度一般都随着黏土 + 干酪根体积分数的增加而降低，尽管误差表明一些样品组比其他样品组具有更多的可变性（Eagle Ford–2）。完整的样品成分见表 2.1。

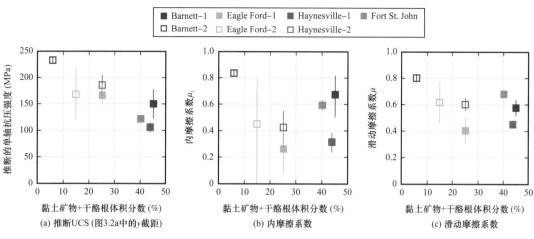

图 3.3　作为黏土矿物和干酪根含量函数的岩石强度参数（据 Sone 和 Zoback，2013b）

二、强度和弹性的关系

　　强度参数与杨氏模量的正相关性反映了强度和弹性对黏土和干酪根含量的类似依赖性（图 3.4）。这种关系在某种程度上是可预期的，但由于强度和弹性刚度测量值之间的应变幅度和变形机制的差异，这种关系是有用的（Chang 等，2006；Sone 和 Zoback，2013b）。沉积岩中的脆性破坏是由于应力集中条件下预先存在的缺陷（微裂纹和／或孔隙）的增长导致的，这些缺陷最终合并成宏观破坏面（Lockner 等，1992；Bonnelye 等，2016a）。弹性变形（静态和动态）涉及整个岩石基质上更小的应变，同时也集中在最一致的成分中——微裂缝和孔隙包含在最一致的相、黏土矿物和有机质中（见第二章）。虽然裂纹扩展和弹性压缩是非常不同的变形机制，但它们对弱相和一致相的共同依赖性表明，基质成分和组构是强度和弹性刚度的主要控制因素。在本章后面将讨论如何量化软、硬基质成分中的应力和应变划分，以了解变形特性和应力状态之间的关系（Sone 和 Zoback，2013b）。

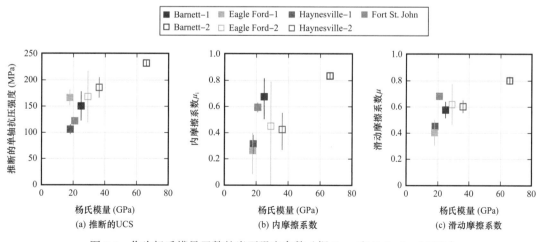

图 3.4　作为杨氏模量函数的岩石强度参数（据 Sone 和 Zoback，2013b）

第二节　随时间变化的变形（蠕变）

随时间变化的变形或蠕变是由恒定差应力下的应变响应的量化。在图 3.1 中的每个应力步骤，Sone 和 Zoback（2013b）记录超过 3h 的轴向和横向应变，并隔离弹性（瞬时）和蠕变（随时间变化）组分（图 3.5）。轴向应变远大于侧向应变，这表明大部分延展性响应发生在施加的差应力方向（平行于岩心轴）上。

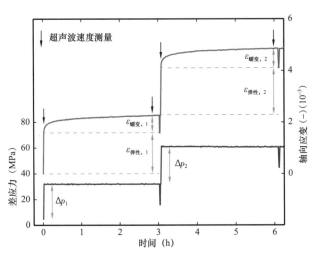

图 3.5　图 3.1 中差应力阶段应变响应的详细视图（据 Sone 和 Zoback，2013b）
弹性应变用于计算杨氏模量，蠕变应变用于量化延展性

一、应力依赖性

为了比较不同应力条件下样品的蠕变试验，绘制了超过 3h 的累计轴向蠕变应变作为差应力的函数（图 3.6）。在较大的应力值范围内，所有样品均呈现近似线性趋势。Sone 和 Zoback（2013b）将每个样品的斜率定义为"3h 蠕变顺度"（S_{creep}），这是描述蠕变响应（延展性）的有用指标。Sone 和 Zoback 确定的 S_{creep} 值范围为 $10^{-6} \sim 3 \times 10^{-5} \text{MPa}^{-1}$，大约比松散沙和页岩的类似研究小一个数量级（Hagin 和 Zoback，2004a；Chang 和 Zoback，2009）。

二、成分和组构控制

图 3.7（a）、（b）显示了富黏土 + 干酪根和贫黏土 + 干酪根端元的特征蠕变响应。为了比较不同应力水平下试样的应变响应，用差应力（蠕变顺度）归一化蠕变应变。同样，与弹性刚度和强度特性的趋势相似，来自同一储层的样品中富黏土 + 干酪根的样品显示出蠕变顺度增加（图 3.7a、b）。不同储层中黏土 + 干酪根相似的样品（如 Barnett-1 和 Haynesville-1）表现出明显不同的蠕变顺度。在这种情况下，Haynesville-2 实际上显示出与 Barnett-1 相似的蠕变顺度，大约为黏土和干酪根含量的一半。这表明，虽然弱相的存在是韧性变形的重要控制因素，但岩石微观结构的其他特征也会影响延展性，尤其是岩石

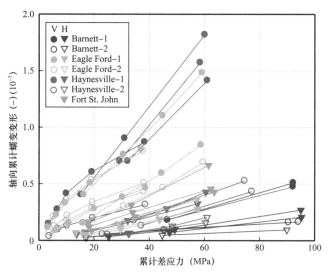

图 3.6　作为不同应力函数的累计蠕变应变（据 Sone 和 Zoback，2013b）

蠕变柔量（S_{creep}）由每条采样线的斜率计算得出

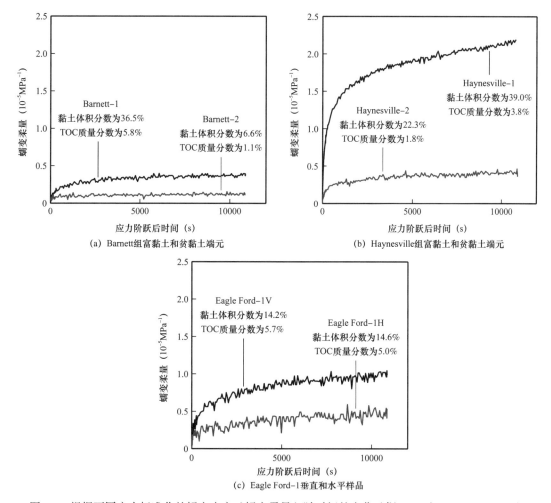

(a) Barnett组富黏土和贫黏土端元

(b) Haynesville组富黏土和贫黏土端元

(c) Eagle Ford-1垂直和水平样品

图 3.7　根据不同应力标准化的蠕变应变（蠕变柔量）随时间的变化（据 Sone 和 Zoback，2014a）

组构。图 3.7（c）显示了来自 Eagle Ford 组页岩的垂直和水平样品的蠕变响应。水平样品的蠕变变形始终小于垂直样品。由于这些实验中的变形集中在轴向，所以在垂直于层理的方向上蠕变柔量更大。这与弹性（见图 2.14）和强度（图 3.2a）的类似趋势一致，并反映了水平层面（见图 2.10）定义的 VTI 组构。

三、延展性与弹性的关系

弹性与延展性之间的关系为蠕变的物理力学响应提供了深入的见解。图 3.8 显示了蠕变柔量如何随弹性性质和成分而变化。在每个蠕变步骤中，垂直纵波模量（速度）略有增加（图 3.8a）。在类似的连续速度记录实验中，Geng 等（2017）加载样品至接近破坏，实际记录了速度的初始降低，随后随着恒定应力下变形的增加逐渐增大。这表明，施加的应

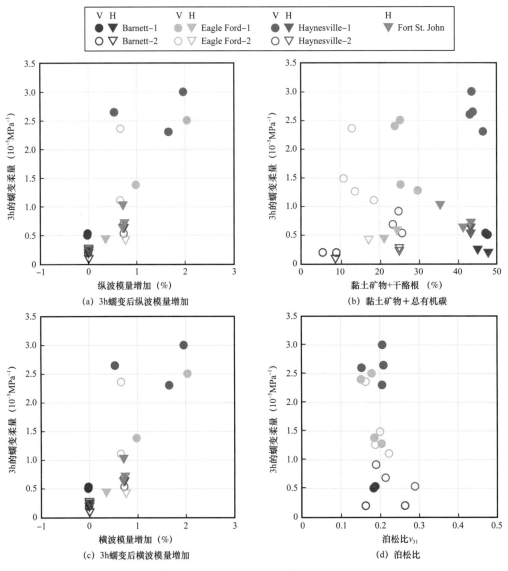

图 3.8　3h 蠕变柔量作为成分和弹性性能的函数（据 Sone 和 Zoback，2013b）

力足以超过断裂韧性并引发裂纹扩展，但随着时间的推移，蠕变压实抵消了由此产生的软化增加。Geng 等（2017）还发现，速度的最大变化是在垂直方向（与层理呈90°），再次表明蠕变变形是由垂直孔隙压实调节的。考虑到非常规储层岩石中，大部分孔隙在黏土矿物和有机质中（见图2.7），将蠕变变形和由此产生的弹性硬化归因于基质中相对易压缩孔隙的压实是合理的。

图3.8（b）显示了作为黏土和干酪根含量函数的蠕变柔量。蠕变柔量与各储层样品组软组分体积呈正相关关系，但总体趋势不明显。例如，Eagle Ford 组垂直样品的蠕变柔量比 Barnett 组垂直样品更大，其黏土和干酪根含量是 Barnett 组垂直样品的两倍多。同样，这意味着岩石微观结构的其他特征也有助于延展性，如组构、热成熟度（有机质的分布和形态）以及碎屑矿物相的孔隙度（Rassouli 和 Zoback，2018）。

岩石组构尤其重要，因为与弹性趋势类似，所有样品在垂直于层理的方向上显示出更多的蠕变变形。这一点在 Eagle Ford 组和 Haynesville 组垂直样品中表现得很明显，这两个样品都显示出异常高的蠕变和弹性柔量（见图2.14）。回顾一下，这些样品根据层状介质的物理模型（见图2.15）绘制了等应力边界，这与岩相观察结果（见图2.8）一起，暗示了非常明显的各向异性结构。因此，由于结构各向异性对孔柔量的共同依赖性，结构各向异性对延展性和弹性有类似的影响。

图3.8（c）、（d）显示了蠕变柔量作为静弹性特性的函数——杨氏模量和泊松比。所有储层样品的蠕变柔量与杨氏模量呈负相关关系，成分相关的单个储层趋势则相反（图3.8b）。这是意料之中的，因为相同的微观结构因素导致的可变蠕变变形也会影响弹性刚度。下一节将研究应力和应变在基体中是如何划分的，以便建立蠕变和弹性之间的分析关系。

第三节　应力和应变分配

为了理解蠕变变形的各向异性，Sone 和 Zoback（2013b）回到岩石微观结构的简单模型，其中基质由软硬组分交替层组成（见图2.15）。软层由黏土和有机质组成，硬层由主要的碎屑矿物（如石英和方解石）组成。软组分和硬组分单一矿物的弹性性能见表2.2。

为了确定软硬层中的应力，Sone 和 Zoback（2013b）将问题简化为一维，将应力、应变和弹性刚度视为标量。当最大应力垂直于层面时，每层的应力相等，岩石的刚度等于每层刚度的几何（Reuss）平均值（见图2.15a）。当最大应力平行于层面时，每层的应变相等，岩石的刚度等于每层刚度的算术平均值（见图2.15b）。在这种情况下，刚性组分的应力比软组分中的应力大，因为每层中的应力与刚度之比相等（$\frac{\sigma_{软组分}}{C_{软组分}} = \frac{\sigma_{硬组分}}{C_{硬组分}}$）。假设蠕变变形发生在软层中，且单位时间蠕变量与应力呈线性关系（图3.6），该模型预测水平样品的蠕变柔量较低，因为当施加的应力与层面平行时，$\sigma_{软组分}$ 小于 $\sigma_{硬组分}$。出于同样的原因，该模型预测水平样品的弹性柔量较低，这与所有水平样品的绘图更接近 Voigt 平均界限的事实相一致（见图 2.14）。

从这个简单的应力分配模型可以清楚地看出，分层与外加应力之间的关系对弹性刚度和蠕变柔量都有类似的影响。然而，Voigt 和 Reuss 模型都代表了各向异性的极端情况，不能完全描述弹性模量随组成的变化（见图 2.14）。为了量化应力和应变分配，Sone 和 Zoback（2013b）扩展了上述一维模型，以解释中间微观结构（见图 2.15c）。

根据 Hill（1963）的方法，每个组分中的应力通过应力分配系数 P 与施加在整个岩石体积上的应力相关，其中

$$\sigma_i = P_i \sigma, \qquad i = \text{软组分，硬组分} \tag{3.2}$$

考虑到基质是软组分和硬组分的混合物，每种组分的平均应力和应变是该组分（x_i）的相对分数的函数：

$$\sigma = x_{\text{软组分}} \sigma_{\text{软组分}} + x_{\text{硬组分}} \sigma_{\text{硬组分}} \tag{3.3}$$

$$\varepsilon = x_{\text{软组分}} \varepsilon_{\text{软组分}} + x_{\text{硬组分}} \sigma_{\text{硬组分}} \tag{3.4}$$

Sone 和 Zoback（2013b）联合。式（3.2）～式（3.4）获得整个岩石的平均弹性柔量表达式：

$$\frac{\varepsilon}{\sigma} = \frac{1}{C} = \frac{r_{\text{软组分}}}{C_{\text{软组分}}} + \frac{1 - r_{\text{软组分}}}{C_{\text{硬组分}}} \tag{3.5}$$

式中，$r_i = x_i P_i$。

在该模型中，中间状态代表通过应力分配因子（P_i）对组分含量（x_i）加权来对 Voigt 和 Reuss 平均值进行的修改。使用式（3.5）计算应力分配可能很困难，因为它需要岩石微观结构的一些知识，因此 Sone 和 Zoback（2013b）对 P_i 进行了求解，以获得仅取决于平均弹性刚度和每个组件的相对分配系数的表达式：

$$P_i = \frac{1}{x_i} \frac{C_i}{C} \frac{\Delta C - |C - C_i|}{\Delta C} \tag{3.6}$$

式中，$\Delta C = C_{\text{硬组分}} - C_{\text{软组分}}$。

该表达式用于确定在 Voigt 和 Reuss 界限之间的样品的软硬组分所承载的应力。更多详情见 Sone 和 Zoback（2013b）。

这种一维应力分配模型也可用于建立弹性和延展性（蠕变）之间的分析关系。类似于式（3.4），蠕变应变可分解为软硬组分贡献：

$$\varepsilon_{\text{蠕变}} = x_{\text{软组分}} \sigma_{\text{软组分}} S_{\text{软组分}} + x_{\text{硬组分}} \sigma_{\text{硬组分}} S_{\text{硬组分}} \tag{3.7}$$

然后，通过用应力分配系数［式（3.2）］代替应力，可以得到平均蠕变柔量的表达式 $S_{\text{蠕变}}$：

$$S_{\text{蠕变}} = r_{\text{软组分}} S_{\text{软组分}} + (1 - r_{\text{软组分}}) S_{\text{硬组分}} \tag{3.8}$$

组合式（3.6）和式（3.8）得出蠕变柔量和平均弹性刚度之间的关系：

$$S_{蠕变} = \frac{1}{C} \frac{C_{硬组分}C_{软组分}}{\Delta C}\left(S_{软组分} - S_{硬组分}\right) + \frac{C_{硬组分}S_{硬组分} - C_{软组分}S_{软组分}}{\Delta C} \tag{3.9}$$

其中蠕变柔量与弹性刚度成反比，类似于弹性刚度和弹性柔量之间的关系。

为了比较式（3.9）与实验室数据，必须知道硬组分和软组分的弹性和蠕变特性。

各矿物的弹性性能见表 2.2。由于蠕变柔量（S_i）没有很好地被定义为单个组件，Sone 和 Zoback（2013b）通过考虑 Voigt 和 Reuss 边界附近样品的应力和应变分配来推断这些值。$S_{软组分}$的值比 $S_{硬组分}$高出几个数量级，这为蠕变变形局限于软组分的观点提供了有力的证据。图 3.9 比较了式（3.9）蠕变柔量与杨氏模量之间的关系。然而整体趋势被使用评估自所有数据集的 S_i 值根据式（3.9）来很好地表征。Sone 和 Zoback（2014b）还尝试通过处理软组分蠕变柔量值来拟合特定储层的数据。

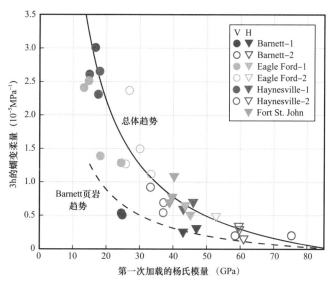

图 3.9　作为杨氏模量函数的蠕变柔量（据 Sone 和 Zoback，2014b）
实心黑线表示蠕变和弹性之间的关系［式（3.9）］；黑色虚线代表 Barnett 页岩的特定趋势

蠕变柔量和杨氏模量之间的关系不仅对验证应力分配作为延展性和弹性相关性的解释很重要，还可以用来找到延展性本构关系模型参数之间的关系，这将在下一节中讨论。

第四节　时间相关变形建模

本节将重点讨论如何用与应力、应变和时间相关的本构关系来描述时间相关变形（图 3.10）。尽管 Sone 和 Zoback（2014a）记录了在加载和卸载循环期间显著的不可恢复（塑性）变形，但简单的单调加载产生了蠕变应变和差应力之间的线性关系（图 3.6），这表明观察到的随时间变化的变形可以用线性黏弹性理论来描述。采用类似的方法来模拟软弱松散沙土的变形（Hagin 和 Zoback，2004a，b）。

一、线性黏弹性

在线性黏弹性材料中，应力和应变响应随应力和应变输入线性相关，并遵循线性叠加原理。应力和应变之间的关系表示为

$$\varepsilon\left[c\sigma\left(t\right)\right]=\varepsilon c\left[\sigma\left(t\right)\right] \tag{3.10}$$

式中，σ 为应力输入；ε 为应变输出；c 为常数。

对于任意系列的应力和应变输入，总输出为每个输入的单个响应之和：

$$\varepsilon\left(t\right)=\int_0^t J\left(t-\tau\right)\frac{\mathrm{d}\sigma\left(\tau\right)}{\mathrm{d}t}\mathrm{d}\tau \tag{3.11}$$

$$\sigma\left(t\right)=\int_0^t E\left(t-\tau\right)\frac{\mathrm{d}\varepsilon\left(\tau\right)}{\mathrm{d}t}\mathrm{d}\tau \tag{3.12}$$

式中，$J\left(t\right)$ 和 $E\left(t\right)$ 分别为蠕变柔量函数和松弛模量函数。

$J\left(t\right)$ 描述应力阶跃变化的时变应变响应，$E\left(t\right)$ 描述应变阶段变化的时间应力响应。这种关系表明，时间相关的应力或应变响应可用于通过将 $J\left(t\right)$ 或 $E\left(t\right)$ 与应力或应变导数积分来确定对任意输入加载历史的响应。利用式（3.11）和式（3.12）的拉普拉斯（Laplace）变换，得出了 $J\left(t\right)$ 和 $E\left(t\right)$ 之间关系的表达式，即虚拟变量 s：

$$E(s)J(s)=\frac{1}{s^2} \tag{3.13}$$

只要已知 $J\left(t\right)$ 或 $E\left(t\right)$，另一个函数就可以通过拉普拉斯（Laplace）变换得到。这对于从实验室蠕变数据计算应力松弛特别重要。

二、本构关系

为了对实验室蠕变数据进行建模，Sone 和 Zoback（2014a）使用了通过差应力的每个差应力步骤归一化的应变响应（图 3.6）。应变数据并不完全代表蠕变柔量函数 $J\left(t\right)$，因为每个应力步骤都是在有限时间内（约 60s）施加的，这会导致应变数据与真实脉冲响应存在滞后。为了解释这种滞后，通常会放弃应变数据的初始部分，并使用剩余数据来确定蠕变柔量函数（Lakes，1999）。Sone 和 Zoback 证明，这种近似方法产生的结果与更精确的方法类似，即通过式（3.5）将应变响应与应力历史解卷积。

为了找到 $J\left(t\right)$ 的形式，Sone 和 Zoback 考虑了相对短期（3h）和长期（两周）试验的蠕变柔量数据（图 3.10）。蠕变柔量数据显示应变在随时间对数 $\lg t$ 的增加而增加。

应变在 3h 到两周时间之间以相同的趋势增加，并且没有达到渐近线或恒定速率。蠕变柔量与 $\lg t$ 之间的连续、光滑关系表明，变形没有特征时间尺度，即蠕变的时间依赖性是自相似的。

在图 3.10 中，Sone 和 Zoback 将各种黏弹性本构关系与蠕变柔量数据进行比较，以评估最佳拟合模型。虽然所有模型都能捕捉到 3h 内的初始趋势，但由弹簧和缓冲器组成的

典型黏弹性模型并不适合数据，因为它们往往在较长时间内达到应变渐近线（标准线性固体模型）或稳定应变率（Burgers 模型）。幂律模型和对数模型都符合蠕变柔量的自相似特性，但对数模型没有捕捉到大于 10^5s 时应变率增加的趋势。因此，Sone 和 Zoback 选择幂律模型来定量描述蠕变行为。

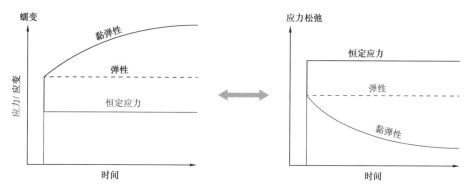

图 3.10　瞬时施加应力下得黏塑性（时间相关）应变（蠕变）相对于恒定应变的应力松弛
（据 Sone 和 Zoback，2014a）

实验数据对应于图 3.5

三、黏弹性幂律

黏弹性幂律的蠕变柔量函数为

$$J(t) = Bt^n \tag{3.14}$$

式中，B 和 n 均为常数。对于这种一维形式，边界条件是恒定垂直应力和可变水平应力。为了根据实验室数据确定模型参数，Sone 和 Zoback 在 lg t–lg J 空间中进行线性回归（图 3.11b）。线性拟合的斜率为 n，y 截距表示 lg B。

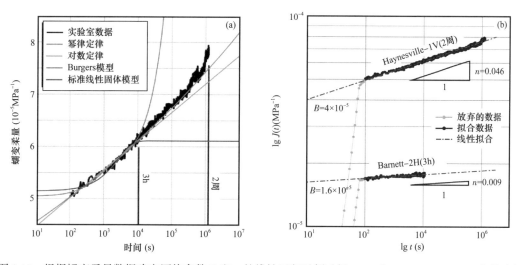

图 3.11　根据蠕变柔量数据确定幂律参数 B 和 n 的线性回归示例（据 Sone 和 Zoback，2014a，有修改）

（a）2 周蠕变数据与各种黏弹性本构定律的拟合，所有本构定律仅在 3h 后拟合数据，但只有幂定律模型在 2 周后捕捉到非渐近行为；（b）根据蠕变数据确定幂定律参数 B 和 n 的线性回归示例

正如预期的那样，B 值和 n 值的变化在成分、方向和储层位置方面与随时间变化的变形密切相关。对于每个储层组，来自黏土和富有机质的样品始终显示出更大的两个本构参数值。在每一个分组中，垂直样品显示的两个参数值都略大于水平样品，这与观察到的蠕变柔量各向异性一致（图 3.8）。在储层组之间，B 值和 n 值再次独立于组分变化，再次强调了岩石微观结构在控制变形中的重要性。

四、黏弹性和弹性性质的关联

黏弹性幂律的简单形式使本构参数的基本物理解释成为可能。给出式（3.14）的形式，本构参数 B 表示 1s 后单位应力的应变量。虽然这并不严格代表数学上的瞬时响应，但蠕变柔量函数的形式（图 3.11）表明 B 反映了弹性柔量。杨氏模量与 $1/B$ 的近似 1∶1 关系增强了这一解释（图 3.12）。本构参数 n 可以被认为能够表征岩石经受随时间变形的能力。在 1s 的初始弹性响应之后，任何其他随时间变化的变形大小取决于 n 值。当 n 为 0 时，不发生随时间变化的变形，岩石为纯弹性。

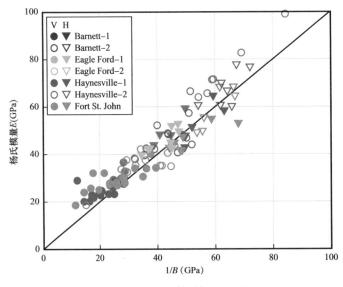

图 3.12　杨氏模量作为幂律参数 B 的逆函数（据 Sone 和 Zoback，2014a，有修改）

五、应力松弛

假设存在线性黏弹性，Sone 和 Zoback（2014a）利用线性叠加原理，从蠕变柔量函数 ［式（3.14）］的幂律形式中获得松弛模量函数 $E(t)$ ［式（3.2）～式（3.4）］：

$$E(t) \approx \frac{1}{B} t^{-n}, \quad n \ll 1 \tag{3.15}$$

与蠕变柔量函数一样，松弛模量的形式相当简单，并提供了相同本构参数的物理解释。当 t 不大于 1 时，瞬时弹性应力响应用 $1/B$ 表示，基本上代表杨氏模量（图 3.12）。与时间相关的应力松弛用术语 t^n 描述，因此 n 决定在给定时间松弛的弹性应力的分数。

利用蠕变试验得到的本构参数，Sone 和 Zoback 证明了式（3.15）并拟合了实验室应力松弛数据，为线性黏弹性应用于与时间相关的变形提供了更多的支持。

第五节　从黏弹性性质估算原位差应力

为了研究黏弹性变形对原位地应力的影响，Sone 和 Zoback（2014a）考虑了恒定应变率荷载的简单构造历史。结合式（3.12）和式（3.15）得出了随时间变化的应力松弛表达式：

$$\sigma(t) = \dot{\varepsilon} \frac{1}{B(1-n)} t^{1-n} \qquad (3.16)$$

式中，$\dot{\varepsilon}$ 为构造应变率。

应力松弛影响应力大小的方式将在本章最后进行更详细的讨论。第十一章将讨论黏弹性应力松弛的原理，认为黏弹性应力松弛是导致给定地层内相邻岩相应力大小变化的力学响应。其结果是层到层之间的裂缝密度是变化的，从而影响水力裂缝的垂直扩展。

使用式（3.16）有四个要点来描述应力和应变随时间的关系。

第一，在脆性岩石（低 B、低 n）中，黏弹性变形引起的应力松弛要比地质过程中的应力积累慢得多。正如第四章和第七章所讨论的，活跃的地质过程和断层的摩擦强度控制着地壳的总体应力状态和主应力的大小。也就是说，主应力的相对大小（一个区域是否具有正断层、正断层 / 走滑断层、走滑断层、走滑断层 / 逆断层或逆断层）（见图 7.1）和主应力之间的最大差异［见式（7.3）～式（7.5）］。在韧性岩石（高 B 和高 n）中，应力松弛比应力积累快得多。如图 3.13 所示，图 3.13 显示了黏弹性应变和应力的相对量作为幂律本构参数的函数（Sone 和 Zoback，2014a）。图 3.13（c）的样品是脆性岩石，（b）的样品是韧性岩石。图 3.14 显示了一个假设的实验室实验，将 10MPa 的应力增量瞬时施加到初始压差为 40MPa 的样品上。值得注意的是，10MPa 的应力在板内环境（低构造应变率）中积累需要数百万年。1 天后和 1 年后产生的弹性和黏弹性应变总量相似（脆性岩石为 $0.2 \times 10^{-3} \sim 0.25 \times 10^{-3}$，韧性岩石为 $1 \times 10^{-3} \sim 1.5 \times 10^{-3}$）（图 3.13a、c）。黏弹性应力松弛后的残余应力也是如此。相对脆性岩石基本上不存在应力松弛（1 天后仍为 50MPa），而韧性岩石中仅剩下 7.5～10MPa（分别在 1 年后和 1 天后）（图 3.13b、d）。换言之，在脆性岩石中，90% 的增量应力仍然存在，而在韧性岩石中，大约一半的增量应力在 1 天后已经松弛，并且几乎所有的应力（初始应力和增量应力）在 1 年后都已松弛。

第二，虽然幂律模型永远在蠕动，但它的速度在迅速下降。因此，黏弹性应变总量（和应力松弛总量）将是有限的。例如，在图 3.13（a）、（c）中，注意蠕变柔量值 $J(t)$，它与黏弹性应变总量［式（3.11）］成比例。在超过 3 个数量级（约 1 天到约 1 年）的时间段内增加约 50%。将这一原理应用于地质时期，人们可以预期在 100 万年的时间里会看到大约 100% 的应变（每年应变约 1×10^{-3}）。

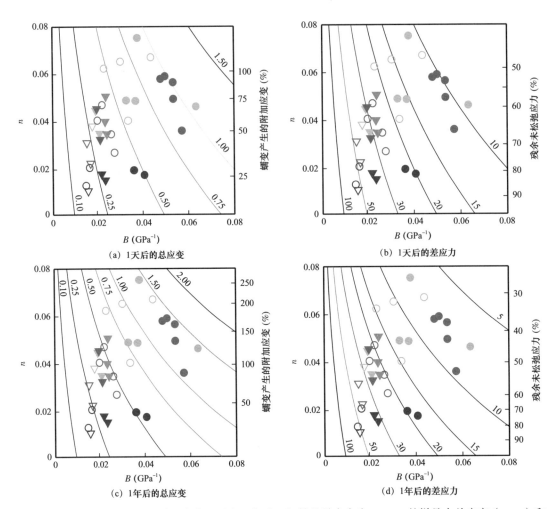

图 3.13　在瞬时施加 10MPa 增量应力 1 天和 1 年后，初始差异应力为 40MPa 的样品中总应变（a、c）和
差异应力（b、d）的实验数据（据 Sone 和 Zoback，2014a）

彩色符号表示从实验室蠕变数据得出的幂律本构参数

　　第三，需要注意的是，根据实验室测得的 B 和 n 参数，预计在地球上发生的黏弹性
应变总量是相当合理的。图 3.14 显示了 100Ma 后，韧性最强的岩石中可能出现的黏弹
性（轴向）应变总量最多为 2%～3%（Sone，2012）。考虑到蠕变变形主要通过压实孔隙
来调节（Sone 和 Zoback，2013b；Geng 等，2017），沉积岩在地质时期内孔隙度降低了约
10%，这是非常合理的。

　　第四，在数值上，应用式（3.16）似乎很困难（即使已知 B 和 n）确定，因为从地
质学上基本上不可能确定构造应变率和蠕变发生的持续时间，并且应变率可能随时间发
生变化。然而，如图 3.15 所示，应变在地层中积累的方式是不重要的，只有应变的总量
［式（3.16）中应变率和时间的乘积］影响应力大小。如果假设 150Ma（图 3.15b）的恒
定应变率为 $10^{-19}\mathrm{s}^{-1}$，看到的应力大小基本上与 150Ma 前（图 3.15a）或过去几百万年
（图 3.15c）中瞬时施加的应变量相同。只有在当前瞬时施加应变的情况下（图 3.15d），才
会产生不合理的结果（随蠕变柔量的应力大小没有变化）。

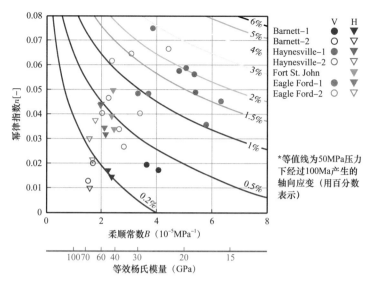

图 3.14　具有不同幂律参数 B 和 n 值的样品上施加 50MPa 应力差在 100Ma 产生的总应变

（据 Sone，2012）

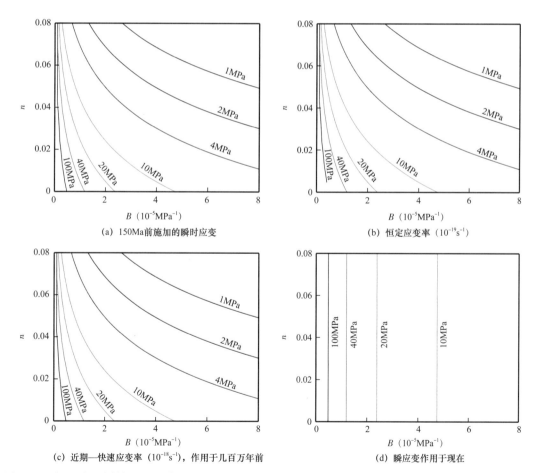

（a）150Ma 前施加的瞬时应变

（b）恒定应变率（$10^{-19}s^{-1}$）

（c）近期—快速应变率（$10^{-18}s^{-1}$），作用于几百万年前

（d）瞬应变作用于现在

图 3.15　在四种不同情况下施加的应变在超过 150Ma 所导致的差异应力累计（据 Sone 和 Zoback，2014a，有修改）

第六节　脆性和应力大小

毫无疑问，脆性地层的识别对优化非常规地层水力压裂工艺具有重要意义。如果考虑图 1.12 所示的非常规储层水平井水力压裂示意图，可以安全地假设相对脆性的岩石可能有更多的先存裂缝和断层，在流体加压在剪切作用下重新被激活（见第七章和第十章）；还隐含地假设脆性岩石中的应力各向异性更强（由于其能够支撑更高的差应力，如图 3.2 所示），使其更适合于水力压裂和剪切增产。在下面的章节中，首先考虑脆性的传统定义，最后根据应力大小和延展性之间的关系重新定义脆性。

一、定义和经验关系

在材料科学中，脆性行为是由伴随着破坏的塑性变形的缺乏而定义的。

在岩石力学中，脆性行为归因于岩石具有裂缝而非流动的趋势，在破坏前后几乎没有塑性变形，并且可能迅速破坏（地震）（Hucka 和 Das，1974）。

在非常规储层的背景下，脆性一词用于描述根据对力学性质、微观结构和 / 或成分的某些观察而被解释表现出脆性行为的岩石。

表 3.1 根据 Yang 等（2013）和 Zhang 等（2016）列出了文献中的一些脆性指数。

表 3.1　文献中总结的脆性指数（据 Yang 等，2013；Zhang 等，2016）

指数	参考文献
实验室变形特性	
$B_1 = \dfrac{\varepsilon_{el}}{\varepsilon_{total}}$ ε_{el}：弹性应变，ε_{total}：总应变	Coates 和 Parsons（1966）
$B_2 = \dfrac{W_{el}}{W_{total}}$ W_{el}：弹性能量，W_{total}：总应变能量	Baron 等（1962）
$B_3 = \dfrac{C_0 - T_0}{C_0 + T_0}$ C_0：抗压强度，T_0：抗拉强度	Hucka 和 Das（1974）
$B_4 = \sin\phi$ ϕ：摩擦角	Hucka 和 Das（1974）
$B_5 = \dfrac{\tau_{max} - \tau_{res}}{\tau_{max}}$ τ_{max}：峰值剪切强度，τ_{res}：残余抗剪强度	Bishop（1967）
$B_6 = \left\| \dfrac{\varepsilon_f^p - \varepsilon_c^p}{\varepsilon_c^p} \right\|$ ε_f^p：失效时的塑性应变，ε_c^p：失效后的比应变	Hajiabdolmajid 和 Kaiser（2003）

指数	参考文献
$B_7 = \dfrac{\lambda}{\lambda + 2\mu}$ λ：拉梅参数，μ：剪切模量	Guo 等（2012）
$B_8 = \dfrac{M - E}{M}$ M：峰后弹性模量，E：卸载弹性模量	Tarasov 和 Potvin（2013）
地球物理 / 测井特性	
$B_9 = \left(\dfrac{\sigma_{v,max}}{\sigma_v} \right)^b$ $\sigma_{v,\,max}$：最大有效垂直应力最大值， σ_v：测量过程中的垂直应力，b：经验值，约为 0.89	Ingram 和 Urai（1999）
$B_{10} = \dfrac{1}{2} \left[\dfrac{E_{dyn}(0.8 - \phi)}{8 - 1} + \dfrac{v_{dyn} - 0.4}{0.15 - 0.4} \right] \times 100$ E_{dyn}：动态杨氏模量，v_{dyn}：动态泊松比，ϕ：孔隙度	Rickman 等（2008）
$B_{11} = -1.4956\phi + 1.0104$ ϕ：中子孔隙度	Jin 等（2014b）-Barnett 页岩单井
岩石学	
$B_Q = \dfrac{f_{qtz}}{f_{qtz} + f_{carb} + f_{clay}}$ f_{qtz}：石英质量分数，f_{carb}：碳酸盐质量分数，f_{clay}：黏土质量分数	Jarvie 等（2007）
$B_{Q2} = \dfrac{f_{qtz}}{f_{qtz} + f_{carb} + f_{clay} + TOC}$ TOC：总有机碳质量分数	修改自 Jarvie 等（2007）
$B_{Q3} = \dfrac{f_{qtz} + f_{dol}}{f_{qtz} + f_{cal} + f_{dol} + f_{clay} + TOC}$ f_{cal}：方解石质量分数，f_{dol}：白云石质量分数	Wang 和 Gale（2009）
$B_{Q4} = \dfrac{f_{QFM} + f_{cal} + f_{dol}}{100}$ f_{QFM}：石英＋长石＋云母质量分数	Jin 等（2014a）

表 3.1 列出了从实验室测量力学性能得到的指标。图 3.16 所示为荷载曲线示例，以说明一些机械参数的含义。

要注意不同的力学性能（变形机制）的变化，这些特性被用来计算指数。有些依赖于弹性特性，有些依赖于塑性变形，有些依赖于完整强度，有些依赖于残余强度。

这种变化不是由于脆性的不同机理定义造成的，而是反映了特定储层数据集中力学性质之间不同的相关性。

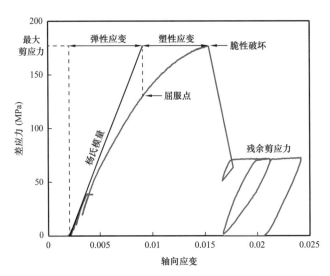

图 3.16　确定脆性指数中所用物理性质范围的实验程序示例（据 Yang 等，2013，有修改）

Yang 等（2013）发现，即使使用相同样品的力学数据，这些指数彼此之间、岩石强度或弹性性质也不相关。

表 3.1 列出了可由地球物理或测井数据确定的脆性指数，包括地应力、声速和孔隙度。虽然这些参数在某些情况下可能对岩性进行分类，但很明显，这些参数并不能直接说明脆性行为的机理。与基于实验室的指数类似，这些指数是基于特定数据集的相关性而非脆性行为的任何物理模型制订的。表 3.1 还列出了基于岩性（成分）的脆性指数。可通过测井或岩心刻度法确定。所有这些指标都是基于岩石基质中硬组分（石英和碳酸盐）的相对比例。这种方法在某种程度上是合理的，并且通常与本章前面介绍的硬组分和软组分的简单模型一致。但是，正如应力分配分析所表明的，脆性或延展性行为不仅取决于成分，还取决于基体中单一组分的分布方式。此外，考虑到单个储层的成分变化范围（见第二章），这些指数可能再次仅作为特定数据集的分类工具。

虽然脆性指数的预期用途是量化不同岩相下水力压裂的有效性，但从对延展性的讨论中可以清楚地看出，岩石的变形响应不能简单地归因于单一参数。实际上，水力压裂和剪切增产由一系列因素控制，包括应力状态（见第十章）、天然裂缝的存在（见第七章）、操作参数（见第八章）和岩石力学性质（见第二章至第四章）。因此，与其用脆性来预测水力压裂的有效性，不如在下一节中，将从岩石变形对地应力的影响角度重新考虑脆性的含义。

二、重新思考"脆性"

虽然文献中对脆性有许多不同的定义，但要记住的一个重要因素是，在相对韧性地层中，应力各向同性更强。换言之，不同地层对水力刺激的响应既受岩石力学性质（由脆性定义）的影响，又受主应力大小差异的影响。

图 3.17 为正常断裂环境中砂（脆性）和页岩（韧性）交互的层状沉积层序。应力剖

面图和莫尔—库仑图都显示了页岩中不同程度的黏弹性变形如何导致相对于脆性砂单元的最小主应力增加，其中最小主应力由正断层的摩擦强度确定（见第七章）。与黏弹性行为相关的应力松弛概念有助于理解为什么在常规油藏的水力压裂中，页岩通常被视为"压裂屏障"，因为应力各向异性的降低会导致最小水平主应力 σ_{hmin} 的增大。

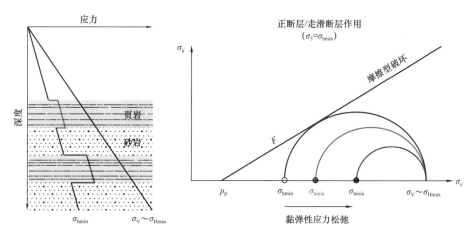

图 3.17　黏弹性应力松弛由于增加最小主应力而导致应力各向异性减小的示意图

左图显示，由于少量应力松弛，上部砂层上方最小主应力的大小适度增加，而砂层下方页岩中较大的应力松弛会产生较大的应力差，从而对垂直裂缝增长形成更有效的屏障

如 Xu 等（2017）所指出，式（3.16）可在正断层环境中简化为

$$\sigma_V - \sigma_{hmin} = \varepsilon_0 t^n \frac{E}{1-n} \tag{3.17}$$

在实践中，$\varepsilon_0 t^n$ 既不是时间拟合，也不是总应变。为了说明黏弹性幂律参数 B（$1/E$）和 n 如何影响不同非常规地层岩石的应力松弛程度，图 3.18 显示了具有静水孔隙压力的正断层环境下的预测压裂梯度 $\sigma_{hmin}/$ 深度。应力松弛的变化量与杨氏模量微弱有关，但与黏弹性幂律参数 n 密切相关。预计断裂梯度较低（接近 0.6psi/ft）的岩石可能被认为是脆性的，而不考虑杨氏模量相对较低值。相反，Eagle Ford 组和 Haynesville 组样品的高 n 值表现出接近 1.0psi/ft 的压裂梯度，可能被认为是韧性的（尽管杨氏模量的变化超过系数 2）。1.0psi/ft 的压裂梯度意味着接近完全的应力松弛（图 3.14、图 3.15）。注意，正如式（7.3）所预测的那样。对于压裂梯度小于 6.0 的断层，其物理摩擦系数小于 6.0。还应注意，由于蠕变和弹性柔度的各向异性（见第二章和第三章），垂直于层理（垂直）变形的样品通常比平行于层理（水平）变形的样品表现出更大的应力松弛（压裂梯度）。

页岩中应力松弛效应的一个例子是 20 世纪 80 年代在科罗拉多州 Rulison 镇附近（正断层区域）进行的多井实验中的应力测量（Nelson，2003）。图 3.19 显示了最小主应力大小的测量值如何表明砂土中的应力大小随着孔隙压力的增加而增加 [如式（7.3）预测的那样]，而页岩中的应力测量值通常非常接近垂直应力的大小，这意味着几乎完全应力松弛。第十一章将详细研究相邻地层中应力大小的变化问题，以了解水力裂缝垂直增长的控制作用。

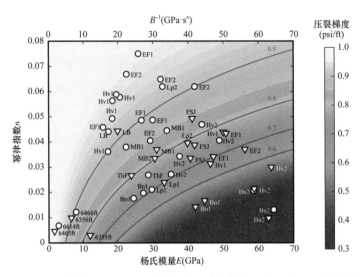

图 3.18　正常断裂环境中压裂梯度随黏弹性参数 B（$1/E$）和 n 的变化

Bn：Barnett；Hv：Haynesville；EF：Eagle Ford；FSJ：Fort St. John；Lp：Lodgepole；MB：Middle Bakken；LB：
Lower Bakken；ThF：Three Forks；RV：Reedsville；UU：Upper Utica；BU：Basal Utica；PP：Point Pleasant；LX：
Lexington；TR：Trenton。圆形是垂直于层理变形的样品，三角形是平行于层理变形的样品。改编自 Xu 等（2017）。
原始数据来自 Sone 和 Zoback（2014）、Yang 和 Zoback（2016）及 Rassouli 和 Zoback（2018）

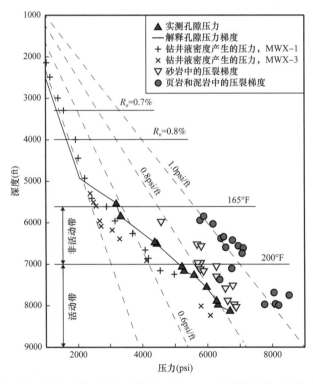

图 3.19　在科罗拉多州西部砂层和页岩层序中多井实验（MWX）所得的孔隙压力和最小主应力测量（据
Nelson，2003，有修改）

在三口井的深处观察到孔隙压力升高（蓝色三角形），并将其归因于油气成熟。砂土（黄色倒三角形）中的最小主应
力 σ_3 随着孔隙压力 p_p 的增加而增加，而页岩（棕色点）中的应力测量值大多接近垂直应力 σ_V（约 1psi/ft），表明接近
完全应力松弛

第四章 摩 擦 性 质

非常规储层的开采需要水力压裂，对已有断层压裂以获得更多的储层表面积。通过降低有效正应力的方式，水力裂缝中流体压力的扩散导致断层上的剪切滑移（见第十章）。通过围岩中的非弹性损伤，诱发断层滑动以提高地层渗透率，并形成一个增加低渗透性岩石基质通道的相对渗透率流动路径的网络。先存断层上的滑移被记录为围绕聚集于水力压裂裂缝的微地震事件，被认为定义了生产油气的体积压裂（见第十二章）。虽然这一观点被广泛接受，但多条证据表明与微地震有关的形变只能解释产量的一小部分。为了了解水力压裂与产量的关系，必须考虑在什么条件下断层会滑动以及断层滑动是否会引起微地震事件。

本章研究了非常规储层岩石的摩擦特性，以了解其对摩擦强度和摩擦稳定性的控制作用，即断层通过地震或非地震滑动而破坏的趋势。首先，介绍库仑断层理论和摩擦强度在确定地壳中潜在活动（临界应力）断层的应力大小和方向方面的作用。其次，回顾弹性动力断层摩擦的概念，以建立一个了解摩擦稳定性的框架。最后，重点讨论如何使用速率—状态摩擦理论量化摩擦稳定性，该理论通常用于模拟断层滑动的动力过程。

在这些理论基础上，将讨论对摩擦强度和稳定性的观测，以及它们随岩性、温度和流体压力的变化。将考虑剪切滑动的粒度机制，为建立一个储层条件下富黏土和钙质的摩擦特性变化的物理模型提供基础。还将回顾最近的集中于研究摩擦稳定性和孔隙流体压力之间关系的实验，以了解水力压裂在什么条件下会诱发地震或非地震滑动。

本章第四节讨论了物理控制对非常规储层发生诱导剪切滑动的摩擦特性的影响。根据地震滑动的临界长度尺度以及摩擦强度的岩性变化对最小主应力大小的影响考虑水力增产期间断层上的应力状态。

第一节 断层强度和应力大小

由于本章的重点是讨论已有断层的摩擦特性，因此有必要回顾与地壳断层摩擦有关的两个基本概念。首先，先存断层的摩擦强度限制了地壳中主应力差的最大值。其次，大量的观测结果支持实验室推导的摩擦参数对原位断层的适用性。

关于莫尔—库仑准则在岩石力学中的应用有大量的文献。对于那些不熟悉库仑理论或莫尔圆的人，特别推荐参考 Jaeger 和 Cook（1971）的专著。

在本书中，σ 指的是有效应力。图 4.1（a）说明了莫尔—库仑准则的基本原理，它是用一个简单的实验室测试来测量断层上的摩擦滑动。带天然断层或预切割断层的圆柱形样品，倾斜角度为 β，夹套并承受外部围压 σ_3 和内部孔隙压力 p_p。摩擦滑动由轴向应力 σ_1 驱动，该轴向应力增加了断层面上相对于法向应力 σ_n 的剪应力 τ。

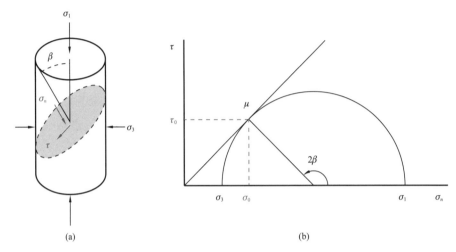

图 4.1　库仑断裂理论

（a）与最大主应力 σ_1 夹角为 β 的断层将在剪切应力（τ）与法向应力（σ_n）条件下滑动，τ 与 σ_n 比值由摩擦系数 μ 定义；（b）二维莫尔圆描述了发生摩擦破坏时的剪应力和法向应力值

忽略黏聚力 S_0（对于具有先存断层的岩石体积而言，这可能是可以忽略不计的），库仑准则由式（4.1）定义，有时被称为 Amonton 定律。当剪切应力足以克服滑动摩擦阻力时，即摩擦系数 μ 与有效法向应力 σ_n（法向应力与孔隙压力之差）之积，便发生摩擦滑动：

$$\tau=\mu\sigma_n \tag{4.1}$$

给定断层上接近摩擦破坏的程度通常被称为库仑破坏函数 CFF，其简单定义如下：

$$CFF=\tau-\mu\sigma_n-S_0 \tag{4.2}$$

当 CFF 接近 0 时，满足摩擦破坏条件。在地壳中，摩擦破坏可由随时间增加的构造应力或增加的孔隙流体压力引起，从而降低断层上的有效正应力。

莫尔圆是一种图形工具，描述了发生摩擦破坏时的剪切和法向应力条件（图 4.1b）。剪切应力和法向应力随外加应力和断层面与轴向夹角的变化而变化。

$$\tau = \frac{1}{2}\left(\sigma_1 - \sigma_3\right)\sin 2\beta \tag{4.3}$$

$$\sigma_n = \frac{1}{2}\left[\left(\sigma_1 + \sigma_3\right) + \left(\sigma_1 - \sigma_3\right)\cos 2\beta\right] \tag{4.4}$$

当剪切应力与有效法向应力之比达到摩擦系数时，预计会发生滑动。断层面与最大主应力的夹角 β 由式（4.5）给出：

$$\beta = \frac{\pi}{4} + \frac{1}{2}\tan^{-1}\mu \qquad (4.5)$$

在具有多个不同方向断层的岩体中，滑动方向良好的断层摩擦强度控制着最大和最小有效应力之间的最大差值。图 4.2 通过三个不同方向的断层说明了这一点（为简单起见，再次以二维形式）。滑动方向最佳的断层［由式（4.5）定义］，称为临界应力，用摩擦系数为 0.6 的断层组 1 表示。如图 4.2（c）中的莫尔圆所示，断层组 2 的断层法线相对于 σ_1 的角度太低，因此法向应力太大，无法承受摩擦破坏。

由于断层组 3 大致平行于 σ_1，它的正应力比断层组 1 或断层组 2 小，但没有足够的剪切应力来克服摩擦阻力。

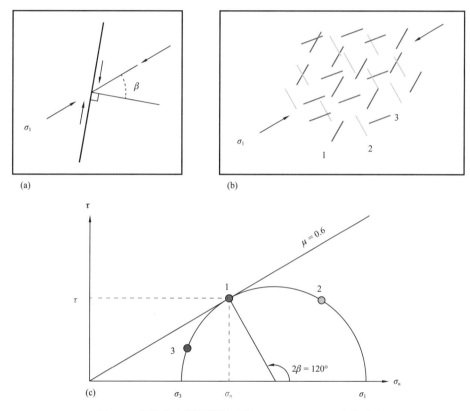

图 4.2　临界应力断层理论（据 Zoback，2007，有修改）

在断层方向范围广泛的岩体中（如断层组 1、2 和 3 所示），只有那些相对于当前应力场方向良好的岩体才会发生断层滑动

差应力大小和方向的影响：不同深度的最大和最小主有效应力之间的最大比值由定向良好（临界应力）断层的摩擦强度确定（Jaeger 和 Cook，1971）：

$$\frac{\sigma_1}{\sigma_3} = \frac{S_1 - p_p}{S_3 - p_p} = \left(\sqrt{\mu^2 + 1} + \mu\right)^2 \qquad (4.6)$$

第七章式（7.3）～式（7.5）中，修改式（4.6）对正断层、走滑断层和逆断层环境的特定使用公式形式。第十章讨论了在水力压裂过程中，孔隙压力的增加是如何引起在当前应力场中定向不好的断层上的剪切滑移。换言之，增加孔隙压力会降低有效法向应力，从而使式（4.1）即使从构造角度来看，先存断裂或断层基本上是不活动的，也应满足要求。

如上所述，Zoback（2007）提出了许多实例，其中地应力的大小与式（4.6）的预测一致。为了提供库仑断裂准则在非常规储层中的应用实例，图 4.3 显示了 Haynesville 组页岩地层的数据。估算的垂直应力、孔隙压力和最小主应力测量值 σ_{hmin} 显示为深度的函数。注意式（4.6）的理论预测，修正为正断层［式（7.3）］对摩擦系数为 0.6 下的 σ_{hmin} 测量值进行了合理的拟合，尤其是考虑到孔隙压力的平均值用于确定每个深度的有效应力。

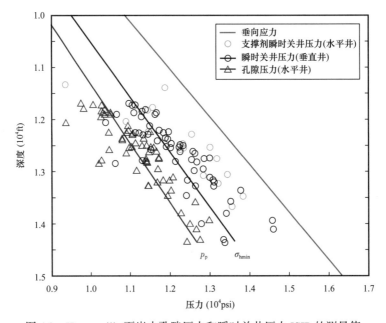

图 4.3　Haynesville 页岩中孔隙压力和瞬时关井压力 ISIP 的测量值

ISIP 表示最小主应力 σ_{hmin} 的值。垂直应力 σ_V 是通过将密度测井曲线积分为深度的函数来确定的。利用孔隙压力的平均值作为深度的函数（蓝线），最小主应力的测量值通过正断层的库仑断裂准则［黑线；式（7.3）］得到了相对较好的表征

库仑断裂准则也可以通过式（4.5）来预测已知应力场中活动断层的走向，证明其适用性的另一种方法是，当活动断层的方向与当前应力场的方向都已知且具有一定的精确度时，将其与当前应力场进行比较。这可以在俄克拉何马州中北部进行，那里大量的生产水广泛注入引发了大量的地震活动（Walsh 和 Zoback，2015）。

第十三章和第十四章对此进行了更详细的讨论。Alt 和 Zoback（2017）通过分析井筒应力指标和地震震源平面机制反演确定了整个区域的应力方向（见第七章）。如图 4.4 中的玫瑰图所示，地震活动性指示的断层面方向与最大水平应力方向呈 ±30°，与库仑断层准则预测的摩擦系数为 0.6 时完全一致。

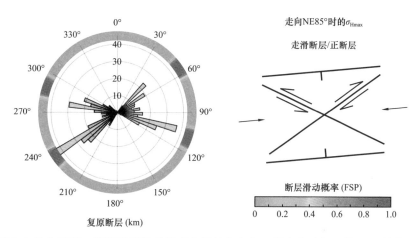

图 4.4　断层走向的玫瑰图，根据断层滑动概率在周长上上色，即库仑破坏函数 CFF 的值，地震震源机制反演确定的最大主应力方向为 NE85°，与活动断层面走向为 ±30°（据 Schoenball 等，2018）

第二节　岩石摩擦

一、静态和动态摩擦

　　一个简单但有用的岩石摩擦模型是弹簧—滑块系统（图 4.5a），其中一个物体被弹簧沿着摩擦界面拉动（Byerlee，1978）。点 A 代表质量的位置，点 B 代表弹簧的位置（荷载点）。图 4.5（b）显示了施加恒定加载点速度 v 时，力（应力）与位移的特征摩擦响应。与完整岩石类似，初始荷载行为以线弹性响应为特征。在 C 点，对于给定的力增量，位移开始增加

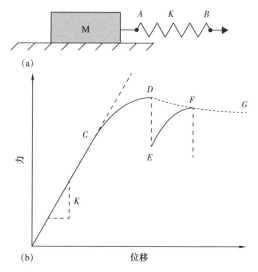

图 4.5　弹簧—滑块模型及其特征摩擦响应（据 Byerlee，1978）

（a）断层摩擦的弹簧—滑块模型，其中滑块 M 被加载点速度 v 下弹性常数为 K 的弹簧拉到摩擦界面上；（b）特征摩擦响应。加载导致线弹性响应，直到 C 点（静摩擦），滑块开始相对于加载点（滑动）发生位移，D 为最大（峰值）摩擦阻力的点，此时，质量可能突然滑动（黏滑），导致弹簧中的力下降（应力下降），或发生稳定滑动（虚线），其中质量在相对恒定的力（滑动摩擦）下平稳发生位移

更多，这意味着已克服静摩擦力，并相对于荷载点移动。力（摩擦阻力）继续增加，直到 D 点（峰值摩擦力），超过该点，可能出现若干变形响应。在某些情况下，质量可能相对于荷载点（实线）突然滑动，导致弹簧力下降（应力下降）。在恒定速度下，力将再次增加，直到为另一个滑动事件积累足够的弹性能量。这些滑动和重新加载的循环被称为黏滑事件，是地震的实验室模拟。相比之下，一些材料表现出从峰值摩擦力开始的力逐渐下降，然后以恒定力（虚线）持续稳定滑动，这就是所谓的残余摩擦力或滑动摩擦力。

二、断层摩擦的弹性动力学观点

地质断层的表面不是简单的完全接触的平面特征。这可以从以下事实中得到证明：活动断层通常充当流体流动的通道（Townend 和 Zoback，2000），以及在实验室实验中对摩擦界面的观察。实际上，断层表面在不同尺度上具有粗糙度（Candela 等，2012），可能由过去滑动事件产生的细粒磨损产物组成（断层泥）。当两个粗糙的表面在载荷（应力）下接触时，"实际"接触面积 A_r 是所有微观接触点的接触面积之和，被称为粗糙面（图 4.6a）。对于任何粗糙的界面，实际接触面积小于名义面积 A，因此在给定作用力下作用在粗糙表面上的应力被放大。在相对中等的压力—温度条件下，粗糙面上应力增大可以促使非弹性变形。例如，如果 A_r/A 为 1%，则施加的 100MPa 远程应力为 10GPa，与许多地壳矿物的弹性刚度相当（见表 2.2）。当粗糙面可能经历非弹性变形时，未接触的断层表面区域只会感受到远处的应力，并可能发生弹性变形。

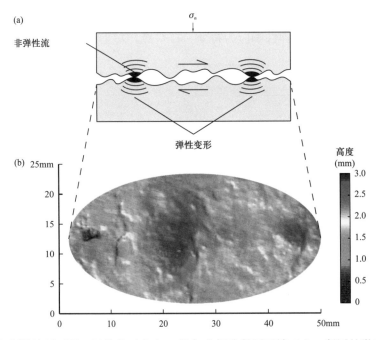

图 4.6 "真实"断层接触面积。远处的正应力 σ_n 施加在标称断层区域 A 上，断层的微观视图显示了一个粗糙的界面，其接触点分散，称为微凸体。粗糙面区域是真实的接触面积 A_r，对于地壳中的断层，$A_r \ll A$，它放大了远处应力对粗糙面接触的影响，使之在中等压力—温度条件下表现为非弹性流动（据 Teufel 和 Logan，1978）（a）；Eagle Ford 页岩富含黏土样品中实验断层表面的地形（据 Wu 等，2017b）（b）

在 50MPa 围压条件下，Teufel 和 Logan（1978）巧妙地使用热活化染料测定砂岩摩擦滑动实验中的粗糙接触面积。对于非常规储层，即使在相对较高的压力下，实际接触面积也仅为名义面积的 5%~15%。Dieterich 和 Kilgore（1994）通过光学干涉仪直接测量了粗糙的摩擦界面上的粗糙接触面积，发现在相似的法向应力下，实际接触面积的范围为 0.1%~3%。两项研究还表明，粗糙（实际）接触面积随位移（滑移）率的对数呈线性减小。假设粗糙面上的应力是实际接触面积的函数，这意味着对这些表面增加滑移率会降低摩擦阻力。粗糙面的接触面积也随着施加的法向应力而增大，从而减小了粗糙面感受到的应力。粗糙面的摩擦特性也与时间有关。Teufel 和 Logan（1978）在摩擦滑动实验中进行了保持试验，观察到恢复滑动所需的摩擦阻力（静摩擦力）随着保持时间的对数而增加。Dieterich（1978）还证明了粗糙接触面积随时间对数的增加而增加，这基本上代表恒定应力下的蠕变或随时间的变形（见第三章）。这与粗糙面上的放大应力能够产生非弹性变形的观点相一致。

对时间和速度相关行为的观察表明，摩擦受两个过程相互作用的控制：（1）摩擦阻力随接触时间（年龄）对数的增加而增大；（2）滑移位移破坏现有接触并在与接触间距相关的位移尺度上形成新的较弱的接触（粗糙度或粒度）。因此，滑动弱化（通过黏滑或稳定滑动）会导致触点的平均寿命（尺寸）随滑移而减小。概述这些影响的最简单模型是线性滑移弱化（图 4.7）。同样，考虑到简单的弹簧—滑块系统（图 4.5a），弹簧或实验室实验中的样品和加载系统以斜率 K（刚度）卸载。

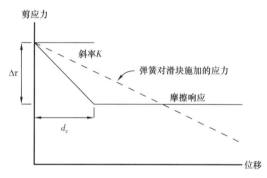

图 4.7　摩擦滑动过程中的滑动减弱（据 Dieterich，1979，有修改）

弹簧以斜率 K 卸载，表示岩石和加载框架的弹性刚度。如果特征位移 d_c 上的剪应力 $\Delta\tau$ 下降小于 K，则发生稳定滑动。当滑块（断层）卸载曲线的斜率大于 K 时，则发生不稳定滑动

在克服静摩擦力后，滑块（断层）的动摩擦随时间和速度的变化而变化，断层的应力降 $\Delta\tau$ 假定与特征位移 d_c 呈线性关系。如果滑块卸载曲线（$\Delta\tau/d_c$）的斜率（K）大于弹簧，滑块将相对于载荷点（不稳定滑移）向前猛拉。当 $\Delta\tau/d_c$ 小于 K 时，滑块将在施加的位移速率下稳定滑动。因此，摩擦失稳临界刚度为 $K_c=\Delta\tau/d_c=\sigma_n\Delta\mu/d_c$。下一节将讨论如何在实验室实验中使用这种关系来量化摩擦稳定性。

三、速率—状态摩擦

为了描述断层的摩擦行为，Dieterich（1979）和 Ruina（1983）提出了一个表达式来解决摩擦的时间和速度依赖性：

$$\mu = \mu_0 + a\ln\left(\frac{v}{v_0}\right) + b\ln\left(\frac{v_0\theta}{d_c}\right) \tag{4.7}$$

式中，a 和 b 均为速率状态本构参数；μ_0 和 v_0 分别为滑动摩擦系数和滑动速度；d_c 为特征（或临界）滑移位移；θ 为封装时间依赖性的状态变量。当滑移速度从 v_0 增加到 v 时，摩擦瞬间增加的量与材料常数 a 成正比。这就是所谓的直接效应。

然后，随着时间的推移摩擦力在距离 d_c 内演变为一个与 b 成正比的新的稳定状态。这就是所谓的演化效应。状态变量用于描述滑动接触（粗糙面）的时间依赖性，也可在位移 d_c 上演化：

$$\frac{\mathrm{d}\theta}{\mathrm{d}t} = -\frac{v\theta}{d_c}\ln\left(\frac{v_0\theta}{d_c}\right) \tag{4.8}$$

对于这种被称为滑动定律（Ruina，1983）的特殊状态演化规律，在稳态下状态变量的值为 d_c/v 通常被解释为代表滑动接触的平均寿命。将稳态值代入式（4.7），根据速率状态本构参数得出稳态滑动摩擦系数变化的表达式（$\mu_{ss}=\mu_0-\mu$）：

$$a-b = \frac{\Delta\mu_{ss}}{\ln(v/v_0)} \tag{4.9}$$

如果摩擦阻力随增加速度（$a-b>0$）而增大，这被称为稳态速度强化行为，意味着稳定（抗震）滑移。如果摩擦阻力随速度的增加而减小（$a-b<0$），这被称为稳态速度减弱行为，意味着条件不稳定（地震）滑移。图 4.8 根据速率状态本构参数说明了速度增强和速度减弱响应。

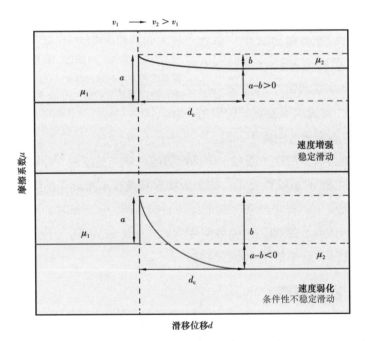

图 4.8　速率状态摩擦理论中的摩擦稳定性（据 Kohli 和 Zoback，2019）

在摩擦滑动实验中，阶跃速度的增加使摩擦瞬时增加，然后在临界位移 d_c 上发展到一个新的稳态。当瞬时速度相关项 a 大于时间和滑移相关项 b 时，会产生速度强化（稳定）行为。当 $a-b<0$ 时，会产生速度弱化（条件不稳定）行为

速率状态摩擦中不稳定滑动的条件仅为临界刚度，用滑移弱化率表示：

$$K_c = \frac{\Delta\tau}{d} = \frac{\sigma_n\Delta\mu_{ss}}{d_c} = \frac{\sigma_n(b-a)}{d_c} \qquad (4.10)$$

下一节将使用速率状态摩擦理论讨论摩擦稳定性的测量和观察。

第三节　摩擦强度和稳定性

一、测量

摩擦滑动参数可以在多种实验装置中进行测量，包括直接剪切（双轴）、旋转剪切和常规三轴。图 4.9 说明了常规三轴仪中摩擦测量的实验配置（图 4.1a）。

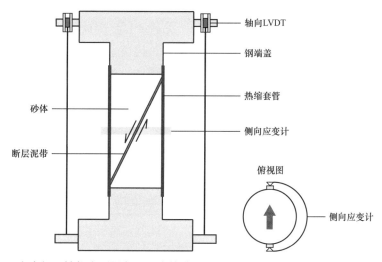

图 4.9　在常规三轴仪中测量断层泥摩擦特性的实验装置（据 Kohli 和 Zoback，2013）
在俯视图中，箭头表示滑动方向

摩擦滑动发生在预切割表面或压缩破坏形成的粗糙断层上。第三章简要回顾了粗糙断层上摩擦强度的观测结果。本节重点讲述预切割表面上的实验，旨在消除粗糙度或磨损产品的任何混杂影响。此外，对摩擦强度和稳定性控制的讨论将集中于在预切割表面使用断层泥（破碎材料）的实验。非常规储层岩石的弹性性质（见第二章和第三章）随微观结构（成分相似的样品）而显著变化，因此控制这些影响非常重要。断层泥筛分到一定粒径后，完整岩石的微观结构（各向异性、颗粒结构和尺寸）大部分丢失，摩擦响应将反映滑动接触的组成。在断层泥摩擦实验中，通常使用相对坚硬易碎的材料（如砂岩、花岗岩或金属）制成的预切割压块。在传统的三轴试验中，位移由轴向传感器测量，并在断层面上解析以确定滑动。平行于滑动方向的侧向应变计可用于解决断层泥厚度的变化（压实和膨胀）。

样品承受均匀的围压，通过施加轴向应力驱动摩擦滑动（图 4.1a）。

图 4.10 显示了 Barnett 组页岩样品上以不同的速度步进摩擦实验的示例。这种流程已经成为测量摩擦强度和稳定性的标准流程。摩擦强度由初始加载后达到的稳态值来测量。对于大多数岩石，这种情况只发生在几毫米的滑移位移之后。摩擦稳定性通过检查施加滑移速度阶段变化的速度和时间相关响应来测量（图 4.8）。有几种可能的方法来量化摩擦稳定性。为了得到本构参数 a、b 和 d_c 的独立值，需要求解方程式（4.7）加上一个解释样品和加载框架之间弹性相互作用的表达式（Marone 等，1990）。

考虑 a 和 b 的独立变化可以为进一步了解摩擦响应的微观力学细节提供更多的见解。或者，a–b 和 d_c 可以简单地得到。

二、成分和热控制

要评估摩擦性能的成分控制，必须区分主要岩性。如第二章所述，非常规储层岩石涵盖了从硅质到钙质再到富黏土的各种岩性（见图 2.1）。黏土和有机质通常是相互关联的（见图 2.2），并且代表了基质韧性最强的成分（见表 2.1），因此将它们组合在一起以研究力学性能是很方便的。碳酸盐含量从 0～90% 不等，代表了许多储层中成分变化的最重要来源（见图 2.1）。众所周知，黏土和碳酸盐矿物也表现出明显的摩擦特性，这与拜耳莱定律（Byerlee's law）相悖，后者指出摩擦系数与岩石类型几乎无关（Byerlee，1978）。因此，为了研究摩擦特性的成分变化，区分了黏土和富含有机质的钙质页岩。在这个框架中，钙质页岩的碳酸盐质量分数为 50% 或更高。大多数富含黏土和富含有机质的页岩碳酸盐含量相对较低，因此黏土和有机质的变化主要由硅质碎屑矿物（石英和长石）补偿。

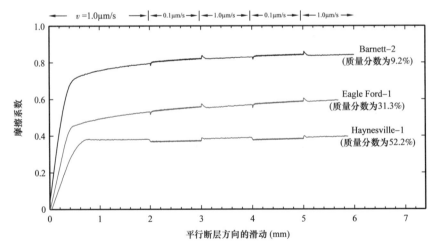

图 4.10　Barnett 页岩用于确定摩擦系数和稳定的速度步进实验示例（据 Kohli 和 Zoback，2013）
样品名称下方的数字表示黏土 + 总有机碳的质量分数。摩擦系数通过初始加载行为后达到的稳态值来测量（图 4.5b）；摩擦稳定性是通过检查对滑动速度阶跃变化的响应来测量的；样品组成见表 2.1

图 4.11（a）、（b）显示了摩擦系数随黏土、富有机质页岩和钙质页岩成分的变化。与粗糙断层上的结果类似（见图 3.3c），滑动摩擦系数随着黏土和有机质含量的增加而降低，从约 0.8 到略小于 0.4。对于钙质页岩，碳酸盐含量从约 50% 增加到 80%，相当于摩擦系

数从约 0.6 增加到 0.8。综合引用这两个数据集（即根据碳酸盐含量绘制黏土和富含有机质的页岩），表明摩擦系数随软硬组分相对比例的变化基本一致，这表明该框架适合于表征非常规储层岩石（Kohli 和 Zoback，2019）。事实上，一些样品可以说明钙质和黏土以及富含有机质岩性的趋势（Haynesville BWH2–2、Eagle Ford 65Hb）。对于所有样品，摩擦系数随温度升高而略有增加，最高温度可达 120℃。这种影响似乎随着黏土和富含有机质页岩中黏土 + 总有机碳含量的增加而增加，最弱的样品强度增加了近 25%。在钙质页岩中，在所有碳酸盐含量下，摩擦强度随温度增加的幅度相似。观察到的随温度升高而增强的现象通常与纯伊利石（Kubo 和 Katayama，2015）和方解石（Verberne 等，2013）断层泥的类似实验的结果一致。

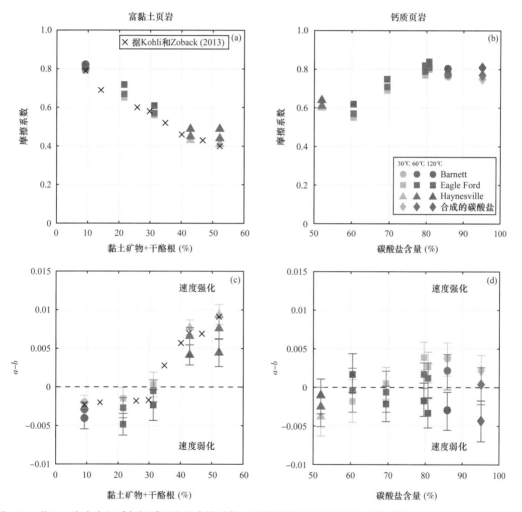

图 4.11　黏土 + 富含有机质与钙质页岩的摩擦系数、稳定性随成分和温度的变化（据 Kohli 和 Zoback，2019）
摩擦系数的误差条在符号大小的顺序上。摩擦稳定性的符号表示多个速度步的 a−b 平均值，误差线表示给定实验中的数值范围。样品组成见表 2.1

图 4.11（c）、（d）显示了速率状态摩擦稳定性的变化，*a−b* 作为黏土和富有机质页岩以及钙质页岩成分的函数。黏土和富有机质样品（>30%）表现出强化速度行为（*a−b*

>0），表明滑动稳定。在这一明显阈值以下，黏土和贫有机质样品表现出速度减弱行为（a−b<0），这意味着条件不稳定的滑动。在摩擦强度变化的情况下（图4.11a），这表明相对较强的岩石（μ>0.6）可能发生不稳定滑动，而相对较弱的岩石只能稳定滑动。相比之下，对于钙质页岩，碳酸盐质量分数大于70%的相对较强的样品（μ≈0.8）表现出速度强化行为。对于所有样品，温度升高会导致a−b更低（或更负）值，这表示速度减弱行为的增加趋势。相对于黏土和富含有机质的页岩，这种影响相对较小，推动了从速度减弱到速度增强的转变，从而使黏土和总有机碳含量略高。相比之下，温度对钙质页岩的影响非常显著，因此，在环境温度下速度强化的所有富含碳酸盐（<70%）的样品在120℃时速度弱化。这些随温度升高而降低（a−b）的观察结果与纯伊利石（Kubo和Katayama，2015）和方解石（Verberne等，2013）断层泥的类似实验结果基本一致，这表明摩擦稳定性的温度依赖性可能由伊利石和方解石控制。图4.12总结了图4.11在非常规储层岩石组成的三元空间内的结果。下一节将探讨成分和温度对摩擦性能控制的微观力学过程。

三、微观力学过程

众所周知，黏土、层状硅酸盐和有机质的加入降低了岩石的滑动摩擦系数（Lupini等，1981；Takahashi等，2007；Crawford等，2008；Tembe等，2010）。由于在应力作用下倾向于排列并适应基底晶体学平面上的滑移，黏土和层状硅酸盐矿物的剪切力较弱（Kronenberg等，1990）。纯伊利石黏土是大多数盆地的主要黏土矿物，在环境温度下的摩擦系数约为0.4（Tembe等，2010；Kubo和Katayama，2015）。有机质的剪切力更弱是因为它主要由碳和氢组成，缺乏晶体结构。代表有机物类似物的纯石墨的摩擦系数约为0.1（Rutter等，2013）。考虑到石英和方解石的摩擦系数为0.6~0.8，增加弱相的含量会明显降低摩擦强度。

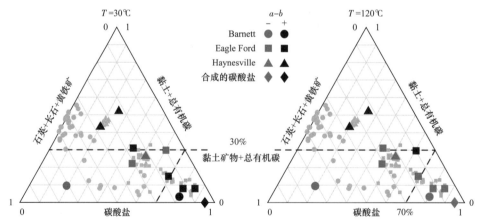

图4.12　QFP—碳酸盐—黏土＋总有机碳三元空间中摩擦稳定性随矿物组成的变化

（据 Kohli 和 Zoback，2019）

较小的符号代表 Barnett、Eagle Ford 和 Haynesvill 页岩的全部组成。在30℃时，黏土＋总有机碳含量小于30%和70%的样品显示出速度减小响应。在120℃时，稳定滑动的门槛值向稍高的黏土＋总有机碳值移动，富碳酸盐样品从速度强化向速度弱化转变

在前面描述的摩擦实验中，通过断层泥判断，弱相的分布基本上是随机的。然而，在高岭石与石英和石墨的比例为2：1的合成混合物实验中，Rutter等（2013）记录了石墨在相对较少含量条件下对摩擦系数的影响大于预期。这是由于有机质在剪切作用下有涂抹的趋势，并且占据了比原始滑动面更大的面积。在非常规储层岩石中，这表明有机质可能在反复剪切作用下局限于活动断层表面，显著降低摩擦系数并促进稳定滑动。为了评估有机质对断层摩擦特性的影响，需要对非常规油气盆地中天然断层的滑动面进行仔细的研究。

为了了解摩擦稳定性的变化（图4.11c、d），重要的是要考虑发生摩擦的位移大小。

图4.13显示了临界滑动位移d_c随黏土和富有机质页岩及钙质页岩成分的变化。随着黏土和有机质含量的增加，d_c值从50μm下降到5μm。相比之下，对于钙质页岩，d_c随碳酸盐含量的增加而变化，范围为30～100μm（不包括合成的碳酸盐样品）。回想一下，d_c的物理解释是更新一组滑动触点所需的位移，或者换句话说，滑动触点之间的平均间距。

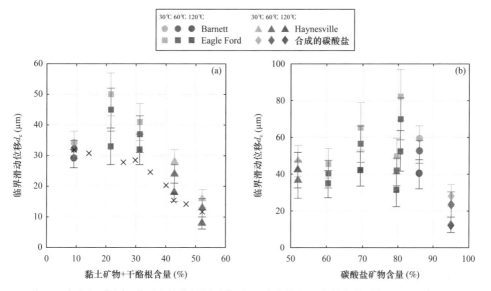

图4.13 黏土＋富有机质和钙质页岩的临界滑动位移d_c随成分和温度的变化（据Kohli和Zoback，2019）
符号表示多个速度步的平均值，误差线表示给定实验中的值范围

在凿槽层内，滑动接触的密度由承载框架的粒度决定（Marone和Kilgore，1993）。因此，随着黏土和有机质含量的增加，d_c的减少可能实际上反映了滑动接触的平均间距的减少，因为相对粗粒的碎屑骨架被相对细粒的黏土和有机质所取代（见图2.8a）。同样，随着碳酸盐含量的增加，d_c的变化可能反映了碎屑骨架的粒度（和形状）的变化（见图2.8b）。有关这些结果的更全面讨论，请参见Kohli和Zoback（2019）。

对于黏土和有机质丰富的页岩，d_c随着黏土和有机质含量的降低，也为观察到的摩擦稳定性提供了一些见解（图4.11a）。在这些相对较低的压力—温度条件下，摩擦稳定性由两种相互竞争的机制控制：晶粒或接触尺度的晶体塑性和碎裂流动（断裂和颗粒边界滑动）。矿物晶体的塑性与应力、温度和时间有关，同时也与固有的速度强化有关（应变率增加会增加应力）（Rutter，1974）。因此，它常常被用来表示直接效应 a，或瞬时的速度相关响应。此外，晶体塑性也被认为是控制滑动接触在应力作用下随时间变化的生长。碎裂流或颗粒流对时间不敏感，但取决于滑动位移和滑动接触的强度和大小。因此，演化效应 b 代表接触的时间依赖性增长（降低摩擦阻力）和碎裂流之间的竞争，后者可能根据特定的颗粒尺度机制增加或减少摩擦阻力。

作为对外加速度增加的响应（图 4.8），滑动接触上的应力增加，然后根据晶体塑性和碎裂流的相对贡献衰减。由于滑动接触的平均尺寸随晶粒尺寸的减小而减小，在给定的速度下，滑动接触的生长时间也随之缩短，从而限制了直接效应的衰减，产生了速度强化响应。对于黏土支撑的骨架，这意味着通过晶界滑动更新的滑动接触比由晶体塑性调节的滑动更容易。考虑到高黏土含量下组构发育的观察结果（见第二章）和基底面滑动的摩擦弱点（Mitchell 和 Soga，2005），这无疑是合理的。

对于碎屑支撑骨架，特征位移越长意味着接触生长的时间越长，然而，晶体塑性变形的大小与接触的矿物密切相关。石英在低温（＜200℃）下具有较高的晶体塑性强度，而黏土和碳酸盐矿物可能因内部滑移系统上的位错滑动而变形，并形成晶体优先取向（Rutter，1974；Poirier，1985；Mitchell 和 Soga，2005）。因此，观察到硅质岩和钙质页岩的摩擦稳定性存在明显差异（Barnett 23Vb 和 Eagle Ford 254Va）。在硅质岩中，滑动接触处的高应力可能导致颗粒级断裂和粉碎，从而增加接触面积，并因此降低摩擦阻力，导致速度减小。在钙质岩石中，晶体塑性变形可以消散高应力，但在室温下，应变率太低，无法完全抵消晶界滑移的影响，从而导致速度强化行为。

随着温度的升高，晶体塑性变得更加有效（应变率增加），这解释了黏土＋富含有机质和钙质页岩的速率依赖性降低的原因。事实上，Verberne 等（2013）估计，对于方解石，30～120℃，位错滑动的应变率增加了近 10 亿倍。对于给定的滑动速度，增加晶体塑性的贡献会增加滑动接触的时间依赖性，这进一步降低了滑动演化过程中的摩擦阻力。对于黏土＋富含有机质的页岩，这种影响相对较小，而对于钙质页岩（＞70%），晶体塑性的增加足以导致在 60～120℃之间从速度增强到速度减弱的转变。Verbene 等（2013）观察到合成方解石凿槽中温度 80℃条件下摩擦稳定性的类似转变，并记录了与位错滑移一致的晶体择优取向。这表明钙质页岩摩擦稳定性的温度依赖性是由方解石控制的，这与承载接触结构决定摩擦特性的观点一致。有关摩擦稳定性的微观物理过程更全面的讨论，见 Kohli 和 Zoback（2019）。

四、孔隙流体效应

速率状态本构参数表示材料在断层表面的摩擦行为（断层将如何滑动），与断层弹性刚度的关系决定断层表面上的力（当断层滑动时）。为了了解水力压裂过程中的诱发滑移，有必要考虑临界断层刚度 K_c 是如何受孔隙压力影响的。当 K_c 超过加载系统刚度（围岩体积）时，会发生不稳定滑移。在式（4.10）中替换 σ_n，用孔隙流体压力表示 K_c：

$$K_c = \frac{(\sigma_n - p_p)(b-a)}{d_c} \tag{4.11}$$

关于这种关系，有两个关键点需要理解。首先，孔隙压力的增加降低了断层的刚度，导致稳定滑动的趋势增加。在水力压裂过程中，断层相对于当前应力场的方向决定了克服摩擦阻力所需的孔隙压力的增加（见第十章）。因此，可以预期，定向不良的断层会在较低的有效正应力下通过稳定的滑动而失效，而定向良好的断层只会在轻微的孔隙压力扰动下发生地震破坏。其次，在这种关系中，只有当断层面速度减弱或 $a–b$ 小于 0 时，才可能发生不稳定（地震）滑动。将速率状态摩擦修正为包括对正应力的依赖，对断层稳定性的影响很小（Linker 和 Dieterich，1992），然而，最近对天然地壳断层泥的实验表明，速率状态的材料性质实际上可能随孔隙压力的变化而变化。Scuderi 和 Collettini（2016）在天然碳酸盐泥中进行了速度步进摩擦实验，观察到随着孔隙压力的增加，摩擦速率依赖性（$a–b$）和临界滑移位移 d_c 系统性降低（图 4.14）。在相对较低的有效正应力（＜5MPa）下，这种效应足以引起从速度强化到速度减弱行为的转变。在碳酸盐岩中，$a–b$ 和 d_c 随孔隙压力的增加而降低，这可能反映了由于流体辅助过程（如颗粒边界扩散或压溶蠕变）活动的增加而导致的接触尺度晶体塑性的增加。较低的 $a–b$ 和 d_c 值都通过增加临界断层刚度来促进不稳定的断层滑动，这抵消了有效正应力降低的影响。这表明，增加孔隙压力实际上可能会激发地震滑动，这与方向不良的断层只能在低有效正应力下发生稳定滑动的观点相反。

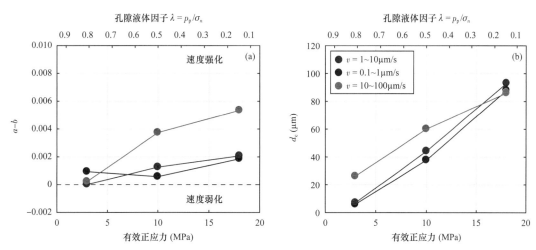

图 4.14　天然石灰岩泥中摩擦速率依赖性（$a–b$）（a）和临界滑动位移 d_c（b）随有效正应力（孔隙压力）的变化（据 Scuderi 和 Colletini，2016）

Scuderi 等（2017a）通过向接近破坏的实验室断层注入流体，进一步探索了孔隙流体对摩擦稳定性的影响（图 4.15）。试验的第一部分是静水孔隙压力下的等速摩擦滑动（$\lambda=p_p/\sigma_n=0.4$），得出峰值和残余摩擦强度值。在试验的第二部分，断层承受的是峰值强度的 80% 或 90% 的恒定剪切应力，这本质上是断层蠕变试验。然后孔隙压力以恒定速率增加，直到断层破坏。图 4.15（b）比较了在 90% 峰值强度下进行的试验注入滑移响应和恒定孔隙压力。在孔隙压力恒定的情况下，断层以缓慢的速度蠕动，永远不会破坏。在注入作用下，滑动速率开始逐渐增大直到约 15.5MPa，此时滑动迅速加速，断层发生动态破坏。尽管这种材料在静水压条件下具有速度强化作用，但动态破坏的发生表明，速率状态参数随孔隙压力的变化足以产生速度衰减行为。注入引起的加速蠕变也与断层的渗透率增加有关，这表明观察到的行为表现为扩张强化和滑动减弱之间的竞争。有趣的是，Scuderi 等（2017b）同样在一个弱的（$\mu=0.28$）透水性较差的富黏土页岩上执行该过程，并观察到略有不同的响应。注入后，断层蠕变在周期性循环中加速（高达约 200μm/s），但从未发生动态失效。

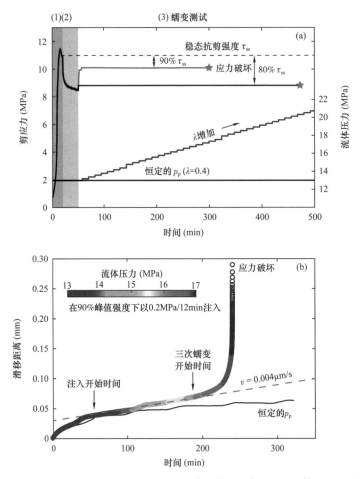

图 4.15　实验性碳酸盐岩断层的注入诱发破坏（据 Scuderi 等，2017a）

（a）在静水孔隙压力（$\lambda=p_p/\sigma_n=0.4$）下，当测得的摩擦峰值和残余摩擦达到后，断层将承受约为摩擦峰值 90% 的恒定剪应力（蠕变试验）。在蠕变试验过程中，孔隙流体压力增加，直至断层发生动态破坏（不稳定滑动）；（b）断层滑动是孔隙流体压力随时间变化的函数，仅需流体压力的微小变化即可引发三次蠕变和动态破坏

在这种情况下，Scuderi 等（2017b）实际上记录了与压实相关的渗透率增加，这表明膨胀强化可能并不总是在低有效正应力下限制不稳定性的机制。然而，这些注入实验表

明，孔隙压力与摩擦特性（速率状态参数）之间的耦合是诱发断层滑动的重要控制因素。

在非常规储层的背景下，有必要进一步研究观察岩性范围内的孔隙流体效应，以了解断层对水力压裂的响应。此外，在对已有断层进行水力压裂时，注入速度、孔隙流体组成等因素也会影响断层的稳定性，并随距注入点的距离而变化。例如，在接近油田断层的压力会急剧上升，而离注入点较远的断层则会经历更为缓慢的压力上升。值得注意的是，距注入点的距离也可能影响孔隙流体的类型或组成。在近油田区域，高注入压力可以驱动水基压裂液进入裂缝和断层，而在远油田区域，只有压力信号可以传递，所以断层表面会出现原位孔隙流体。对于油气藏，远离油田断层上的孔隙压力将由天然气和石油传递，这可能对摩擦特性产生不同的影响，需要在今后的研究中加以考虑。

第四节　水力压裂中诱导剪切滑移的意义

一、摩擦强度和应力状态

鉴于非常规储层中存在成分分层（见图 1.12），了解储层性质的变化如何影响应力大小是很重要的。有三种机制需要考虑。

第一，超低渗透页岩单元中提高孔隙压力的区域化可能导致一个近静岩应力状态。第三章的最后讨论了多井实验的结果，结果表明无论孔隙压力梯度如何变化，页岩单元的最小主应力仍然接近垂直应力。相反，在互层砂体单元中，最小主应力随孔隙压力梯度的增大而增大。这似乎表明，提高的孔隙压力可能不一定是由于成分分层引起的应力变化。

第二，第三章中讨论了黏弹性应力松弛如何增加最小主应力的相对大小，从而降低应力各向异性。不同地层之间延展性（蠕变）的变化会导致应力的变化，从而导致更具韧性的单元成为水力裂缝扩展的潜在屏障（见图 3.17）。

第十一章将再次讨论这一问题，试图了解水平井中在不同岩相之间"波动"的最小主应力变化（Ma 和 Zoback，2017b）。

第三，要考虑的机制是摩擦强度随岩石成分的变化。如果断层的强度决定了地壳的应力状态［式（4.6）］，那么摩擦特性的变化导致不同岩相之间的应力变化是合理的。

根据 Barnett 组页岩（Sone 和 Zoback，2014b）在相对较强（$\mu=0.8$）和较弱（$\mu=0.4$）岩相的摩擦平衡状态下，图 4.16 显示了根据估计的法向/走滑应力状态构造的莫尔圆。

给定 σ_V、σ_{Hmax} 和 p_p 的恒定值，降低摩擦平衡中断层的强度会导致最小主应力 σ_{hmin} 增大。结果表明，主应力之间关系的 $\Phi=\dfrac{\sigma_2-\sigma_3}{\sigma_1-\sigma_3}$ 由 0.9 减小到 0.76，σ_1 与临界应力断层的夹角 β 由 64° 增加到 74°。

Ma 和 Zoback（2017b）试图利用黏土 + 有机质的摩擦强度变化（图 4.13a）来预测瞬时关井压力（ISIP）的变化，ISIP 是最小主应力的测量值（见图 11.15）。他们发现，根据摩擦成分趋势（图 4.11a）计算的应力变化幅度远小于 ISIP 中观察到的变化。这意味着摩擦强度的变化不足以解释黏土和富含有机质岩性中相对较高的最小主应力值。相反，根据变形特性谱考虑应力变化可能是合理的。断层摩擦强度变化的部分原因可能是最小主应力变化，除了这些断层上的黏塑性应力松弛外。事实上，实验断层显示出对完整岩石的类似蠕变响应类型（图 4.15b），这表明断层的黏塑性特性可能类似地促进应力演化。如果是这种情况，可能很难仅根据成分和弹性性质的测井测量结果来预测观测到的应力变化，这些测井数据采样厘米到米级岩石体积，因此可能无法代表断层表面的物质。

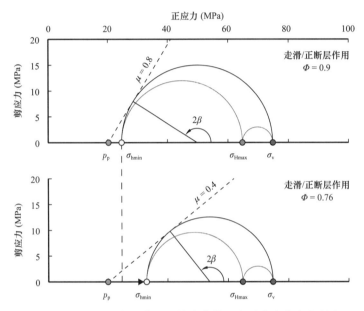

图 4.16　走滑／正断层作用环境中摩擦强度对应力状态的影响

应力状态代表 Barnett 页岩（σ_V=75MPa，σ_{Hmax}=64MPa，p_p=20.3MPa）（Sone 和 Zoback，2014b）。对于每种情况，σ_{hmin} 的值都由处于摩擦平衡的断层强度决定。对于临界应力断层，摩擦强度的降低增加了 σ_{hmin}，减小了破坏角 β

二、活动断层的临界长度尺度

测量非常规储层岩石的速率—状态摩擦特性可以估计活动断层的临界长度尺度。Dieterich（1978b）提出，弹性介质中断层的有效刚度只是剪切模量 G 和长度 l 的比值：

$$K = \frac{G}{l} \tag{4.12}$$

将这个表达式与方程式（4.10）组合起来，得出活动断层临界长度尺度 l_c 的表达式：

$$l_c = \frac{G d_c}{\sigma_n (b-a)} \tag{4.13}$$

小于 l_c 的断块过于硬（$K>K_c$），会稳定滑动，而大于 l_c 的断块足够柔韧（$K<K_c$），以致动态失效。因此，l_c 代表不稳定（地震）滑动所需的最小断块大小的估计值。表 4.1 中计算了速度减弱区内高低黏土 + TOC 样品的 l_c 值。

通过实验室对相同样品的动态弹性特性的测量获得剪切模量（见第二章；Sone 和

Zoback，2013a）。每种情况下的有效法向应力由图 4.16 中的莫尔圆分析得出。

根据这些值，相对较弱的高黏土 + TOC 相的最小断片尺寸约为 24m，比强度较强的低黏土含量 + TOC 相的断片尺寸小 2 倍左右。第九章讨论了在地震应力降观测的背景下，滑动、断片大小和力矩大小之间的关系。根据这些尺度关系，二级微地震是非常规储层水力压裂的典型类型，其断层片大小约为 1m，滑动量为 0.1mm（见图 9.20）。有几种可能解释 l_c 值与基于地震尺度关系的断层片大小估计值之间的数量级差异。第一，如果有效正应力远高于估计值，l_c 值将减小，但是，如果速率状态摩擦特性依赖于正应力，则这种影响可能会被抵消（图 4.14）。第二，含断层岩石体积的弹性刚度可能小于在完整岩心样品上测得的动态弹性刚度。

表 4.1　相对富黏土 + TOC 和贫 TOC 岩相活断层临界长度标度计算参数

参数	高黏土 +TOC（30%）	低黏土 +TOC（<10%）	参考文献
剪切模量 G（GPa）	12	32	Sone 和 Zoback（2013a）
$b-a$	0.0005	0.005	Kohli 和 Zoback（2013）
d_c（μm）	20	50	Kohli 和 Zoback（2013）
μ	0.4	0.8	Kohli 和 Zoback（2013）
与 σ_1 的夹角（β）	64°	74°	图 4.16
σ_{hmin}（MPa）	32.9	24.8	图 4.16
σ_n（MPa）	19.7	8.3	图 4.16
l_c（m）	24	40	式（4.13）

考虑到动态断层滑动通过非弹性变形造成断层外损伤（Johri 等，2014a），周围的刚度可能显著降低，这将降低 l_c 值。将天然裂缝和断层的观测结果（Johri 等，2014b）整合到米级弹性模型中可能有助于量化这种影响。

三、地震和非地震滑动

除了诱发地震滑动（微地震），在水力压裂过程中也可能发生显著的地震滑动。尽管对缓慢滑动断层的初步观察最终证明是来自遥远区域地震的信号（Das 和 Zoback，2013a；Caffagni 等，2015；Zecevic 等，2016），但最近的几项研究已经确定了非常规油气盆地水力压裂期间相对低频的紧急信号（Hu 等，2017；Kumar 等，2017，2018）。这些事件被称为长周期长持续时间（LPLD）事件，并显示出与火山地震相似的波形，这是由充满流体的拉伸裂隙的传播引起（Aki 等，1977；McNutt，1992）。长周期长持续时间事件与已知的由缓慢剪切滑移引起的类似震颤的事件有明显不同，因此可以解释为起源于在高流体压力下突然扩展的拉伸裂缝。

虽然没有直接证据表明在水力压裂过程中诱发缓慢滑动断层，但用于探测低渗透层的地面地震阵列对足够低的频率不敏感，无法捕捉到缓慢滑动，这是合理的。观察到的产量与天然裂缝的密度相关，而与微地震事件的数量无关（Moos 等，2011），这一事实表明，断层上存在更大的变形，有助于提高地层渗透率，但地震仪器无法捕捉到。这一观点得到了伴随缓慢滑动的断层渗透率升高的实验室观察结果的支持（Scuderi 等，2017a，b；第十章）。因此，非常规储层中控制缓慢滑发生的机理值得研究。第一，富含黏土和有机质的岩相（>30%）始终表现出速度强化行为，这意味着这些岩相中的断层只有通过稳定滑动才会失效。第二，在高流体压力（低有效正应力）下，不稳定滑动可能受到膨胀强化的限制，这可能导致减弱速度的物质通过稳定滑动而失效（Segall，1995；Segall 等，2010）。第三，正如将在第十二章中讨论的那样，如果断层在当前应力场中定向性较弱，并且只在高流体压力下滑动，则沿着断层的流体运移速率可能会调节滑动速率（Zoback 等，2012）。有必要对水力压裂期间的实验室断层和诱发滑动进行进一步研究，以评估这些机制是否真的导致断层上的缓慢剪切滑动。第四，确定与先存裂缝和断层相关的变形如何消耗压裂的能量，将有助于更全面地了解生产的物理过程。

第五章 孔隙网络与孔隙流体

岩石基质的孔隙网络及其所含孔隙流体决定了非常规储层岩石的流动特性。在第六章研究流动的机制和时间尺度之前，将探讨基质孔隙网络的特征，以及原位孔隙流体和多相系统的流动特性。

本章首先回顾了非常规储层中与孔隙网络和孔隙流体有关的空间尺度，并讨论了岩石基质中孔隙类型及孔隙结构。然后讨论如何描述和量化基质孔隙度和孔隙特征（尺寸、形状和方向）的问题。通过对特征化方法的详细回顾，探索了不同的方法如何相互验证和/或组合以更全面地覆盖长度尺度。第二节讨论了孔隙网络的特征如何随基质组成和组构而变化，这包括对连通性和曲折性的观察，分析不同的孔隙类型如何连接形成流动路径。最后解决了向上扩展的问题：如何使用具有代表性的纳米级到微米级尺度的孔隙和微观结构观测值来预测测井尺度及其以上的孔隙网络特性。

为了理解孔隙网络中的流动行为，还必须了解原位孔隙流体的分布和组成，以及多相效应的影响。将讨论各种孔隙流体（天然气、凝析油、石油和卤水）在主要非常规油气盆地中的分布。第三节着重观察润湿性和毛细管压力，为了解非常规储层岩石中水和油气的相对渗透率奠定物理基础。最后，将讨论水力压裂和生产过程中多相效应对孔隙网络流动特性的影响。

第一节 基质孔隙度

图 5.1 显示了非常规储层岩石中基质和孔隙空间的概念模型。如第二章所述，岩石骨架由非黏土（碎屑）矿物组成，主要是石英和碳酸盐、有机质和黏土矿物。各种固体组分中包含的总孔隙空间可由水和油气填充，这取决于具体的储层条件。一部分水可能束缚在黏土颗粒内或在非常小的、毛细管压力大的孔隙中。

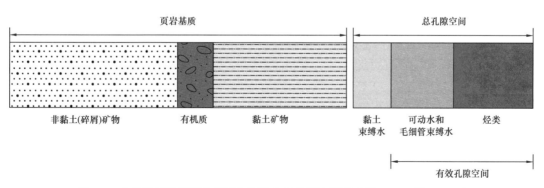

图 5.1 非常规储层岩石中基质和孔隙空间的概念模型（据 Passey 等，2010）

一、长度尺度

为了了解基质成分不同对孔隙网络的影响，将它们放在尺度的背景下是至关重要的。图 5.2 提供了孔隙流体、微观结构特征和相关表征技术（从埃米级到厘米级尺度）的综合视图。在厘米级尺度以上，岩石基质的连续性可能因岩性变化（第一章和第二章）和 / 或天然裂缝的存在（第七章）而中断。

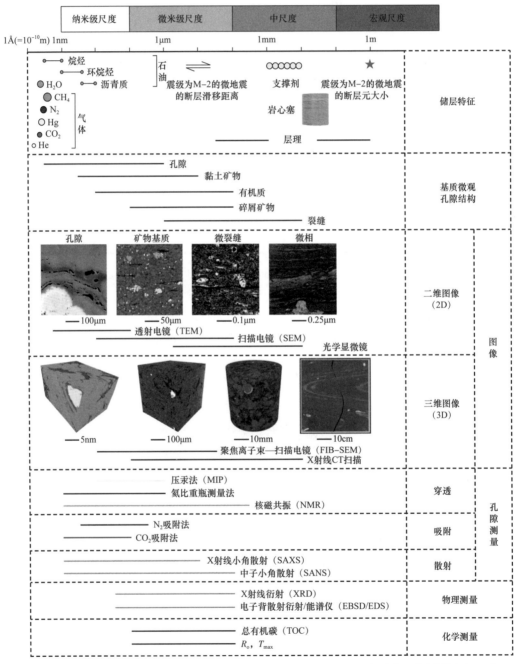

图 5.2　微观结构特征、孔隙流体（分子直径）和表征技术的长度尺度（应用范围详见表 5.1）

（据 Nelson，2009；Ma 等，2017，有修改）

对于典型的 2 级微地震，断层片大小约为 1m，滑距约为 0.1mm（见图 9.20）。这代表了讨论围岩基质特征的合理尺度上限。从厘米到毫米，岩石基质由成分可变（岩相）的沉积层组成，这些沉积层定义了层理平面，代表了各向异性的最重要来源（详见第一章和第二章）。大多数回收的岩心样品和实验室测试中使用的岩心塞（见第二章至第六章）都在这个范围内，可以通过测井、X 射线计算机断层扫描（CT）和 X 射线荧光（XRF）进行广泛的物理和化学测量。尽管这些技术的分辨率远比孔隙网络的尺度大，但岩相和非均质性尺度的变化特征对于在毫米级至厘米级尺度上理解不同类型的孔隙网络的分布是非常重要的。

从毫米级到微米级尺度，岩石基质还表现出成分分层（微相；见图 2.9）以及层理平行（次水平）微裂缝，可能张开或填充有机物或矿物胶结物。这基本上代表了非常规储层岩石的"颗粒尺度"，因为碎屑粒径通常在 10～100μm，有机质粒度为 0.1～100μm，黏土粒径为 0.1～4μm。如第二章所述，岩石基质中的黏土通常表现为多个黏土颗粒的集合体（见图 2.3）。黏土集合体、有机质和微裂缝的优势排列代表了颗粒尺度上各向异性的主要来源。在这一范围内，可采用多种技术来表征物理和化学性质。物理测量，如纳米压痕（Ahmadov，2011）和划痕试验（Akono 和 Kabir，2016）提供了微观尺度的物理性质。化学测量，如 X 射线衍射（XRD）和总有机碳（TOC）含量量化基质矿物学和有机物含量。光学岩相学、扫描电子显微镜（SEM）、X 射线显微计算机扫描（μCT）和聚焦离子束层析成像（FIB-SEM）等成像技术可以实现基质微观结构和矿物特征的可视化（表 5.1）。重要的是要了解这些成像技术的样品尺寸与分辨率之比约为 1000∶1。例如，对 1mm 样品进行的 μCT 可获得 1μm 的分辨率，而在 10μm 区域进行的 FIB-SEM 可获得约 10nm 的分辨率。当然，这取决于具体的仪器和技术，但这种启发式关系有助于理解成像技术如何组合用于多尺度分析（Ma 等，2017）。

表 5.1　量化基质孔隙度和（或）孔隙大小分布的方法系列

技术	方法	范围	结构	局限	使用实例
成像	电子显微法（SEM，TEM）[1]	0.1nm～1mm	孔隙体与喉道	二维，没有体积信息，需要抛光物件	将孔隙大小和形状与基质成分联系起来
	FIB-SEM 层析成像[2]	5nm～10μm	孔隙体与喉道	微米级尺度样品尺寸，图像为伪影像	孔隙尺寸分布、微相连通性
	透射电镜（TEM）层析成像[3]	0.1～200nm	孔隙体与喉道	纳米级尺度样品尺寸（厚度可达 200nm），图像为伪影像	有机质内或黏土矿物之间的纳米孔隙
散射	散射 SAXS[4]	1nm～1μm（上限取决于样品到检测器的距离）	连通和孤立孔隙	依赖于孔隙模型，限制可用性	毫米级尺度样品总孔隙体积和孔隙大小分布
	SANS[5]	1nm～10μm（上限取决于样品到检测器的距离）	连通和孤立孔隙	依赖于孔隙模型，限制可用性	厘米级尺度样品总孔隙体积和孔隙大小分布

技术	方法	范围	结构	局限	使用实例
流动与吸附	He 比重[6]	>0.2nm（He 动力直径）	可及的孔隙度	大体积测量，粉碎样品	总可及孔隙体积
	低压吸附（N_2、CO_2、CH_4）[7]	1~300nm	可及孔隙体（包括表面粗糙度）和喉道	依赖于孔隙大小和模型，粉碎样品	纳米级孔隙分布
	MIP（阈值）[8]	1~300nm	可及孔隙与喉道	依赖于孔隙大小和模型，毫米级尺度碎片	通过残余流体评估毛细管阻塞
	MIP[9]	50nm~1μm	可及孔隙体（包括表面粗糙度）和喉道	依赖于孔隙大小和模型，毫米级尺度碎片	2~4mm 颗粒的总样品体积
	NMR[10]	2nm~2μm	可及孔隙度	依赖于模型，完整岩心	总可及孔隙体积和孔隙大小分布，评估残余流体，连通性和区分孔隙网络润湿性
	渗透率测量[11]	取决于流体类型和流动路径	可及和可渗透的孔隙网络	依赖于模型体积测量和模型，毫米级至厘米级尺度样品	流动路径特征大小的估算

① 据 Curtis 等（2012a）, Chalmers 等（2012b）, Ma 等（2016）；② 据 Curtis 等（2012a）, Kelly 等（2016）, Ma 等（2016）, Keller 和 Holzer（2018）；③ 据 Ma 等（2018）；④ 据 Clarkson 等（2013）, Lee 等（2014）, Leu 等（2016）；⑤ 据 Anovitz 等（2015）, Leu 等（2016）, Busch 等（2017）；⑥ 据 Chalmers 等（2012b）, Busch 等（2017）；⑦ 据 Chalmers 等（2012b）, Clarkson 等（2013）, Rassouli 等（2016）, Bertier 等（2016）, Busch 等（2017）, Al Alalli（2018）；⑧ 据 Rassouli 等（2016）; Ghanbarian 和 Javadpour（2017）, Al Alalli（2018）；⑨ 据 Chalmers 等（2012b）；⑩ 据 Anovitz 和 Cole（2015）, Tinni 等（2017）；⑪ 据 Heller 等（2014）, Mckernan 等（2017）, Al Alalli（2018）

在微米级到纳米级尺度上，基质中有孔隙。孔隙可以分布在粒间孔隙和粒内孔隙、有机质和微裂缝中，其相对比例取决于基质矿物、成熟度和微观结构。较大的液态烃（如沥青质和环状结构）的大小与基质中孔隙的规模重叠，这突出了岩石基质本身的圈闭潜力，并解释了为什么许多非常规地层既是烃源岩又是储层。较小的分子，如甲烷、水和 CO_2，则介于埃米级和纳米级之间。还要注意 N_2、Hg 和 He 的相对分子尺寸，它们通常用于表征孔隙网络和流动特性。从微米级到亚纳米级尺度，孔隙可以通过成像、散射、流动和吸附等技术进行定量化。将在本章后面讨论这些技术的优缺点和具体应用。

在考察了基质的长度尺度后，流体或气体分子的生成路径始于纳米级尺度的孔隙，结束于米级尺度的模拟断层，其代表规模约为 10 个数量级。

二、孔隙来源

如上所述，基质中微米级至纳米级尺度的孔隙包含在以下几种主要孔隙类型中：微裂缝（微裂纹）、粒间孔隙和粒内孔隙以及有机质中的孔隙。关于页岩气储层岩石孔隙类型光谱的全面综述，见 Loucks 等（2012）。在岩心塞样品的尺度上，可以看到各种类型的裂缝，因此区分原位构造和岩心回收以及样品制备过程中产生的裂缝非常重要。图 5.3 显示了 Eagle Ford 组页岩样品中的诱导和原位微裂缝示例。在图 5.3（a）中，看到框架顶部附近有一条与层理（水平）近平行的断裂趋势。图 5.3（c）显示了使用 μCT 三维可视化的相同特征类型。这一特征延伸了厘米级尺度样品的整个长度，在平面偏振光下似乎填充了环氧树脂。基于这些原因，将此裂缝解释为诱导裂缝，并不认为它是基质孔隙的一部分。在同一个框架中，基质颗粒尺度的检查显示与层理平行的微裂缝充满有机质（图 5.3b）。完整包含于基质的有机质的存在表明它是在原位形成的。这些微裂缝的形成归因于在成熟过程中油气转化产生的超孔隙压力，这基本上属于水力基质破裂（Vernik，

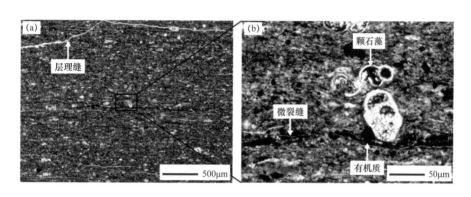

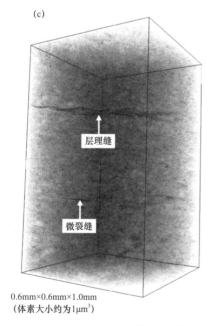

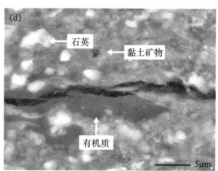

图 5.3　Eagle Ford 210Va 的微裂缝

在所有图像中，层理大致水平。（a）、（b）岩相成像揭示了毫米级尺度的诱导裂缝和充满有机质（OM）的微米级尺度微裂缝，平面偏振光；（c）毫米级岩心的 μCT 成像显示的分段孔隙度显示跨度为 10～100μm 的微裂缝，而诱发裂缝在毫米级上相对连续；（d）背散射扫描电镜图像显示微裂缝可以由相互连接的雁行特征组成，这些特征与有机质和平行于裂缝排列的黏土矿物包相邻

1994；Yang 和 Mavko，2018）。图 5.3（d）显示，微裂缝可能由单个镶嵌段组成，其边界为与层理平行的黏土集合体和有机质沉积物。在大多数情况下，微裂缝似乎局限于基质的软组分内，并在较大的碎屑颗粒周围传播（图 5.3b、d）。相对于碎屑相，有机质和黏土具有内在的低强度（见第三章）。

粒间孔隙和粒内孔隙分布在软硬组分之间和内部基质中。颗粒间孔隙通过沉积和压实形成，根据局部矿物和微观结构，导致各种各样的孔隙形状和尺寸（图 5.4）。相对粗碎屑组分之间的接触倾向于形成无择优取向的有棱角的微孔隙（高达数微米），而黏土集合体之间的接触通常形成较小的（100~500nm）粉粒状孔隙，这些孔隙优先平行于局部黏土组构拉长（见图 2.3b）。黏土—碎屑接触也可能形成细长孔隙（淤泥状孔隙），特别是当黏土集合体的基面平行于相邻颗粒的表面时（图 5.4b）。这在大型有机质沉积物的边界上也普遍（Loucks 等，2012）。成岩作用中形成的原生粒间孔隙度可能因油气运移和矿物胶结作用而减小，也可能因矿物溶解而增加。热成熟作用使油气活化，这些油气可能迁移并被困在基质的粒间孔隙空间中。矿物胶结作用是由应力集中的颗粒接触处的溶解和压实过程中颗粒间的沉淀引起的。胶结作用和溶解作用的相对比例由特定的沉积和流体化学条件决定。

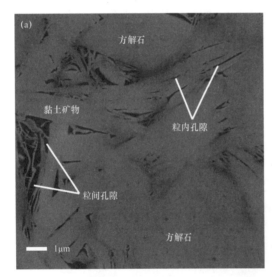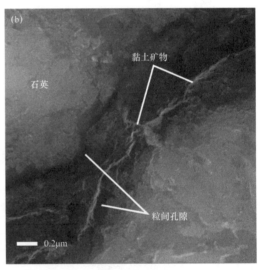

图 5.4 非常规储层岩石颗粒间孔隙示例

（a）黏土团块之间以及更大方解石颗粒附近的粒间孔隙，Haynesville 页岩（据 Klaver 等，2015）；（b）黏土和石英颗粒接触处的粒间孔隙，Barnett 25Ha

成岩过程中，颗粒内孔隙可能通过结晶、矿物相转变和溶解 / 沉淀等多种机制形成。图 5.5 显示了几个主要盆地的粒内孔隙类型示例。黄铁矿结构体内部的晶间孔隙很常见，但通常充满黏土或有机质（图 5.5a）。黏土矿物和云母在集合体（解理面孔隙）之间形成细长平行的颗粒内纳米孔隙（10~100nm），特别是伊利石—蒙皂石层间结构内（见图 2.3a）。碳酸盐矿物和化石以多种形式显示了内部孔隙，包括矿物流体包裹体丢失引起的粒内点蚀（图 5.5b）、化石颗粒中的体腔孔隙（图 5.5c）和晶体或化石颗粒溶解形成的铸模孔（Schieber，2010）。由于颗粒内孔隙的尺寸一般较小，且通常在相对刚性阶段形成，因此，粒内孔隙比粒间孔隙更能抵抗压实，但也可能受到油气运移和矿物胶结的影响。

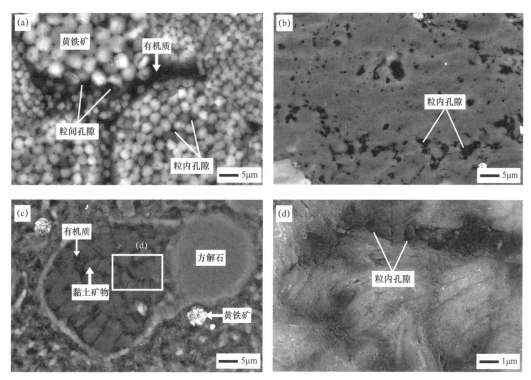

图 5.5　非常规储层岩石粒内孔隙示例

（a）填充粒间孔隙的黄铁矿（Py）碎屑和有机质（OM）晶内孔隙，Haynesville 1–5V；（b）Eagle Ford 页岩白云岩粒内点蚀（据 Rassouli 和 Zoback，2018）；（c）Eagle Ford 250Va 多室有孔虫（球壳纲）内黏土和有机质中的粒内孔隙；（d）为图（c）的局部放大图

有机质孔隙是在热成熟（$R_o > 0.6\%$）有机质中发现的粒内孔隙，通过相对流动的碳氢化合物（即沥青、石油、天然气）的生成和迁移形成（Dow，1977）。有机质孔隙通常是基质中最小的孔隙类型，从约 0.5nm 到数微米不等（图 5.6；Loucks 等，2009；Sondergeld 等，2010b；Curtis 等，2012a；King 等，2015）。根据化学成分和成熟度，单个有机质沉积物的孔隙度范围为 0～50%（Loucks 等，2009；Curtis 等，2011；Curtis 等，2012b；Loucks 等，2012；Milliken 等，2013）。多孔有机物通常带有大小不等的椭圆形孔的海绵状结构，且无明显的优先定向（图 5.6a），但当分布在低宽高比透镜体或薄片中时，也可能表现出优先定向（图 5.6b）。在某些情况下，有机质也可能形成与碎屑颗粒或黏土接触边界平行的细长孔隙（收缩孔）（图 5.6c）。在相同的微相中，有机物孔隙度也可能发生显著变化。利用 FIB-SEM 成像，Curtis 等（2012b）观察到 Woodford 组页岩中多孔和非多孔有机物的相邻沉积物，这可能表明化学成分在确定孔隙结构中的作用。Loucks 和 Reed（2014）探索了区分原生有机质和迁移有机质的标准，发现迁移有机质由一次流动的碳氢化合物（即沥青、焦沥青）组成，遵循预先存在的粒间孔隙分布，形成了比孤立原生沉积

物更连续且具有各向异性的有机孔隙网络（图 5.6a、b）。同一地层内不同岩相的有机质孔隙度特征也可能存在显著差异。Milliken 等（2013）在 Marcellus 组页岩的成熟和后成熟相中，观察到孔隙度和平均孔径与 TOC 的增加呈强负相关关系。这可能反映了岩相中有机质相互连接网络中更为完整的排烃作用（导致孔隙坍塌）的趋势，这也导致了更具顺应性的各向异性基质（见第二章）。相反，由碎屑相支撑的刚性基质的贫有机岩相可能会抵抗压实作用和排烃作用，从而保留较大的粒内有机孔隙。

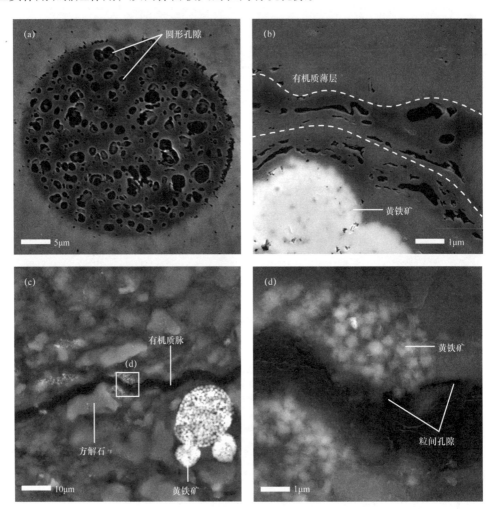

图 5.6 非常规储层岩石中有机质孔隙示例

（a）Haynesville 页岩有机物孤立沉积物中直径达约 3μm 的圆形孔隙（据 Klaver 等，2015）；（b）Haynesville 页岩有机质薄透镜体内定向、拉长的孔隙（据 Klaver 等，2015）；（c）平行于层理有机质脉边界的孔隙宽为 2～3μm，Haynesville 1-5；（d）为图（c）的局部放大图

三、基质孔隙度和孔隙大小的量化

在分析了非常规储层岩石的相关长度尺度和孔隙类型之后，准备研究图 5.2 中定量描述孔隙度和孔隙大小的方法。岩石基质固有的挑战性（微米级至纳米级孔隙、低渗透率、润湿性复杂）要求一系列不同的表征技术，根据测量机理分为三大类：成像、散射、流动

和吸附。关于这些技术的全面回顾，见 Anovitz 和 Cole（2015）。当讨论不同方法的结果时，重要的不是关注孔隙度和孔径的哪个值是准确的，而是每种方法捕捉到的孔隙网络的物理性质，以及如何将不同的方法组合起来解决与岩石基质相关的特定问题。表 5.1 概述了量化孔隙度和孔隙特征的方法。

如图 5.2 所示，广泛的成像技术可用于表征从厘米级到亚纳米级尺度的岩石基质。关于成像技术的全面回顾，见 Ma 等（2017）。从厘米级到微米级尺度，光学岩相学提供了矿物结构和岩石组构的二维视图（见图 2.8、图 5.3a、b），X 射线 CT 提供了不同密度基质成分分布的三维视图（图 5.3c）。尽管 X 射线 CT 能够通过使用高对比度流体来量化孔隙度的分布（Vega 等，2014；Aljaman 等，2017；Peng 和 Xiao，2017），但通过成像量化基质孔径需要使用更高分辨率的电子显微镜。在二维空间，扫描电镜（SEM）与宽离子束抛光相结合，能够实现在纳米级尺度上对厘米级尺度区域的孔隙和矿物特征的表征（Klaver 等，2015）。应用于扫描电镜（SEM）图像的图像分析可以量化孔隙度、孔径 / 形状以及每种组分中对孔隙度的贡献占比（Ma 等，2018）。离子研磨表面的二维图像将采样孔隙体和喉道的组合。虽然超出了本书的范围，但重要的是要注意，由电子显微镜和 CT 图像确定的孔隙特征对阈值和分割的细节非常敏感。系列铣削和成像技术（如 FIB-SEM）提供了纳米级尺度下孔隙网络的三维视图，能够量化孔隙体积、几何形状和连通性（Curtis 等，2012a；Ma 等，2016）。由于在这种规模下离子研磨的时间密集性，FIB-SEM 成像被限制在约 $10\mu m \times 10\mu m \times 10\mu m$ 的体积内。最近，Xe 离子等离子体 FIB 的应用使质量去除率至少比传统 Ga 离子 FIB 系统高 60 倍，且损伤程度相当或更小，它将图像体积扩大约 20 倍（Ma 等，2018）。图 5.7 显示了 Horn River 页岩的 FIB-SEM 数据集示例（Curtis 等，2012a）。重建的样品体积显示了一个有机质相互连通的网络，其中包含了大部分孔隙度（图 5.7a）。通过分段孔隙拟合球体填充模型，Curtis 等计算了孔径和孔隙体积分布（图 5.7b、c）。当孔径小于 10nm 的孔占主导地位时，直径约 100nm 的大孔对孔体积的贡献最大。通过 FIB-SEM 孔隙网络显示体积内的有机物连通，但需要注意的是 TOC 和体积孔隙度分别为 15.6% 和 2%，而整个样品（通过氦比重计和热解测量）的值分别为 6.4% 和 5.9%。这突出了使用 FIB-SEM 定量基质孔隙度的两个潜在问题。首先，由于成分的非均质性，微米级尺度的图像体积可能不完全代表岩石（见图 2.9）。在这种情况下，可能高估了互连有机网络的存在，而低估了其他特征（粒间孔隙和粒内孔隙、微裂缝）中孔隙的影响。其次，在这些应用中，扫描电镜的分辨率通常为 5～10nm，这限制了高分辨率成像技术（TEM、HIM）以及散射、流动和吸附技术捕获的亚纳米孔隙的定量分析。虽然这些亚分辨率孔隙不太可能贡献显著的孔隙体积，但它们可能对孔隙网络内的连通性很重要（Ma 等，2016）。

小角度 X 射线散射（SAXS）和小角度中子散射（SANS）是另一类定量测量基质孔隙度的技术。散射测量是在厘米级到毫米级尺度的薄片上进行的（厚度为 10～500μm），它允许足够的 X 射线和 / 或中子传输。基质组分与孔隙网络中空气（或流体）之间密度

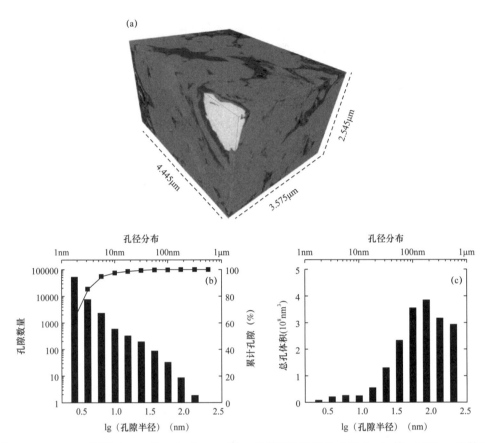

图 5.7　Horn River 页岩（TOC 为 6.4%）FIB–SEM 成像的孔径定量（据 Curtis 等，2012a，有修改）
（a）从背散射电子图像重建体积；（b）、（c）根据成像估计的孔径分布表明小于 10nm 的孔隙占主导地位，而较大的孔隙（100nm 左右）代表大部分孔隙体积

的强烈对比产生了一种特征散射模式，可以量化孔隙表面积。与 FIB-SEM 数据类似，球体填充模型通常用于提取孔隙和孔径分布（Leu 等，2016）。根据烃源岩和检测器检测到的详细信息，SAXS 和 SANS 的敏感孔径范围从几埃米到几微米不等，允许对基质孔隙度和孔径分布进行全面量化（Anovitz 和 Cole，2015）。由于中子束的低通量和有限的散射，SANS 通常是使用几平方毫米的相对较大的束流来进行的。相比之下，SAXS 可以使用更集中的 X 射线束进行，X 射线束可以穿过样品，以创建相对于孔隙的二维图（Leu 等，2016）。散射技术还允许量化和绘制孔隙方向分布图。在 Opalinus 黏土岩的研究中，Leu 等记录明显的孔隙各向异性由层理平面中的狭长孔隙确定。由于散射对孔隙—基质密度对比敏感，SAXS 和 SANS 对连通和孤立孔隙中的孔喉和孔隙体进行采样。这对比较散射结果与流动和吸附的结果非常重要，因为流动和吸附只封闭可接触的连通孔隙。图 5.8 显示了根据累计体积绘制的 SAXS、SANS 和 N_2 吸附的 Opalinus 黏土岩的孔径分布（Leu 等，2016）。在这种情况下，多微米级尺度的 SAXS 测量显示了一系列的孔隙分布，但平均值与 SANS 和 N_2 在毫米级尺度样品上的吸附结果一致。这表明，在吸附测量过程中，大部分总孔隙度是通过 N_2 吸附试验获得的。Clarkson 等（2013）在多个北美页岩气储层的样

品上获得了类似的结果，强调了比较散射和吸附测量结果以区分可接近和不可接近孔隙度的效用。正如 Leu 等所讨论的，将 FIB-SEM 与该对比分析相结合，还强调了孔隙的来源及其在基质中的微米级尺度连通中的作用。

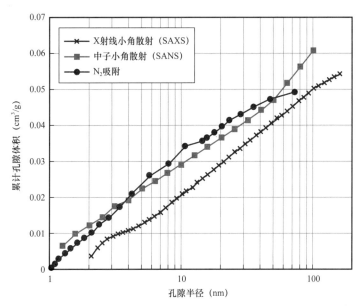

图 5.8　通过 SAXS、SANS 和 N_2 吸附测试［石英（19%）—碳酸盐（5%）—黏土（70%）+TOC］获得的 Opalinus 黏土岩孔径分布（据 Leu 等，2016，有修改）

　　通过流动和吸附定量孔隙度的方法包括高压渗吸、低压吸附和渗透率测量（见第六章）。还将核磁共振（NMR）与这类测量进行了分组，虽然测量的机理非常不同，但它通常涉及流体进入岩石基质的渗吸（Tinni 等，2017；Reynolds 等，2018）。所有通过吸附定量孔隙度的方法都面临着类似的实验挑战。首先，特定流体对孔隙网络的可及性决定了被测孔隙的大小范围和类型。此外，样品大小和颗粒大小影响可利用的孔隙空间量。压汞孔隙度测定（MIP）、渗透率测量和核磁共振中使用的较大颗粒（岩心和岩心片尺寸大于2mm）的可接近孔隙体积小于低压吸附中使用的较细颗粒（10～100μm）可接近孔隙体积，其中内部孔喉可能被破坏，从而产生更大的比表面积。其次，孔隙空间的饱和状态对每种类型的测量都有很大的影响。许多实验研究使用特定程序，在低温下加热样品以排出残余水，或使用有机溶剂（如甲苯）对残余油气样品进行"清洁"（Reynolds 等，2018）。需再次强调的是，这里的重点不是支持任何一种方法，而是要了解特定应用的特定样品中对孔隙可及性的控制。最后，为了从每种方法中提取孔径相关信息，有必要应用某种物理模型来假设孔隙的几何形状或分布。例如，对于 N_2 吸附数据，关于密度函数理论（DFT）与 Barrett–Joyner–Halenda（BJH）模型的使用存在一些争论。前者假设球形孔隙中的压力依赖性吸收，而后者假设圆柱形孔喉。了解正在测量（和建模）的内容对于评估文献中的数据和比较其他方法的结果至关重要。

　　人们普遍认为，氦比重法提供了对总可及孔隙度的最完整估计（根据流动和吸附方法），因为氦分子动力学直径较小（0.2nm；图 5.1），且相对惰性（McPhee 等，2015）。使用 N_2、CO_2 和 CH_4 的低压吸附通常用于量化 0.5～500nm 范围内的可接近孔隙度和孔径分布。不同气体的结果可以组合起来，以涵盖更大范围的孔隙尺寸（图 5.9），但需要注意的是，CO_2 和 CH_4 的吸附被证明会导致黏土和有机物的体积膨胀（见第六章），与惰性气体测量相比，这可能会使孔隙可及性的解释复杂化。正如 Busch 等（2017）详细讨论的，低压吸附测量记录了孔隙体和孔喉。虽然与散射法类似，采用特定模型（孔隙几何）来确定孔径分布，但测量机理对所有孔表面积都很敏感。相比之下，压汞孔隙度测定法估计的孔隙大小反映了一个取决于界面张力和接触角的毛细管压力模型，因此仅代表孔喉。根据注入压力，压汞孔隙度测定法可覆盖 2nm～2μm 的孔径。在汞注入的初始阶段，样品中的初始体积吸收归因于在达到进入最大内部孔隙所需的毛细管压力之前，表面形貌（粗糙度）被填充。不考虑阈值进入压力可能导致纳米和微米级孔隙的明显双峰分布（Chalmers

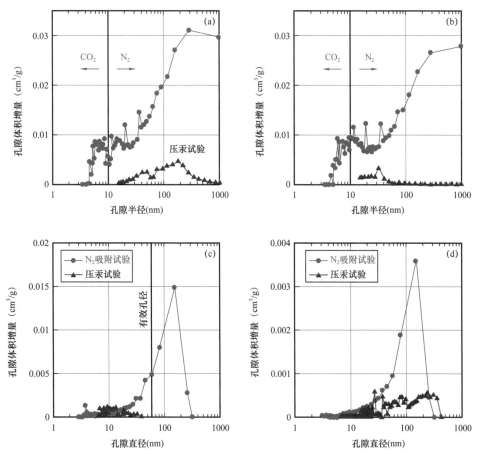

图 5.9 不同页岩样品通过 N_2 吸附和压汞试验获得的孔径分布图

（a）Montney 页岩，37%–1%–60%–1.28%（石英—碳酸盐—黏土—TOC，下同）样品通过 MIP 和 N_2 吸附获得的孔径分布；（b）Barnett 页岩，78%–3%–15%–4.11% 样品的孔径分布（据 Clarkson 等，2013）；（c）Eagle Ford MR2，12%–72%–12%–2.4% 样品的孔径分布。黑线表示渗透率测量的有效孔径估计值；（d）Eagle Ford AUK7，9%–85%–3%–3% 样品的孔径分布（据 Al-Alalli，2018，有修改）

等，2012b），后者可能代表表面特征，而不是基质中包含的裂缝孔隙。由于样品类型（碎屑与粉碎）、孔隙可及性以及假设的物理模型的差异，很明显压汞孔隙度测定法与低压吸附无法直接比较。这在图 5.9 中很明显，它显示了压汞孔隙度测定法的孔喉大小和分布与代表孔喉和孔隙体的等效低压吸附数据一致。

确定了孔隙水吸附的临界点是岩石孔隙水饱和度的测定方法。最近的几项研究证明了在不同状态下使用核磁共振测量来评估结合流体和流动流体的存在以及不同润湿性孔隙系统特征的价值（Tinni 等，2017；Reynolds 等，2018）。核磁共振能定量地描述与氢质子在弱磁场中的响应有关的弛豫时间的分布。在饱和多孔介质中，t_2（横向弛豫时间）松弛归因于孔隙—流体界面的表面松弛性，并被认为与孔隙度成正比（Anovitz 和 Cole，2015）。t_2 时间短表示具有大表面积体积比的小孔，t_2 时间长表示具有较小表面积体积比的较大孔隙。t_2 分布到孔径的转换涉及孔隙形状几何的物理模型的假设。考虑到 t_2 时间对表面弛豫敏感，计算出的孔径既代表孔喉又代表孔体。为了确定孔隙网络的"起点"，最近的研究对原样、干燥、水饱和及烃饱和状态进行了连续核磁共振测量（Tinni 等，2017；Reynolds 等，2018）。图 5.10 显示了核磁共振推导孔隙度与其他方法测量孔隙度的比较（Reynolds 等，2018）。在这种情况下，首先用有机溶剂清洗样品以除去残留的碳氢化合物。比重计测得的孔隙度与饱和盐水样品的核磁共振孔隙度一致，这表明流体进入了整个孔隙网络（图 5.10a）。仅压汞孔隙度测定法的孔隙度小了 4%（图 5.10b），但干燥后核磁共振增加的孔隙度（以除去残余水）似乎弥补了这一差异（图 5.10c）。这突出了残余流体在注入或基于吸附测量过程中限制进入孔隙网络的潜在作用。从扫描电镜得出的孔隙度（图 5.10d）中观察到了类似的关系，这表明干燥增加的孔隙度可能与"接收"样品中不可见的黏土粒内空间相对应。鉴于与比重法的一致性以及对"接收"样品的压汞孔隙度测定法或扫描电镜未捕捉到的孔隙的敏感性，核磁共振似乎可以提供与非常规储层岩石相关的整个范围内孔隙和孔径分布的综合评估（Reynolds 等，2018）。此外，核磁共振使用完整的岩心塞，理论上可以与机械 / 流量测试进行直接比较，并允许在不同的现场条件（饱和状态）下进行重复测量，将讨论如何使用核磁共振来了解现场饱和状态的实验室样品和存在不同的润湿性的孔隙网络。

四、结合和比较方法

通过关于量化孔隙度和孔隙特征的讨论，已经讨论了与组合和比较不同技术的结果相关的几个问题，包括分辨率（可及性）和孔隙几何结构（孔喉与孔隙体）。表 5.1 总结了每种方法在适用范围和测量的孔隙结构方面的应用实例。最终目标并不是偏爱一种方法超越另一种方法，而是了解如何在具体测量的物理机制上应用每种方法。例如，如果测量孔隙度是为了了解完整岩石的变形特性，那么使用核磁共振（NMR）和 / 或氦比重计来测量总孔隙度，并使用成像技术将孔隙大小与基质中的特定成分联系起来。散射方法也可用于量化孔隙度各向异性。如果测量孔隙度是为了了解流动特性，那么使用样品可接近连通孔隙度的测量是有意义的，比如低压吸附和渗透率（见第六章）。同样，成像方法对可视化流动路径在基质中的分布是很有用的。在这两种情况下，核磁共振（NMR）也可用于评估可能会导致孔隙弹性效应或毛细管阻塞的残余或束缚流体的存在。

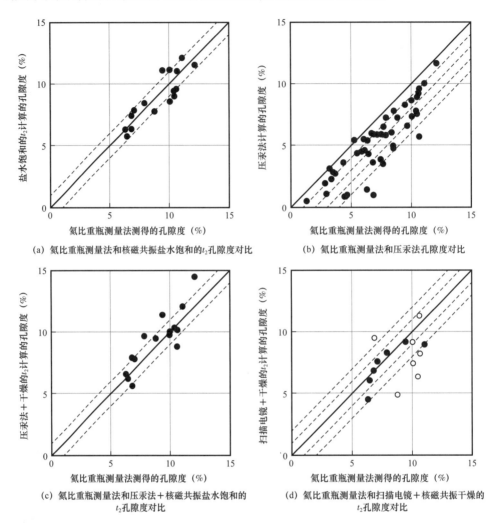

图 5.10　核磁共振测量的孔隙度与其他方法测量的孔隙度对比（据 Reynolds 等，2018）

未指明的得克萨斯西部页岩；黑线表示 1 : 1，虚线表示 ±1% 孔隙度差异

　　理解分辨率（可及性）的变化对总孔隙度测量的影响程度也很重要。图 5.11 显示了对蛋白石黏土（Busch 等，2017）和 Eagle Ford 组页岩（Rassouli 等，2016）研究中孔隙度作为分辨率函数的方法对比。根据这些数据和图 5.10，很明显氦比重法、散射法和核磁共振法提供了最全面的总孔隙度测量。由于分子尺寸限制和 / 或毛细管阻塞，低压吸附和核磁共振在可及性方面相对有限，而二维和三维成像方法相对受分辨率和视野的限制。正如 Rassouli 等（2016）所证明的那样，对于多尺度成像研究，X 射线 CT 不适用于孔径分布的定量表征，因为可实现的最大分辨率为 50～100nm（Ma 等，2016；Backeberg 等，2017），但是正如将在下一节讨论的那样，X 射线 CT 对可视化孔隙度和多孔组分的分布，以及确定代表性的基本体积以提高孔隙网络特性方面特别有用。

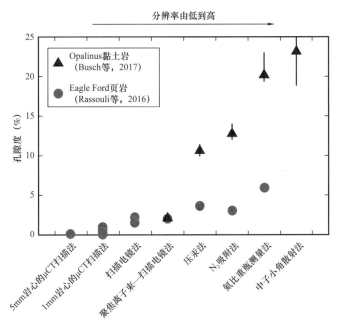

图 5.11　根据不同分辨率方法对 Opalinus 黏土（Busch 等，2017）和 Eagle Ford 页岩（Rassouli 等，2016）的基质孔隙度估算

第二节　基质孔隙网络

一、成分和组构控制

鉴于许多非常规储层中的小尺度非均质性（成分分层）（见图 2.9），了解基质孔隙网络的性质如何随组成而变化是很重要的。图 5.12 显示了微米级样品中 μCT 显示的孔隙度分布，这些样品代表 Barnett 组和 Eagle Ford 组页岩相对较高和较低的 TOC 相。需要注意的是，由于这里的分辨率约为 1μm，分节孔隙可能表示包含孔隙和多空成分的体积，因此，仅提供孔隙分布的定性视图。尽管这些样品来自仅相隔数十米深的岩心塞，但成分的变化表现在完全不同的孔隙网络中。富含有机质的样品 Barnett 18Vb 显示出一种"海绵状"结构，其中孔隙网络主要由直径数百微米的有机质沉积物组成。在相对富黏土和有机质贫乏的 Barnett 31Ha 样品中，孔隙网络以粒间孔隙和微裂缝为主，形成明显的层理平行组构。富含有机质的 Eagle Ford 174Ha 的孔隙网络也显示出平行于层理的组构，但主要由细长透镜体和有孔虫化石中的有机孔隙控制（图 5.5c）。有机质贫瘠样品 Eagle Ford 210Va 的黏土含量最低，其孔隙类型（主要为非有机质粒间孔隙）与 Barnett 31Ha 相似，但在结构上有所不同。粒间孔隙的定向性不是很好，而由于亚水平微裂缝网络的存在所定义的结构各向异性相当普遍（图 5.3）。这些样品之间孔隙网络的变化显然不是 Barnett 组和 Eagle Ford 组的全部特征，但确实说明了本章前面和第二章中讨论的一些微观结构控制，同时强调了非常规储层岩石中储层间和储层内非均质性的存在。

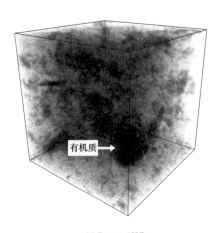

(a) Barnett 18Vb
(0.6mm×0.6mm×0.6mm)

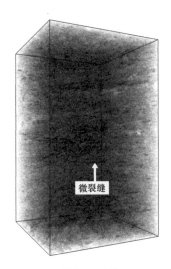

(b) Barnett 31Ha
(0.6mm×0.6mm×1.0mm)

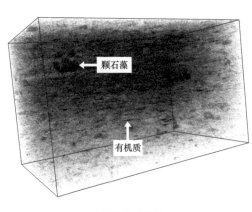

(c) Eagle Ford 174Ha
(1.0mm×0.6mm×0.6mm)

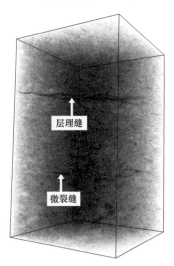

(d) Eagle Ford 210Va
(0.6mm×0.6mm×1.0mm)

图 5.12　由 μCT 显示的 Barnett 和 Eagle Ford 页岩中相对较高和较低黏土含量 +TOC 样品的孔隙度和有机质分布

样品成分见表 2.1

　　为了使用 μCT 量化孔隙度分布，最近的几项研究采用注入或渗透高 X 射线对比度流体和气体来评估可获得的孔隙度和 / 或存储空间（Vega 等，2014；Fogden 等，2015；Aljamaan 等，2017；Peng 和 Xiao，2017）。对饱和和真空图像进行减法，得到高对比度流体或气体在体素（体积像素）尺度分辨率下分布的三维地图。Aljamaan 等（2017）使用 SEM 和 EDS 图报道了孔隙度的 CT 图，以了解各种基质成分和孔隙特征对岩心规模气体存储的影响。这种方法的一个例子如图 5.13 所示。在 Barnett 组页岩样品中，具有顺层平行微裂缝的区域显示储气能力增加，而高角度方解石充填裂缝则相对难以实现（图 5.13b）。当使用 CO_2 注入时，在相对容易接近的区域，储气量更大，这反映了 CO_2 吸附岩石基质成分中的趋势（见第六章）。这样的综合研究有可能消除基质成分和微观结构对孔隙分布和可及性的影响，但这在单独使用表征方法时通常是不可能的。

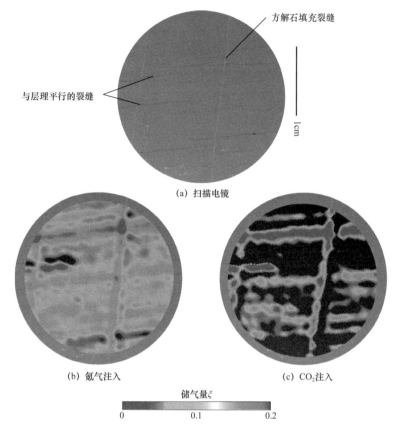

图 5.13　由 Barnett 26Ha 样品的 X 射线 CT 成像获得的储气记录的岩心尺度 SEM 图像

（据 Aljaman 等，2017）

　　尽管成像方法可以提供有关基质中孔隙分布的信息，但有必要使用更高分辨率的方法来研究孔径分布随成分的变化。图 5.14 显示了通过 N_2 吸附确定的孔径分布如何随成分变化的几个示例（Al Ismail，2016）。在 Utica 组页岩样品中，所有成分都在 TOC（1.7%～3.3%）和成熟度（R_o 为 0.99%～1.18%）的狭窄范围内，并且显示出相似的孔径分布，孔径范围为 2～40nm（图 5.14a）。样品之间的主要变化是 2～4nm 之间的孔隙体。样品 U4（黏土含量为 11%）显示了该范围内最大的孔隙体积，几乎是同一范围内富黏土样品 U1 和 U2（黏土含量分别为 49%、41%）孔隙体积的两倍。黏土含量中等（20%）的样品 U3 显示孔隙体积的中间值，这表明 2～4nm 孔隙中包含的孔隙度与基质中碎屑矿物（在本例中为碳酸盐）置换黏土有关。在 Permian 样品中，大部分孔隙体积包含在小于 10nm 的孔隙中（图 5.14b）。虽然大多数孔隙体积的变化发生在 2～8nm 狭窄的范围内，但孔径分布形状的变化表明孔隙度并不随组成而变化。样品 P5（黏土含量为 53%）在该范围内表现出最大的孔隙体积，具有明显的双峰分布，而样品 P2（黏土含量为 5%）显示出相似的分布，只有一小部分孔隙体积。由于这些样品表现出相似的 TOC（0.8%～1%）

和成熟度，因此小于10nm孔隙中的孔隙度似乎与黏土矿物有关，这与Utica组样品中的趋势基本相反。黏土含量中等（27%）和TOC（5.6%）大得多的样品P1显示孔隙体积的中间值，具有较窄的单峰分布，这可能反映了有机物和黏土孔隙度的组合。所有Eagle Ford组样品的孔径分布相似，孔径范围为10～300nm，孔隙体积的主要变化范围为100～200nm。尽管孔隙体积的变化似乎反映了一种系统趋势，但与Utica组和Permian样品不同的是与任何特定的基质成分没有明显的相关性。这可能反映了成分和微观结构的混杂变化，需要对孔隙进行独立观察来解释（例如成像、核磁共振）。尽管这些数据集的趋势基本上是传闻（特定的储层位置），但上述讨论为理解非常规油气盆地之间和内部的孔隙网络变化提供了一个概念框架。

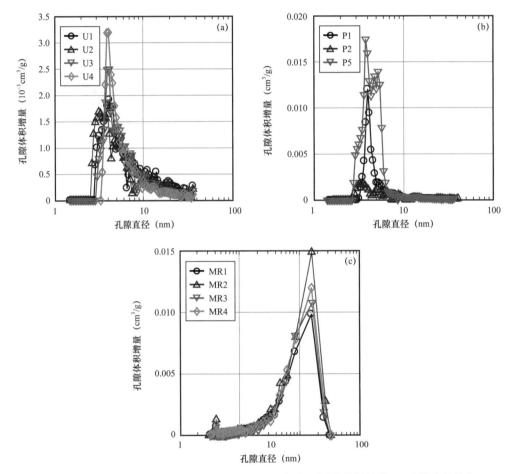

图5.14　Utica（a）、Permian（b）和Eagle Ford（c）不同成分样品的N$_2$吸附孔径分布

（据Al Ismail，2016；Al Alalli，2018）

样品组成见表2.1

二、扩大规模

纳米级尺度孔隙随成分的变化以及非常规储层岩石的多尺度、非均质性使得孔隙网络特性的扩大成为一个巨大的挑战。考虑跨越100m分层序列的单个水力裂缝，如果成分

分层延伸到厘米级尺度（见图2.9），则将有1000个具有潜在可变孔隙网络特性的单独层。即使从整个层段中回收了岩心塞，也不可能用核磁共振来描述每个样品的纳米级孔隙结构，或者用电子和／或X射线成像来显示孔隙网络。最基本的挑战是成像技术是随着分辨率的增加而视野缩小。当考虑基质孔隙网络的多尺度成像时，这一点很明显。图5.15通过对比有机质含量和有机质分布相似富有机页岩的μCT和FIB-SEM图像，说明了这一点。尽管这些样品的成分和微观结构相似，但分辨率和视野的差异说明了扩大尺寸的挑战。FIB-SEM体积组成与微米级尺度、有机质丰富区域的μCT体积组成一致，但不能捕捉到毫米级尺度上的变化（图5.15a、b）。在比较分段孔隙结构时也是如此（图5.15c、d）。在这种情况下，随着视野的扩大，分辨率的损失就更为重要了，因为μCT在尺度上只能分辨大于1μm的孔隙。虽然很明显μCT不适合定量描述孔径分布，但它对解决岩相之间孔隙结构的定性差异特别有用（图5.12），以及定量描述潜在多孔基质成分的分布和连通性，如有机质（图5.15c）和微裂缝（图5.13）。因此，相关成像技术的使用可能是一种应对升级带来的挑战的方法（Peng等，2015；Keller和Holzer，2018；Ma等，2018）。

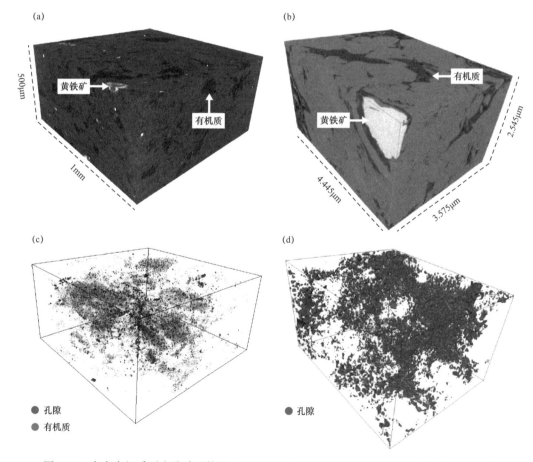

图5.15　富含有机质页岩孔隙网络的μCT和FIB-SEM可视化图像（据Curtis等，2012a）

（a）Barnett 18Vb的μCT体积（TOC的体积分数为20.4%）；（b）FIB-SEM（聚焦离子束—扫描电子显微镜），分段连通孔隙与有机质；（c）Horn River样品的FIB-SEM体积（TOC的体积分数为15.6%）；（d）分段孔隙

了解如何应用多尺度成像的一个关键步骤是确定表征单元体积（REV），或捕捉基质特征异质性的最小体积。Ma 等（2016）在 Bowland 组页岩进行了纳米级至厘米级的三维成像，以确定各种规模的孔隙和矿物的 REV。REV 定义为批量属性的误差小于 10% 的子体积的大小。利用高分辨率 FIB-SEM（分辨率 6.7nm），Ma 等（2016）在 14μm 的样品尺寸内，测定约 9μm 孔隙的 REV。对于较低分辨率，毫米级尺度 μCT 体积（分辨率 0.5～1μm），REV 的尺寸约为 400μm。在每种情况下，REV 与视野的封装意味着图像体积代表特定尺度下的微观结构。这是使用多尺度成像提高基质特性的重要检验，但是也有必要使用在纳米级尺度敏感的独立方法交叉检验定量孔隙信息。Ma 等（2016）比较高分辨率和低分辨率 FIB-SEM 体积的孔径分布与同一样品材料上 N_2 吸附的结果。尽管这两种成像数据集在解决纳米级尺度孔隙的能力上都受到限制，但较高分辨率（较小视野）数据集捕获了 N_2 吸附数据中明显的特定双峰分布。这种比较对确定 REV 代表孔隙结构的比例非常重要。有了这些知识，就有可能使用不同微相的 FIB-SEM 体积来了解更大的 REV，这些 REV 代表了更大尺度下成分的变化。

尽管了解孔隙网络中的非均质性尺度很重要，但最终扩大规模的目标是了解纳米级尺度孔隙网络如何在测井和盆地尺度上产生力学和流动特性。因此，不仅要对 REVs 进行结构评价，而且要对其力学性能和流动性能进行评价。例如，Kelly 等（2016）对提取的 FIB-SEM 体积孔隙结构进行渗透率数值模拟，以与岩心规模的实验室测量结果进行比较。高达 $5000μm^3$ 的 FIB-SEM 体积不代表岩心尺度下的孔隙度和 TOC，与类似研究中的 REV 尺度一致（Ma 等，2016）。尽管模拟记录了微米级尺度下的渗透率的各向异性，但从同一岩心样品中提取的 FIB-SEM 体积的渗透率值跨越约 3 个数量级，说明了纳米级尺度孔隙网络变化对流动特性的控制（图 5.7）。基于这些结果，Kelly 等的结果表明，尽管 FIB-SEM 有助于理解孔隙网络特性与流动之间的关系，但它不适合直接放大孔隙网络特性来模拟流动（数字岩石物理）。因此，为了将孔隙网络的数量特征与岩心的尺度特性以及其他信息联系起来，有必要在尺度上缩小差距。最近的研究表明，通过使用 FIB-SEM 量化孔隙网络特性和 μCT 量化多孔成分的分布，多尺度三维成像具有加深研究流动特性的潜力（Peng 等，2015；Keller 和 Holzer，2018）。Peng 等（2015）将该方法应用于一个富含有机质的 Barnett 组页岩样品中，利用 μCT 显示的有机质分布，根据纳米级尺度 FIB-SEM 体积的流动特性来估算毫米级尺度下的渗透率。增大的渗透率与同一样品的岩心尺度测量值一致，这表明该方法可能适用于根据流动特性定义 REV。Keller 和 Holzer（2018）采用了类似的方法来提高乳白色黏土样品中黏土基质的孔隙度，并发现毫米级尺度上增大的渗透率和岩心尺度测量值之间的一致性。值得注意的是，这两项研究都使用了计算流体力学方法，只考虑达西—斯托克斯流动，而忽略了任何其他扩散效应的影响。在第六章，将讨论包含扩散和气体吸附的孔隙尺度物理模型。尽管如此，有机孔隙网络和黏土孔隙网络中提高流动特性的成功表明，多尺度三维成像有可能将孔隙网络的变化和非常规储层中各种岩相的流动（或物理性质）联系起来。

第三节 原位孔隙流体

本节将简要回顾非常规储层中孔隙流体的类型，并讨论多相效应对流动的影响。由于基质具有低孔隙率、超低渗透性的特点，大多数岩心规模的实验研究都是针对单一流体或气相进行的，以了解纳米级尺度孔隙网络中的流动物理（见第六章）。然而，最近对润湿性和多相流的研究强调了不混溶流体（水和烃类）对现场流动特性的潜在影响，从而深入了解增产和生产过程中毛细管堵塞的可能性。

非常规储层的孔隙流体主要有两种类型：水（卤水）和烃类（天然气、石油和凝析油）。在第十三章中，将在水力压裂采出水的回收和再利用的背景下，回顾美国主要非常规油气盆地的卤水成分。非常规储层中的油气可以从干气到湿气（天然气和凝析物）到石油，这取决于有机质的组成和成熟度，以及当前的压力—温度条件（见图1.5）。由于基质既是烃源岩又是油气藏，天然气含量与总有机碳（TOC）含量密切相关（图5.16）。在没有有机质的情况下，气体含量代表存在于非有机质中的游离气体量。由于油气倾向于吸附到有机物和黏土上（见第六章），中等TOC条件下的气体状态分布在吸收相和游离相之间。

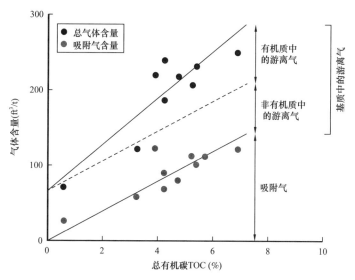

图5.16 Barnett 页岩吸附气含量和总气体含量与总有机碳质量分数的函数关系（据 Wang 和 Reed，2009）

当液相从天然气中冷凝时，会形成凝析物或液态天然气。凝析油的出现受特定气体成分和储层当前的压力—温度条件控制（图5.17）。相包络线由泡点线和露点线组成，它们在临界压力—温度下连接。穿过气泡点线表示气泡从液体中蒸发，穿过露点线表示液体从气相冷凝。临界点表示两相物理性质相同的压力—温度条件。湿气储层中凝析油的形成取决于初始压力—温度条件以及操作（注入或采出）过程中压力如何演变。如果初始条件超过临界温度（最大露点温度），注入或采出（在等温条件下）都不会导致液相的形成。当储层温度在临界温度和临界凝析温度之间时，孔隙压力降低可能导致储层进入两相区（红线）。当压力降低到露点线以下时，凝析油饱和度将增加到临界饱和，之后进一步采出将导致气相蒸发。还需要注意的是，天然气凝析油动力可能会受到非常规储层岩石纳米级孔隙网络的限制（Zuo 等，2018）。孔隙壁与小孔隙中气体或液体分子间相互作用的增加会影响凝析油系统的物理性质，包括临界压力—温度、黏度和毛细管压力（润湿性）。在第六章中将探讨纳米级尺度下气体流动对纳米级孔隙网络的影响。Al Ismail（2016）全面回顾了非常规储层岩石中凝析油动力的物理控制因素。

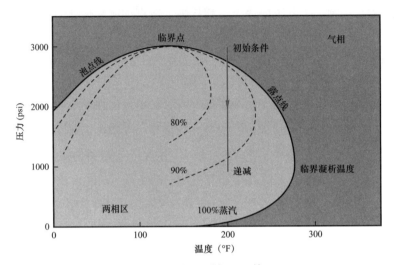

图 5.17　气—凝析油系统（Marcellus 页岩）相图（据 Fan 等，2005；Al Ismail，2016，有修改）
单相区和两相区以泡点线和露点线为界。等相位饱和的等值线在临界点相遇。大多数凝析气藏的初始条件都在临界点以上。孔隙压力耗尽导致液相凝结。低于一定压力时，液相开始蒸发

在热成熟度较低的储层中，石油是主要的烃相。与凝析油系统类似，石油的物理性质在很大程度上取决于有机成分和当前的压力—温度条件。本书不再详细讨论油的物理性质及其与流动特性之间的关系，但重要的是要了解黏度和组成的变化会影响多相行为。

一、润湿性、毛细管压力和相对渗透率

众所周知，水和烃类是不混溶的流体，这意味着由于分子性质的差异，它们不会混合。在多孔介质中，不混溶性用润湿性的概念来表示，润湿性是一种流体在另一种不混溶流体存在下，在固体表面（基质孔壁）上扩散或黏附的趋势。不混溶流体的界面边界是一个曲面。曲率角取决于孔隙大小和流体之间的界面张力，这会导致界面上的压力差，称为毛细管压力。多相流体—岩石系统的润湿性由岩石与流体界面的接触角来量化。毛细管压力通过杨—拉普拉斯方程估算（Laplace 等，1829）：

$$p_c = \frac{2\sigma\cos\theta}{r} \tag{5.1}$$

式中，σ 为界面张力；θ 为接触角；r 为毛细管（孔喉）半径。

多相系统的接触角通常通过直接观察岩石和流体界面上的液滴来确定（图 5.18a）。当油水接触角 θ_{wo} 小于 90° 时，系统被认为是水湿的，毛细管压力为正，促进了水的渗透。

当 θ_{wo} 大于 90° 时，系统被认为是油湿的，毛细管压力为负，与水的渗透相反。在水湿体系中，水优先润湿孔隙表面，油占据相对较大的孔隙体（这是由于毛细管压力对孔径的依赖性）（图 5.18b）。在油湿体系中，油优先润湿孔隙表面，水占据较大的孔隙体。在油气或气水系统中，气体从来不是润湿相。与单相系统相比，不混溶流体的存在降低了润湿和非润湿相的渗透率。渗透率随流体饱和度的降低通常用相对渗透率来表示，相对渗透率在单相系统中是用渗透率归一化的。在常规储层岩石中，非润湿相表现出更大的相对渗透率，这是因为它倾向于占据更大的孔隙体，而润湿相保持着更大的残余饱和度（图 5.18c）。

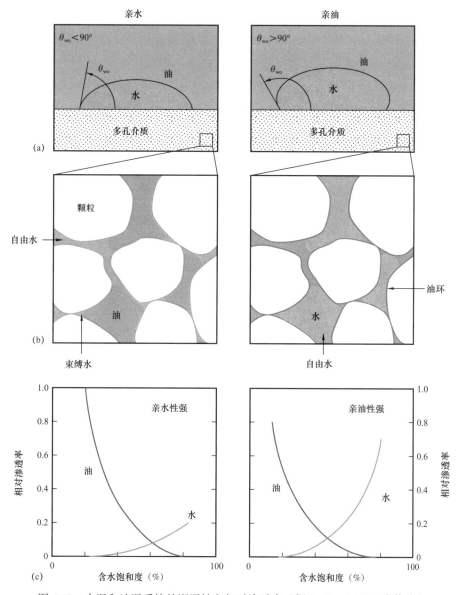

图 5.18　水湿和油湿系统的润湿性和相对渗透率（据 Crain，2010，有修改）

（a）流体界面和岩石表面之间的接触角量化了流体在固体介质上黏附或扩散的趋势；（b）在水湿体系中，水附着在孔隙表面，油占据孔隙。在油湿体系中，油附着在孔隙表面，水占据孔隙；（c）在常规储层岩石中，非润湿相的相对渗透率较大，而润湿相的残余饱和度较大

非常规储层岩石表现出从强水湿到混合湿再到油湿的广泛润湿性。大量样品的实验表明，水和油都具有自发吸渗作用（Lan 等，2015；Singh，2016）。Siddiqui 等（2018）对非常规储层岩石的润湿性数据进行全面回顾。许多在环境压力—温度条件下进行的润湿性研究测量了水或油滴在空气中的接触角（θ_{wa} 和 θ_{oa}）。在原位储层条件下，相关流体界面可能介于油水之间，因此 Siddiqui 等使用修正的杨—拉普拉斯方程形式重新计算文献中的值，以获得 θ_{wo}。图 5.19 显示了作为黏土和 TOC 的函数绘制的 θ_{wo}。在低黏土含量和低 TOC 条件下，非常规储层岩石表现出强烈的水湿性。对于黏土含量中等（1%～50%）的样品，水油接触角随着黏土和 TOC 的增加而增加，在 TOC 为 3%～4% 下从水湿到油湿的过渡（图 5.19b）。黏土含量高（＞50%）的样品表现出较低的 TOC 值（在该数据集中），并且是水湿的，显示出与具有类似 TOC 的低黏土样品相似的接触角（图 5.18a）。θ_{wo} 对 TOC 的强烈依赖性反映了有机质孔隙的疏水性，有利于烃类优先润湿于水。与许多其他物理性质一样，这种成分趋势中的分散可归因于与基质微观结构相关的各种因素，包括孔隙可及性和连通性（Lan 等，2015）。此外，与流体性质相关的各种因素会影响润湿性，包括盐水成分（离子强度）、pH 值和压力—温度条件（Siddiqui 等，2018）。

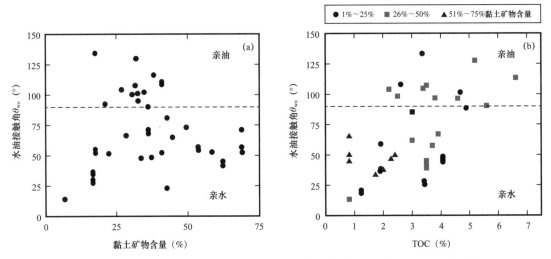

图 5.19　非常规储层岩石的水油接触角与黏土矿物含量（a）和 TOC（b）的关系
（据 Siddiqui 等，2018）

在气水系统（水湿）中，水饱和度和毛细管压力之间的关系决定了水是如何被吸附和排出的。图 5.20 显示了根据 Barnett 组页岩样品的汞—空气侵入实验建立的毛细管压力数据与含水饱和度关系的示例（Kale 等，2010；Sigal，2013）。渗吸曲线和排水曲线之间的差异说明了毛细管压力相对于含水饱和度的滞后性。需要注意的是，这些数据在 20MPa 压力下被截断，并且没有达到残余水饱和度。考虑到非常规储层的初始含水饱和度可能非常低（15%～40%；EPA，2016），这些数据意味着原位毛细管压力非常高，考虑到基质中纳米级孔隙网络，这是合理的。同样需要注意的是，在来自同一盆地的样品中，毛细管压力行为有很大的变化，可能反映了成分、孔隙网络特征和／或润湿性的变化。

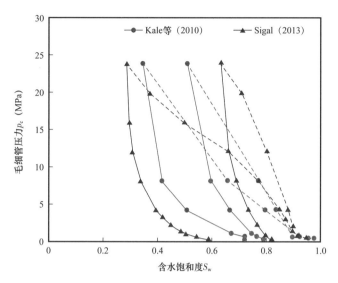

图 5.20 根据 Barnett 页岩样品的汞—空气侵入实验确定的毛细管压力与含水饱和度的函数关系
（据 Edwards 和 Celia，2018）
实线表示排水，虚线表示渗吸

　　基质的润湿性和毛细管压力特性决定了多相体系的相对渗透率，但由于非常规储层岩石具有低孔特低渗的特性，实验测定相对渗透率具有很大的挑战性。正如将在第六章中讨论的，迄今为止，大多数渗透率研究仅采用单一相来研究流动机理与孔隙网络特征之间的关系。此外，由于基质的超低渗透率，用于测量常规储层岩石相对渗透率的稳态（达西）流技术通常不可行。尽管缺乏实验数据，但最近有许多研究利用润湿性和孔隙大小分布的测量来模拟非常规储层岩石的相对渗透率（Ojha 等，2017）。Ojha 等（2017）结合 N_2 吸附获得的孔隙网络特征、有效介质和渗流理论，计算 Eagle Ford 组生油气窗和 Wolfcamp 组生凝析油窗样品的相对渗透率（图 5.21）。在该分析中，天然气、石油和凝析油的相对渗透率曲线几乎相同。凝析油的烃相曲线显示略高的残余饱和度，这可能反映了 Wolfcamp 组样品中孔隙可及性降低。所有非常规油气相曲线均介于强油湿常规岩石快速下降速率和强水湿岩石缓慢下降速率之间。与常规岩石相比，在低含水饱和度（$S_w < 0.8$）下，油气渗透率的降低速率（随着饱和度的增加）远远大于渗透率的增加速率。此外，油气和水的相对渗透率曲线在含水饱和度（S_w 约为 0.7）上的交线高于常规岩石，说明非常规样品具有强烈的水湿性。对于非常规储层岩石，残余水饱和度也要大得多，在这种情况下，S_w 约为 0.6 以下不产水。还需要注意的是，非常规储层相对渗透率曲线的交点出现在单相渗透率的约 5% 处（相比之下，常规储层岩石为 15%～20%）。油气曲线和水曲线之间完全没有相交，这就形成了渗透率"监禁"的条件，即小孔隙中的水（高毛细管压力）阻碍了烃类的流动，但无法通过孔隙网络建立连通性（Shanley 等，2004）。尽管这一现象已被假设用于低渗透多孔介质，但没有直接证据证明在非常规储层岩石中润湿和非润湿相完全不动。

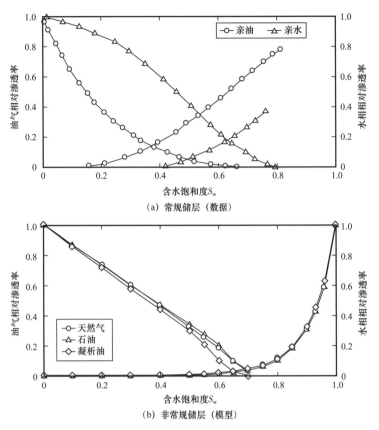

图5.21　强水湿和油湿常规岩石的相对渗透率曲线（a）及来自Eagle Ford油气窗口和Wolfcamp凝析油窗口的样品对比（b）（据Ojha等，2017，有修改）

二、多相效应的影响

多相效应对非常规储层岩石原位流动特性的影响仍然是一个科学问题。值得讨论的一个方面是如何将润湿性的整体测量与纳米级尺度孔隙网络中流动的物理机制联系起来。考虑到基质中存在不同比例的有机（油湿）和非有机（水湿）孔隙（图5.22a），重要的是要了解孔隙行为如何从孔隙网络特性中体现出来。正如在定量描述孔隙度中所讨论的，岩心尺度核磁共振可以是一种利用不同孔隙流体表征孔隙大小分布和连通性的有力工具。Tinni等（2017）对处于"接收状态"、干燥状态、水饱和状态及烃饱和状态的岩心进行了连续核磁共振测量，以研究同一样品中的水湿和油湿孔隙网络。图5.22（b）显示了Barnett组页岩样品上盐水和十二烷的t_2分布。如前所述，t_2分布可以通过假设孔隙形状和固体与流体界面之间的表面松弛性来解释孔隙大小。在这种情况下，时间t_2小于100ms对应于孔径不大于340nm。Tinni等（2017）将盐水和十二烷分布解释为（连通）水湿孔隙网络和油湿孔隙网络的代表。将该方法应用于非常规油气盆地的一系列样品，揭示了两类油气流动的孔隙网络。在低TOC（<3%）的样品中，由于缺乏相互连通的有机网络，烃类必须从烃类湿孔串联到水湿孔。当TOC大于3%时，Tinni等（2017）观察到十二烷吸附量的

增加是 TOC 增加的函数，表明这个值代表了一个相互连通的有机网络发育的门限值。有趣的是，Siddiqui 等（2018）在水油接触角的大量测量中，也发现了从水湿到油湿行为的类门限值（图 5.19）。孔隙尺度和体积测量中这一门限值的出现表明，多孔有机质连通网络的发育是岩心尺度上孔隙网络润湿性的重要控制因素。

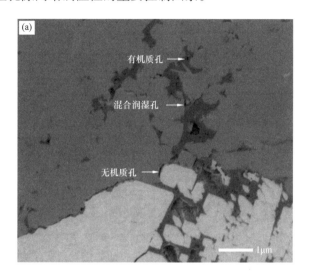

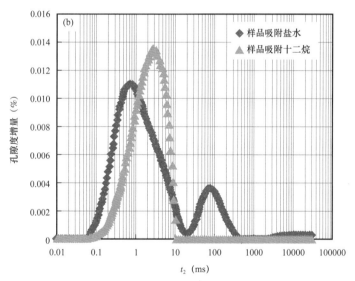

图 5.22　Barnett 页岩样品的后向散射 FIB–SEM 切片显示了微米级尺度上的各种孔隙类型（据 Curtis 等，2012a）（a）；Barnett 页岩样品上盐水和十二烷吸附量的核磁共振 t_2 分布（据 Tinni 等，2017）（b）

盐水吸附量的计算方法是从吸收盐水的条件中减去"收到时"的条件。十二烷吸附量的计算方法是从十二烷吸收条件中减去盐水吸收条件。时间 $t_2 < 100ms$ 对应孔径 ≤ 340nm。时间 $t_2 < 1ms$ 归因于混合液

尽管从孔隙到岩心尺度的"规模"润湿性特性对确定基质的原位流动特性很重要，但最终目标是利用这些信息来了解储层尺度下的多相流。毛细管压力（图 5.20）和相对渗透率（图 5.21）模型可用于油藏规模的流动模拟，以估计多相效应对产量的影响。图 5.23 显示了双重孔隙基质裂缝系统模拟生产的两种方案的结果（Cheng，2012）。在第

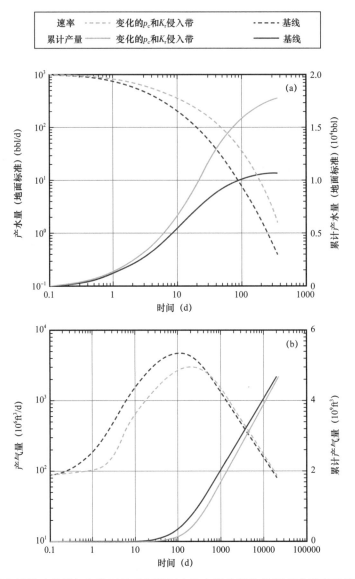

图 5.23　比较了基本情景（虚线）和修正的毛细管压力和水吸渗导致的相对渗透率的情景之间水（a）和气（b）的模拟产量（据 Cheng，2012，有修改）

一种情况（基本情况）中，毛细管压力和相对渗透率关系是根据经验得出的（Gdanski 等，2009）（虚线）。在第二种情况下，Cheng（2012）定义了一个侵入带，在这里，水的渗透过程改变了毛细管压力和相对渗透率关系（实线）。在侵入带中，毛细管压力随含水饱和度的降低而增大，其速率远大于基本情况，反映了水吸渗对油气运移的影响。此外，水的相对渗透率增加而烃类的相对渗透率降低（残余水饱和度增加，残余烃饱和度降低），再次反映了毛细管堵塞的影响。图 5.23（a）比较了两种情况下的累计产水量和日产水量。与基本情况相比，较长时间内的产水量仍然较高，累计产水量几乎翻了一倍。图 5.23（b）比较了两种情况下的累计产气量和日产气量。虽然累计产量基本相同，但在侵入带的情况下，产气量的峰值略有降低，并在数月后出现。在这两种情况下，Cheng（2012）都使用了与常规储层相似的相对渗透率曲线（即油气渗透率和水渗透率以相同的速率增加／降低），因此气速峰值对应于含水率的下降。未来的研究有可能通过使用基于孔隙网络特征直接观察的相对渗透率关系直接考虑基质的润湿性特性（图 5.21）。不管怎样，这两种情况之间的差异说明了水渗透引起的毛细管阻塞的影响是导致产水率持续时间延长和产气量峰值延迟的最终原因。使用图 5.21 中的相对渗透率曲线类型可以进一步了解多相流对水和天然气生产的影响。例如，残余水饱和度的增加可以解释高初始产气量伴随着产水量减少（低含水率）的情况。此外，与含水率随饱和度增加而增加相比，油气相对渗透率的快速下降可能是相对恒定产水量期间油气产量快速下降的原因（Ojha 等，2017）。在第十三章中，将在储层规模控制和与处置和回注相关的环境问题的背景下重新讨论产水量问题。

第六章 流动和吸附

了解非常规储层岩石的流动和吸附特性对预测增产措施（注入）、开采和衰竭过程中水和油气的运动至关重要。非常规储层岩石的超低基质渗透率是统一现象（基本上是确定的），其渗透率往往不足常规储层岩石渗透率的百万分之一至十亿分之一。因此，有必要对天然断裂进行水力压裂和剪切压裂（见第八章和第十章）以便于生产。虽然注采过程中的初始流动行为受裂缝网络性质的控制，但长期流动行为受基质超低渗透率的控制。

为了更好地理解实验室渗透率测量，首先考虑在非常规储层岩石的纳米级尺度孔隙网络中的储层条件下各种流动机制的作用（见第五章）。具体来说，将讨论孔径和流体性质如何影响黏性（达西）和扩散机制对基质流动的相对贡献。

其次将讨论流动属性的压力依赖性，这对理解储层规模对注入和衰竭应力变化的影响至关重要（见第十二章），正如渗透率与孔隙尺度下基质弹性之间的影响关系。

第一节将检验非常规储层岩石中基质流动的实验室测量。聚焦于跨越一系列孔隙压力和围压的数据集，这些数据集能够独立分析压力相关响应以及黏性和扩散流动机制的相对贡献。然后回顾文献中使用扩散通量估计来确定基质流动特征或有效孔径的方法。与岩石基质的任何物理性质一样，了解流动特性如何随成分变化是很重要的。将回顾广泛的岩性（在类似应力条件下）数据，以了解成分和组构对渗透率、压力依赖性和各向异性的控制。

为了预测储层尺度的流动行为，不仅要考虑孔隙网络对压力变化的响应，还要考虑各种孔隙流体与基质组分（吸附）之间的物理作用。将回顾气体和液体吸附的实验室观察结果，以及用于描述吸附的压力依赖性的物理模型。在对渗透性的讨论中，将考虑成分的变化，以了解哪些基质成分吸附性强。此外，还将研究吸附和非吸附气体渗透率测量中吸附和变形的耦合，这说明了压力依赖性渗透率和吸附之间的关系。本章将以讨论的形式总结压力相关特性（渗透性、扩散性和吸附性）对岩石基质中流动的综合影响。

第一节 基 质 流 动

一、流动机制

在传统的储层岩石中，流动是由达西定律控制的，在达西定律中，驱动力是穿过多孔介质的压力梯度（黏性流）。这种连续体方法假设沿孔壁不发生流动（滑移），并且气体分子之间的相互作用比气体分子和孔壁之间的相互作用更为频繁（图 6.1）。

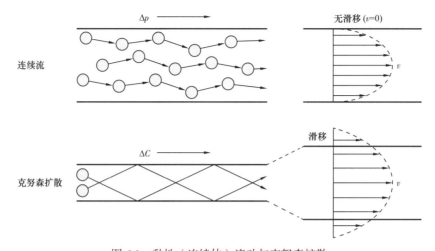

图 6.1　黏性（连续体）流动与克努森扩散

Δp 为压力差；ΔC 为浓度差；v 为流动速度

小孔径气体分子和孔壁之间的相互作用增加，促进了扩散流动，导致沿孔壁的非零流速（滑移流）

$$Kn = \frac{\lambda}{d_p} \tag{6.1}$$

分子—分子和分子—壁相互作用的相对贡献被简述在无量纲克努森数（Kn）中，Kn 是分子平均自由程 λ 与孔径 d_p 的比值：

$$\lambda = \frac{K_B T}{\sqrt{2\pi} d_m^2 p} \tag{6.2}$$

分子平均自由程表示分子碰撞之间的平均距离，是分子直径 d_m、压力 p、温度 T 和玻尔兹曼常数 K_B 的函数：

图 6.2（a）显示了 100℃下各种气体的平均自由程随压力的变化。注意，随着气体密度的降低，平均自由程在相对较低的压力为 400~500psi（3MPa）时开始显著增加。

克努森数（Kn）用于表示表 6.1 中描述的各种流动方式之间的过渡。当 Kn 小于 0.01 时，与分子—分子相互作用相比，分子—壁相互作用可以忽略不计，因此达西（连续体）流是有效的。当 Kn 大于 10 时，分子—壁相互作用的可能性增加导致气体显著地沿孔壁流动（滑移），这违反了连续体介质假设。在这些条件下，气体流动由分子（克努森）扩散表示，其中驱动力是分子浓度梯度（表 6.1）。在扩散区，气体成分没有意义，因为气体分子是独立运动的，当它们在多孔介质中移动时，与孔壁的碰撞比彼此之间的碰撞更频繁（图 6.1）。在 Kn 为中间值时，扩散和黏性机制在一定程度上对流动都有贡献，因此需要进行特定的修正，以准确地表示流速和压力梯度（表 6.1）。

图 6.2（b）显示了在与非常规气藏相关的压力下，克努森数随孔径的变化。考虑到基质孔隙大小在 1~100nm 之间（见第五章），预计非常规储层中的流动将发生在过渡流、滑移流和达西流模型中，其相对贡献取决于特定的孔径分布。需要注意的是，降低压力

（衰竭）或孔径（压实或膨胀）会增加克努森数和滑移流的贡献。

表 6.1　流型随克努森数变化的总结［式（6.1）］（据 Ziarani 和 Aguilera，2012；Heller 等，2014）

流型	克努森数 *Kn*	驱动力	模型
连续（黏性）流	*Kn*<0.01	总压力梯度	假设沿孔壁的流速为零，不需要进行渗透率校正
滑移流	0.01<*Kn*<0.1	主要是黏性流动，有部分扩散流动	克林肯贝格校正后的达西定律
过渡流	0.1<*Kn*<10	主要是扩散流动，有部分黏性流动	克努森校正后的达西定律
克努森（分子）扩散	*Kn*>10	总浓度梯度	克努森扩散方程

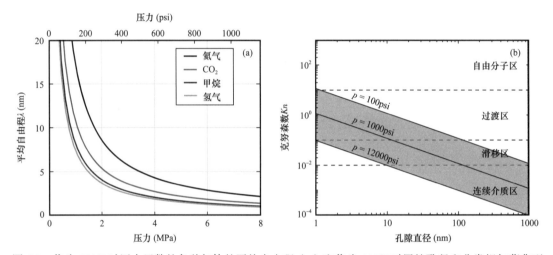

图 6.2　作为 100℃时压力函数的各种气体的平均自由程（a）和作为 100℃时甲烷孔径和非常规气藏典型压力的函数的克努森数（b）（据 Heller 等，2014，有修改）

为了解释由于沿孔壁的滑移流而增加的流速，Klinkenberg（1941）根据通过圆柱形管道（孔隙）的黏性流修改了达西定律，以建立测量渗透率 k_a 和无限压力下渗透率 k_∞ 之间的线性关系。在无限压力下，气体密度近似于液体状态，与孔径（即无滑移流）相比平均自由程可以忽略不计。Klinkenberg 在各种孔隙压力下进行渗透率测量，以量化滑移流的贡献 b，其表示渗透性增加作为反孔隙压力的函数：

$$k_a = k_\infty \left(1 + \frac{b}{p}\right) \tag{6.3}$$

Klinkenberg 推导出该表达式是为了通过气体渗透率测量来估计液体渗透率，但是最近对非常规储层岩石中气体流动的研究采用这个关系来量化扩散和达西流作为压力函数的相对贡献（Heller 等，2014；Alnoaimi 等，2015；Bhandari 等，2015；Mckernan 等，2017）。

二、压力依赖性

如第二章所述，岩石物理性质随围压和孔隙压力的变化用有效应力 σ_{eff} 来描述。简单（Terzaghi）有效应力是围压和孔隙压力的差值，但这种关系通常由孔隙压力（Biot）系数 χ 修正，以说明岩石性质对围压 p_c 和孔隙压力 p_p 变化的相对敏感性。

$$\sigma_{\text{eff}} = p_c - \chi p_p \qquad (6.4)$$

对于弹性性质，Biot 系数为 α，它描述了体积应变对围压和孔隙压力变化的相对敏感性（见第二章）。对于渗透率，Biot 系数表示为渗透率随孔隙压力（恒定围压）变化与渗透率随围压变化（恒定孔隙压力）的比值：

$$\chi = \frac{\partial k / \partial p_p}{\partial k / \partial p_c} \qquad (6.5)$$

大多数非常规储层岩石的 χ 不大于 1，这意味着渗透率对围压变化比孔隙压力变化更敏感（Heller 等，2014；Mckernan 等，2017）。换言之，孔隙压力在扩大孔隙方面不如围压在关闭孔隙时有效。相比之下，花岗岩（Morrow 等，1986）和含黏土砂岩（Zoback 和 Byerlee，1975；Walls 和 Nur，1979）的研究表明 χ 不小于 1，最高值可达 7。为了解释这种行为，Zoback 和 Byerlee（1975）提出了一种黏土孔隙模型，其中孔隙网络包括相对可压缩的黏土，这些黏土包含在相对坚硬的石英支撑框架内（图 6.3）。在这个模型中，孔隙网络相对于岩石骨架的强压缩性导致孔隙压力在扩张孔隙时比围压在封闭孔隙时更有效。Kwon 等（2001）研究了 Wilcox 页岩中富含黏土（45%）的样品，发现 χ 接近 1。Kwon 等通过黏土基质、黏土孔隙模型描述了这种行为，其中孔隙和荷载支撑框架的压缩性相等（图 6.3）。根据非常规储层岩石中 χ 不大于 1 的观察，Heller 等（2014）提出了一个类似

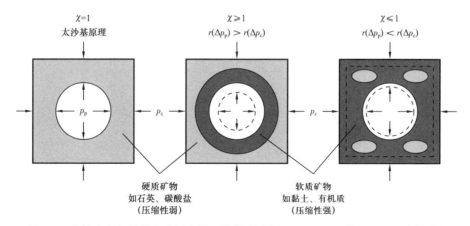

图 6.3　有效应力相关的孔隙尺度模型的说明（据 Gensterblum 等，2015，有修改）

相对软质岩相（黏土和有机质）显示为深灰色，硬质矿物（石英和碳酸盐）显示为浅灰色。Biot 系数 χ 定义了孔隙压力和有效应力之间的关系。单相多孔介质受孔隙和围压变化的影响相等，导致 $\chi=1$。硬岩骨架中含有由相对可压缩相组成的孔隙网络，孔隙压力变化对其影响较大，导致 $\chi \geqslant 1$。弹性性质与孔隙网络相似的岩石骨架受围压变化的影响较大，导致 $\chi \leqslant 1$

的模型，其中孔隙网络由具有与承重框架相似的弹性性质的软质岩相（黏土和有机质）组成。考虑到对不同岩相之间弹性性质和孔隙网络组成变化的讨论（见第二章和第五章），任何关于有效应力依赖于特定样品的模型都需要直接观察基质微观结构。

第二节　渗　透　率

一、测量

渗透率量化流体或气体在多孔介质中流动的容易程度。在达西定律（1D）中，渗透率由通量 Q、动态黏度 μ、压差 $p_1 - p_2$ 与长度 L 之间的关系表示：

$$Q = \frac{kA(p_1 - p_2)}{\mu L} \tag{6.6}$$

式中，p_1 和 p_2 分别为上游和下游压力；A 为横截面积。在国际单位制中，渗透率用 m^2 表示，但通常用单位达西（$1D = 9.87 \times 10^{-11} m^2$）来描述储层岩石（图 6.4）。传统储层岩石的渗透率范围很广，从 $10^{-17} \sim 10^{-10} m^2$（$10\mu D \sim 100D$）。所有渗透率较低的储层岩石都被认为是非常规储层，包括致密气、页岩油和页岩气储层岩石。

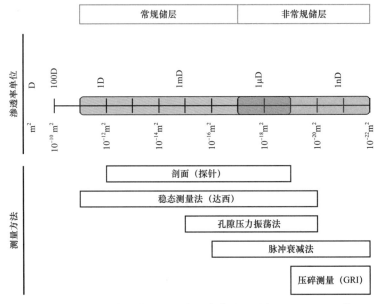

图 6.4　测量技术背景下常规和非常规储层岩石渗透率值范围（据 Gensterblum 等，2015，有修改）

岩石基质的渗透率决定了测量技术的选择。常用的技术包括稳态（达西）测量法、探针渗透法、孔隙压力振荡法、压碎测量法（GRI 方法）和压力脉冲衰减法（图 6.4）。稳态测量通过在完整样品上施加流量并观察合成压差或通过施加压力差并观察合成流量来进行。这适用于渗透率低至约 $1\mu D$ 的情况，低于该值达到稳定状态的时间在实验上不可行。探针渗透法在稍有不同的几何结构中使用相同的原理，这稍微降低了"分辨率"，但可以快速表征岩心样品。孔隙压力振荡法测量渗透率是通过量化发送到完整样品上的振荡压力信号的振幅降低和相态转移来实现（Kranz 等，1990）。它对泄漏相对不敏感，可以提供渗透率的准连续测量，但由于渗透率较低时要求的振荡周期太长（Mckernan 等，2017），因此有效地限制在渗透率值大于 0.1μD 的范围内（Mckernan 等，2017）。压碎渗透率测量在 0.1～2mm 的岩屑上通过观察气体从一个参考单元膨胀到含有碎屑的单元的气体吸收分数。渗透率值根据气体吸收达到平衡所需的时间确定（Cui 等，2009）。尽管破碎法能够测量代表非常规储层岩石的超低渗透率值，但多项研究表明，该结果与完整样品的测量值不相关，表明破碎行为可能破坏基质孔隙网络的重要方面（Sinha 等，2012；Heller 等，2014）。因此，超低渗透储层岩石最常表现为（瞬态）压力脉冲衰减，即在完整样品上施加相对较小的压差，并观察到压差随时间的衰减速率（Brace 等，1968）。压差 Δp 的对数随时间呈线性趋势，其中衰减指数 α 与渗透率成正比：

$$\Delta p(t) = \Delta p_0 \mathrm{e}^{-\alpha t} \tag{6.7}$$

$$\alpha = \frac{kA}{\beta V_{\text{down}} L \mu} \tag{6.8}$$

式中，β 为流体或气体可压缩性；V_{down} 为下游体积。

图 6.5 显示了 Barnett 组页岩水平和垂直样品的压力脉冲衰减测量示例（Bhandari 等，2015），可参考 Heller 等（2014）关于使用压力脉冲衰减测量超低基质渗透率的误差来源和实验挑战的详细讨论。

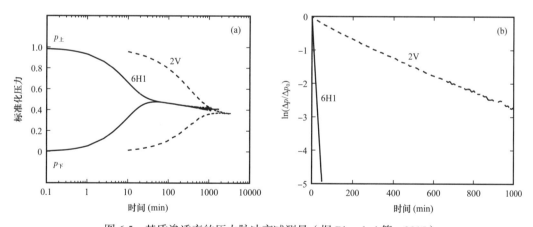

图 6.5　基质渗透率的压力脉冲衰减测量（据 Bhandari 等，2015）

（a）Barnett 页岩垂直（2V）和水平（6H1）样品的标准化压随时间的变化；（b）压差的对数产生一个随时间变化线性关系，其中衰减率与渗透率成正比［式（6.7）和式（6.8）］

二、有效应力依赖性

为了检验非常规储层岩石的渗透率如何随有效应力变化，将重点关注 Heller 等（2014）的数据集，采用不同围压和孔隙压力下的实验来确定其对有效应力的相对影响

[式（6.4）]。渗透率随p_p（恒定p_c）变化与p_c渗透率变化（恒定p_p）之比决定 Biot 系数χ[式（6.5）]。图 6.6 显示了 Eagle Ford 组页岩黏土和富 TOC 和贫 TOC 水平样品渗透率与修正有效应力之间关系的示例。

　　这两个样品均显示渗透率随有效应力呈近似指数下降，这与其他非常规储层岩石和泥岩的实验一致（Kwon 等，2001；Cui 等，2009；Al Ismail 和 Zoback，2016；Mckernan 等，2017；Al Alalli，2018）。尽管样品的χ值均远小于 1，且黏土 + TOC 含量仅相差约 20%，但富 TOC 样品 Eagle Ford 174Ha 的渗透率比 Eagle Ford 127Ha 低近 3 个数量级。本章后面将回顾相关文献中的数据，以了解成分和微观结构对流动特性的控制作用。

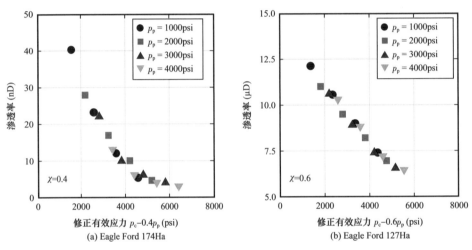

图 6.6　渗透率与修正有效应力的函数关系（据 Heller 等，2014）

样品组成见表 2.1

三、量化扩散效应

　　图 6.7（a）显示了图 6.6 中相同的渗透率有效应力数据，并增加了低压（<1000psi）数据。对于这两个样品，低压数据偏离指数趋势，作为孔隙压力降低的函数。这种明显的渗透性增强归因于扩散通量（滑移流）的增加，源于平均自由程在 400～500psi 之间急剧增加（图 6.2a）。为了了解滑移流的贡献如何随压力变化，Heller 等（2014）考虑了低压数据恒定有效应力下表观（测量）渗透率的变化（图 6.7a，黑色虚线）。图 6.7（b）所示为表观渗透率，是有效应力 2000～4000psi 的反孔隙压力函数。在这些 Klinkenberg 图中，恒定有效应力线的斜率与滑移流系数b成正比，截距表示液体（无限压力）渗透率k_∞[式（6.3）]。b值随有效应力的增加而增加，这与克努森数随孔隙压实度增加而增加的观点一致。这种影响在相对低渗透性、黏土和 TOC 丰富的样品 Eagle Ford 174Ha（b几乎翻倍）中更为突出，而对于 Eagle Ford 127Ha，b值在相同的有效应力范围内仅增加约 10%。考虑到 Eagle Ford 174Ha 的低渗透性可能是由于较小的特征流径（孔隙）造成，当在应力下压实时，其扩散效应往往比较大的流道大得多。

为了量化流动机制与压力的相对贡献，Heller 等（2014）在相同的有效应力值（2000～4000psi）下测定了扩散通量与达西通量之比（图 6.8）。如 Klinkenberg 图（图 6.7）所示，扩散（扩散通量）导致的流动空间的相对比例随着孔隙压力的降低（即增加 λ 和 Kn）和有效应力的增加而增加。对于渗透性相对较低、黏土和 TOC 含量较高的样品 Eagle Ford 174Ha，在孔隙压力为 400～500psi 时，扩散通量与达西通量之比超过 1，而对于 Eagle Ford 127Ha，在最低孔隙压力（250psi）下，该比值仍小于 0.6。值得注意的是，在低孔隙压力下，随着有效应力的增加，扩散（滑移流）的贡献增加，与孔隙压实导致的达西通量减少相反。因此，必须考虑扩散的相对影响和有效压力依赖性，以了解渗透率在衰竭过程中是如何演变的。

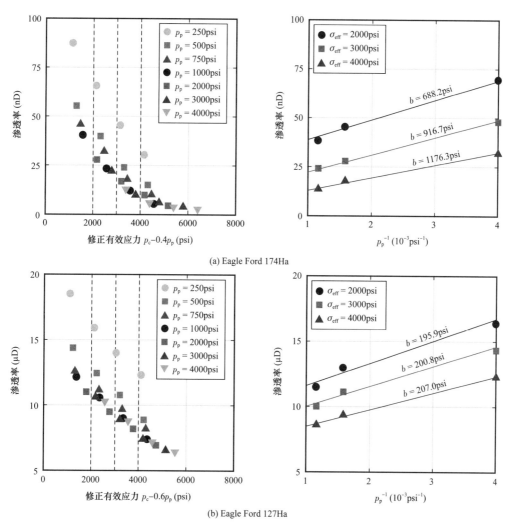

图 6.7　渗透率与修正有效应力的函数关系，包括低孔隙压力数据。利用黑色虚线的交点和各孔隙压力的渗透率趋势来确定恒定有效应力下渗透率与孔隙压力之间的关系（a）；有效应力 2000～4000psi 的 Klinkenberg 图（表观渗透率，k_a 和 p_p^{-1}）（b）。注意，b（斜率/截距）值随着有效应力的增加而增加（据 Heller 等，2014）

四、估计有效孔隙大小

许多非常规储层渗透率的研究利用滑移流对孔径的依赖性来评估导致流动的有效孔隙大小（Heller 等，2014；Al Ismail 和 Zoback，2016；Letham 和 Bustin，2016；Mckernan 等，2017；Al Alalli，2018）。根据用于描述孔隙形状和 / 或孔径分布的特定模型，这种估计可称为特征或有效孔径。Randolph 等（1984）根据 Klinkenberg 修正的达西定律［式（6.6）］得出狭缝孔隙宽度 w 和滑移流系数 b 的表达式：

$$w = \frac{16c\mu}{b}\left(\frac{2RT}{\pi M}\right) \tag{6.9}$$

式中，c 为经验常数，值约为 1；R 为普适气体常数；M 为摩尔质量。Heller 等（2014）、Al Ismail 和 Zoback（2016）使用该表达式计算孔隙宽度（图 6.9a）。

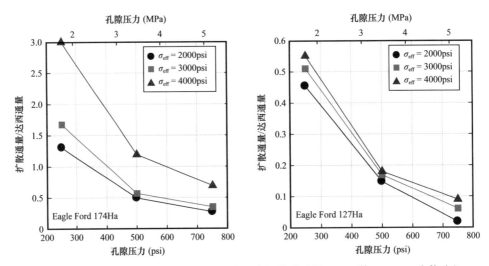

图 6.8　扩散通量与达西通量之比与孔隙压力的关系（据 Heller 等，2014，有修改）

对于低渗透样品 Eagle Ford 174Ha，该比值在约 400psi（2.8MPa）时超过 1，而对于高渗透样品 Eagle Ford 127Ha，该比值在最低孔隙压力时不超过 0.6

有效孔隙宽度在 20～140nm 之间，这通常与成像（见第五章）中观察到的孔隙尺寸一致，也与在储层压力下预计会出现滑移流的孔隙尺寸范围一致（图 6.2b）。

与 Eagle Ford 174Ha 相比，由于有效孔隙宽度与滑移量成反比，相对透水率、黏土和 TOC 含量低的样品 Eagle Ford 127Ha 显示出更大的有效孔隙宽度和更小的孔隙宽度收缩。图 6.8（a）中的 Marcellus 组样品是相对富含黏土（52%）和低 TOC（1.17%）含量的垂直样品，其渗透性和滑移流特征与 Eagle Ford 174Ha 相似。

当考虑使用不同应力条件和孔隙流体的各种不同岩性的文献数据时，可观察到渗透率与有效孔隙大小之间具有一定的相关性（图 6.9b）。在某些情况下，平均孔径是根据压汞孔隙测定法的结果确定的（Yang 和 Aplin，2007；Chalmers 等，2012b；Ghanizadeh 等，2014a，2014b），而其他研究使用不同孔隙几何形状的滑移流和孔隙大小之间的关系（Heller 等，2014；Al Ismail 和 Zoback，2016；Letham 和 Bustin，2016；Mckernan 等，

2017；Al Allali，2018）。Mckernan 等（2017）试图通过应用基于声波速度和孔隙体积随压力变化的测量的孔隙电导率模型，获得有效孔径的机械理解。这就可以预测连续加载循环中渗透率随有效应力的变化，有趣的是，有效孔径的估计值比基于滑移流大小的值小十倍［式（6.9）］。同时流动测量过程中弹性性质（超声波速度）的记录也使微裂纹模型得以应用，该模型提供了裂纹（孔隙）方面纵横比分布及其对有效应力的相对敏感性的估计。

正如第五章所讨论的，重要的是要理解使用流动特性来表征基质孔隙网络只是一种用于估计孔隙大小的近似方法。鉴于文献中使用的孔隙尺度模型的范围，很明显任何数量的模型都可以适用于流量数据，并且在某种程度上与孔隙网络的观测结果有关。因此，为了了解给定岩相中的流动特性和孔隙网络特征，重要的是通过成像（量化孔隙几何结构）和流动／吸附方法（区分连通孔隙和孤立孔隙）观察到的孔隙大小估算值进行交互检查。

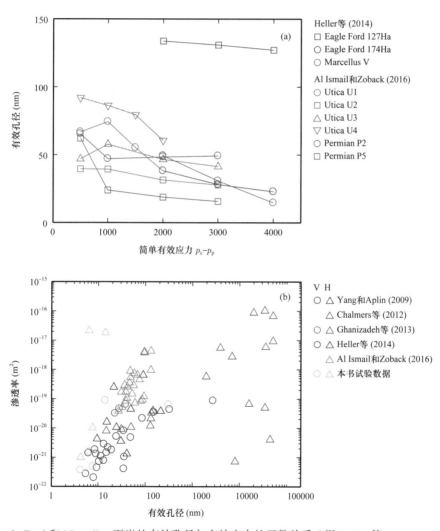

图 6.9　Eagle Ford 和 Marcellus 页岩的有效孔径与有效应力的函数关系（据 Heller 等，2014；Al Ismail 和 Zoback，2016）（a）；有效孔径（直径）与渗透率的关系函数（b）。数据是从使用各种模型估算孔径的研究中汇编而来的。有关详细信息，请参阅图中列出的参考文献（据 Gensterblum 等，2015）

五、成分和微观构造控制

与非常规储层岩石的所有其他物理性质一样，了解流动特性如何随基质成分和微观构造的变化而变化是很重要的。图 6.10 显示了非常规储层岩石和泥岩（脉冲衰减）渗透率测量值与黏土含量的函数关系。渗透率值范围为 $10^{-22}m^2 \sim 10^{-16}m^2$（0.1nD～10μD），与基质的物理性质（见第二章至第四章）不同，渗透率与黏土含量没有明显的相关性。储层之间缺乏相关性意味着渗透率不仅受岩石基质成分的控制，还强烈依赖于孔隙网络的几何性质（孔隙形状和大小、弯曲度）。

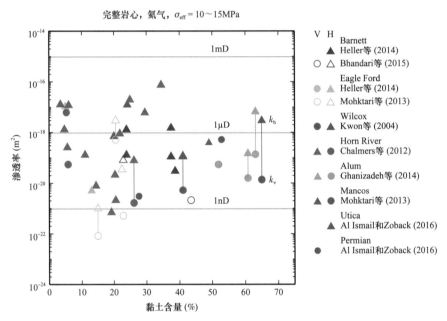

图 6.10　各种非常规油气盆地的渗透率与黏土含量的函数关系

所有测量均在有效应力为 10～15MPa（1500～2000psi）的情况下使用氦气或氩气在完整岩心上进行；符号之间的线表示同一样本在两个方向上的测量值

在某些情况下，个别盆地内的流动特性和成分之间确实存在相关性，但根据孔隙网络特性来解释这些趋势并不一定简单明了。例如，图 6.11 显示了 Utica 组页岩样品中渗透率随着 TOC 的增加而增加（Al Ismail 和 Zoback，2016）。在第五章中讨论了这些样品在成分变化的背景下的孔径分布（见图 5.13）。有趣的是，这些样品显示出非常相似的孔径分布特征，但是 2～4nm 之间的孔隙体积随着黏土含量的增加而减小，并且与 TOC 无关。这有点违反常规认知，因为可能认为 TOC 渗透率的增加反映了不断扩大的有机质网络中孔隙度的增加。然而，孔隙度与黏土含量的负相关关系可能不一定反映实际流动路径的孔隙。事实上，对于这些样品，Al Ismail 和 Zoback 估计的有效孔隙宽度为 20～100nm，这一数量级大于随黏土含量变化的孔隙度规模。

此外，这些样品的 SEM 成像显示大量微米级平行层理微裂缝（见图 5.3），这可能是导致相对较高渗透率值（0.1～1μD）的原因。在这些支持性分析的背景下，观察到的渗透率和 TOC 之间的相关性实际上可能反映出由于增加的有机质中油气成熟导致微裂缝发育的潜在增加（Vernik，1994）。虽然建立这种渗透率变化的力学解释并不一定简单，但这种与成分明显相关性的讨论强调了考虑多个独立证据线以了解流动特性如何从基质微观结构中产生的重要性。

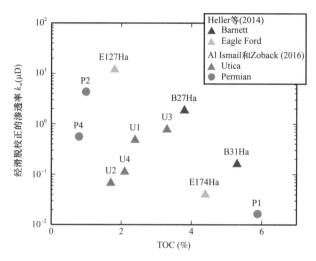

图 6.11　在 500psi（约 3.4MPa）下 Klinkenberg 校正渗透率 k_∞ 与 TOC 的关系（据 Al Ismail 和 Zoback，2016）
这些样品的孔径分布如图 5.13 所示

还可以预期渗透率的有效应力依赖性随基质成分变化而有规律变化，因为它通常被解释为表示基质孔隙网络的可压缩性（Kwon 等，2001）。渗透率和有效应力之间的关系（图 6.6）通常以指数衰减为特征：

$$k = k_0 e^{-C_m \sigma_{eff}} \tag{6.10}$$

式中，C_m 为渗透率的有效应力敏感系数（图 6.3）。图 6.12（a）显示了图 6.10 所示的许多研究中，C_m 值与黏土 + 干酪根的函数关系。应力敏感系数一般随黏土 + 干酪根的增加而降低，但不同储层样品之间存在明显的分散性，且无明显趋势。应力敏感系数的负相关关系有点违反直觉，因为增加软组分的比例会增加孔隙网络的柔度。同样，在某些情况下，个别数据集中观察到了相关性，但仅基于对流量和成分的观察将这些趋势与孔隙网络特性联系起来并不简单。再次回到图 6.11 中的 Utica 组样品，它显示了应力敏感系数和黏土含量之间的正相关关系（图 6.12b）。回想一下，这些样品在纳米级尺度上显示出随着黏土含量的降低（碳酸盐含量的增加）而增加的孔隙体积；然而，由于这些孔隙可能不是观测到的微达西级尺度渗透率的原因，它们的闭合不太可能是有效应力增加导致渗透率损失的原因。因此，观察到的应力敏感系数与黏土含量之间的相关性可以反映：（1）富黏土样品中富黏土和贫黏土微相边界处微裂缝密度增加；（2）有机孔隙网络分布的差异。即使对渗透率、孔径分布和成分进行了观测，仍然很难建立渗透率随有效应力变化的力学模型，这限制了将应力敏感性解释为孔隙压缩性。更直接的方法是在渗透率测量期间简单地测量变形。Mckernan 等（2017）通过记录孔隙体积的变化，对孔隙压缩性（体积应变）进行了测量，并将结果与孔隙电导率模型相结合，成功预测了几个加载 / 重新加载周期的渗透率演变。这说明了如何将变形和流动测量结合起来，以对渗透率和有效应力之间的关系产生物理理解。

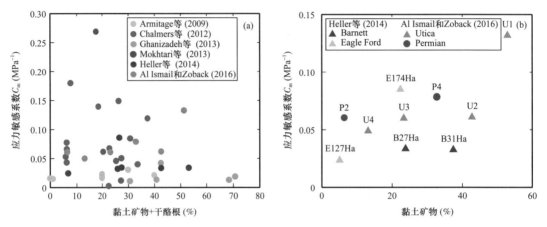

图 6.12　非常规储层岩石的有效应力敏感系数 C_m 与黏土 + 干酪根的函数关系（据 Gensterblum 等，2015）（a）；C_m 随黏土含量的增加而增加，所有选择的样品均来自 Utica 页岩（据 Al Ismail 和 Zoback，2016）（b）

作为讨论流动特性如何随应力变化的必然结果，也值得探讨随时间变化的变形与渗透率之间的关系。第三章讨论了非常规储层在恒定应力作用下表现出明显的随时间变化的变形（蠕变）。由于渗透性试验是在恒定应力条件下进行的，持续数小时至数天，可能预计时间依赖性压实在渗透率随时间的变化中发挥作用；然而，当试图将流动和蠕变特性联系起来时，需要考虑几个重要问题。第一，上面讨论的大多数流动特性研究使用静水应力状态（各向同性围压）。Sone（2012）证明，蠕变在静水压力下可以忽略不计，因此在渗透性试验中，时间依赖性压实也可以忽略不计。第二，蠕变试验通常在干燥和"收到"样品之前抽真空，而渗透性试验中的样品要用试验流体或气体饱和。因此，饱和样品蠕变实验也可以反映由于在压实岩石基质中流体的运动而产生的随时间变化的多孔黏弹性效应。由于蠕变实验和流动实验的应力条件差别很大，任何延展性和流动性的比较都不能用来解释渗透率的演变。

图 6.13 显示了流动特性与用于表征黏弹性行为的幂律参数之间的关系（见第三章）。幂律参数 B 相当于杨氏模量的倒数（见图 3.11），n 决定了随时间变化的变形量（蠕变）。虽然蠕变和流动试验都是在有限数量的样品上进行的，但仍有一些趋势值得讨论。低 B、高 n 的岩石表现出较高的应力敏感性（图 6.13a）。这些样品（即 Utica 组和 Eagle Ford 组页岩）在 1～100nD 范围内也显示出相对较低的渗透率值（图 6.13b）。换言之，具有低弹性柔度且表现出显著蠕变的岩石往往具有相对较低的渗透率和对有效应力的高度敏感性。这表明，相对低渗透相的孔隙压实实际上可能归因于随时间变化的变形。对于低 B、高 n 的岩石，其对有效应力变化的弹性响应相对较小，因此应力敏感性（孔隙压缩性）的增加

可能归因于孔隙尺度上的蠕变。考虑到实验中压力条件的不同，不能对这些趋势有太多的了解，但对这一主题的进一步研究肯定是有必要的。

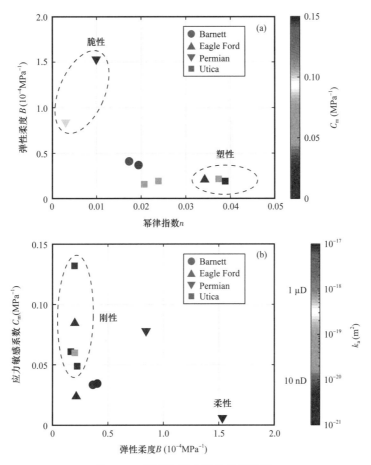

图 6.13　蠕变和流动特性的相关性

（a）黏弹性幂律参数 B 和 n 用 C_m 着色。B 相当于杨氏模量（弹性刚度）的倒数，n 决定随时间变化的变形量（蠕变）；
（b）C_m 和由明显的渗透率着色的弹性柔度

　　An 等（2018）将 Sone 和 Zoback（2014a）的黏弹性蠕变模型与渗透率和有效应力之间的指数关系整合起来［式（6.10）］预测渗透率随时间和应力的变化。根据单轴蠕变试验结果，对蠕变和渗透率模型进行了标定，并成功地应用于描述油页岩样品中液体渗透率随时间和应力变化的关系。随着 Mckernan 等（2017）的研究，加强了在变形行为的背景下考虑渗透率演变的重要性（和效用）。同时表征弹性、黏弹性和流动特性的未来研究有可能确定渗透率演化的时间尺度和机制，从而为枯竭期间的储层规模流动行为的模型提供信息（见第十章和第十二章）。

六、各向异性

　　正如在前几章中所讨论的，由于岩石基质（见第二章）和孔隙网络（见第五章）中存在水平组构，非常规储层岩石的力学和微观结构特性通常具有各向异性。

考虑到流动特性表现在流动路径的分布和岩石基质对应力的物理响应，许多非常规储层岩石表现出显著的渗透率各向异性就不足为奇了。图 6.14 显示了一系列非常规储层岩石和泥岩的水平渗透率与垂直渗透率之比 k_h/k_v。大多数样品在很宽的渗透率值范围内（100μD～0.1nD），具有显著的各向异性（$k_h>k_v$）。对于水平渗透率较低的样品，各向异性通常较低。在大多数研究中，增加有效应力会使垂直方向的渗透率比水平方向的渗透率更低，从而增加各向异性。众所周知，压实作用通过垂直于最大压应力的固有各向异性黏土和层状硅酸盐矿物的重新定向以及平行于层理孔隙的纵横比增加各向异性（Faulkner 和 Rutter，1998；Kwon 等，2004；Yang 和 Aplin，2007；Daigle 和 Dugan，2011）。此外，由于垂直流动路径的弯曲度增加，孔隙度各向异性的发展扩大了压实作用对垂直于层面的渗透率（k_v）的影响（Arch 和 Maltman，1990）。然而，实验和模拟研究均表明，仅各向异性板状矿物的再定向不足以产生导致 k_h/k_v 大于 10 的情况（Yang 和 Aplin，2007；Daigle 和 Dugan，2011；Bhandari 等，2015）。因此，在非常规储层岩石中观察到相对较大的各向异性渗透率比可能是由其他机制造成的，如高渗透性和低渗透性微相的成分分层（见图 2.9）、生物扰动（Aplin 和 Macquaker，2011）、黏土和页状硅酸盐的成岩生长（Loucks 等，2012），以及平行于层理的微裂缝的形成（见图 5.3）。在某些情况下，滑移流的贡献也具有各向异性（$b_h<b_v$），这可能反映了相对狭窄的垂直流径和垂直方向上弯曲度增加的影响（Letham 和 Bustin，2016）。考虑到流动特性和基质成分之间的复杂关系，确定任何一种岩相中渗透率各向异性的具体原因需要综合观察孔隙网络和力学性质。

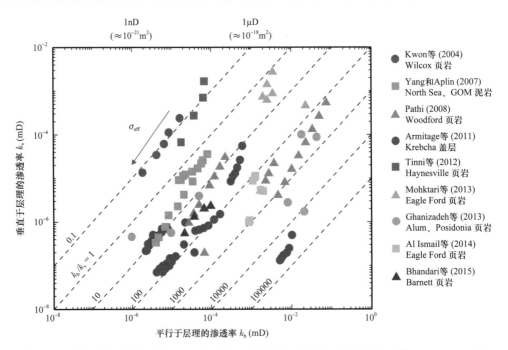

图 6.14　垂直于层理的渗透率（k_v）与平行于层理的渗透率（k_h）相关性（据 Gensterblum 等，2015，有修改）

虚线表示 k_h/k_v 的轮廓；符号旁边的箭头表示有效应力增加

第三节　吸附作用

除渗透率外，基质的吸附特性也可能影响储层规模的流动行为，特别是在天然气生产（枯竭）期间。"吸附"一词概括了当一种材料与另一种材料结合时所涉及的物理和化学过程。吸附是指气体或液体（被吸附物）附着于液体或固体（吸附剂）表面的现象。

吸附是被吸附物附着在吸附剂表面的物理过程。在非常规储层中，天然气以自由相态和稠密的、类似于液体吸附相态分布在孔隙表面而存储在基质中，相对于仅游离气体充填的孔隙空间而言，这会导致更大的总存储容量（见图 5.16）。随着孔隙压力的升高，吸附能力也相应增强。故而基质一旦耗尽，其中所吸附的气体便会释放，该过程很可能对生产期间基质内有效应力的变化产生影响。

一、测量、机理和模型

材料的吸附能力由吸附等温线量化，吸附等温线是在等温条件下，吸收剂的表面吸收与压力有关。吸附等温线的大小和形状取决于多孔介质的吸附容量、表面性质和孔径分布。吸附容量通常随着被吸收剂—吸收剂相互作用的增强和孔隙表面积的增加而增加。随着孔径的减小，与孔壁的相互作用对被吸收剂颗粒的影响更大，从而增加了对吸附剂表面的亲和力。虽然这代表了一种不同于表面吸附的机制，但它也会导致气体在孔隙表面被并入一个更密集的相。

在超低渗透性岩石中，由于完整样品所需的平衡时间太长，因此在破碎样品（50～500μm 的颗粒）上测量吸附等温线。关于吸附测量技术的详细讨论，见 Heller 和 Zoback（2014）。标准测量方法基于气体膨胀的玻意耳定律，类似于氦比重计（见第五章）。实验由两个压力传感器组成：一个是已知体积的参考电池，另一个是包含粉碎材料的样品电池。在每个压力步骤中，使用理想气体定律 n_{total} 填充参考电池以确定分子数量，然后打开样品电池，使气体膨胀到样品颗粒之间和内部的空隙中。

首先，使用非吸附性气体（如 He 或 Ar）来确定样品池中的空隙空间。然后，对系统进行抽真空，用吸附气体重复相同的程序。如果发生吸附，气体膨胀过程中的压降将更大，因为一些气体分子将以物理形式结合在颗粒表面，因此不会对孔隙压力产生影响。总吸附量由参考体系中总分子数与吸附气体分子数（$n_{total}-n_{free}$）之差确定。

这个量被称为过量吸附，因为与吸附相体积充满大量气体时的情况相比，它包含了更多的气体。校正被吸附相充填的孔隙空间的比例需要知道吸附相的密度，并得出所谓的绝对吸附量。该步骤在不同压力下进行，以确定吸附等温线。

为了提取有关孔结构和表面性质的信息，吸附等温线适用于描述被吸附剂—吸附剂相互作用的许多物理模型之一。在大多数非常规储层岩石的研究中，甲烷吸附等温线的特征是 Langmuir 模型，该模型假设吸附是可逆的等温过程，在所有可用的表面位置上表现为分子的单层（Langmuir，1916）。吸附随着压力的增加而增加，直到孔隙表面的所有位置都被填满。图 6.15（a）显示了 Barnett 组页岩样品对 CH_4 和 CO_2 的吸附等温线。正如在类似研究中观察到的那样，CO_2 的吸附量远大于 CH_4，在这种情况下几乎是 CH_4 的两倍，这反映了其与岩石基质之间更强的被吸附剂—吸附剂相互作用（亲和力）（Nuttall 等，2005；Kang 等，2011；Aljaman，2015）。尽管超出了本书的范围，但 CO_2 比 CH_4 优先吸附说明了将 CO_2 用作压裂液（Middleton 等，2015）和封存在枯竭非常规气藏中 CO_2 的潜力（Godec 等，2013；Liu 等，2013）。

图 6.15（b）显示了 Barnett 31Ha 的天然气储量，它是基于吸附数据的 Langmuir 拟合的压力函数。在低压［压力小于 750psi（约 5MPa）］时，吸附气体的量超过游离气体的量，但在 Barnett 组页岩的估计孔隙压力为 3000～4000psi（20～27MPa）时（Edwards 和 Celia，2018），吸附气体仅占总气体的 20%～25%。

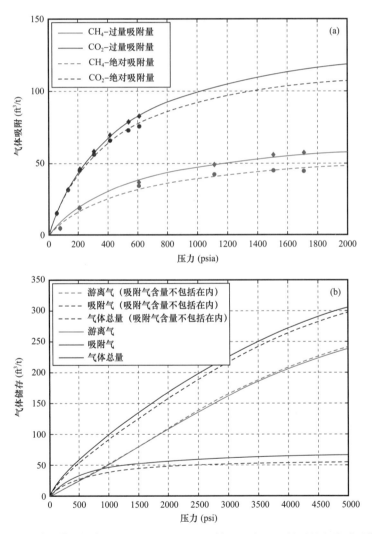

图 6.15　通过 Langmuir 单层模型拟合的 40℃下 Barnett 31Ha 的 CH_4 和 CO_2 的过量和绝对吸附量（a）；CH_4 和 CO_2 的气体储存与压力的函数关系（b）。实线表示根据吸附相体积校正的数据（据 Heller 和 Zoback，2014）

二、成分和孔隙流体控制

为了评估非常规储层中吸附的重要性，了解作为岩石基质成分和孔隙流体环境函数的吸附特性的变化是很重要的。对单个基质组分吸附能力的研究表明，吸附主要发生在黏土矿物和有机质中（Ross 和 Bustin，2009；Heller 和 Zoback，2014）。图 6.16（a）、（b）显示了不同页岩的 CH_4 吸附能力，绘制了黏土和 TOC 的函数。每个数据集包括在干燥和相对湿度为 97%（RH）条件下对样品进行的实验。在相对湿度 97% 条件下，吸附容量要小得多，这反映了水的竞争吸附和毛细管堵塞的影响（见第五章）。加拿大西部泥盆纪—密西西比纪页岩吸附能力表现出随着黏土含量增加而增加的趋势（Ross 和 Bustin，2009），但在任何其他数据集中未观察到相关性。

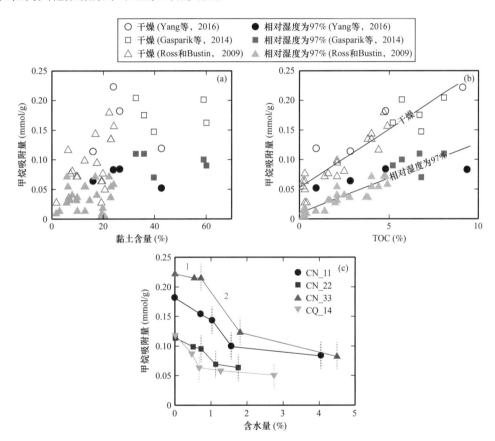

图 6.16　干燥和相对湿度 97% 页岩的甲烷吸附能力与黏土含量、TOC 和含水量（四川盆地页岩）的关系
（据 Yang 等，2016）

Ross 和 Bustin（2009）—加拿大西部沉积盆地页岩，Gasparik 等（2014）—Alum 和 Posidonia 页岩，Yang 等（2016）—四川盆地页岩

这种行为通常在贫有机质、富含黏土的页岩中观察到，其中孔隙表面积主要由黏土矿物构成（Gasparik 等，2012；Yang 等，2015）。在干燥状态和相对湿度为 97% 条件下，吸附量与 TOC 呈显著正相关关系，表明有机物的存在是甲烷吸附的主要控制因素。

Yang 等（2016）还测量了相对湿度（RH）从 33% 增加到 97% 时的甲烷吸附容量，

以评估含水量对四川盆地海相页岩吸附的影响。图6.16（c）显示了随着含水量的增加，CH_4吸附量呈逐步下降的趋势。Yang等（2016）分三个阶段解释吸附能力的降低。最初的逐渐下降归因于水在黏土矿物亲水表面的优先吸附。这一点得到了一个事实的支持，即相对富含有机质、黏土贫乏的样品（CQ-14，CN-22）在初始阶段的吸附能力下降最小。这种陡峭的二次下降归因于水对纳米级孔隙的毛细管堵塞，这减少了可用于吸附的表面积，并限制了CH_4进入孔隙网络。相对富含有机质的样品在这一阶段表现出更大的影响，这与观察到的纳米级尺度孔隙集中在这些样品中的有机质中是一致的。最后，逐渐下降被解释为大孔隙中的水对气体的体积置换，而水对CH_4的吸附能力没有显著贡献。在相对多孔的煤中观察到类似的行为（Day等，2008；Gensterblum等，2013），但在页岩中尚未广泛报道。不同阶段开始时的可变性（作为含水量的函数）可能反映了可变基质成分和孔隙网络特征对上述过程的影响。

三、膨胀

除了测量黏土矿物和活性炭的吸附量外，Heller和Zoback（2014）还记录了与CH_4和CO_2吸附相关的膨胀（体积应变）。图6.17显示了体积应变与黏土矿物伊利石和高岭石以及活性炭（代表有机物的类似物）的CO_2和CH_4吸附量的函数。每个数据集显示了CO_2和CH_4的膨胀和吸附在对数坐标上呈近似线性关系。对于给定的吸附量，黏土和活性炭之间的膨胀量变化很大，Heller和Zoback（2014）将其解释为弹性刚度差异的结果。对于较硬的基质组分，膨胀量相对小于软组分更多的相。值得注意的是，如果完整页岩样品（图6.15）的整体吸附完全归因于黏土和有机质，则分离基质组分的吸附量远远大于前者。相对于岩石基质碎屑中的黏土和有机质而言，这可能是由于纯矿物和活性炭样品的可及性（孔隙率）和表面积增加。

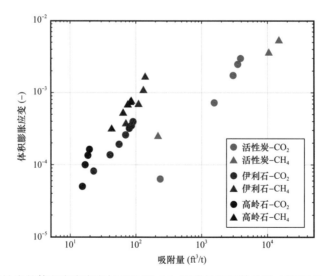

图6.17　黏土和活性炭的体积膨胀应变与CH_4和CO_2吸附量的函数关系（据Heller和Zoback，2014）
对于给定的吸附量，更软的相显示出更大的膨胀应变

众所周知，黏土矿物在各种沉积岩中吸水膨胀，对渗透率、黏土流动性（分散性）和井眼稳定性（岩石强度）有显著影响。吸附量和膨胀量的大小取决于多种因素，包括黏土矿物、流体成分（离子强度）和压力。关于非常规储层岩石吸水膨胀的全面综述，见 Lyu 等（2015）。如第二章所述，非常规储层岩石中的膨胀黏土矿物包括蒙皂石和伊利石—蒙皂石混合层（见图 2.3）。这些矿物在单位单元的八面体层之间缺乏氢键，允许水进入它们的结构，导致体积膨胀（膨胀）达到原始体积的 10～20 倍。由于流体与黏土层间阳离子交换过程，吸附液中的离子含量对黏土溶胀也有很强的控制作用。溶胀随着离子强度的增加而减小，但也取决于特定的阳离子种类。与钠交换或钾交换的黏土相比，钙和镁交换的黏土降低膨胀性，这反映了离子大小和与八面体层的静电相互作用的差异。增加围压通过抵消水吸附产生的膨胀压力来抑制体积膨胀。吸水和膨胀对黏土矿物的物理性质（弹性、强度和摩擦）也有显著影响（Moore 和 Lockner，2004；Lyu 等，2018），本章将重点关注对流动特性的影响。

四、吸附对渗透率的影响

在注入过程中（如水力压裂、CO_2 储存），由于渗吸和吸附而导致的岩石基质膨胀是对原位渗透率是一个潜在重要控制。第五章回顾了控制渗吸的基本过程（润湿性和毛细管压力），以及多相饱和度对流动特性（相对渗透率）的影响。在这里集中讨论气体和液体吸附对实验室渗透率测量的影响。图 6.18（a）说明了吸附和膨胀对气体渗透率的影响，通过采用 He 和 CO_2 的多阶段实验。

在第一次循环和第二次循环中，分别在 2000psi 和 500psi 下用 He 测量渗透率。这两个循环都显示了随有效应力的渗透滞后，这反映了初始加载期间的非弹性（不可恢复）孔隙压实。低压循环显示出稍高的初始渗透率（可能是由于滑移流），但由于有效应力增加对孔隙压实的影响，滞后性要强得多。在第三个循环中，对样品进行真空处理，并在 377psi 下用 CO_2 测量渗透率。特别选择该压力是为了获得与 2000psi 下 He 相匹配的 CO_2 平均自由程，从而消除在任何对比中滑移流的任何混淆效应。在第四个循环中，对样品进行真空处理，并在 2000psi 下重复进行 He 测量，以评估 CO_2 吸附对渗透率的永久影响。周期 1 和周期 4 之间渗透率的降低代表了前两个有效应力周期内不可恢复孔隙压实的影响，而周期 2 和周期 4 之间缺乏差异表明，由于 CO_2 吸附（约 80%）而导致的渗透率降低几乎是完全可恢复的。Al Ismail 等（2014）还对补充水平样品进行了分析，并在使用 CO_2 测量后实际观察到渗透率升高（图 6.18b）。

注意，水平样品 Eagle Ford AUK1-1H 的渗透率比垂直样品的渗透率大近 3 个数量级。这种预先存在的渗透率各向异性在 CO_2 测量后明显放大，Al Ismail 等（2014）将其归因于前两个有效应力周期内亚水平微裂缝的发育。

Shen 等（2017）通过在渗透率测量之间进行非原位渗吸步骤，检查了水渗吸和吸附对气体渗透率的影响。图 6.19 显示了龙马溪组页岩两个水平样品的渗透率和含水量随时

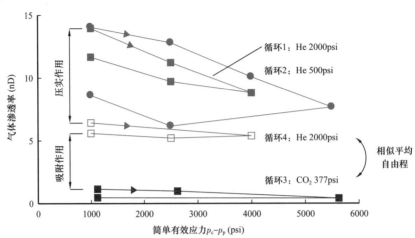

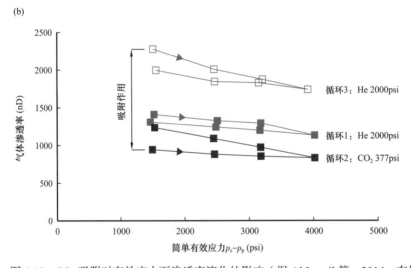

图 6.18　CO_2 吸附对有效应力下渗透率演化的影响（据 Al Ismail 等，2014，有修改）

（a）Eagle Ford AUK6-1V，垂直井，循环 1：2000psi（13.8 MPa）下的氦气；循环 2：500psi（3.4MPa）下的氦气；循环 3：377psi 下的 CO_2（与循环 1 的平均自由程相似）；循环 4：2000psi 下的氦气；循环 1 和循环 4 之间渗透率的降低代表孔隙压实，而循环 2 和循环 4 之间没有差异意味着 CO_2 吸附导致的渗透率降低是可逆的；（b）Eagle Ford AUK1-1H，水平井，样品组成见表 2.1

间的变化。样品最初表现出相似的渗透性演化模式和吸水性随时间的变化，但最终随着含水量的增加，流动路径发生明显的物理变化。Y1 页岩表现出渗透率的初始指数衰减，直到约 120min，此时渗透率迅速增加，衰减也同样迅速。Shen 等（2017）将初始下降解释为由于水吸附和黏土膨胀导致的流动路径变窄，以及随着含水量的增加而增加的应力敏感性（孔隙顺应性）。后者与水饱和条件下体积抗压强度降低的观察结果一致（Lyu 等，2018）。渗透率的突然快速增加归因于微裂缝的扩展，这是由于随着含水量的增加而累计的膨胀压力。在每个样品中，Shen 等（2017）完整程序后记录了贯穿和平行于层理的裂缝发育。由于该程序固有的卸载/加载循环，裂缝可能会扩展，特别是在未实现完全减压的情况下。渗透率增加的迅速衰减可能代表着由于重新施加围压而导致裂缝闭合，以及由于更多的水吸附而进一步堵塞毛细管。Y4 页岩的渗透率在与 Y1 页岩相似的时间段内呈现出初始的似线性衰减，随后渗透率恢复缓慢，线性增加，渗吸作用增加。在这种情况下，微裂缝网络的形成可能相对缓慢，渗吸作用的增加都会促使其发育。这些样品之间渗透率演化的差异说明了初始微观结构（在这种情况下是微裂缝）对岩石基质的渗吸响应的控制。Shen 等（2017）也使用添加了阴离子表面活性剂的水进行该操作，以限制吸附和膨胀——这一做法通常被称为"黏土稳定"。在这种情况下，渗透率在初始阶段仅略有下降，然后保持恒定。表面活性剂混合物的总吸收质量只有蒸馏水的一半左右。渗透率的显著损失和任何明显的裂缝扩展效应表明活性剂成功地限制了由于水吸附引起的黏土膨胀。虽然不是本书的重点，但重要的是要理解在水力压裂过程中，渗透地层的流体专门使用黏土稳定剂和其他成分进行工程设计，以将渗透率损失（渗透率损害）降至最低。将在第八章（根据水力压裂机理）以及第十三章（与再利用和处置有关的环境问题）进一步讨论压裂液。

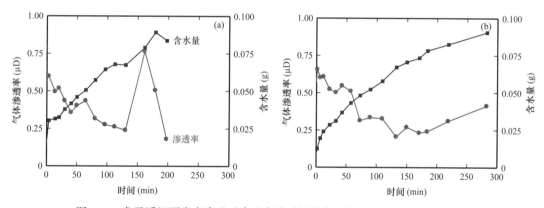

图 6.19　龙马溪组页岩水渗吸对渗透率随时间演化的影响（据 Shen 等，2017）

渗透率的测量在 8MPa 的围压和 5MPa 的孔隙压力下进行。渗吸步骤在环境条件下进行。（a）Y1 页岩渗透率随含水量的增加呈指数下降；随后渗透率迅速恢复，并随着渗透率的增加而衰减；（b）Y4 页岩在初始吸渗期间表现出近似线性衰减，随后以稍低的速率呈现近似线性恢复

五、对油气生产的影响

最终，研究非常规储层岩石的流动和吸附特性的目标是为了了解从超低渗透基质中长期油气生产的机理和时间尺度。鉴于对吸附的压力依赖性的讨论，了解吸附气体对生产的贡献程度是很重要的。图 6.20 显示了基于 Barnett 31Ha 吸附等温线的简单产气模型的结果（图 6.13）。该模型的条件是：温度为 40℃、基质孔隙度为 8% 和含水饱和度为 25%。在无限小的压力下，吸附的气体约占总产量的 20%，并随着压力的增加而迅速衰减。根据 Barnett 组页岩估计的原位孔隙压力（3000～4000psi），与游离气相比，产生的吸附气体量可以忽略不计。由于黏土和有机质含量高，该样品表现出相对较大的吸附容量，因此对于组成谱另一端的岩性，吸附气体的产生就更不重要了。

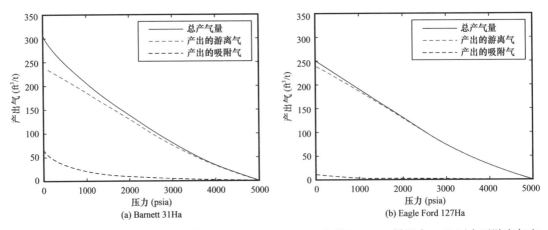

图 6.20　Barnett 31Ha 富黏土 +TOC 样品和 Eagle Ford 127Ha 贫黏土 +TOC 样品在 40℃压力下游离气和吸附气的估计产量（据 Heller 和 Zoback，2014）

　　滑移流是另一种现象，可能与低孔隙压力有关。值得注意的是，在上述许多实验研究中，滑移流的大小是通过氦气测量的（图 6.10）。在相同的压力—温度条件下，由于 CH_4 的平均自由程较小，CH_4 的滑移流大小将是氦气的一半（图 6.2a）。虽然这意味着滑移流对现场天然气生产不那么重要，但 CH_4 在存在吸附相的情况下也能进行表面扩散（Tien，1994），这可能通过类似于滑移流的方式提高渗透率。

　　非常规储层流动和吸附特性的实验研究为数值模拟奠定了基础，以研究各种物理过程在不同尺度上对天然气产量的影响。由于本章主要关注超低渗透性基质，将考虑包含扩散和吸附的物理孔隙尺度模拟。图 6.21 显示了根据 Haynesville-Bossier 页岩样品的 FIB-SEM 成像数字化的微米级尺度体积的产气模拟结果（Guo 等，2018）。

　　该模型独特地将用于亚分辨率纳米多孔成分（黏土、有机质）的连续介质（有效介质）方法与成像数据集中捕获的大孔隙（大孔隙）的直接孔隙尺度方法（Stokes 流）相结合。这使得应用本章前面讨论的流动和吸附物理模型成为可能。图 6.21 中绘制了四个模型：（1）DS 模型，仅 Darcy-Stokes 流；（2）DSA 模型，Darcy-Stokes 和吸附；（3）NDSA 模型，Darcy-Stokes、吸附和克努森扩散；（4）Full 模型，NDSA 和表面扩散。在模拟中，在初始压力下设定岩石体积，并将较低压力设定在一个开放流动的工作面上，进而从该体积驱动气体生产。在该结果中，生产率和时间没有被量纲化。在低压（1MPa）和早期（$0.05 < t < 0.1$），所有模型的生产率在斜率相似的半对数曲线上呈线性下降（图 6.21a）。这是因为三维图像有一个横跨整个样品的大孔隙网络，这使得 Stokes 流在早期主导天然气生产。注意，在早期（$t < 0.05$），物质的非均质性（与开放边界相交的大孔隙）是天然气生产的主要控制因素，并不代表整个体积的行为。在后期，模型之间的生产率差异很大（图 6.21b）。DS 模型显示出与早期相似的下降率特征，因为流量与压力无关。考虑吸附的模型显示，由于气体储存潜力的增加，质量通量的初始值较高。NDSA 模型和 Full 模型在后期显示出更快的下降速度，因为气体在低压下可以通过扩散机制更快地逸散。在高

压下，所有模型在早期和晚期表现出基本相同的行为，因为压力过高，吸附气体或扩散机制无法促进生产（图 6.21c、d）。虽然这些模型代表了一个简化的单相系统，但结果证实，从实验室流量和吸附测量中解释的物理过程对孔隙尺度上的基质产气具有重要意义。换言之，尽管 FIB-SEM 体积不一定构成基质孔隙结构的表征单元体积（REV）（见第五章），但它可能代表储层在其采出行为方面的微观结构。将这类数值实验与提高基质孔隙结构的方法相结合，有可能回答与采出行为的尺度依赖性有关的问题，以及毫米级至厘米级尺度的成分分层对储层流动特性的影响。

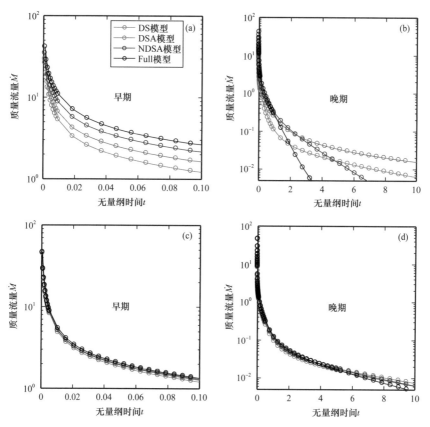

图 6.21　1MPa（a）、（b）和 50MPa（c）、（d）孔隙压力下，Haynesville-Boisser 页岩 FIB-SEM 质量流量与无量纲时间的函数模拟（据 Guo 等，2018）

在低压和早期，生产完全是由于 Stokes 流通过大孔隙网络，导致所有模型的递减率相等。在后期，当大孔隙被耗尽时，NDSA 模型和 Full 模型表现出更大的下降速率，这是由于在低孔隙压力下微孔的扩散通量增加所致。在高压下，解吸通量和扩散通量都受到抑制，因此所有模型都表现出相同的 Stokes 流衰减率

最后，当考虑可能提高产量的压力依赖机制时，有必要问一个显而易见的问题：生产过程中岩石基质中的原位孔隙压力实际上是多少？人们普遍假设，解吸和扩散是在下降曲线的长而平尾的过程中维持产量的原因（见第一章），但基本上没有直接证据表明基质中的孔隙压力在生产过程中是如何演变的。尽管可以使用建模和地球物理方法（见第十二章）来估计采出情况，但由于非常规储层岩石（裂缝和基质）的双重孔隙性质，任何原位孔隙压力的测量都可能只代表相互关联的裂缝网络，而不是基质。

从基质流向裂缝网络的时间尺度决定了随着时间推移而枯竭的基质面积，对于超低渗透储层，其约为数十米（见图12.2）。这一点很重要，因为大部分储层不会经历任何生产压力下降，因此这些区域有可能随时间补充裂缝周围的枯竭带。虽然裂缝网络中的压力在最初的生产过程中迅速下降，但气体从基质中缓慢不断地扩散可能解释了在较长的生产寿命期内（以年为单位）相对较低、持续的生产率（见第一章）。

如果裂缝网络周围区域以相似的速率耗尽和补充，基质中的压力可能不会降低到足以产生扩散或解吸的显著贡献。鉴于现有的研究已经广泛地描述了这些机制在相对简单的单相系统中的活动，未来的研究有可能通过检查更直接地解决生产（枯竭）过程中的原位条件的实验系统来评估其在储层规模上的重要性。

第七章　应力、孔隙压力、裂缝和断层

本章介绍了许多相关主题，它们定义了非常规储层的地质力学状态。如第一章所述（并在第十章至第十二章中进行了扩展说明），水力压裂、先存裂缝和断层的压裂滑移过程对极低渗透率非常规储层油气的成功生产至关重要。整个过程取决于应力场、已有裂缝和断层、孔隙压力和水力压裂过程中孔隙压力扰动之间的相互作用。第八章讨论这种综合地质力学特征对水力压裂的影响，第十一章讨论下伏地层和上覆地层的地质力学特征如何影响垂直水力裂缝的发育。

本章第一节详细定义了相对应力大小，并给出了美国不同地区的应力方向和相对应力大小，这些地区目前是正在生产油气的非常规储层。通过结合应力方向和相对应力大小数据，绘制了新一代得克萨斯州、俄克拉何马州和新墨西哥州东南部的应力图，以及详细讨论了二叠（Permian）盆地和沃斯堡（Fort Worth）盆地应力状态。还提供了美国东北部阿巴拉契亚（Appalachian）盆地的一部分的详细内容，那里 Marcellus 组和 Utica 组页岩区带正在被开发。第二节将回顾如何测量应力方向和应力大小。第三节回顾了美国和加拿大一些活跃区块的孔隙压力、如何测量孔隙压力和孔隙压力与应力大小之间的关系。第四节首先讨论了非常规储层中相对较小的裂缝和小断层。如第一章所述，伴随水力压裂的微地震事件与先存小裂缝（约 1m 尺度）有关，这些裂缝是由水力裂缝中泄漏的高流体压力引起的滑移。这一过程将在第十章中详细讨论，因为通过建立一个相互连通的可渗透的裂缝网络（将在第十二章中进一步讨论）对生产至关重要。然后讨论了更大规模的断层（约千米级尺度）的结构，并讨论了它们如何以多种重要方式影响水力压裂过程。最后讨论了如何利用三维地震资料绘制储层裂缝图，以及人们经常混淆的是裂缝还是应力控制了水平方向速度的各向异性。

第一节　美国非常规储层的应力状态

一、相对应力大小

在本节的第一部分中，扩展了经典的 Anderson（1951）断裂理论，该理论定义了相对主应力大小与其方向（σ_V、σ_{Hmax} 和 σ_{hmin}）之间的关系，以及当前活动断层（正断层、走滑断层和逆断层）的样式和方向。在经典公式中，Anderson 定义的应力与断层之间的关键关系仅涉及岩体中可能在当前应力场中活动的裂缝和断层。换言之，今天在岩体中观察到的裂缝和断层（可能具有广泛的方位）是在很长的地质时间内多期形成的［大多数非常规地层的年龄范围从早古生代到中生代中期（400—100Ma）]。因此，没有显示图 7.1 中可能出现的所有断层，也没有考虑裂缝和断层是如何形成的。相反，将在下面讨论（并在本书中考虑）岩体中的先存裂缝在当前应力场中作为断层在剪切中被激活以致滑动，尤其是在水力压裂过程中被激发滑动。

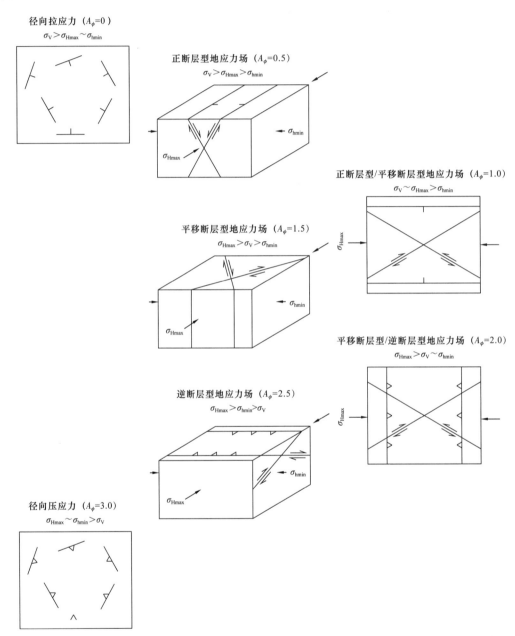

图 7.1　扩展的安德森断层理论（据 Anderson，1951），其中引入了中间应力状态和极限应力状态（据 Simpson，1997）

给每个应力状态指定一个数值

图 7.1 显示了三种常见的 Anderson 断裂机制。在正断层应力状态下，覆盖层为最大主应力（$\sigma_V > \sigma_{Hmax} > \sigma_{hmin}$），活断层陡倾（约 60°），走向近平行于 σ_{Hmax}。在走滑断层作用

下，覆盖层为中主应力（$\sigma_{Hmax} > \sigma_V > \sigma_{hmin}$），活动断层呈近垂直状，从 σ_{Hmax} 向任意方向走行约 30°。最后，在逆断层的挤压应力状态下，走向近平行于 σ_{hmin} 的中等倾角（约 30°）断层将活跃。

虽然这个简单的公式对理解一般断层类型非常有用，但它并不能解释所有可能的断层类型。为了将 Anderson 断裂理论推广到所有应力条件，首先介绍了两种中间（或过渡）应力和断层情况（图 7.1 右）：正断层和走滑断层同时活动（$\sigma_V \approx \sigma_{Hmax} > \sigma_{hmin}$）、走滑和逆断层同时活动的情况（$\sigma_{Hmax} \approx \sigma_{hmin} > \sigma_V$）。这两种应力状态在非常规储层中相当普遍。还有两种应力极限状态（图 7.1 左），一种是在任何走向的陡倾断层（约 60°）上发生正断层（$\sigma_V > \sigma_{Hmax} \approx \sigma_{hmin}$），另一种是在任何走向的中倾断层（约 30°）上发生逆断层（$\sigma_{Hmax} \approx \sigma_{hmin} > \sigma_V$）。两者都是相对罕见的应力状态，但遗憾的是，前者（非常弱的水平应力各向异性）有时被（错误地）认为是许多非常规储层的特征。

为了在图中表示三个主应力（σ_V、σ_{Hmax} 和 σ_{hmin}）的相对大小，使用 Simpson（1997）定义的参数 A_ϕ，该参数使用一个简单的插值方便地描述主应力大小之间的比值，该值平滑地从 0（最可能的伸展应力状态）到 3（最可能的挤压应力状态）。图 7.1 中所示的对应于七种应力状态的 A_ϕ 值如下所示：

$$A_\phi = (n + 0.5) + (-1)^n (\phi - 0.5) \tag{7.1}$$

式中

$$\phi = \frac{\sigma_2 - \sigma_3}{\sigma_1 - \sigma_3} \tag{7.2}$$

其中，σ_1、σ_2、σ_3 分别为最大主应力、中间主应力和最小主应力。正断层为 n 为 0（$\sigma_V = \sigma_1$，$\sigma_{Hmax} = \sigma_2$，$\sigma_{hmin} = \sigma_3$）的情况，走滑断层为 n 为 1 的情况（$\sigma_V = \sigma_2$，$\sigma_{Hmax} = \sigma_1$，$\sigma_{hmin} = \sigma_3$），逆断层为 n 为 2 的情况（$\sigma_V = \sigma_3$，$\sigma_{Hmax} = \sigma_1$，$\sigma_{hmin} = \sigma_3$）。请注意，随着主应力之间的比率变化，所有应力状态之间的 A_ϕ 平滑变化。

二、新一代应力图和质量标准

美国中南部应力图（Lund Snee 和 Zoback，2018a）和本章后文显示了最大水平应力的方向 σ_{Hmax} 以及相对应力大小比值，后者使用了上述定义的 A_ϕ 参数。虽然只提供美国非常规油气区块的应力方向和相对震级较大的地区的数据，但希望在世界其他地区工作的研究人员也能采用本书定义的方法。

确定应力方向的方法是众所周知的，下面简要回顾。1～5km 深处的井眼应力测量值通常与来自较浅深度的最近地质应力指标的测量值一致，也与从较大深度的震源平面机制获得的应力值一致，如上所述，这一事实为绘制全面的区域应力图提供了基础（Zoback 和 Zoback，1980；Zoback，1992a）。利用井眼失效观测确定应力方向的一个重要步骤是建立严格的质量标准。每种类型应力指示器的质量见表 7.1（Lund Snee 和 Zoback，2018a）。

质量标准最初由 Zoback 和 Zoback（1991）制订，但后来扩展到包括更多的应力指标，并由 Zoback（1992a）应用于绘制第一张世界应力图，后来应用并适应了如下所示的区域应力图项目。这些更新的标准与世界应力图项目采用的标准相似（http：//dc-app3-14.gfz-potsdam.de/pub/introduction/introduction_frame.html）。表 7.1 中的标准不包括作为可靠指标的单一重点机制解决办法，因为这类数据没有提供足够的限制。当一个区域没有其他可用的数据时，考虑由单一的、约束良好的震源平面机制指示的近似应力方向是有帮助的。

美国中南部显示出相对一致的应力方向和相对大小的区域，如二叠盆地东部（Midland 盆地），其特征是大致为东西向挤压（有一些细微变化），以及一致的走滑断层到正断层/走滑断层应力场。尽管发生在俄克拉何马州西南部 Meers 断层上的大型史前地震表明了走滑断层和逆断层运动（Crone 和 Luza，1990），但得克萨斯州北部狭长地带和俄克拉何马州大部分地区具有类似的应力状态。与 Midland 盆地形成鲜明对比的是，Rio Grande 裂谷和得克萨斯湾海岸（Eagle Ford 区块所在地）的伸展特征为 σ_{Hmax} 方向平行于每个区域的活动正断层（图 7.1）。得克萨斯州中部的应力状态显示出从 Midland 盆地的近似于东西向挤压到沃斯堡盆地的北东—南西向挤压逐渐向北东旋转。有趣的是，在俄克拉何马州东南部，σ_{Hmax} 方向似乎又变为东西向。

表 7.1　本书使用的是质量控制标准（据 Lund Snee 和 Zoback，2018a）

应力指示[*]		A	B	C
钻孔引起的拉伸断裂		单井中十条或十条以上明显的拉伸裂缝，标准偏差（sd）≤12°，最高和最低观测值至少相隔 300m	单井至少有六条明显的拉伸裂缝，sd≤20°，最高和最低观测值至少相隔 100m	单井至少有四条明显的拉伸裂缝，sd≤25°，最高和最低观测值至少相隔 30m
震源机制反转	方向	形式反转≥35 合理约束的震源机制，导致 sd≤12° 的应力方向	形式反转≥25 合理约束的震源机制，导致 sd≤20° 的应力方向	形式反转≥20 合理约束的震源机制，导致 sd≤25° 的应力方向
	相对震级	形式反转≥35 合理约束的震源机制，导致 sd≤0.05 的 ϕ 值	形式反转≥25 合理约束的震源机制，导致 sd≤0.1 的 ϕ 值	形式反转≥20 合理约束的震源机制，导致 sd≤0.2 的 ϕ 值
井筒破裂		单井内有十个或十个以上的漏失带（两个或两个以上近距离井内的漏失带）（sd≤12°），最高或最低观测值至少相隔 300m	单井内至少有六个不同的漏失带（sd≤20°），最高和最低观测值至少相隔 100m	单井内至少有四个不同的漏失带（sd≤25°），最高和最低观测值至少间隔 30m
沿水力裂缝的显微断裂排列		十二个或十二个以上与 HF 阶段相关的明显线性区域（sd≤12°）	八个或八个以上与 HF 阶段相关的明显线性区域（sd≤20°）	六个或六个以上与 HF 阶段相关的明显线性区域（sd≤25°）
正交偶极子测井的剪切速度各向异性[**]		各向异性≥2% 存在于一致的方位角，最高和最低观测值至少相隔 300m，快速方位角≤12°	各向异性≥2% 存在于一致的方位角，最高和最低观测值至少相隔 100m，快速方位角≤20°	各向异性≥2% 存在于一致的方位角，最高和最低观测值至少相隔 30m，快速方位角≤25°

　　[*] 最浅的测量深度至少有 100m，且足够深，使测量不受地形影响；

　　[**] 除了各向异性≥2% 外，理想情况下，测量应使快剪切波和慢剪切波之间的能量差≥50%，最小能量≥15%。

如第一章所述，二叠盆地在未来几年很可能是一个非常可观的非常规油气开发地区。除了最大水平应力方向和相对应力量级数据外，还显示了地震震中和震源平面机制（见第九章讨论），以及该地区的一些区域地质构造特征。注意，Central 盆地地台的应力状态与上述 Midland 盆地的应力状态非常相似。与这些地区的均匀应力场形成鲜明对比的是，Delaware 盆地应力场具有局部相干性，但在整个盆地内，从北向南沿顺时针方向旋转约 150°。在新墨西哥州 Lea 县西部，σ_{Hmax} 近似于南北向（与 Rio Grande 裂谷的应力状态一致），但在新墨西哥州 Lea 县南部旋转至近似于北东东—南西西向。σ_{Hmax} 继续在 Delaware 盆地顺时针向南旋转，在 Pecos 县西部、Val Verde 盆地最西端和墨西哥北部变为东经 155°（Suter，1991；Lund Snee 和 Zoback，2018b）。在西北大陆架上，A_ϕ 从北部 Eddy 县的约 0.5（正断层）到更东部的约 0.9（正断层和走滑断层）不等。σ_{Hmax} 在西北大陆架也有显著的自转，从西北 Eddy 县的近似于南北向到北部 Lea 和 Yoakum 县的近似于南东东—北西西向。

虽然 Delaware 盆地水平主应力逐渐旋转的地质原因尚不清楚，但该类地图对确定井轨迹和识别潜在活动断层非常有用，在注入水力压裂返排液或采出水时应避免这些活动断层（见第十四章）。值得注意的是，这种应力旋转发生在相对较低值（表示水平应力之间的相对较小差异）和较高孔隙压力的区域。如下文所述，这减少了主应力大小的差异，使得相对较小的应力扰动有可能引起应力方向的显著变化（Moos 和 Zoback，1993）。

沃斯堡盆地是一个应力方向和震级相对一致的区域（Hennings 等，2019）。在整个盆地中可以看到北东—南西方向的 σ_{Hmax} 以及走滑断层／正断层应力状态——尽管在 Wichita 瀑布附近、红河附近和达拉斯和沃斯堡附近，应力略表现为压缩应力，但走滑断层／正断层状态基本上在盆地内的任何地方 A_ϕ 值都约为 1.0。本书前面已经讨论了几个案例研究，涉及盆地中东部 Barnett 组页岩的生产和 Barnett 组岩心样品。研究还显示该地区最近发生的地震可能是由注入废水引起的，第十三章和第十四章将对此进行讨论。一系列正断层走向与最大水平应力方向近平行，在一些地区，震源平面机制通常指示具有类似方向的滑动面。

Alt 和 Zoback（2017）、Lund Snee 和 Zoback（2016，2018a）在俄克拉何马州的大部分地区，σ_{Hmax} 的一致方位为 N80°~90°E。这一相当均匀的应力场似乎向西延伸至得克萨斯州狭长地带，并在俄克拉何马州东南部 Ardmore 盆地东北部可见（Lund Snee 和 Zoback，2016）。在俄克拉何马州南部，与该均匀应力场存在明显偏差，σ_{Hmax} 逆时针方向向南旋转，最终在靠近得克萨斯州边界的 Ardmore 盆地南部达到 N50°E。Lawton 附近也存在类似的逆时针应力旋转，那里的 Meers 断层似乎产生了 7 级地震（Crone 和 Luza，1990）。俄克拉何马州中北部大部分地区具有近似于东西向挤压和走滑断层应力场的特征（McNamara 等，2015）。俄克拉何马州中北部的应力状态将在本章后面进行更详细的讨论，将井筒应力测量值与根据震源平面机制确定的应力测量值进行了比较。第十三章和第十四章还讨论了该州这一地区的应力场，这两章回顾了该地区相对强烈的地震活动，这是由于在短短几年内处理了数十亿桶的采出水而造成的。

在俄克拉何马州的大部分地区，最大水平主应力 σ_{Hmax} 的一致 N80°～90°E 方向。这种均匀的应力场似乎向西延伸到得克萨斯州的狭长地带，在俄克拉何马州东南部 Ardmore 东北部可以看到（Lund Snee 和 Zoback，2018a）。在俄克拉何马州南部，与该均匀场有明显的偏差，σ_{Hmax} 方位角逆时针旋转，最终在靠近得克萨斯州边界的 Ardmore 南部达到 N50°E 的方位。在 Lawton 附近也有类似的逆时针应力旋转，如上所述，这里的 Meers 断层似乎产生了 7 级地震。3m 断层陡坎（可能形成于单一滑动事件中）表明 1100—1400 年前发生了一次斜向逆断层 / 走滑断层地震（Crone 和 Luza，1990）。从那里向南和向东，应力场的压缩应力变小。与二叠盆地一样，这些应力方向和相对大小的区域变化将影响 Scoop 和 Stack 等非常规油气资源的开发。

Hurd 和 Zoback（2012a）、Lund Snee 和 Zoback（2018a）说明了 Antrim、New Albany、Utica 和 Marcellus 区块区域的压力状态。这些区块附近的应力状态（主要是走滑断层到走滑断层 / 逆断层）比上述区域的应力状态更具压缩性，而且从美国中部到北部和东部，应力状态通常变得更具挤压性。这是 Zoback 和 Zoback（1980）根据初始的数据分析得出的。虽然该地区大多数非常规油气开发发生在以走滑断层为特征的地区，但西弗吉尼亚州和宾夕法尼亚州中部和东部地区同时具有走滑和逆断层作用。

第二节　测量应力方向和大小

一、井眼破裂观察

前文显示的应力方向数据主要来自利用钻井引起的拉伸裂缝、应力引起的井筒破裂和垂直井中的交叉偶极子声波测井的观测。图 7.2 说明了利用漏失和钻井引起的拉伸裂缝确定垂直井筒中水平主应力方向的基本方面。Zoback（2007）讨论了垂直井和斜井中井眼失效的发生方式和原因，以及井筒破裂与应力方向和应力大小的关系。如下所述，对压缩破坏（破裂）和 / 或钻井引起的拉伸断裂的观察使人们能够对应力大小施加限制。

在确定应力方向的情况下，井筒表面垂直井周围的应力集中在 90° 至 σ_{Hmax} 处产生一个压缩性强环向应力（$\sigma_{\theta\theta}$，与井筒壁平行）的区域，即远场最大水平压应力方向（图 7.2a）。如果应力集中超过岩石强度，则会形成一个沿 σ_{hmin} 方向放大井的突围。只要失效区不过大（即漏失量不太大），其发生不会影响井筒稳定性，在钻井过程中可能会不被注意。首先利用四臂井径数据研究了破裂，在这种情况下，需要避免因应力引起的漏失而误解井壁（称为关键座）的机械侵蚀。图 7.2（b）显示了一个井段的横截面，该段井的截面通过超声波扫描装置的分析而发现漏失。如图所示，突破发生在井眼周长的有限跨度上，在 σ_{hmin} 方位距 180° 处。如井筒壁的未展开视图如图 7.2（c）所示，破裂在井两侧出现暗带，超声波脉冲的反射振幅因破裂而严重衰减。

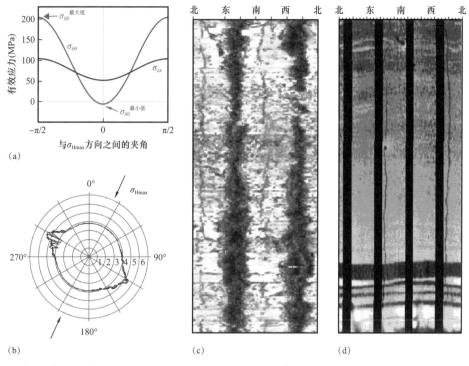

图 7.2 垂直井周围的应力集中可能导致应力诱导的井筒破裂 [（b）、（c）] 和钻井诱导的拉伸裂缝方式的说明 [（c）、（d）]（据 Zoback，2007）

如图 7.2（a）所示，当两个水平应力之间存在显著差异时，环向应力可在井筒壁处发生拉伸。由于岩石的抗拉强度极低，这可能导致在 σ_{Hmax} 方位的井壁两侧轴向形成钻井诱导的拉伸裂缝。由于这些裂缝只发生在井壁上，它们也不会影响钻井，而且在没有成像测井的情况下也不会被注意到。如图 7.2（d）所示，使用电成像工具观察钻井诱导的拉伸裂缝是最好的方法。没有根本原因可以解释为什么漏失和钻井诱导拉伸裂缝不能在井筒中同时形成，如图 7.2（c）所示。注意，轴向钻孔引起的拉伸断裂与断裂呈 90° 夹角。

二、从地震中获得应力方向和相对量级

地震学的一个重要领域是从地震辐射能量中研究地震震源平面机制。关于这一主题有很多好的参考文献（Aki 和 Richards，2002；Stein 和 Wysession，2003），本节只是简单地概述一些震源平面机制的基本原理，因为它们涉及理解如何利用地震来约束应力方向和断层样式。地震学应用于非常规储层水力压裂相关的微地震事件，将在第九章进行更详细的讨论。

简单地说，辐射地震能量允许定义两个正交平面。一个是断层面，一个是辅助面。如果没有其他信息，如震源的排列、应力场或地震与已知断层的关联，就无法确定这两个平面中的哪一个是断层面。挤压和伸展象限由这些平面定义以表明断层滑动产生的应变是挤压的还是伸展的。传统上，这些都是根据从断层到地震台的纵波的极性来定义的，尽管现在通常使用更复杂的技术，这些技术在第九章中有所提及。

在下半球赤平投影中呈现震源平面机制是标准的，如图 7.3 所示。图中所示的这些简化且明确的震源平面机制假设 σ_{Hmax} 方向大致为南北向。聚焦球的扩张象限如图 7.3 中的白色所示，压缩象限为黑色。这些"沙滩球"的外观特征使很容易将特定的震源平面机制与图 7.1 所示的断层方向和相对应力状态联系起来。例如，图 7.1 中图所示的正断层、走滑断层和逆断层的简单情况对应于图 7.3 所示的顶部、中部和底部震源平面机制。对于正断层作用，发震断层呈南北走向，向东和 / 或西陡倾，扩张象限位于震源平面机制的中心。如果一个区域内只出现正断层机制，则表明 A_ϕ 值约为 0.5。对于走滑断层，引发地震的断层走向为北东—西南或北西—南东向，并垂直倾斜。压缩和扩张象限的对称模式如图 7.3 所示。如果一个区域内只发生走滑断层机制，则表明 A_ϕ 值约为 1.5。逆断层地震预计将发生在相对较浅的东西走向的平面上，这些平面倾向于向北和 / 或向南倾斜。压缩象限位于震源的中心，如果一个地区只发生逆断层地震，则 A_ϕ 值约为 2.5。图 7.3 所示断层上的开点表示每个相关平面上的滑移矢量。事实证明，一个平面的滑移矢量就是另一个平面的极点。

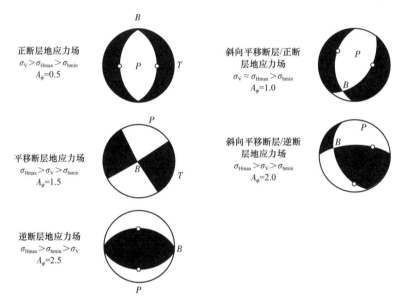

图 7.3　与图 7.1 定义的应力状态相关的广义震源平面机制（省略了 A_ϕ=0 和 A_ϕ=3.0 的罕见情况）（据 Stein 和 Wysession，2013，有修改）

这些震源机制的方向与南北向的 σ_{Hmax} 方向一致，显示了 P、T、B 轴及每个平面上的滑动矢量（小圆）

实际地震在几个方面更为复杂。首先，如果一个区域内的一组震源平面机制同时指示走滑断层和正断层作用，则它们定义了图 7.1 中所示的过渡应力状态，其 A_ϕ 值约为 1.0。相应地，如果同时观察到走滑断层和逆断层作用机制，这将定义图 7.1 中所示的过渡应力状态，其 A_ϕ 值约为 2.0。如果应力张量从纯水平面和垂直面倾斜，和 / 或根据库仑断裂准则，一个区域内的一个重要断层与主应力不完全一致，断层上可能出现走滑和倾滑运动的组合，如图 7.3 第二列第一个和第二个所示斜滑动。

根据定义，P 轴（或纵轴）平分扩张象限，T 轴（或伸展轴）平分压缩象限，B 轴（有时称为中性轴或中间轴）与 P 和 T 正交。图 7.3 所示的五种震源平面机制示意图说明了这一点。然而，定向断层与主应力之间的确切关系在第四章中有详细解释。回顾摩擦系数定义了主应力方向和断层方向之间的角度关系，可以在图 7.3 中看到为什么震源平面机制近似，但不能准确定义这些关系。如果你认为自己确定哪个节点面是断层面，并且假设摩擦系数约为 0.6 适用于所讨论的断层，那么假设就 σ_{Hmax} 基于断层法线为 60°（而不是 45°）。但是，如果这些假设中有一个是错误的，那么假设的应力方向将错了。

为了更好地利用震源平面机制来确定应力场，通常在给定区域内反转一系列震源平面机制，以找到最适合的应力场。这项技术产生了三个主应力的方向以及由参数 ϕ［式（7.2）］定义的应力相对大小或相当于 R，其中 $R=1-\phi$。在过去的 30 年里，人们提出了许多从震源机制确定构造应力的方法（Maury 等，2013）。最常用的方法是在 25 年前提出来的（Michael，1984；Gephart 和 Forsyth，1984；Angelier，1990），其他学者对其进行了改进和扩展（Arnold 和 Townend，2007；Lund 和 Townend，2007；Maury 等，2013；Vavryčuk，2014；Martínez Garzón 等，2016）。这些方法假设地震发生的岩石体积中的构造应力是均匀的，并且地震发生在具有不同方向的先存断层上。该技术基于 Wallace–Bott 假说（Wallace，1951；Bott，1959）：断层上的滑动总是发生在最大切应力方向上。因此，反演试图找到一个最佳拟合的应力张量（ϕ 值或 R 值）与震源平面机制中观察到的最匹配。表 7.1 描述了使用震源平面机制反演确定应力方向和 ϕ 的质量排名程序。

在进行压力反转时，存在着相互竞争的优先权。例如，人们想分析尽可能小体积岩石中的应力状态，以获得应力场（以及可能的应力变化）的最详细图像。然而，重要的是要有足够数量的受良好约束的、多种多样的平面机制来精确地约束反演。同样重要的是要有可靠的标准来评估反演的准确性。这些问题在上面引用的文献（以及其他许多论文）中都有论述。在不深入探究细节的情况下，可以从图 7.4、图 7.5 中获得对该技术有用性的直观理解，图 7.4、图 7.5 显示了与本书所述主题相关的三种震源平面机制反转应用。

Alt 和 Zoback（2017）由井眼指示器确定的 σ_{Hmax} 方向（直线，主要来自电成像测井中观察到的钻井诱导拉伸裂缝）与根据震源机制反演（大的向内箭头）确定的 σ_{Hmax} 方向非常匹配。这一点尤其重要，因为几乎所有的井眼数据都来自沉积剖面的上部约 2.5km，而震源平面机制大多来自结晶基底的 4～6km 深度。

图 7.4 显示了获得的焦点机制反转［来自 Walsh 和 Zoback（2016）的补充材料］。为了说明问题，当更多的震源机制可用时，反转作为时间的函数被重复。请注意，一旦在反演中使用了 20～25 个震源机制（红线），反演将产生稳定且约束良好的应力方向和 ϕ 的结果。注意应力方向与井筒数据（洋红色虚线）的匹配程度。对于获得可靠的应力反转所需的机制数量，其他研究者也得出了类似的结论。反演结果中显示的不确定性是通过在每个时间步对可用的震源平面机制进行引导获得的。这涉及通过使用替换从可用机制中重新采样来反复重新计算结果。每个重采样迭代中的样本大小与该时间步的可用震源机制数量相同，这意味着某些机制将被多次采样，而其他机制在每次重复中根本不会被采样。

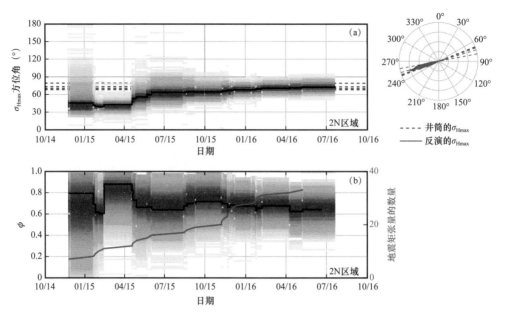

图 7.4　2N 区域发生的很多地震随时间反演的震源机制结果（据 Walsh 和 Zoback，2016，有修改），黑色表示确定性反演结果，蓝黄色表示随时间变化自动统计结果的密度，紫红色虚线显示了 2N 区井筒测量的 σ_{Hmax} 方位角，反演收敛以匹配井筒测量，玫瑰图还显示了来自最终自动统计结果的最终 σ_{Hmax} 方位角（蓝色），井筒测量如紫红色虚线所示（a）；红线表示反演中使用的作为时间函数的震源平面机制的数量，黑线表示通过自动统计的反演确定的 ϕ 值（b）

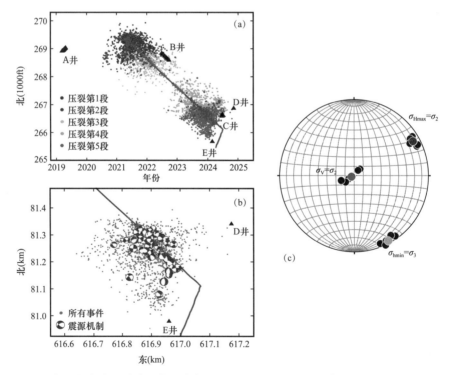

图 7.5　Barnett 页岩五个水力压裂阶段较大事件的震源平面机制（a）；第 5 阶段的震源平面机制（以及所有事件）（b）；所有五个阶段（黑点）的震源平面机制反演对三个主应力给出了基本相同的结果。彩色点表示所有应力反演的平均值（c）（据 Kuang 等，2017）

图 7.5 显示了该方法在 Barnett 组页岩微地震数据集上的应用（Kuang 等，2017），将在第九章和第十二章中详细讨论。沿井有五个水力压裂阶段，每个阶段由图中所示五个井筒中的两口井眼中进行监测，这取决于监测井与该阶段的接近程度。震源平面机制是使用第九章中回顾的一种新技术来计算最佳记录事件［图 7.5（b）所示为第 5 阶段，并记录在监测井 D 和 E 中］。分别对这五个阶段的独立震源平面机制进行了反演。注意，在图 7.5（c）中，五个反转产生了基本相同的应力场。此外，正如 Kuang 等（2017）所讨论的那样，震源机制反演确定的应力方向和 ϕ 值均与根据井筒数据确定的应力方向一致。

准垂直井中的交叉偶极子声波测井数据可用于确定应力方向（表 7.1）。在几乎水平的沉积岩中，水平面上的横波各向异性（剪切波向快和慢方向的极化）可能是由于两个主要机制造成的：（1）宏观裂缝，由于两个水平主应力的大小存在明显差异，宏观裂缝优先在 σ_{Hmax} 方向上闭合；（2）由近平行宏观断裂和断层排列引起的构造各向异性。在第一种情况下，快速剪切方向平行于 σ_{Hmax}；在第二种情况下，快速剪切方向平行于结构组构的走向。剪切速度各向异性通常采用横观各向同性（Maxwell 等，2002）对称性进行建模，如第二章所述，其中剪切波极化平行并垂直于地层对称轴的平面（Thomsen，1986）。当层理面为亚水平且定向裂缝不太可能影响横波的极化时，垂直井中的交叉偶极子声波测井已被工业界用来从快剪切极化方向确定 σ_{Hmax} 方位。由于产生横波速度各向异性的两种机制可能导致结果不均匀，因此操作员必须遵循表 7.1 中列出的标准，该标准是 Boness 和 Zoback（2006）提出。

获得图 7.5（以及表 7.1 所述）中使用的 σ_{Hmax} 方位的最终方法是测量与多级水力压裂作业相关的微地震事件的清晰线理的方向。图 7.6 显示了 Eagle Ford 组中四口平行井中两个的结果，这些井是在假定的最小主应力方向 σ_{hmin} 钻取的。使用密集表面地震仪阵列来监测与水力压裂阶段相关的微地震事件。如图所示，水力裂缝几乎垂直于井路径传播（如预期）。两口井的结果表明，应力方向和不确定性相似。总体而言，四口井中 48 个明确定义的微地震事件线理的结果表明，σ_{Hmax} 的平均方位为 N64.5°E，标准偏差为 5.7°。表 7.1 还列出了这些类型数据的质量排名系统。

三、最小主应力和孔隙压力量级的测量

自 Hubbert 和 Willis（1957）提出令人信服的物理论据以来，水力裂缝将始终垂直于最小主应力 σ_3 的传播方向（见图 8.9、图 8.10），人们已经广泛认识到，最小主应力的大小（通常为 σ_{hmin}）可以使用水力压裂法确定。在 σ_3 等于 σ_{hmin} 的走滑断层和正断层环境中，水力裂缝将在垂直于 σ_{hmin}（并平行于 σ_{Hmax}）的垂直平面上扩展。在 σ_3 等于 σ_V 的逆断层环境中，水力裂缝将在水平面上扩展。

为此，水力压裂试验有各种类型。在经典的水力压裂应力测量中，由封隔器隔离的无套管井眼中的有限层段，或套管井中的射孔段，都是以一种小心控制的方式加压的。低黏度流体（通常是水）以低且恒定的流速注入（约 2L/min 或 0.1bbl/min 或更低）使裂缝远

离井筒。由于黏性压力损失引起的与摩擦相关的任何压力都会消散，因此，在突然停止流入油井后的水力压裂应力测量中，从瞬时关井压力（ISIP）中获得最小主应力（Haimson和Fairhurst，1967）。在延长的漏失试验过程中，类似的程序是在套管胶结到位后，对井尾钻取的短裸眼井段进行加压（Gaarenstroom等，1993；Zoback，2007）。

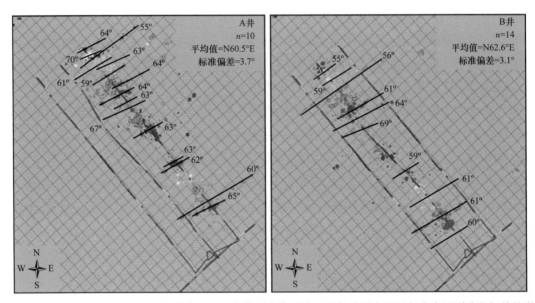

图 7.6　在 Eagle Ford 组四口平行井中的两口中使用密集地表地震仪阵列来监测与水力压裂阶段相关的微震事件

水力裂缝几乎垂直于井道传播（如预期那样）。四口井中 48 条定义明确的微震事件轮廓产生的 σ_{Hmax} 平均方向为 N64.5°E，标准偏差为 5.7°（数据由 XTO 和 Microseismic 股份有限公司提供）

目前正在低渗透非常规地层中开展裂缝注入诊断试验（DFIT），以估算最小主应力大小、地层孔隙压力等参数。在 DFIT 期间，在微型压裂试验，在井端有限裸眼井段以相对较低的注入速率（通常为 1～5bbl/min）将少量水注入储层。水力压裂从井筒开始并扩展几分钟，之后关闭油井并对压力进行长时间监控（Cramer 和 Nguyen，2013；Araujo 等，2014）。图 7.7（a）显示了 DFIT 测试的示意图。DFIT 和小型压裂测试之间的主要区别是在关井后长时间监测压力。

尽管常规储层孔隙压力测量技术已经成熟，但由于非常规储层渗透率极低，直接测量孔隙压力可能具有挑战性。如图 7.7 所示，在水力裂缝闭合后很长一段时间内，DFIT 期间测得的长期平衡压力可用于估算孔隙压力，因为在关井井中测得的压力将逐渐衰减到接近地层孔隙压力的值。在足够的时间后，利用 $t^{-1/2}$ 分析应得出合理的孔隙压力估计值（Nolte，1979）。越来越多的文献阐述了如何将各种试井技术应用于 DFIT 测试解释，以确定孔隙压力、渗透率和其他滤失参数。然而，由于非常规储层的极低渗透性和非均质性，围绕 DFIT 测试解释以确定 σ_{hmin} 震级存在争议（Craig 等，2017；McClure，2017）。Barree 等（2007）回顾了使用 $t^{-1/2}$ 和 G 函数法（Nolte，1979）确定裂缝闭合压力（FCP）的方法，如图 7.7（c）、（d）所示。图 7.7（d）显示了 $t^{-1/2}$ 方法，其中线性趋势有助于解释裂缝闭合。

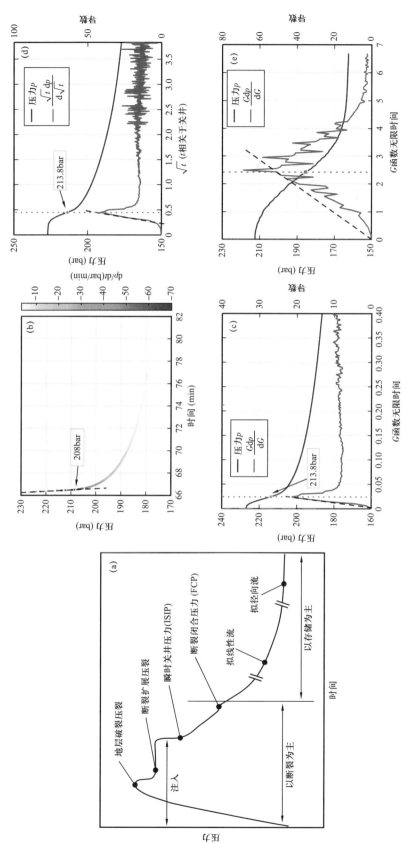

图 7.7 DFIT 测试显示注入停止时的关井压力（a）；关井后使用切线测量的 ISIP（b）；使用具有线性趋势的 G 函数 FCP(c)；时间平方根与裂缝闭合压力（FCP）关系（d）；无线性趋势的 G 函数的 FCP（e）

对于 G 函数法，当压力相对于无量纲 G 函数时间的半对数导数首次偏离线性趋势时，选择 FCP（图 7.7c）。在理想情况下，线性趋势应该从原点开始，但由于选择关闭点的不确定性，趋势有时从稍高的值开始。注意，由 $t^{1/2}$ 和 G 函数方法确定的 FSP 是相同的。在某些情况下，G 函数法从原点显示出不可理解的非线性趋势（图 7.7f）。

在小型压裂测试中，解释 DFIT 数据时，应使用瞬时关井压力来确定 σ_{hmin} 的大小，如图 7.7（b）所示。换句话说，当将有限量的水泵入水力裂缝时，一旦泵送停止，裂缝将立即尝试关闭被困流体（Haimson 和 Fairhurst，1967）。Jung 等（2016）和 McClure（2017）质疑使用 G 函数法确定最小主应力的大小。基于水力裂缝扩展的数值模拟，两项研究都认为图 7.7（c）所示的方法有时会严重低估最小主应力的大小。这一点的一个重要含义是表明水力压裂净压力（泵送压力和最小主应力之间的差值）被严重高估。因此，通常假设水压在几百磅 / 平方英寸范围内，而不是几千磅 / 平方英寸。

除了 Jung 等（2016）和 McClure（2017）的论点，利用 DFIT 和小型压裂测试的瞬时关井压力获得最小主应力估计值有两个原因。首先，它给出了物理上合理的数字。在出现水平水力裂缝扩展的情况下（即 $\sigma_{Hmax} > \sigma_{hmin} > \sigma_V$），瞬时关井压力产生的最小主应力值非常接近覆盖层垂直应力 σ_V。如果将显著低于瞬时关井压力的闭合压力作为最小主应力的值，则即使在独立信息表明存在水平水力裂缝的情况下，该 σ_3 也不是垂直应力（Alalli 和 Zoback，2018）。在其他情况下，σ_V 不是最小主应力，根据摩擦断层理论，正常断层环境预期的最小主应力值产生接近瞬时关井压力的值（Zoback，2007）。其次，DFIT 测试中的物理情况与小型压裂或扩展泄漏测试非常相似。换言之，相对较小的水力裂缝通过泵送相对少量的水从井内传播。没有理由不让裂缝在泵送停止后立即闭合。在最近的一项专利研究中，σ_{hmin} 是根据 40 口独立井的 110 次延长漏失和小型压裂试验确定的。每次测试的数据质量都是可变的，在某种程度上取决于油井操作员是否能够在测试期间保持恒定的注入速率。在超过一半的试验中，从瞬时关井压力获得的值在使用其他技术确定的 1MPa（约 150psi）范围内。在 110 次试验中，90 次试验的 σ_{hmin} 值在 2MPa（约 300psi）范围内。

常规储层在使用黏性凝胶和支撑剂进行水力压裂时，在泵送停止时裂缝不会立即闭合。因此，不应将瞬时关井压力值视为最小主应力。然而，在小规模水力裂缝中，如非常规油藏中的双井测试技术所产生的裂缝，瞬时关井压力应能产生可靠的最小主应力值。事实上，即使在非常规油气井增产措施过程中使用凝胶作为压裂液，在水力压裂作业结束时也会泵送干净的水尾，这样一旦泵送结束，井眼附近的裂缝闭合就不会受到阻碍。因此，在这些条件下获得的瞬时关井压力值应提供最小主应力的合理估计。

四、限制最大水平主应力的量级

也许令人惊讶的是，限制 σ_{Hmax} 值以解决与非常规油气开发相关的地质力学问题的重要性几乎不如 Zoback（2007）所讨论的常规油气开发的重要性。原因如下：首先，非常规储层相对强度较高（见第三章）且深度较浅使得井眼稳定性很少出现问题，尤其是水平

井通常是在 σ_{hmin} 方向钻取的，从而最大限度地降低了井眼周围的压应力集中。由于过度的欠平衡或由于滑入先存薄弱面如裂缝或层理，在某些地层中可能发生不稳定性。在这些情况下，可能仍然需要进行井筒稳定性分析，以选择合适的钻井液密度（Zoback，2007）。其次，黏塑性应力松弛（见第三章和第十章）、富黏土地层中相对较低的摩擦强度（见第四章）以及较高的孔隙压力降低了非常规储层的整体应力各向异性。最后，在非常规储层中，获得 σ_{Hmax} 值不那么重要的第三个原因是，虽然应力方向和 σ_{hmin} 的大小对理解水力裂缝的增长至关重要，但与 σ_{Hmax} 的量级基本上是无关的。事实证明，知道 σ_{Hmax} 的相对量级（无论与 σ_V 大小关系如何）通常就足够了，如 A_ϕ 参数所示。

由于岩石的摩擦强度有限，给定深度处的水平主应力的大小只能在某些值之间变化（Zoback，2007）。这就产生了三个简单的方程，它们根据孔隙压力和摩擦系数定义了最大和最小主应力之间的最大差异。

正断层：

$$\frac{\sigma_1}{\sigma_3} = \frac{\sigma_V - p_p}{\sigma_{hmin} - p_p} \leqslant \left[\left(\mu^2 + 1\right)^{1/2} + \mu\right]^2 \qquad (7.3)$$

走滑断层：

$$\frac{\sigma_1}{\sigma_3} = \frac{\sigma_{Hmax} - p_p}{\sigma_{hmin} - p_p} \leqslant \left[\left(\mu^2 + 1\right)^{1/2} + \mu\right]^2 \qquad (7.4)$$

逆冲断层：

$$\frac{\sigma_1}{\sigma_3} = \frac{\sigma_{Hmax} - p_p}{\sigma_V - p_p} \leqslant \left[\left(\mu^2 + 1\right)^{1/2} + \mu\right]^2 \qquad (7.5)$$

式（7.3）～式（7.5）中，μ 为摩擦系数；p_p 为孔隙压力。

根据 Zoback 等（1987）以及 Moos 和 Zoback（1990），这些界限可在图 7.8 中以图形方式描绘，显示给定深度、孔隙压力和摩擦系数的 σ_{hmin} 和 σ_{Hmax} 可能值的范围。根据定义，y 轴上的 σ_{Hmax} 必须大于 x 轴上的 σ_{hmin}，因此只允许定义 σ_{hmin} 等于 σ_{Hmax} 的线以上的值。此外，σ_V 由覆盖层的重量确定，且不发生变化。标记为 NF、SS 和 RF 的三个三角形区域分别定义了正断层、走滑断层和逆冲断层作用区域，如图 7.1 所示。图的外围代表由式（7.3）～式（7.5）预测的摩擦破坏平衡中的应力状态。在图 7.8 中，通过添加颜色来扩展原始应力多边形，该颜色由一个 A_ϕ 编码［如式（7.1）和式（7.2）所定义］。应力大小在图 7.8 中用梯度表示，因此它与深度无关。假设 σ_V 以 23MPa/km（1psi/ft）的速度增加，适用于沉积岩，并假设静水孔隙压力、摩擦系数为 0.6 和略高于孔隙压力的钻井液密度。根据 Moos 和 Zoback（1990），图 7.8 显示了与垂直井井筒破裂发展相关的应力大小。假设深度 2km 的岩石强度，标记为 20MPa 和 40MPa 的近水平线表示将需要导致突破宽度为 10°的 σ_{Hmax} 的大小（作为 σ_{hmin} 的函数）。对于与钻井诱导拉伸裂缝（DITF）发展相关的应力状态，也给出了一条线，假设其拉伸强度为零。正如 Zoback（2007）所讨论的那样，在垂直井钻井过程中，钻井诱导拉伸裂缝（DITF）发生的条件与 σ_{Hmax} 的极限震级受走滑断层作用控制时的条件几乎相同［式（7.4）］。然而，这包括走滑断层 / 正断层和走滑断层 / 逆冲断层。因此，如果知道最小主应力的大小和钻井液密度，钻井诱导拉伸裂缝的存在允许估计 σ_{Hmax} 的大小。

图 7.8 说明了在应力状态是压缩且岩石强度异常低的情况下，即使是较小的破裂也有望形成。假定深度为 2km，说明了 20MPa 和 40MPa（内摩擦系数为 1.0）的无侧限抗压强度（UCS）值。如第三章所示，地层的无侧限抗压强度值一般为 100～200MPa。由于岩石强度高、地层发育深度相对较浅，井眼稳定性对许多非常规储层的开发影响很小。

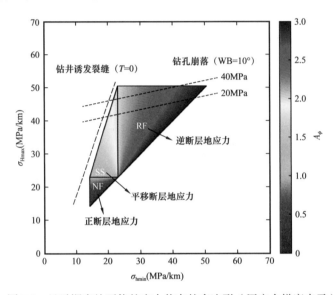

图 7.8　显示深度处可能的应力状态的多边形（用应力梯度表示）

标记为 20MPa 和 40MPa 的近水平线表示 σ_{Hmax} 的大小（以作为 σ_{hmin} 的函数），对于相应的岩石强度，引起宽度为 10° 的破裂所需的 σ_{Hmax} 大小。陡峭的对角线表示与井筒壁中拉伸裂缝起始相关的应力值。多边形内的颜色对应于式（7.1）和（式 7.2）中定义的 A_ϕ 值。WB=10° 时缺口的宽度，$T=0$ 表示抗拉强度，假定为 0

第三节　非常规储层孔隙压力

由于其在驱使流动中的核心作用，非常规地层中的深层孔隙压力对其生产力极为重要，这将在第十二章中进行总体说明。俄亥俄州、宾夕法尼亚州和西弗吉尼亚州 Utica 区块的孔隙压力与高油井产能之间的关系中，虽然其他因素也很重要，如总有机碳（TOC）含量、热成熟度、地层厚度、孔隙度等，但高初始产量和高压梯度之间的相关性更为显著。高孔隙压力梯度约为 0.9psi/ft，中等梯度约为 0.6psi/ft（Patchen 和 Carter，2015）。此外，由于渗透性断层破坏带可能发生渗漏，因此存在可能导致局部孔隙压力消散和油气泄漏的机制。因此，孔隙压力可以在不同尺度上发生空间变化，对产量产生重大影响。

现有公开数据表明，一般而言，非常规储层通常具有孔隙压力升高的特征（表 7.2）。在某些情况下，在大部分区块（Barnett 组、Montney 组和 Marcellus 组页岩）中观察到适度超压，而在其他情况下，则普遍观察到相当大的超压（例如在得克萨斯州东部和路易斯安那州的 Haynesville 组页岩以及加拿大的 Duvernay、Horn River 和 Laird 盆地）。在其他情况下，虽然通常超压，但在一些地层（如 Eagle Ford 组和 Utica 组）报道的压力存在相当大的变化。一个例外是 Wang 和 Gale（2009）在研究 Marcellus 组时报道的亚静水压力。如下所述，报道值可以反映孔隙压力的实际空间变化，但也可以反映在此类低渗透地层中测量孔隙压力的难度。

表 7.2　非常规储层中孔隙压力梯度的选择

地层	盆地	年代地层	压力梯度（psi/ft）	数据来源
Barnett	沃斯堡	密西西比系	0.52	Bowker（2007）
			0.42～0.51	Wang 和 Gale（2009）
Eagle Ford	得克萨斯州东部	白垩系	0.5～0.9	Bowker（2007）、Cander（2012）、Gherabati 等（2016）
Bakken	Williston		0.61～0.7[*]	Dohmen 等（2017）
			0.72～0.73[**]	Dohmen 等（2017）
Haynesville	得克萨斯州东部和路易斯安那州北部	侏罗系	0.8～0.9	English 等（2016）、Torsch（2012）
Marcellus	Appalachian	泥盆系	0.6	English 等（2016）
			0.29～0.68	Wang 和 Gale（2009）
Woodford、Wolfcamp、Bone Spring	Delaware（western Permian）	上泥盆统—中二叠统	0.8	Luo 等（1994）、Engle 等（2016）Rittenhouse 等（2015）
Wolfcamp	Midland（二叠盆地东部）	下二叠统	0.5～0.7	Engle 等（2016）
Utica	Appalachian	奥陶系	0.6～0.9	Patchen 和 Carter（2015）
Montney	加拿大西部沉积盆地	下三叠统	0.52 ± 0.01	Eaton 和 Schultz（2018）
Duvernay	加拿大西部沉积盆地	泥盆系	0.73 ± 0.01	Eaton 和 Schultz（2018）
密西西比石灰岩	Merge Play Anadarko 盆地	泥盆系—密西西比系	0.8	Parshall（2018）继 Augsberger（pers. comm.）研究之后
志留系页岩层系	四川盆地	志留系	0.6～0.7	Li 等（2016）

*Middle Bakken；** Three Forks。

Rittenhouse 等（2016）编制了数千个钻井柱测试、钻井液密度数据和 DFIT 以证明得克萨斯州西部 Delaware 盆地东部超压严重。由于超压似乎在富含有机物的地层（如

Woodford 组和 Wolfcamp 组页岩）的深度形成［而上覆地层和下伏地层中的孔隙压力通常为静水压力甚至是欠压，因此似乎烃类成熟可能是孔隙压力升高的原因（图 7.9）］。

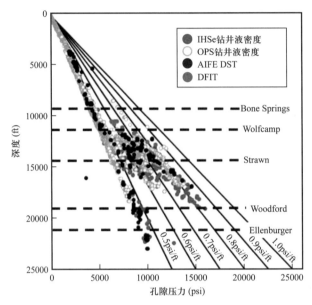

图 7.9 现有信息表明，超压在 Wolfcamp 地层下方形成（据 Rittenhouse 等，2016，有修改）

在富含有机质地层中形成超压的另一个例子是在科罗拉多州西部（Nelson，2003）多井（MWX 项目）砂岩和页岩的互层中进行的。从三口垂直井获得了孔隙压力和最小主应力（通过水力压裂测量）随深度和岩性变化的详细数据。值得注意的是，在约 6000ft 以下的深度可以看到孔隙压力升高（蓝色三角形），这似乎是由 10Ma 之前富含有机质的单元（包括煤炭）的热成熟造成的，当时区域隆起已经开始。

非常规储层的深部温度既反映了地层的深度，也反映了该区的热流。非常规储层的当前温度和过去的热历史在三个基本方面是重要的。当非常规储层在相当深的深度和相对较高热流区域（如路易斯安那州西北部和得克萨斯州东部的 Haynesville 组），地层中的温度可能足够高（图 7.10a），从而影响压裂液添加剂的选择和地球物理勘探的部署等操作问题。如上所述，富有机质地层的热历史影响干酪根成熟和孔隙压力的产生。盆地建模（图 7.10b；Amer 等，2013）说明了根据热流和给定富含有机质地层的沉降和隆起历史，有机质如何在地质时期内持续成熟。红色显示的曲线对应于 50mW/m^2 的热流，这是美国中部和东部大部分地区的典型值。注意，即使在沉积后 150 年，几乎 40% 的有机物仍有待成熟。最后，如上所述，正在进行的或地质上最近的成熟似乎是非常规储层中目前深层孔隙压力升高的原因，这有助于推动烃类从低渗透性基质流向油井。

由于孔隙流体压力在深处的多孔岩石中无处不在，不可否认的是三个主应力必须始终是挤压状态，最小主应力的大小必须始终超过孔隙压力（稳态），否则地层将自动水力压裂。在这方面，图 7.11（Zoback，2007）比较了静水孔隙压力（图 7.11a）和超压随深度增加（图 7.11b）情况下正常断裂环境的应力大小和深度。图中的灰色虚线表示符合式

（7.3）的 σ_{hmin} 极限值。也就是说，在任何给定深度、覆岩应力和孔隙压力下，存在由岩石有限摩擦强度控制的 σ_{hmin} 值下限。在静水孔隙压力的情况下，σ_{hmin} 的下限约为 $0.6\sigma_V$。注意，在超压随深度增加的情况下，如图 7.11（b）所示，最小主应力不仅增加到始终大于孔隙压力（将在本章后面讨论孔隙压力瞬变和开放式裂缝的形成），而且当 σ_{hmin} 仅略小于垂直应力时预计会发生断层作用（如灰色粗虚线所示）。换句话说，即在极低应力各向异性条件下。

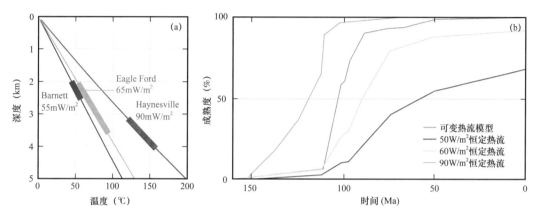

图 7.10　Barnett、Eagle Ford 和 Haynesville 区块深处基于所显示的热流以及对热导率和产热合理估计的近似温度（a）；不同热流区域的有机物成熟部分作为地质时间函数的模型（b）（据 Amer 等，2013）

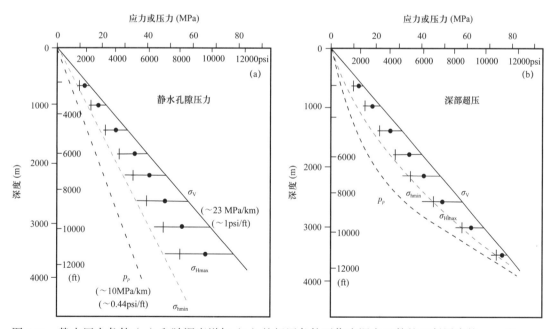

图 7.11　静水压力条件（a）和随深度增加（b）的超压条件下作为深度函数的正断层中的 σ_{hmin} 和 σ_{Hmax} 的可能范围（据 Zoback，2007，有修改）

正如第四章中所讨论的，断层的摩擦强度在孔隙压力升高时降低。虽然这通常被解释为由于作用在断层面上的有效正应力减少，断层作用所需的剪切应力随着孔隙压力的增加而减少（Hubbert 和 Rubey，1959），但这相当于用式（7.3）～式（7.5）来考虑这一点。表明随着孔隙压力的增加，引起断层活动所需的主应力大小之间的差异减小。图 3.19 所示 MWX 井砂岩中 σ_{hmin} 的测量结果表明 5500ft 以下超压的增加与最小主应力（倒置的黄色三角形）的增加有关，可通过式（7.3）合理预测，摩擦系数约为 0.6。

与 MWX 井砂岩中 σ_{hmin} 随深度变化的显著对比是，MWX 实验中页岩和泥岩中最小主应力的测量值（见图 3.19 中的点）近似于上覆应力，而与孔隙压力超过静水压的程度无关。造成最小主应力的高应力的原因似乎是页岩中由于高黏土含量而产生的黏塑性应力松弛，如第三章所述。在第十章中，将考虑最小主应力的垂直变化的这一主题以解决与垂直水力裂缝增长有关的问题，这些问题是由 σ_{hmin} 的大小、逐层压裂梯度的变化控制的。如上所述，这可能是由于孔隙压力的变化、黏塑性应力松弛或摩擦系数的变化引起的，如第四章所述。正如将要讨论的，虽然限制垂直水力裂缝在产层的增长总是很重要，但在叠置产层区域，考虑最小主应力随层变化的方式优化钻井和水力压裂策略尤为重要。

在图 7.12 中使用图 7.8 所示的约束应力图，概括了应力各向异性随孔隙压力增加而减小的情况。从左到右，图表代表了连续较高孔隙压力的应力大小。图的最上面一行显示了最小主应力（或压裂梯度）的大小，而下一行显示了一个 A_ϕ 值的变化。孔隙压力和应力大小之间的联系有三个重要的含义。

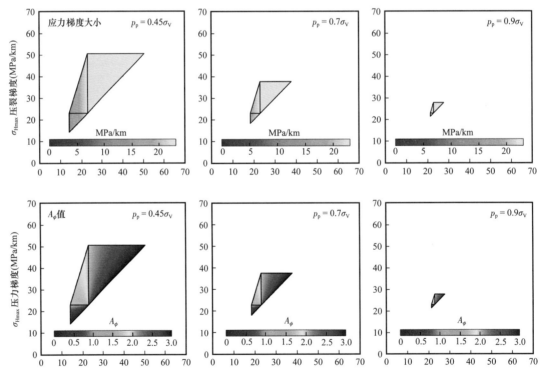

图 7.12　各小图与图 7.8 类似，从左至右显示连续较高孔隙压力所容许压力大小。多边形由顶行中最小主应力或压力梯度的大小进行颜色编码，第二行图显示了 A_ϕ 值。无论是正断层、走滑断层还是逆冲断层中，在孔隙压力非常高的情况下，主应力差异非常小

第一，在孔隙压力非常高的情况下，主应力差异很小，无论是在正断层域、走滑断层域还是逆断层域，水力裂缝仅在略高于孔隙压力的压力下传播。例如，如果孔隙压力梯度约为 $0.9\sigma_V$，在 3km 深度处，将水力裂缝扩展到孔隙压力以上所需的压力小于 1000psi（约 7MPa）。另外，当孔隙压力升高时，σ_{Hmax} 绝对值的变化相对较小，如上所述，这是很难测量的。对 A_ϕ 的了解，进一步缩小了 σ_{Hmax} 的可能值范围。因此，在开发非常规储层时，由于诸如井眼稳定性和储层压实等地质力学问题并不常见，因此，深入了解 σ_{Hmax} 的大小并不像在常规储层中那样重要。

第二，正如第十章将要讨论的，当在较高的孔隙压力下进行水力压裂作业时，即使是相对较小的净压力也会导致裂缝上的剪切滑移，其方向范围很广。换言之，在当前应力场中，定向性很差的裂缝会发生滑移。当地层压力接近静水压力时，对于等效应力状态和预存裂缝方向，在超压系统中更容易诱发剪切滑移并形成相互连通的裂缝网络。

第三，在高孔隙压力下，由各种地质作用引起的相对较小的扰动可导致应力状态的变化。当孔隙压力为静水压力时，需要较大的应力扰动来引起应力场的变化。当孔隙压力急剧升高时，相对较小的扰动可以显著改变应力状态，例如从正断层作用到逆冲断层作用，或者 A_ϕ 值可能改变或水平主应力的方向发生改变。Moos 和 Zoback（1993）在长谷（Long Valley）火山口讨论了这种情况，其中应力方向发生 90° 的变化（以及从正断层到走滑断层的变化）仅在几千米内完成。

第四节　非常规油藏中的裂缝和断层

如第一章所述，与极低渗透率基质接触的可渗透裂缝和断层网络的建立是非常规储层开发的关键组成部分。因此，即使先存古老的、闭合的裂缝和断层存在，如果得到适当激发，也可以成为生产的重要组成部分。在水力压裂过程中受高压影响的岩石中，高压可导致这些裂缝和断层滑动，从而形成相互连通的渗透网络，进而大大提高与低渗透基质接触的渗透表面积。这些将在第十章和第十二章进一步讨论。然而，在这一点上先存裂缝和断层的产状和方位非常重要。

在本书中，当提到断裂时，指的是在宏观尺度（岩心尺度或更大尺度）下可识别岩体中的任何不连续平面。把任何在剪切中移动的宏观断裂称为断层，而不管其大小如何。微裂缝，只有在薄片、CT 扫描或扫描电镜（如第五章所述）等高倍率下才可见，被视为岩石基质的一部分。

本节讨论四种不同类型的断裂和断层。

第一类为与层理正交的近垂直张开模式（或模式Ⅰ）裂缝。在许多页岩中经常发现方解石填充，但不需要。如图 7.13（a）所示，对于肯塔基州东部的 New Albany 组页岩，此类裂缝可能局限于或不局限于单个岩层，有时可能会跨越多个岩层边界（Gale 等，2014）。垂直模式Ⅰ裂缝几乎可以肯定是由暂时超过最小水平应力的局部大小的瞬时高孔隙压力引起的（Engelder 等，2009）。换言之，它们是通过水力压裂的瞬态过程形成，以释放孔隙压力，而孔隙压力在成熟过程中积累的速度比通过流体流动消散的速度要快。

图 7.13 肯塔基州东部 New Albany 页岩中的开放式裂缝（a）和阿根廷 Vaca Muerta 组中的正断层露头（b）（偏移量仅几厘米）（据 Gale 等，2014）

如第十章所述，水力压裂过程中产生的高孔隙压力通常会使裂缝形成张开型裂缝，并在剪切作用下滑动。因此，在地质历史上某个时期天然形成的 I 型裂缝，可以通过水力压裂过程进行剪切滑移。

第二类断裂和相关断层是相对较小规模的断层，如图 7.13b 所示为阿根廷 Vaca-Muerta 地层的露头照片（Gale 等，2014）。注意，该断层上有几厘米的正常滑动（上盘向下）偏移。水平方向上也可能存在剪切滑动的成分，但通常无法从二维露头确定。

第三类断裂是较大规模的断层是井场规模的断层，以表明它们在几千米范围内的重要性，与井场的规模相同。如下所述，这些断层非常重要，因为它们会影响增产和生产过程。

第四类断裂，因为它们可能在剪切中移动的平面不连续，在第十章中将近水平层理面视为潜在断层。

一、观察与假设

关于非常规储层中的先存裂缝，一个根深蒂固但过于简单化的概念是它们主要是近垂直的模式 I 节理，其正交方向与 σ_{Hmax} 和 σ_{hmin} 的当前方向对齐（平行和垂直）。因此，假设诱导水力裂缝被平行和垂直于裂缝的规则网格包围。从地质学的角度来看，很难理解这一假设的基础，尽管它使数值模拟更容易执行，这可能促成了这一观点的流行。阿巴拉契亚高原上已有的断裂在某些地方表现出这种断裂模式，但这些地区的实际断裂方向模式往往更为复杂（Engelder 等，2009）。为了使开放式裂缝与现代水力裂缝平行，它们形成时的应力方向必须与现今的应力方向相似。即使模式 I 裂缝组与在当前应力场中形成的水力裂缝近平行，也无法解释与其正交的裂缝如何形成，因为它们将张开垂直于最大水平应力。水平主应力方向的转换必须在地质时期发生。展示了在成像测井中观察到的一些水平井的裂缝，这些裂缝通常显示出复杂的模式，与当前的应力方向无关。

假设与当前应力场一致的近垂直正交断裂组合的一些历史来自 Fisher 等（2002）的早期研究。在早期使用微地震做出了重要和开创性的贡献。图 7.14 显示了该文献中的两张图件。这项研究的一个重要概念突破是，水力压裂的影响远远超出水力裂缝面，在这种情况下，通过某种类型的裂缝网络沿北东—南西方向传播。他们的证据如图 7.14（b）所示，水力压裂井周围的五口垂直井受到水力压裂的严重影响。此外，他们正确地推测，西南部没有发生微地震事件，这可能表明该地区先存裂缝相对不存在。然而，他们对该断裂网络的概念模型（图 7.14a）是两组近垂直断层，走向平行且垂直于当前 σ_{Hmax} 方向。人们可以从图 7.14（b）所示的微地震事件云中画出几乎任何方向的裂缝线。

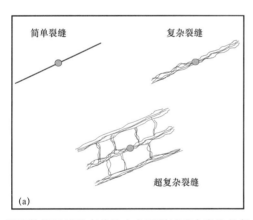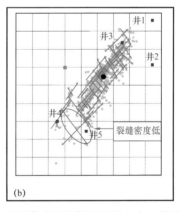

图 7.14　微震数据显示垂直井的水力压裂过程中发生的复杂变形模式的早期概念图（a）；微震事件的分布促使本研究的作者解释了正交垂直裂缝网络（b）（据 Fisher 等，2002）

用于部署微震阵列的垂直井位于黄色正方形处，距离开始激发的井以西约 1000ft，由黑点指示

通过成像测井可以很容易地表明，非常规储层中先存裂缝与当前的水力裂缝走向并不平行和垂直。得克萨斯州和俄克拉何马州三个区块的断裂方向的立体网，裂缝方位数据来源于成像测井，主要是水平井。在每一种情况下，这些井都是在接近 σ_{hmin} 方位角的位置钻取的，这对检测平行于水力裂缝的裂缝是理想的。在每个现场，通过对附近垂直井的井筒破裂（通常是钻井诱导拉伸裂缝）的观察，可以得到 σ_{Hmax} 的方向。得克萨斯州西部的两口垂直井在 Clearfork 和 Wichita-Albany 单元显示出明显不同的裂缝分布。每个地层都有陡倾裂缝，但方位角范围很广。从沃斯堡盆地 Barnett 组页岩三口水平井的裂缝观测立体网中可以看出，每口井都显示出各种各样的先存裂缝方向。在每种情况下，Barnett 组下段已有裂

缝的方向与上覆地层不同。尽管每口井的一些陡倾裂缝走向北东—南西且与 σ_{Hmax} 方向相同，但裂缝方向存在相当大的可变性。大多数裂缝倾斜很陡，但也可以看到大范围的倾斜。尽管 Barnett 组地层上的裂缝较少，但也可以看到方向上同样大的变化。最后，还展示了俄克拉何马州 Woodford 组的两口水平井。在这种情况下，存在与当前 σ_{Hmax} 方向平行的陡倾断层组。事实上，在这些井中观察到的裂缝方位范围很广，这有助于在增产措施过程中形成一个相互连通的裂缝网络（见第十章）。如果断裂方向的范围有限，则很难创建一个相互连通的断裂网络以提供流动管道。第十章指出，在水力压裂过程中，垂直于 σ_{Hmax}（即垂直于水力裂缝扩展方向）的裂缝基本上不可能受到剪切压裂。

Kaluder 等（2014）比较了西伯利亚西部 Em Egovskoe 致密油田 Bazenhov 组页岩的应力方向和断裂方向。在 6 口井中，发现最大水平应力方向一致为北北西—南南东，但不同井的裂缝走向差异很大，只有一种情况下在当前 σ_{Hmax} 方向 20° 范围内存在主要的裂缝走向。Laubach 等（2004）报道了得克萨斯州东部盆地和 Val Verde 盆地以及怀俄明州的 Green River 盆地和 Powder River 盆地天然断裂走向和当前应力方向之间类似的弱相关性。在 Val Verde 和 Green River 盆地两个地区，断裂走向与最大应力方向没有相关性。在其他两个区域，许多裂缝走向接近 σ_{Hmax}，但总体而言，断裂走向具有相当大的可变性。

二、平台规模断层和破坏带

第三种类型的裂缝和断层在这里是相对较大的，将其称为平台规模的断层，因为它们足够大，足以影响一个钻井平台上多口井的增产效果。重要的是要认识到这些断层不是简单的平面不连续。图 7.15（a）显示了基于野外测绘的断层带的一般形态（Johri 等，2014b；Chester 和 Logan，1986；Chester 等，1993；Faulkner 等，2003；Mitchell 和 Faulkner，2009；Savage 和 Brodsky，2011）。图中显示了两个不同的结构元素——狭窄的断层核（局部滑动）和更宽的破坏区，包含许多宏观断裂和断层，从断层核延伸出几十米。由于广泛的破碎作用和断层泥的生成，以及主岩向黏土的物理和化学变化，断层核相对于主岩可能是渗透性相对较弱。事实上，在常规储层中，预测地震资料中可见的断层是否被"封闭"到能够划分储层的断层流中很重要。相比之下，广泛的破坏带由小规模断层集中组成，这些断层可能是与主断层走向平行的流动通道（Zhang 和 Sanderson，1995；Caine 等，1996；Paul 等，2009；Hennings 等，2012）。Hennings 等（2012）在南苏门答腊 Suban 气田的研究尤其值得注意，因为巨大的气流沿着大型断层的破坏带被疏导，这些断层位于一个主要地垒块体边缘的极低渗透率花岗岩和白云岩中。

图 7.15（b）是意大利东部白垩系碳酸盐岩石灰岩采石场中约 10m 宽的破坏带的照片（由 Peter Hennings 提供）。很明显，破坏区的普遍破裂会增强平行于断层面的流体流动。图 7.15（c）显示了 SAFOD 研究井井筒图像测井中宏观裂缝的密度（Johri 等，2014b）。所示数据来自加利福尼亚中部 San Andreas 断层以西的长石砂岩，有八条可识别断层（仅显示了四条断层的数据）。注意，破坏区的断裂密度（F）随着距离断层（r）的距离迅速

下降，在距断层 50～80m 处达到断裂密度的背景水平。Johri 等（2014b）发现裂缝密度随着距离断层的距离而降低，遵循 Savage 和 Brodsky（2011）提出的指数衰减形式：

$$F(r) = F_0\, r^{-n} \tag{7.6}$$

式中，F_0 为与断裂单位距离处的断裂密度。

　　有趣的是，San Andreas 断裂附近的长石砂岩断层的破坏区 n 值范围在 0.40～0.75 之间，通常与 Savage 和 Brodsky（2011）报道的总滑移小于 150m 的断层的 n 值为 0.8 一致，Savage 和 Brodsky（2011）发现 n 值对位移较大的断层而言会减少。Johri 等对 Suban 油田 4 口井 16 条断层 F_0 和 n 的对应值进行了分析。图 7.15（c）的数值在 0.6 和 1.1 之间，其值为 n 看起来非常相似。

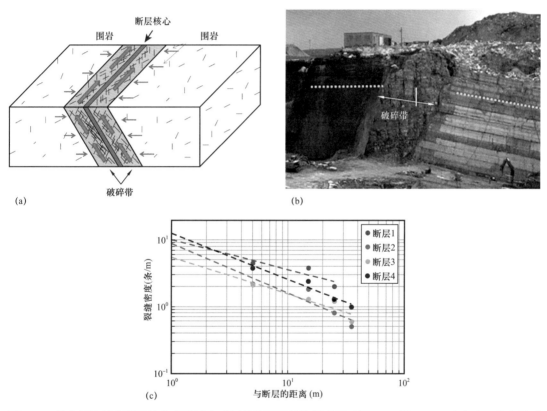

(a)　　　　　　　　　　　　　　(b)

(c)

图 7.15　具有低渗透率断层核和高渗透率破坏带的断层结构示意图（据 Johri 等，2014b）(a)；意大利石灰岩采石场沿正断层破碎带的照片（据得克萨斯州大学 Peter Hennings 提供）(b)；San Andreas 断层附近长石砂岩中裂缝密度随断层距离而减少，红色虚线表示远离的背景裂缝密度（据 Johri 等，2014b）(c)

　　紧靠 Newark 东部断层带的 Barnett 组地区生产井分布的巨大差距（Pollastro，2007），可能是由于该主要断层周围破坏带内相关断层的高渗透性，大部分天然气在开发前从 Barnett 组泄漏出去。这可能会在非常规区块中以较小规模发生，并且在开发过程中需要考虑。

三、破坏带和多级水力压裂

渗透性断层破坏带的另一个重要方面是如何影响水力压裂作业，如图 7.16 所示（Farghal 和 Zoback，2015）。在这种情况下，观察到的微地震事件沿预存断层带迅速传播。在图 7.16（a）所示的微地震事件的异常事件中，最引人注目的可能是沿断层 C 的事件，它以与水力裂缝预期方位角约 25° 的方位角向东北方向传播。该方向是走滑断层的预期方向，这并不意外，因为这是一个走滑断层 / 正断层区域（$\sigma_V \approx \sigma_{Hmax} > \sigma_{hmin}$）。沿近平行断层 B 的事件也清晰可见，这些事件从井 1 的 3 级向西南方向传播。事实上，在第 5 阶段、第 6 阶段井 1 受激时，沿井 2 东北侧 C 断层发生了微地震事件，井 2 观察到压力增加。当井 2 在第 8～10 阶段受到刺激时，断层沿线发生了更多的微地震事件。所有这些观测结果都清楚地表明，沿着断层破坏带从井 1 到井 2 以及更远数百米处的水力连通性。

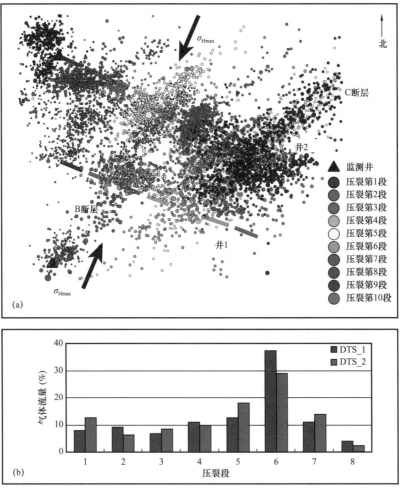

图 7.16　Barnett 页岩内两口井水力压裂增产期间记录的微地震事件，这些数据由两个微地震阵列记录在由黑色三角形表示的垂直井中，一个位于井口附近（西北方向），另一个位于图的西南方向（a）；部署在 1 号井中的分布式温度传感器（DTS）记录的各个阶段相关的相对流速，调查研究是在生产开始几个月之后进行的（b）（据 Roy 等，2014，有修改）

另一种描述图 7.16 所示情况的方法是先存断层似乎阻碍了许多水力压裂阶段，即流体压力正在沿着先存断层破坏带转移。Maxwell 等（2008）提出了一个例子，微地震事件的传播清楚地定义了一个延伸的水力裂缝，它进入了一个先存断层。如果这种情况发生在离油井较近的地方，就无法达到预期的水力压裂增产效果。沿 B 断层在井 1 西南方向观察到的微地震事件与微地震区西南端附近现有垂直监测井的增压有关。

在油井投产后的几个月内，对油井中的光纤分布式温度传感器（DTS）进行了调查（图 7.16b）。在井 1 进行的前两次调查表明，流入该井的最大流量在第 5 阶段和第 6 阶段附近，即断层 C 与该井相交。在 2 号井，前两次 DTS 调查表明，第 6 阶段和第 7 阶段附近的流速较高。第三次调查显示，第 8～10 级出现最大流量，断层 C 穿过油井。很明显，沿破坏带流动的气体对两口井的生产都是有利的。目前尚不清楚如果没有在较低的流速和压力下刺激或在这些阶段不刺激，是否会出现这种情况。第十章和第十二章将更详细地讨论这些数据。

图 7.17 显示了沿先存断层破坏带的另一个流体流动示例，在俄克拉何马州钻了四口平行井，其中在 Woodford 组页岩地层中钻了两口，在上覆的密西西比系石灰岩中钻了两口（Ma 和 Zoback，2017b）。这是一个走滑断层 / 正断层活动区（$\sigma_V \approx \sigma_{Hmax} > \sigma_{hmin}$），最小水平应力方向大致为南北向。如图 7.17（a）、（b）所示，有多条与断层带有关的微地震事件轮廓。事实上，当所有四口井都受到刺激时，事件发生在与 F_1 断层相关的 A 井附近。如图 7.17（c）所示，蚂蚁追踪揭示了走滑断层和正断层的模式，与图 7.1 所示的走滑断层 / 正断层区域一致。

尽管如上所述，在地质文献中已经有许多关于破坏带的研究，但是对它们是如何形成的却很少有研究。一种观点认为，它们是在地震中形成的，是由于应力集中在断层滑动时传播。Paul 等（2009）的动态破裂模型利用分析公式估算了印度尼西亚 Bayu Udan 油田断层相关破坏带的性质。其基本思想是与沿断层面接近剪切速度的破裂脉冲有关的应力集中足以使岩石破碎。根据这个想法，Johri 等（2014a）利用数值方法研究了类似于上述 Suban 油田断层的动态破裂传播，同时考虑了诸如断层面的粗糙度、破裂传播方向等复杂性，在图 7.18（a）所示透视图中相关断层被称为次级断层（Johri 等，2014a）。利用图 7.18（b）所示的数值网格对其进行建模（Johri 等，2014b），模型中单一断层的简化视图如图 7.18（c）所示。非常有趣的是，由该几何简化动态破裂传播模型产生的破坏区产生了破坏区宽度（数十米）、受破坏岩石随距离衰减（参数 n）的实际值以及接近断层的破坏程度（参数 F_0）。图 7.18（d）显示了一个模拟断层在其长度上不同位置的上盘和下盘的模型预测。根据剖面位置，破坏区宽度在 10～50m 之间变化（但在上盘和下盘不对称）。不管怎样，F_0 和 n 值对于所有外形位置都非常相似。

关于破坏带的一个有趣的观察是，它不仅包含高密度的宏观裂缝和断层，而且主岩的基质渗透性也高于破坏带之外，如图 7.19（a）所示（Cappa 和 Rutqvist，2011）。图 7.19（b）显示了在 1995 年 Kobe 地震中滑动的日本 Nojiima 断层附近的一系列基质渗透率测量值。利用从穿过断层的科学研究井获得的岩心样本，Lockner 等（2009）发现紧邻断层核

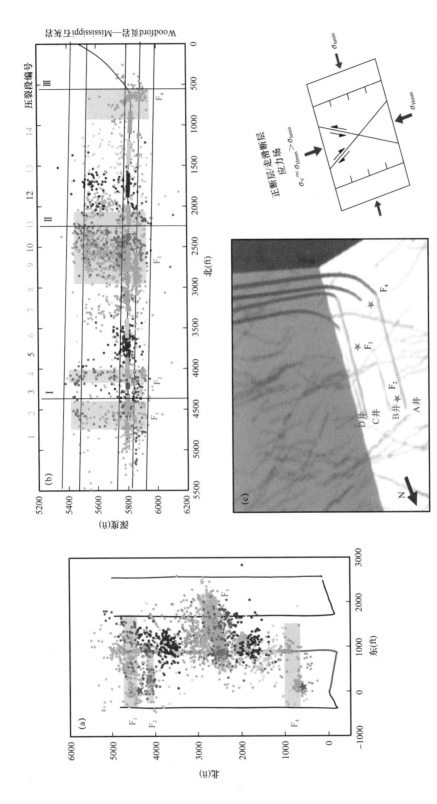

图 7.17　Woodford 组 B 井微地震事件位置的地图，按阶段着色的地图，按阶段编号着色（红色阴影区指示了可能与先存断层滑动相关的事件，红星表示部署地震列的垂直观测井位置（a）；与 B 井（b）相关的微地震横切剖面，如（c）所示，使用三维地震数据的蚂蚁追踪（基于方差属性）对增强的不连续性进行三维呈现。观测井与所示地平线相交的位置用星标记（断层的趋势与代表俄克拉何马州这一地区的正断层 / 走滑断层应力状态下活动断层的预期趋势一致）（据 Ma 和 Zoback，2017b，有修改）

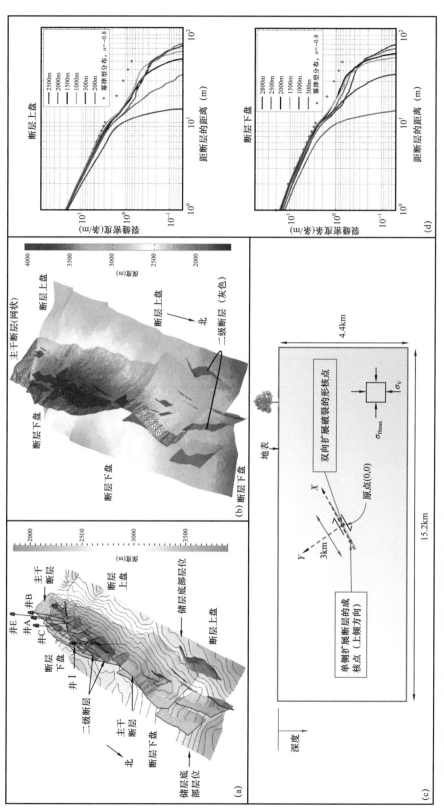

图 7.18 从北部看 Suban 储层西南区域的三维结构模型（据 Johri 等，2014a），显示了丁主断层，储层规模的二级断层，井眼轨迹和储层部位的深度结构，等高线同距为 100m（328ft）（a）；从北部看西南地区的三维结构模型，显示了主断层（一级断层）和二级断层，彩色面表示上层储层的深度（b）；对倾斜 30° 的埋藏逆冲断层上的滑动进行二维理想化建模，绿线表示断层表面，X 轴沿着断层向上倾斜（c）；损伤区上盘和下盘中的裂缝沿剖面建模，不同的线表示在距断层底部上述距离处的横断面上的裂缝密度衰减剖面，其中的点表示使用 Johri 等（2014a）报告的像测井识别的损伤区域的幂律衰减（衰减率为 0.8）（d）。（b）—（d）据 Johri 等（2014b）

— 183 —

部 10m 范围内的渗透率增加了 4 个数量级以上，与距离更远的原岩相比增加了两个数量级以上。没有足够的样本来记录基质渗透率达到破碎带外主岩原岩渗透率值的距离。值得注意的是，断层核内部断层泥的粉碎和蚀变导致渗透率明显低于破碎带。

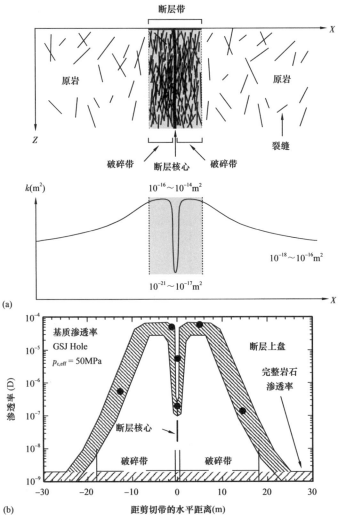

图 7.19　断层核和破坏区的整体渗透率示意图及其随距离宿主岩石背景渗透率的衰减（据 Cappa 和 Rutqvist，2011）（a）；日本 Nojiima 断层不同距离处取心的基质渗透率变化（据 Lockner 等，2009）（b）

第五节　利用三维地震资料绘制断裂带和裂缝图

在上述小节中，断层和裂缝的存在对非常规储层的产量有着显著的影响。为了简化复杂的问题，人们可以争辩说，应该针对分布裂缝而避免更大规模的断层。预存裂缝和小断层将促进剪切裂缝网络的增产，这将有利于生产（见第十章和第十二章）。避免较大规模的断层将阻止水力压裂阶段沿断层破坏带转移，或以其他方式影响增产（或尝试从一个随时间泄漏的区域生产烃类）。在某些情况下，对较大规模的断层施加压力可能会将水力裂缝与潜在的问题断层连接起来，并引发潜在的破坏性地震（见第十四章）。

一、蚂蚁追踪和方差

地震反射方向已经开发了许多技术来识别不连续性结构，如裂缝和断层。图 7.20 和图 7.21 扩展了 Barnett 组页岩的案例研究，其中使用了地震体方差属性的蚂蚁跟踪来识别 Farghal 和 Zoback（2015）讨论的潜在活动断层。根据 Randen 等（2001）描述的三维地震反射测量的蚂蚁跟踪算法。图 7.20（a）显示了 Barnett 组页岩中五口井的时间深度附近的时间切片。为研究提供的三维反射地震资料是叠后偏移体。为了定位这一地区的断层，他们计算了地震数据的方差属性，然后进行了两次蚂蚁跟踪以增强不连续性/边缘。请注意，一条明显的断层正好穿过 C 井，正好是该井图像测井中裂缝集中的地方（Das 和 Zoback，2013b）。在断层和测井曲线上都有相似的断层走向。图 7.20（b）显示了 A 井和 B 井第 7～9 阶段产生的微地震事件的透视图，这两口井同时发生了水力压裂。C 井地震仪阵列的位置接近 A 井和 B 井的微地震事件的位置。非常有趣的是，与这三个阶段相关的事件似乎被断层终止（由于阵列非常接近，这不是探测伪影）。将其解释为与该断层相关的渗透性破坏带的结果，该断层使流体沿断层流动，从而阻止了水力裂缝的传播。

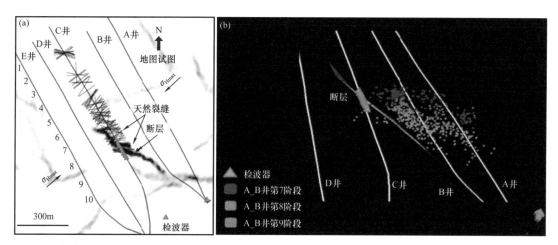

图 7.20　蚂蚁追踪时间切片显示了 Barnett 页岩数据集中与 C 井相交的断层，其中成像测井显示了密集的先存裂缝群（a）；与 A 井和 B 井相关的微地震透视图，在它们遇到了穿过 C 井的断层时突然结束（b）
（据 Farghal 和 Zoback，2015，有修改）

图 7.21 仔细查看了图 7.16 所示的案例研究，同样来自 Barnett 组页岩。图 7.16（a）显示了水力压裂后蚂蚁追踪识别的明显断层带。经过数据处理和偏移后，计算压裂后测量的方差属性，然后进行两次蚂蚁追踪。特别值得注意的是，图 7.16（a）标记为 A、B 和 C 的三个北东走向断层带，它们明显与图 7.16（b）的微地震事件集中有关。图 7.16（b）显示了井 1 增压期间产生的微地震事件的密度。注意，微地震事件延伸到井 2 以外，显然是由于与这些断层相关的破坏带的高渗透性造成的。显然，穿过油井近垂直段的明显的东北走向大断层与微地震活动无关，因为它没有受压。

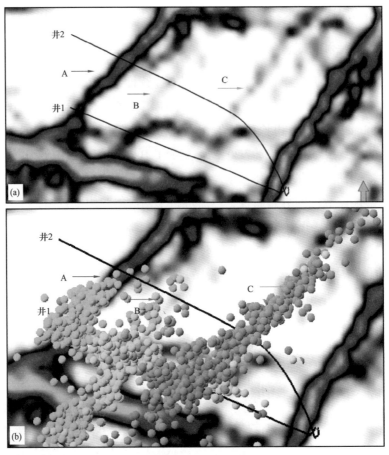

图 7.21 压裂后三维地震调查的蚂蚁追踪时间切片显示了井 1 水力压裂期间，断层 A、B 和 C，以及微地震事件与这些断层的关联（据 Farghal 和 Zoback，2015，有修改）

二、方位振幅与偏移距的关系

在第一章中提到了激发滑移对非常规储层成功开采的重要性，并将在第十章和第十二章中进行更详细的讨论。如果地震反射数据可用于识别较大破裂区域，这一点非常重要，这一点与上述的识别较大规模断层的方式类似。在第二章中，非常规储层的近水平层理和分层具有垂向—横向各向同性（VTI）特征，即垂直方向的刚度小于水平方向的刚度，并根据 Thomsen 参数 ε、γ 和 δ 进行参数化（Thomsen，1986）。现在将注意力转向刚度随方位角的变化。长期以来，人们认识到导致上地壳水平速度各向异性的主要机制有两种。在岩石中，相对一致、陡倾的先存裂缝高度对齐（图 7.22a），介质将在垂直于裂缝的方向上一致，在平行于裂缝的方向上相对坚硬。这种地层被称为具有水平横贯各向同性（HTI）的特征。在具有更多随机定向裂缝的岩石中，应力方向倾向于闭合垂直于 σ_{Hmax} 的已有裂缝，使得该方向优先变硬。目前已有许多研究讨论了地震速度在定向裂缝或各向异性应力方面的方位变化（Lynn，2004）。

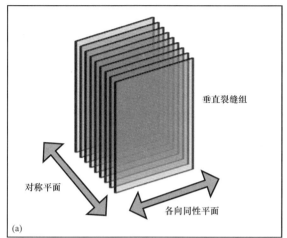
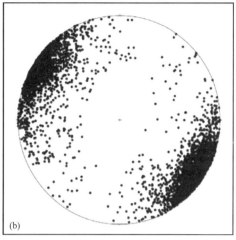

图 7.22 对齐垂直裂缝的示意图，这些垂直裂缝导致了水平各向同性（a）；图 7.16 和 7.20 所示的数据集中，在井 1 的成像测井中观察到的先存裂缝的方向（b）

Goodway 等（2006）在图 7.23 所示的科罗拉多州天然气页岩中展示了一个成功的案例研究，利用 P 波速度的水平变化（AVAZ）绘制裂缝强度和方向的变化。从各向异性理论和为 VTI 定义的 Thomsen 参数开始，Goodway 等重新定义了 HTI 的 Thomsen 参数。如图中的颜色所示，纵波速度随方位角变化的程度几乎有两个变化因素（表明裂缝强度的变化相当），以及裂缝方向的变化。图中 A 井垂直于 AVAZ 和相干体预测的裂缝方向进行钻探，遇到了许多如预测的裂缝。这些裂缝是由钻后成像测井证实的。

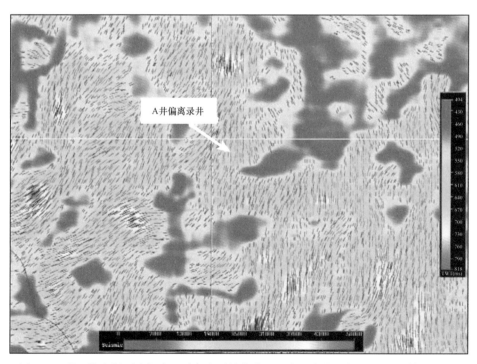

图 7.23 科罗拉多州页岩气中 P 波各向异性方位和强度的变化（据 Goodway 等，2006）

Farghal（2018）采用了一种不同但类似的方法，使用了根据方位角 AVO（振幅与偏移距关系）数据确定的横波速度的方位变化，该数据集是 Barnett 组数据集的一部分，如图 7.16 和图 7.20 所示，由 Roy 等（2014）描述。Rüger 和 Gray（2014）比较了方位 P 波各向异性（图 7.23）和 Pb 波各向异性（图 7.24）。

Bakulin 等（2000）为干气藏（假设为便士状裂缝）定义了 P 波速度各向异性的度量参数 B_{ani}：

$$B_{dry}^{ani} = \frac{4\left(-8g^2 + 12g - 3\right)}{3\left(3 - 2g\right)\left(1 - g\right)}e \tag{7.7}$$

式中，g 为横波速度与纵波速度之比的平方，e 表达式为

$$e = N_f\left(\frac{a^3}{8}\right) \tag{7.8}$$

其中，N_f 为断裂密度；a 为便士形裂纹的直径（定义见下文）。

图 7.24（a）显示了在图中所示的两口井增产措施之前进行的基线调查中剪切速度各向异性强度和方向的变化。注意，如图 7.23 所示剪切速度各向异性的方位角依赖性变化约为两个因子（表明天然裂缝密度的可比变化）以及裂缝的方向。图 7.24（a）中还显示了井 1 成像测井中观察到的裂缝方向的玫瑰图。在靠近坡脚和沿侧向中部的位置，成像测井中观察到的裂缝走向约为 N30°E，与剪切速度各向异性所暗示的方向相同。同样的情况也发生在侧坡的底部，成像测井和剪切速度各向异性都表明裂缝走向为北北西。

除了从剪切速度各向异性和井 1 的成像测井中推断出的裂缝方向进行了良好的比较外，图 7.24 中还有两个值得注意的重要观察结果。首先，三幅图像（图 7.24a—c）中的每幅图像都显示了相同的剪切速度各向异性方向和推断的断裂走向。因此，使用 Farghal（2018）描述的方法计算的 B_{ani} 似乎是指示原位断裂方向的稳定属性。其次，水力压裂后高 B_{ani} 区域显著增大，生产后大幅萎缩。这意味着，正如人们所预期的，剪切速度各向异性在孔隙压力较高时增加，而在孔隙压力较低时降低。

对比基线数据和压裂后数据（图 7.24a、b），一个令人惊讶的观察结果是，水力压裂影响区域的空间范围很大。从图 7.16 和图 7.20 所示的北东走向断层破坏带来看，受压裂影响的一些区域在某种程度上是可以预测的。将基线和压裂后数据与生产后数据进行比较（图 7.24c），可以清楚地看出，剪切速度各向异性降低的区域主要在生产井周围。很有意思的是推测 B_{ani} 是否可以用于跟踪生产井周围的枯竭情况。

利用成像测井进行校准，Farghal（2018）将基线调查中观察到的各向异性程度与图 7.25 中观察到的断裂密度进行了比较。如图所示，B_{ani} 的两个变量对应于断裂密度的 4 个变量。这意味着方位角 AVO 数据可能是一个敏感的指示地层裂缝密度变化的指标，在那里，已存在的裂缝具有很好的方向性。

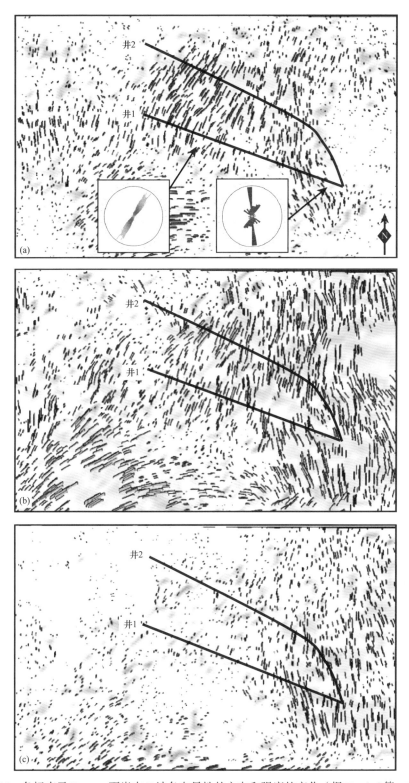

图 7.24　色标表示 Barnett 页岩中 P 波各向异性的方向和强度的变化（据 Farghal 等，2018）

（a）钻井增产措施之前进行的基本数据调查；（b）在两口油井进行水力压裂不久后进行的调查；（c）生产三个月之后
进行的调查

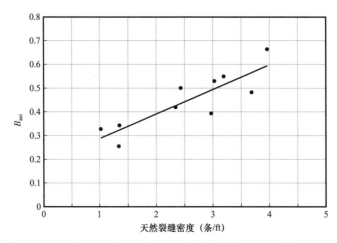

图 7.25　从井 1 观察到裂缝的剪切速度各向异性校正与裂缝密度的校准（据 Farghal，2018，有修改）

第二篇
非常规储层增产

第八章　水平钻井和多级水力压裂

本章回顾了水平钻井和多级水力压裂的几方面关键内容。虽然本书的重点不是工程方面，但有必要简要介绍与水平钻井和水力压裂相关的几个操作过程，以使读者基本了解该领域的典型做法以及原因。关于本章主题的更多详细信息可参考 Economides 和 Nolte（2000）、Ahmed 和 Meehan（2016）、Smith 和 Montgomery（2015）等。Detournay（2016）从理论断裂力学的角度对水力压裂机理进行了全面回顾。

本章的另一个目标是建立一个可以将操作实践与地质和地质力学环境联系起来的基础。在第十一章中，将介绍水平井最佳实施区的选择和水力压裂程序，以优化水力裂缝的垂直扩展和支撑剂的放置。本章说明了如何将实际问题（如射孔间距、射孔直径、泵送流体、支撑剂和速率等）与优化水力裂缝生长和水力裂缝内支撑剂分布联系起来（通过最小主应力随深度的变化）。

图 8.1 显示了 20 年期间页岩气开发作业程序的演变（LaFollette 等，2012），这些作业程序促使 Barnett 组页岩获得天然气经济生产的成功，在天然气生产的第一年，月度天然气产量达到峰值。产量的显著增长来自三个关键操作步骤：水平钻井、多级水力压裂和将滑溜水作为压裂液使用。这三项技术为世界各地的非常规储层开发提供了基础。

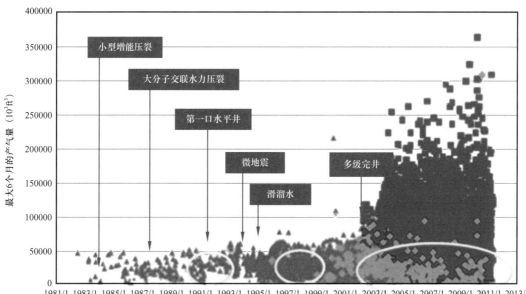

图 8.1　Barnett 页岩开发产气量随时间的变化（据 Kennedy 等，2016；LaFollette 等，2012）
显示了超过 15000 口井的峰值月产气量。蓝色为直井，绿色为斜井，红色为水平井

第一节　水平钻井

如图 8.2 所示，对于 Woodford 组的一口井，典型水平井的施工分为垂直段、造斜段和近水平段。虽然根据地质因素和规章制度，各地的钻井施工有所不同，但有几个共同的特点值得注意。首先，表层套管通常延伸到饮用含水层的深度之外，并与地表胶结，以防止钻井液污染含水层。套管中间管柱延伸至刚好高于启动点的深度，在该深度，油井开始造斜。该套管被胶结至 100m 或更高的位置，以在油气流动通过最后一根套管柱（一直部署到井趾）的情况下，在套管后面形成液压屏障。如图 8.2 所示，这根套管柱被胶结成一根中间套管柱。在所示的情况下，有三个屏障阻止烃类从采油井沿侧向逸出——采油套管、套管后面的水泥和中间套管柱后面的水泥。该油井水力压裂的方式如图 8.2 所示。

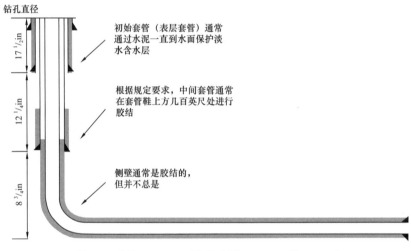

图 8.2　典型 Woodford 油井（据 Kennedy 等，2012）

虽然有许多斜井和水平井钻井技术，但最常用的钻井系统类型包括井下钻井液马达和井底钻具组合（包括钻头、稳定器等）上方的弯接头。弯曲接头可将油井旋转一定距离 [单位为（°）/100ft]。当钻柱不旋转时，调整工具面（指示井底组件指向的方向）可以按照弯曲接头规定的曲率改变井眼轨迹。因此，在滑动操作模式下钻井时，只有井下马达下面的总成在转动，而其余的钻柱只是从井下滑下。这使得油井可以逐步在所需的方位角上形成角度。在旋转操作模式下钻井时，钻柱和井下电机都在转动，这样钻井就可以沿着恒定的方向延伸。旋转模式下的钻孔比滑动的钻进速度更快。另一种钻井技术是使用交互式旋转导向系统，该系统能够自动调整井底组件的偏转量和方向，从而使油井连续地转向。由于成本很低，这些系统经常被使用。

钻井液用于井眼清洁、压力平衡、润滑（避免扭矩和阻力）、黏土稳定性、井眼稳定性以及为井下钻井电机和发电机提供动力。虽然水基钻井液通常用于钻垂直井段，但美国大多数页岩气井都会转化为某种形式的油基钻井液，用于定向和侧向钻井，以减少摩擦和阻力。虽然详细讨论钻井液超出了本书的研究范围，但钻井液的选择对优化钻井条件非常重要。

一、钻井方向

如第一章中最初讨论的以及图1.12和图7.6所示，通常在最小水平应力σ_{hmin}方向上钻孔，以便水力裂缝在垂直于井身的平面上扩展。虽然这对井网布局具有吸引人的几何简单性（见图1.11），但它似乎对优化产量至关重要。

Stephenson等（2018）描述了最近在艾伯塔省Duvernay组页岩中进行的一项有趣的实验。如图8.3所示，他们钻了两口井，一口在方位角上即与σ_{hmin}方向平行，另一口井偏离方位角与σ_{hmin}方向约呈45°夹角。他们还试验了不同的水力压裂液。从图中可以看出，微地震数据表明方位井水力压裂产生的剪切事件要少得多，但产量却提高了一倍。处理液也存在差异，方位井的凝胶量多1/3，滑溜水少1/3，但总注入量相等。从这个非常有趣的实验中似乎有两个重要的收获。首先，使用低黏度滑溜水显然能更好地模拟水力裂缝周围的剪切裂缝网络。第十章详细讨论了水力压裂过程中的剪切压裂。下面将进一步讨论压裂液黏度的重要性。其次，非方位井水力裂缝面近井眼弯曲严重，严重影响了支撑剂在水力裂缝中的分布，从而限制了生产。

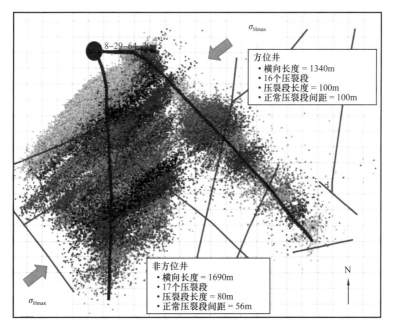

图8.3　部署在与Duvernay组中所钻两口井相关的每口井后的阵列记录的微地震事件（据Stephenson等，2018）

事件是由压裂段来决定的。红线表示根据地震数据解释的线性构造（可能的断层）

二、保持在特定区域内

在水平钻进期间保持在适当的岩相中是一项具有挑战性的工作。基本上有两种方法可以做到这点。一是人们可以使用有限数量的地球物理测量（如自然伽马或电阻率），通常称为随钻测量 MWD。随钻测井 LWD 是这一技术的延伸，它利用了一套更为全面的地球物理测量。另一种钻井时保留在地层中的方法是仔细分析钻井液的成分。通常称为录井，通过跟踪岩屑和钻井液的矿物和元素组成，可以确定钻井路径一直保持在最佳岩相。

使用实时地球物理测量来指导水平钻井面临两个挑战：将传感器放置在足够靠近钻头的位置，以便在井道偏离所需岩相之前做出决策，有足够的仪器（和遥测带宽）来充分描述正在钻穿的地层。图 1.13（b）显示了在俄克拉何马州 Woodford 组页岩中钻取的水平井剖面图，说明了第一个问题。如图 1.13（a）上半部分所示，伽马测井用于确保钻井路径不仅位于 Woodford 组内部，而且还位于 WDFD–2 岩相内，在该岩相中完成钻井是最佳的（见第十一章）。由于该传感器安装在钻头后面约 30m 处，因此在监测之前，井道可能会偏离该岩相。因此，尽管每次井向上漂移至 WDFD–1 岩相时，对井径都进行了校正，但相当多的井段处于不太理想的岩相中，其特征是异常高的裂缝梯度（Ma 和 Zoback，2017b）。

在水平钻井过程中，随钻测量技术有两种情况。第一种是利用井底钻具组合中的传感器提供的实时数据，使钻井保持在正确的岩相中。这些数据被遥测到井眼上，通常使用钻井液脉冲系统向钻井人员提供有关钻遇地层特性的实时信息。其次，随钻测量可用于为储层特征描述提供一套全面的地球物理测量，就像在常规油气井中获得的那样。在这种情况下，数据通常保存在井底钻具组合的内存单元中，并在设备到达地面时下载。使用随钻测井工具扫描水平井周围的地层，有助于在接近地层边界时探测地层边界。

在非常规井中使用地球物理测井工具对储层进行表征提供了与常规井相关的几乎相同的选择。表 8.1 描述了目前可用的大量商用随钻测量（Bratovich 和 Walles，2016）。当然，虽然通过随钻测量获取尽可能多的信息通常是最有效的（且风险较小），但也可以通过使用特殊的传送技术（如井筒牵引器）在水平井中传输常规地球物理测井工具。有许多商业服务公司提供这些类型的测量。

表 8.1　非常规井中随钻测井 LWD 的类型

地球物理测量	目的
电阻率	流体饱和度，TOC
补偿密度或中子	总孔隙度，岩相，TOC
交叉偶极子声波	力学性质
伽马或光谱伽马	矿物，TOC
核磁	孔隙度，TOC，流体空间与类型
元素光谱	岩相，矿物，TOC
电阻率成像	地质构造，地层界面与裂缝识别
声波成像	地质构造，地层界面与裂缝识别，井眼条件

图 1.13（b）的下半部分显示了沿着 Woodford 组井身的黏土和干酪根含量的变化，这些变化是在元素光谱工具的数据分析中获得的。请注意，WDFD-1 岩相的特征是黏土和干酪根含量明显较高，而且由于黏土含量通常远高于干酪根，因此总伽马测井可以作为黏土含量的替代物。

为完整起见，需要注意的是，第二章、第五章和第六章中概述的用于详细表征非常规地层（和地层流体）特征的一部分技术可以在复杂的录井钻井过程中实时应用。

其中一个挑战是，PDC 钻头在侧钻井中的普遍使用往往会产生岩粉，而不是岩屑，这限制了某些技术的适用性。尽管如此，对正在钻取的地层进行连续取样是一种不可忽视的宝贵资源。

第二节　多级水力压裂

本节简要回顾了多级水力压裂的一些一般属性。关于水力压裂，有几个很好的信息来源。Economides 和 Nolte（2000）就这项技术的不同方面进行了详细说明。Smith 和 Montgomery（2015）也是一个有益的参考。

首先，简要概述用于沿井身形成多个水力压裂的常用方法，以及与分区孤立有关的问题，只在沿井身的预期位置限制加压。然后，考虑水力裂缝扩展的问题——从横向和纵向上都远离井。作为目前最常用的水力压裂技术，桥塞射孔连作法是基于在相邻的多个水力裂缝中同时传播，讨论了一种称为应力阴影效应的现象，指一条扩展的水力裂缝在同时扩展时对另一条裂缝的影响。在从理论的角度考虑这一问题之后，简要回顾了两个非常有趣的实验结果，从多口井获得的岩心揭示了大量有关水力压裂过程的信息。本章简要讨论了垂直水力裂缝扩展的主题，但第十一章将对其进行更广泛的讨论。该章还将讨论井眼附近的裂缝萌生和裂缝中支撑剂的分布，以及不同过程产生的应力大小随深度的层间变化。

典型的水力压裂作业包括几个步骤，第一步是封隔要加压和水力压裂的井段。下一节将介绍最常见的方法。流体分几个阶段泵送，最初以相对较低的速率泵送低黏度液体，以启动裂缝扩展。随着泵送速度的增加，然后泵送由水力压裂液和支撑剂（本章后面也会讨论）组成的钻井液。在钻井液之后，泵送相对干净的尾液，以清洁井筒和井筒附近区域。在一口井的所有水力裂缝产生后，允许该井回流，试图清理流动路径，以便使烃类顺利流入井内。

水力压裂需要大量的水，这在干旱地区可能是一个问题（表 8.2；Edwards 和 Celia，2018）。如第十三章所述，当饮用水短缺时，可以使用微咸水甚至盐水进行水力压裂。此外，水力压裂后流入地表的回流水需要妥善处理（第十三章和第十四章也有讨论）或回收利用。应当指出，表 8.2 中所列的值代表了公共领域的信息，并且随着业务的发展，实践也会随着时间的推移而变化。例如，目前普遍认为，每口井的水力压裂阶段比表 8.2 所示的数据要大得多。

一、完井方法

多级水力压裂最常见的两种完井方法是桥塞射孔连作和滑动套管法，如图 8.4 所示。桥塞射孔连作是在套管和水平井中进行的。一个小型压裂塞通常由易钻复合材料制成，从井脚附近开始向井中移动，并设置在加压区结束的深度。

表 8.2　不同地层的水力压裂

参数	数值	地层
注入压裂液总体积	20000m³（16000～26000m³）	Marcellus
	19000m³（11000～23000m³）	Barnett
	77000m³（平均值），66000m³（中值）	Horn River
	（35 口井）（2013—2014 年）	Haynesville
	64000m³（2010—2012 年）	Eagle Ford
	19000m³（6000～25000m³）	
	23000m³	
按水平井长度标准化的注入流体体积	14m³/m（235 口井）	Marcellus
	25m³/m（2004 年）	Barnett
	19m³/m（2006 年）	Horn River
	15m³/m（2008—2012 年）	
	27m³/m（35 口井）（2012—2014 年）	
注入体积返排回收率	1%～50%	Marcellus
	65%（1 年）	Barnett
	90%（2 年）	Horn River
	100%（3 年）	Haynesville
	13%（8 口井）	
	5%	
地面注入压力	45～62MPa	Marcellus
	54MPa（22 口井最大值）	Horn River
	49MPa（22 口井平均值）	
井底注入压力	55～83MPa（30～55MPa 地面注入压力）	Woodford
	48～85MPa	未明确

参数	数值	地层
分级数	12（7~24）（184 口井）	Marcellus
	18	Horn River
每级注液时间	2~3h	Marcellus
	3~4h	Horn River
	2.5~3h	Woodford
平均注入流速（每个阶段的持续时间）	12m³/min	Marcellus
	8~16m³/min	Barnett
	16m³/min（35 口井）	Horn River
	15m³/min	Woodford
注入支撑剂质量（每口井）	2100t（400~3600t）（187 口井）	Marcellus
	3000t（48 口井）	Horn River
	4000t	
根据微地震测量推断的裂缝高度	≈160m（中值）	Marcellus
	≈500m（最大值）	Barnett
	≈160m（中值）	Horn River
	250m（12 口井）	Woodford
	≈130m（中值）	Eagle Ford
	≈100n（中值）	
根据微地震测量推断的裂缝水平长度	300~400m	Marcellus
	600~900m（12 口井）	Horn River

压裂塞最初允许流体通过，以便工具可以泵入井内。用于设置压裂塞的同一种钢丝绳工具包含一个射孔枪，用于在水力压裂之前沿油井（通常相距数十米）的多个位置形成一组射孔。有时需要使用射孔枪进行多次测试。将一个球落在压裂塞的阀座上，以阻止流体压力通过它，并允许用开放射孔对间隔层段进行加压。团簇的同时加压被称为一个阶段。如下所述，具有多个射孔簇的目的是从每个射孔簇中扩展水力裂缝。因此，如果一口井有 20 个阶段，每个阶段有 5 个射孔簇，目的是产生 100 组水力裂缝。

注意，在桥塞射孔连作水力压裂作业期间，几乎整口井，从井口到压裂塞，都是加压的。理想情况下，只有堵塞器上方的射孔段可提供进入地层的流体压力。第十一章讨论了从井筒附近的射孔引起的裂缝。在给定的井内完成所有阶段后，将塞子钻出（通常由相对便宜的软管装置），并允许井回流以回收水力压裂液，使烃类更容易流入井内。

图 8.4（b）所示的滑套法通常包括使用封隔器将一根油管柱下入无套管的侧面，以将井密封成多个层段。膨胀式封隔器通常用于与井内流体接触后随时间膨胀的封隔器。在大量间隔被隔离后，它们依次从脚趾开始向脚跟处液压裂。封隔器之间的阀门在关闭位置启动，将油管内的流体与裸眼分开。为了隔离待压裂的间隔，将一个球落在阀座上，并在加压时滑动套筒打开阀门。球的大小随着井从脚趾到脚跟逐渐增大，并且在每一个间隔内都与着陆座的尺寸相匹配。在某些情况下，球是由一种随着时间而分解的材料制成的。

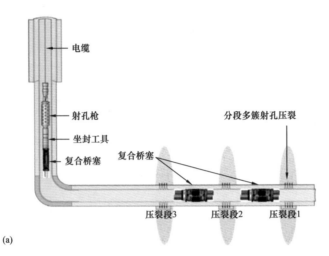

(a)

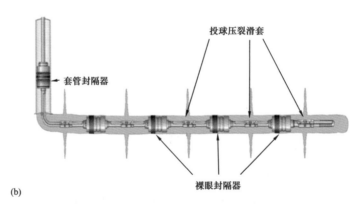

(b)

图 8.4 两种最常见的井筒完井方法示意图（据 Burton，2016）

（a）桥塞射孔连作法，利用单独部署的压裂塞隔离套管井和固井段。在设置塞子之后水力压裂之前，在几个地方（通常相隔几十米）进行成串的射孔；（b）裸眼井通常采用滑套法。部署带有多个封隔器的单根油管。一个给定的时间间隔是通过把一个球扔进一个阀门来加压的，这个阀门在加压时会滑开

滑套法更有效是因为它不需要侧面套管和水泥，也不需要使用坐封 / 射孔工具进行多次钢丝绳下入。然而，由于每个阶段可能只产生一组单一的水力裂缝，它可能不如桥塞射孔连作法增产效果好，因为低基质渗透率阻碍了非常规储层中的孔隙流体在相当长的距离上扩散（见第十二章的讨论）。

这两种技术有许多变体。例如，滑动套管可用于已穿孔的套管和水泥井。有时被称为

控制入口点的水力压裂与桥塞射孔连作法相似，但只需要对一个或两个射孔簇进行加压，以限制同时扩展的水力裂缝之间的相互作用。在 Utica 组的详细案例研究中，Cipolla 等（2018）认为，控制入口点完井对生产的影响并不比桥塞射孔连作完井好，最终，最需要的是射孔的数量。这将在第十一章讨论。

二、层间封隔

将增压限制在所需间隔的问题（层间封隔）会影响到桥塞射孔连作和性能以及滑套操作。图 8.5（a）所示为 Barnett 组页岩中使用桥塞射孔连作压裂的井。虽然微地震事件在该数据集中的分布所表明的主要特征是它们在多大程度上受沿先存断层破坏带的传播控制（如第 7 章所述），但第 2 阶段（绿点）的层间封隔性尤其差。注意：许多第 2 阶段事件发生在第 1 阶段附近，这是通过分离两个阶段的压裂塞或套管后面的水泥泄漏的结果。图 8.5（b）显示了 Shaffner 等（2011）的滑动套筒示例。注意，第 1 阶段事件（红色）与第 2 阶段事件发生的位置相同，显然表明通过隔离两个阶段的封隔器发生泄漏。在其他几个阶段也出现了类似的泄漏现象。

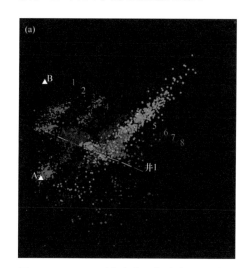
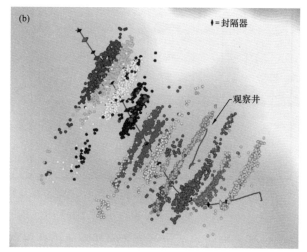

图 8.5　Barnett 页岩中使用桥塞射孔连作井相关的微地震（之前如图 7.19 中的井 1 所示），说明了层间封隔问题（a）；Duvernay 页岩中采用滑套法完井的一口井，表明存在层间封隔问题（b）（据 Shaffner 等，2011）

Raterman 等（2017）和 Ugueto 等（2018）报道了在多阶段水力压裂试验中使用光纤和其他技术进行层间封隔的最新研究。光纤用于分布式温度传感（DTS）和分布式声传感（DAS）。在 Eagle Ford 组的钻探试验中，Raterman 等（2017）报道了通过压裂塞的不同泄漏量，在光纤数据可用的七个阶段中有六个阶段的泄漏量高达注入体积的 10%。Ugueto 等（2018）介绍了 DAS 和 DTS 光纤技术（及其他技术）评价水泥套管控制入口点完井分层隔离的实例，在进行的 69 个水力压裂阶段中，大约有一半观察到了某种程度的沟通。

Ugueto 等（2018）认为，因为这些是单入口点完井，由于套管水泥不良导致的套管后泄漏是所遇到问题的主要原因。无论采用何种完井方法，实现层间封隔是限制多级水力压裂整体效果的一个突出问题。

三、水平水力裂缝扩展模型

多年来，水力裂缝扩展的原理在 PKN（Perkins-Kern-Nordgren）和 KGD（Khristianovich-Geertsma-de Klerk）的二维分析模型中被考虑，如图 8.6 所示。PKN 模型考虑了固定高度的水力裂缝，代表了可能被限制在两个应力屏障之间的横向扩展水力压裂。Mack 和 Warpinski（1989）对这些（和扩展模型）进行了全面的回顾。在 Smith 和 Montgomery（2015）和许多其他文献中对这些模型进行了全面的回顾。

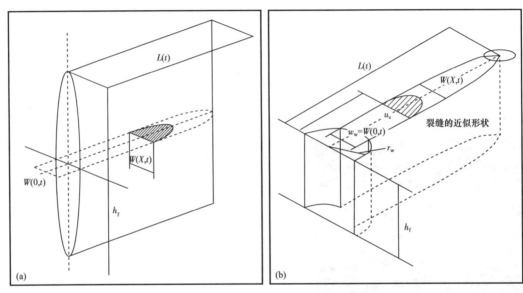

图 8.6　PKN（a）和 KGD（b）水力压裂二维模型的图解（据 Mack 和 Warpinski，1989）
$L(t)$ 为缝长；$W(0, t)$ 为最大开度；$W(X, t)$ 为波及距离 X 处的开度；h_f 为缝高

该类模型的一个相当大的好处是使用分析公式来研究影响水力裂缝扩展的一些操作和地质因素之间的一些相对简单联系，并解决控制支撑剂运输的裂缝宽度等重要问题。虽然原始 PKN 和 KGD 模型中的一些简化在随后的研究中得到了解决，但一些假设限制了它们的实用性。例如，它们只考虑沿水力裂缝的一维流体流动，而忽略了岩石的分层性质，因为它们假设岩石是均匀的线弹性固体。这将在第十一章中进行更详细的研究。作为一个二维模型，PKN 模型假设裂缝完全局限于单层。二维 KGD 模型假设受压层顶部和底部发生滑移，以允许裂缝在整个层段内具有全宽度。模型假设高度相对于长度要么大（KGD），要么小（PKN）。同时，KGD 模型包含了尖端过程控制断裂扩展的假设，而PKN 模型完全忽略了断裂力学的影响。Detournay（2004）对此进行了改进，考虑了从裂缝韧性（岩石强度）控制传播的早期传播时间到裂缝内黏性过程更为重要的后期传播时间之间的过渡。

在过去的 25 年里，已经从相对简单的分析模型（如 PKN 和 KGD 模型）向二维和三维数值模拟发展。Warpinski 等（1994）根据得克萨斯州 Waskom 油田的详细水力压裂实验获得的数据，回顾了一些早期的水力压裂数值模型。也许并不奇怪，模型之间预测的压裂高度和长度通常有 2～3 个因子的差异。随着时间的推移，计算能力急剧增加，模型变得越来越复杂。由 McCas Lure 等（2016）开发的三维数值模拟克服分析模型无法同时考虑地质和操作复杂性的问题。重要的是，这些模型可以考虑详细的泵送历史，非牛顿流体流变学，井眼附近射孔引起的裂缝萌生，井内、射孔和裂缝中的黏性压降，裂缝内支撑剂的分布等。几位学者回顾了所用的数值方法，例如 Adachi 等（2007）、Lecampion 等（2017）。目前，已经有将近多个模型应用于商业。回顾这些模型或列举它们各自的优缺点超出了本书的范围。

四、穿透钻取、取心穿透实验

Raterman 等（2017）描述了一组与水力传播相关的有趣观察结果。根据 5 口监测和数据井的钻探、取心和测井结果，研究了 4 口相距约 1000ft 的生产井在多级水力压裂过程中产生的水力裂缝。采用桥塞射孔法，簇间距在 43～47ft 之间。其中一口生产井（P3）安装了光纤用于温度和声学传感。这是上面讨论层间封隔很好的参考。

图 8.7 显示了 P3 井的透视图，以及距 P3 井几百英尺范围内的 4 口水平数据井。P3 井中使用的放射性示踪剂表明，支撑剂分布在所有集群中（在井剖面中以黄色显示）。Raterman 等（2017）详细讨论了如何使用测井曲线来识别钻井引起的裂缝（使用严重过度平衡的钻井液系统获得）以及不常见的裂缝。

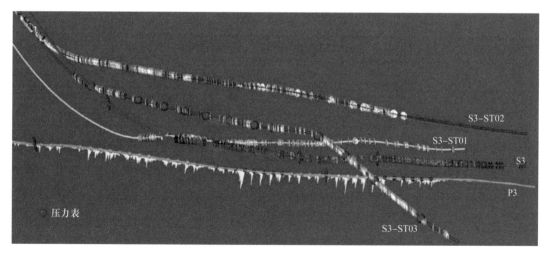

图 8.7　Eagle Ford 地层钻穿 / 取心实验中井径示意图（据 Raterman 等，2017）

岩心或校准测井中确定的水力裂缝显示为白色圆盘。取心层段以粉红色显示。P3 井上的黄色填充测井为钪—镭示踪测井。蓝色圆盘显示了来自偏移生产商 P2 的铱镭示踪剂的位置

这项实验最令人惊讶的发现之一是横截面上的白色圆盘所显示的大量水力裂缝。使用岩心标定的成像测井（图 8.8），在图 8.7 所示的 4 个数据井中观察到 397～966 组水力

裂缝，长度在 1378~1748ft 之间。如果这些水力裂缝都是由附近的 P3 井产生的，那在同一时间间隔内观察到的水力裂缝数量大约是集群数量的 10~25 倍。即使一些水力裂缝来自 P2 井的压裂措施，从 S3-ST03 井偏移超过 1000ft，在 1735ft 长范围内观察到的 966 组裂缝是 P2 井和 P3 井集群数量的 10 倍以上。因此，必须得出的结论是多组水力裂缝正从每个射孔层段扩展。发生这种情况的方式尚不清楚，但水力裂缝在观察井中分布不均匀，在 1ft 的间隔内可以看到成群的裂缝（图 8.8）。由于应力阴影效应，很难看出如果裂缝同时传播，会有多大的流体压力作用在裂缝中。另一种假设是它们在水力压裂过程中依次形成。

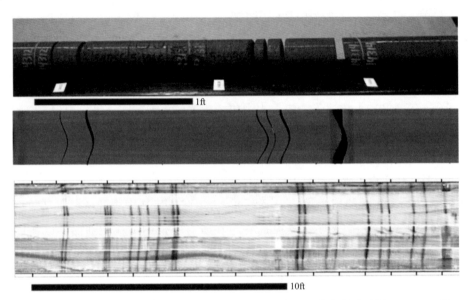

图 8.8　ConocoPhillips 钻井 / 钻取实验岩心和成像测井中观察到的水力裂缝（据 Raterman 等，2017）

同样有趣的是，在沿 4 口数据井每隔 20ft 采集的岩屑中几乎没有支撑剂的迹象。虽然在 S3 井（最接近 P3 的井）中支撑剂相对丰富，出现在 76% 的岩屑中（在岩心中观察到在 25% 的裂缝内），但在其他井中很少见到。S3-ST02 井（位于 P3 井上方 100ft）中，只有 5% 的岩屑显示出岩屑迹象，S3-ST03 井岩心中仅有三处裂缝（5%）显示出支撑剂。

4 口观测井记录的数千条水力裂缝的惊人之处在于它们与应力场的一致性。在讨论图 1.11（b）、图 7.6 和图 8.5（b）时，提到微地震事件的线性云图表示水力压裂扩展的总体方向的方式。来自 Eagle Ford 组实验的图 8.9 所示的立体图和玫瑰图显示了实际的水力压裂如何显著对齐，指向垂直于该区域最小水平主应力的方向。

类似的发现来自 Midland 盆地 Wolfcamp 组的 HFTS-1 实验（Ciezobka 等，2018）。图 8.10（a）显示了斜井（SCW）中两个取岩心层段获得的岩心（Shrivastava 等，2018），该斜井通过了 Wolfcamp 组上部（3 个阶段，岩心 1~4）和 Wolfcamp 组中部（2 个阶段，岩心 5~6）中的两口措施井。在岩心中观察到数百条水力裂缝，走向与该区域最大水平应力方向平行（图 8.10b；Gale 等，2018）。

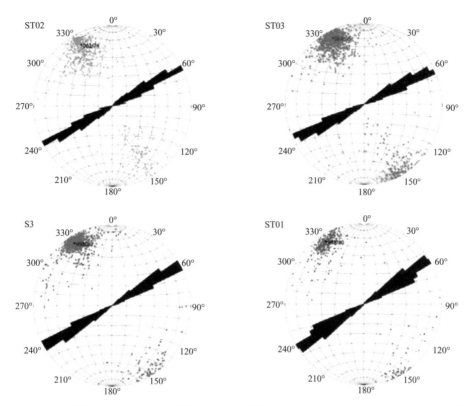

图 8.9 ConocoPhillips 钻取 / 岩心穿透实验的岩心和成像测井中观察到的水力裂缝方向（据 Raterman 等，2017）
注意，水力裂缝方向与该区域的应力场完全一致

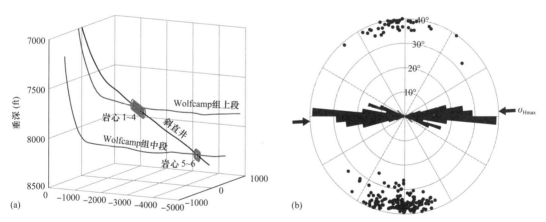

图 8.10 Wolfcamp 组上段（AUWW）和 Wolfcamp 组下段（AMWW）斜井 SCW 和增产区岩心位置透视图（据 Shrivastava 等，2018）（a）；岩心中观察到的水力裂缝方向与该区域的应力场完全一致（b）（据 Gale 等，2018）

　　因此，这两个岩心通过实验揭示了水力裂缝扩展的一个方面，这在以前的文献中是未知的（也没有推测到的）。无论是水力裂缝在从射孔群中传播时反复分叉和增生，还是随着时间推移形成多个水力裂缝。在这两种情况下，很明显在数百英尺（或更短）的距离内水力裂缝比射孔更多。由于传播方向没有明显变化，传播方向主要受应力场控制。

五、水力裂缝增长期间同时的应力阴影

影响多个水力裂缝彼此靠近传播的控制因素之一通常被称为应力阴影。从根本上说，应力阴影意味着当水力裂缝打开时，它会增加垂直于破裂面的应力（Warpinski 和 Branagan，1989；Fisher 等，2004）。因此，当水力裂缝在塞式射孔完井过程中同时扩展时，从一个射孔簇扩展的裂缝开口会增加垂直于从附近集群扩展的水力裂缝面的应力。

Warpinski 等（2013）讨论了应力阴影影响的大小。椭圆形裂缝的长度为400ft，高度为100ft。如图8.11所示，当水力裂缝中的压力高于最小主应力1000psi（即净压力为1000psi）时，垂直于水力裂缝的应力从距离裂缝中点50ft的集群传播，比第一条水力裂缝不存在时的压力高约700psi。尽管如此，从表面上看，压力阴影效应似乎表明，除非簇间距相当远，否则无法进行堵塞射孔。Rainbolt 等（2018）证明，在密集的水力压裂阶段处理压力增加。如果进行单点水力压裂，一条水力裂缝的支撑开口会影响垂直于下一条水力裂缝的应力。因此，根据支撑剂在裂缝内的分布（必须对其进行模拟），需要仔细评估水力裂缝之间的间距。

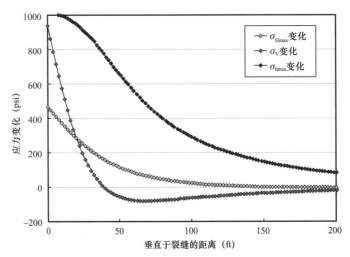

图8.11　假设裂缝中的压力比最小主应力高1000psi，则大椭圆水力裂缝引起的应力变化的大小是垂直于裂缝的距离的函数（据 Warpinski 等，2013）

图8.11所示计算的一个局限性是，在段塞式射孔水力压裂过程中，水力裂缝或多或少同时从每个集群中传播。没有单一的大型水力裂缝（如模型中所假设的）将其应力阴影投射到试图在附近扩展的水力裂缝上。另一个原因是净压力更可能是100lb/ft²，而不是1000lb/ft²（如第七章所述）。Raterman 等（2107）指出，支撑剂进入多个射孔丛中，相距仅约45ft。其他研究也报道了类似的发现。因此，虽然同时扩展的水力裂缝之间确实存在竞争，但其影响远小于图8.11所示的影响。如图8.12所示，Agarwal 等（2012）进行了一项研究，即从相距30m的集群中同时扩展的四条裂缝。应力阴影效应导致阶段中心的水力裂缝比外侧的短，因为这些裂缝受两侧水力裂缝相关应力阴影的影响。Wu 和 Olson

（2013）针对不同的应力状态、压裂液等说明了这一现象。

图 8.12 所示模型的另一个重要发现与水力压裂期间如何触发微地震事件有关。图 8.12（a）中蓝色显示的区域表示平均应力变得更具压缩性，在已有裂缝上产生剪切的可能性较小。换言之，如果水力压裂过程中发生的微地震事件仅由扩展水力裂缝产生的应力集中引起，则它们只会在扩展裂缝之前发生，如红色所示。如图 8.12（b）所示，漏失很可能发生在水力裂缝周围的区域引起剪切压裂处。图 8.12 中的分析考虑了在现有断层上诱发剪切滑动的可能性，该断层在当前应力场中具有最佳滑动方向。

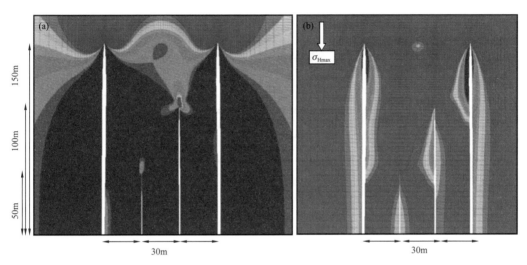

图 8.12 四条水力裂缝从相距 30m 的四个射孔丛中同时扩展的数值模型，裂缝没有压力泄漏（a）；与泄漏模型相同。颜色表示应力和压力的诱导变化趋势，以促进最佳定向的现有裂缝上的剪切（b）（据 Agarwal 等，2012）

第十章详细讨论了由于水力裂缝中的压力泄漏在已存在的断层上触发剪切滑移的问题。应该指出的是，这种加压也会导致水力裂缝附近岩石体积中的应力大小随孔隙弹性增加。这导致 Vermylen 和 Zoback（2011）提出，孔隙弹性效应是 Barnett 组页岩 5 口井连续压裂阶段瞬时关井压力（ISIP）增加的原因（图 8.13）。A 井和 B 井同时发生水力压裂，使得各阶段之间的压力迅速增加（以及相关的应力增加）。两口井每口井在大约 90h 内进行了 10 个阶段。D 井和 E 井以交替顺序压裂（称为拉链压裂）。这两口井的阶段施工几乎花了两倍的时间。C 井在大约 120h 内从脚趾到脚跟依次发生水力压裂。尽管压裂阶段在其他方面是相同的（流速、流体和支撑剂体积等），但很明显沿井进行的水力压裂速度越快，各个阶段的应力变化就越大。这意味着当压裂段之间的压力有时间消散时，孔隙弹性应力变化较小。

关于应力阴影效应，一些研究人员认为在段塞式射孔作业期间裂缝之间存在着如此显著的相互作用，以致其轨迹严重扭曲。然而，如图 8.14 所示（Wu 和 Olson，2013），即使在两个水平应力之间存在微小差异的情况下，桥塞射孔连作作业期间水力压裂轨迹的弯曲程度较小。图 8.14 中的建模表明，当水平应力之间的差异为 100psi（顶板）时，由于从相距 50ft 的射孔传播的三条水力裂缝之间的相互作用，可能会有几度的方向变化。当应力差为 300～500psi 时，偏移不明显（中间和下部面板）。如图 8.12 所示，中心水力裂缝的长度和宽度受到外部应力阴影的阻碍。根据观察，图 8.9 和图 8.10 所示的上述钻孔/穿岩心/贯通试验结果证实了断裂扩展方向的一致性。

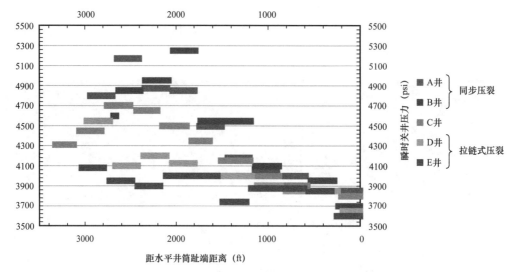

图 8.13　Barnett 页岩五口井连续阶段的 ISIP 压力（据 Vermylen 和 Zoback，2011）

产生裂缝最快的 A 井和 B 井的 ISIP 变化最大，D 井和 E 井造缝速度最慢。关井压力的增加似乎是孔隙弹性应力变化所致

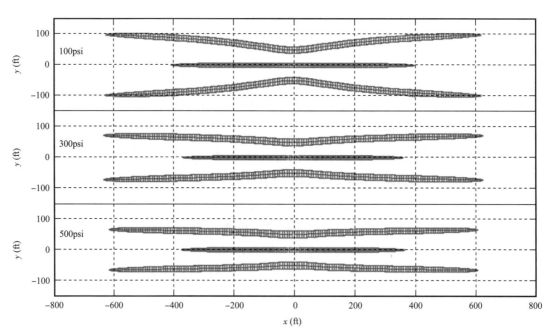

图 8.14　三个相距 50ft 的射孔同时从扩展水力裂缝范围和方向的应力阴影效应依赖性研究（据 Wu 和 Olson，2013）

由于两个水平主应力之间的差异不大，裂缝扩展方向的角度偏移基本上是不显著的

六、垂直水力裂缝发育

提供垂直水力裂缝发育信息的唯一观测数据来自微地震数据。抛开微地震事件地点的不确定性（见第九章），微地震事件的发生是水力裂缝发育的间接证据。如前所述，并在第十章中详细讨论，微地震事件是由水力压裂过程中的孔隙压力变化引起的，该变化会导致先存裂缝和断层发生滑动（见第十章）。因此，虽然水力裂缝和滑动裂缝或断层之间必须存在水力联系，但它很可能通过一个相互连通的裂缝网络延伸到水力裂缝之外。事实上，在第七章介绍了水力压裂过程中流体压力沿预存断层破坏带窜流的几个例子。还有一个问题是流体压力在水力裂缝中作用的位置（可能在附近引发微地震事件）与水力裂缝部分之间的差异，在水力裂缝中，支撑剂会当发生枯竭时起到保持水力裂缝张开的作用，以及水力裂缝上的有效正应力增加。

图 8.15（Xu 等，2017）和图 8.16（Fisher 和 Warpinski，2012）是从微地震事件的垂直分布推断最大水力裂缝高度的示例。在第一种情况下，在二叠（Permian）盆地的上部（B 井）、中部（C 井和 D 井）和下部（A 井）Wolfcamp 组中钻了四口水平井。图 8.15（a）显示了作为深度函数的成分数据以及从三口井的 DFIT 测试中测得的压裂梯度。图 8.15（b）显示了与每口井内所有水力压裂相关的微地震事件分布的横截面图。由于钻井方向为南北向（与 σ_{hmin} 方向平行），横截面朝北看从脚趾到脚跟。图中的实线表示微地震监测阵列在垂直井中的位置。由于传感器位于大部分微地震活动的上方和下方，微地震事件的深度受到了很好的限制。

图 8.15 中，绝大多数事件似乎都是以与压裂梯度的三次测量一致的方式跟踪水力裂缝的垂直扩展。例如，与 A 井相关的微地震事件（靠近 Wolfcamp 组下段顶部）通过 Wolfcamp 组中段向上传播，并在压裂梯度较高的 Wolfcamp 组上段中部突然停止。因为没有关于 A 井以下压裂梯度的可用信息，尚不清楚没有向下传播的原因。同样，Wolfcamp 组中段 C 井和 D 井的微地震事件很少出现在 Wolfcamp 组上段，这表明它起到了水力裂缝屏障的作用。当 B 井在 Wolfcamp 组上段受压裂时，人们预计向下传播，而 A 井（位于 B 井正下方）首先受到激发。因此，当 B 井受到压裂时，可能很少在 Wolfcamp 组中段看到任何事件，因为它们在 A 井的增产过程中已经受到了压裂。因此，尽管有上述警告说明，似乎在水力裂缝周围区域发生了微地震事件，并提供了垂直裂缝高度的真实感。下面讨论了水力裂缝中支撑剂的分布问题，因为水力裂缝高度和支撑裂缝高度可能是两个不同的概念。

图 8.16 是目前标志性数字的汇编（Fisher 和 Warpinski，2012），显示了与四个不同区块水力压裂相关的微地震事件的范围：Barnett 组（图 8.16a）、Woodford 组（图 8.16b）、Marcellus 组（图 8.16c）和 Eagle Ford 组（图 8.16d）。井从右到左排列，红线表示受激发的射孔深度。顶部的蓝色条表示正在进行水力压裂区域的水井深度。这两条快速波动的

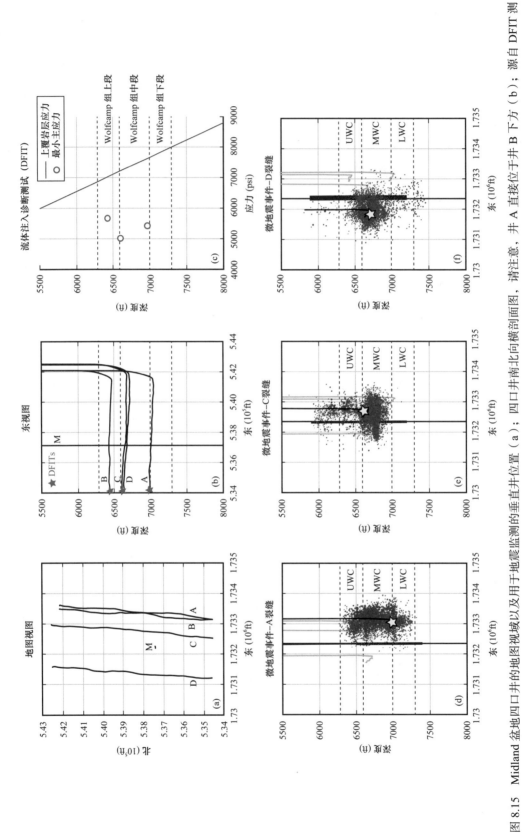

图 8.15 Midland 盆地四口井的地图视域以及用于地震监测的垂直井位置（a）；四口井南北向横剖面图，请注意，井 A 直接位于井 B 下方（b）；源自 DFIT 测量的最小主应力测量值（红圈），请注意，最高值在上 Wolfcamp，最低值在中 Wolfcamp，最小主应力的上部（c）；与 A、C 和 D 井增产措施相关的微震事件的井筒示意图（位置用黄色星号表示），注意水力裂缝垂直方向的发育程度与应力随深度的变化一致（d—f）（据 Xu 等，2017，有修改）

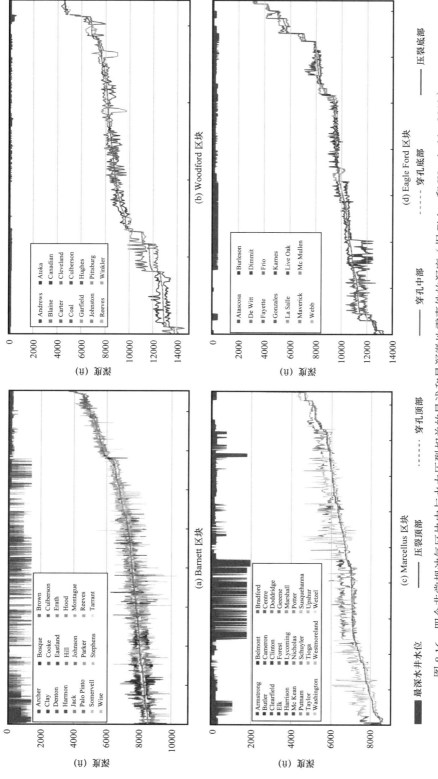

图 8.16 四个非常规油气区块中与水力压裂相关的最浅和最深地震事件的深度（据 Fisher 和 Warpinski，2012）

这些井按射孔深度（红线）从右到左排列。进行测量的地点显示在每个捅图中，并用于代表微地震事件深度的线上色。蓝色条表示每个地区水井的深度

线代表了与水力压裂相关的最浅或最深的微地震事件。从这个相对粗略的尺度上观察数据，也许可以得出两种结论。首先，有一些地层如 Marcellus 组，水力裂缝向外发育。在这种情况下，似乎有证据表明水力裂缝在 Marcellus 组上方数百英尺处发育，向下几乎没有发育。其次，这四个区域的每一个区域，都有微地震活动的尖峰，似乎表明了局部向上或向下的发育。一种可能性是这些事件代表了沿着给定区域水力压裂期间相交的特定断层向上和／或向下的传播事件。这些峰值在 Barnett 组中最为明显，但在其他区域也能看到。在这些情况下，微地震活动并不表明水力裂缝在措施区上方或下方传播 1000～2000ft。相反，它们表明压力是通过裂缝网络垂直传递的。

图 8.16 揭示的最重要的含义之一是水力压裂不会直接影响近地表含水层。这将在第十二章非常规油气开发的环境影响中进行更详细的讨论。

第三节　压裂液和支撑剂

深入讨论水力压裂液和支撑剂超出了本书的范围。读者可参考 Economides 和 Nolte（2000）、Ahmed 和 Meehan（2016）、Smith 和 Montgomery（2015）及其他来源中的相应章节。然而，还有一些问题需要讨论，这些问题与在本章后面和后面几章中讨论的主题有关。基本上，理想的压裂液对环境无害，使用方便，价格低廉，并提供适当的添加剂，以达到所需的黏度、润滑性、杀菌剂等。

正如 Martin 等（2016）总结的，压裂液的一些特殊属性值得注意。其中包括：

（1）凝胶剂或增黏剂：用于提高支撑剂输送的黏度，或低浓度的凝胶剂或增黏剂可用于减少摩擦。

（2）缓冲液：pH 控制。

（3）交联剂：在水合时显著增加流体黏度。

（4）生物杀灭剂：防止细菌菌落生长。

（5）表面活性剂：降低压裂液和地层流体之间的表面张力。

（6）减阻剂：降低泵送压力。

（7）凝胶稳定剂：提高交联剂在温度下的稳定性。

（8）破胶剂：用于在水力压裂阶段结束时打破交联并降低黏度。

（9）黏土稳定剂：防止地层中与黏土的相互作用、膨胀等。

添加剂的确切组合以及它们在水力压裂阶段不同时间的变化是一个复杂的过程，这里没有讨论。值得注意的是，低黏度和高泵送率已在稳步发展，以满足非常规储层极低基质渗透率和激发复杂裂缝网络的需要（Chong 等，2010）。根据 Martin 等（2016）非常规油气开发中使用的最常见的水力压裂液是使用相对少量线性胶凝剂［如瓜尔胶（一种食品中常用的增稠剂）］和上述几种添加剂（如杀生物剂）的滑溜水，还使用混合流体系统，在这种情况下可在水力压裂阶段的开始和结束时使用滑溜水，但在主泵送阶段，使用线性或交联凝胶促进支撑剂的输送。有很多这样的场景被使用过。

支撑剂也是一个复杂的课题，材料类型、形状和尺寸分布是主要变量。虽然砂是最常用作支撑剂，但有许多不同类型的砂，粒度（和形状）多种多样。铝土矿和陶粒替代品也可用作支撑剂，这取决于所需的粒度分布和抗压强度。当使用低黏度压裂液进行水力压裂时，预计直径更小、密度更小的支撑剂可以进一步移动。对于给定情况，理想支撑剂的选择也取决于侧壁的长度，并且由于希望获得最大的水力压裂支撑面积和支撑区最高的导流能力而变得复杂（Saldungaray 和 Palisch，2012）。

对水力裂缝周围已有裂缝和断层进行压裂措施的重要性已被多次提及，并在第十章中进行了详细讨论。这一过程的关键是水力裂缝在扩展过程中损失的压力。事实上，使用滑溜水作为水力压裂液是非常规储层开发成功的关键技术。图 8.17 表明（Cipolla 等，2008），与滑溜水相关的微地震持续时间比高黏度凝胶更长并且延伸更远。他们注意到地震活动以 $t^{1/2}$ 的形式展开，正如线性扩散所预期的那样。图 8.4 所示的与非方位井滑溜水压裂相关的广泛地震活动（与附近的方位角井相比）也清楚地表明，当使用低黏度压裂液时水力裂缝周围的压力能够大面积增加。这一过程在第十章中有更详细的描述。在这种情况下，人们可以设想使用更低黏度的流体（如超临界 CO_2 或 CO_2 泡沫）作为水力压裂液具有潜在优势。

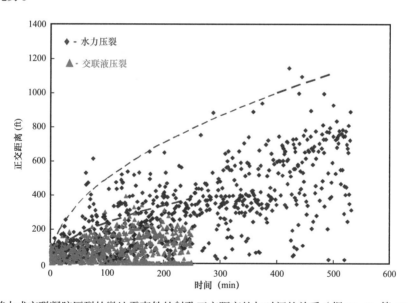

图 8.17　伴随水或交联凝胶压裂的微地震事件的射孔正交距离的与时间的关系（据 Cipolla 等，2008，有修改）

当然，当使用滑溜水时所付出的代价是沿着水力裂缝输送支撑剂的能力降低。Niobara 组支撑和未开发水力裂缝的实验室研究表明（Suarez-Rivera 等，2013），在有效正应力增加时，导流能力的变化趋势存在显著差异（图 8.18a）。请注意，随着有效正应力的增加（预计会伴随损耗），未开发水力裂缝的导流能力大约比支撑水力裂缝低三个数量级。

Aybar 等（2015）开发了该过程的数值模型（据 Suarez–Rivera 等的实验室数据进行校准），如图 8.18（b）所示，该模型概括了实验室结果。对于非常规储层中预期的应力和孔隙压力值，毫无疑问，诱导水力裂缝的支撑部分渗透性更强，并且预计随着枯竭而保持渗透性。

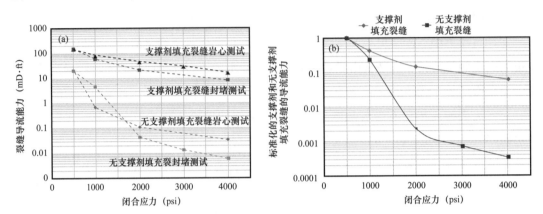

图 8.18　说明支撑和未支撑水力裂缝中裂缝导流能力变化的实验数据（Suarez–Rivera 等（2013）（a）；支撑和未支撑水力裂缝的理论模型渗透率（据 Aybar 等，2015），并使用（a）中所示的数据进行校准（b）

不同类型水力压裂液的能力见表 8.3（Brannon 和 Bell，2011），沿裂缝运输支撑剂所需的速度与水力压裂液类型有关。假设裂缝内的流体速度随着距离井眼距离的增加呈指数下降。为了进行比较，假设井眼处的速度为 10ft/s，并在距井筒横向每 100ft 处下降一个数量级。如果射孔孔眼处的支撑剂钻井液流速为 10ft/s，则在距井筒 100ft 处，其流速将下降至 1ft/s，以此类推（表 8.3）。换言之，支撑剂钻井液悬浮输送所需的最小速度大于计算出的在距离井筒距离处存在的速度。事实上，如果将漏失量纳入这些计算中，所需的速度将更高。

表 8.3　对于指定黏度的水力压裂液，悬浮 40/70 目砂支撑剂所需的最低水平
流体黏度（据 Brannon 和 Bell，2011）

参数	井眼	100ft	200ft	300ft	400ft	500ft	1000ft
计算速度（ft/s）	10	1	0.1	0.01	0.001	0.0001	0.000000001
滑溜水 1gpt（ft/min）	0.016	0.032	0.032	0.032	0.032	0.032	0.032
线性 10pptg 瓜尔胶（ft/min）	0.0032	0.004	0.005	0.0064	0.0064	0.0064	0.0048
硼酸酯交联剂 20pptg 瓜尔胶（ft/min）	0.000064	0.000064	0.00008	0.00008	0.00008	0.00008	0.00008
延迟硼酸盐交联 20pptg 瓜尔胶（ft/min）	0.000064	0.000064	0.00008	0.00008	0.00008	0.00008	0.00008
新型硼酸盐交联剂 10pptg 瓜尔胶（ft/min）	0.0008	0.0016	0.0032	0.00107	0.016	0.024	0.032
替代新硼酸盐交联 10pptg 瓜尔胶（ft/min）	0.0016	0.0032	0.0064	0.016	0.016	0.032	0.032

注：pptg 表示磅每千加仑，即 lb/10^3gal。

图 8.19 说明了支撑剂输送问题。计算使用 McClure 和 Kang（2017）描述的 ResFrac 软件进行。这是一个三维井眼、水力裂缝和储层模拟器，将利用该模拟器来说明水力裂缝增长和支撑剂输送等的若干原理。此外，上述复杂性使表 8.3 所示的计算复杂化，有许多相互竞争的过程会影响支撑剂的输送（Wu 和 Sharma，2016；Lee 等，2017）。展示下面模拟的目的是分离出一些与本书主题密切相关的问题。例如，第十一章将考虑在垂直水力裂缝发育的情况下操作程序影响支撑剂输送的方式，后者取决于水力压裂层段内、上方和下方最小主应力大小的变化。

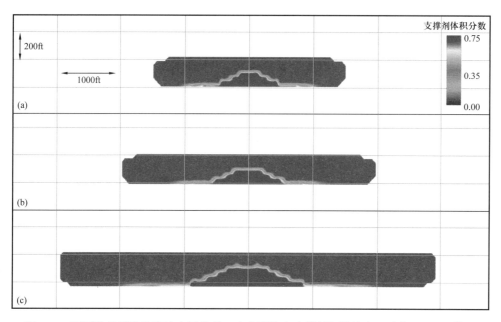

图 8.19　不同孔径射孔和流速水平井单一水力裂缝中支撑剂与滑溜水运移的 ResFrac 模拟
水力裂缝受到激发层段上下应力屏障的强烈限制

图 8.19 中所示的模型是一个单一的强约束的水力裂缝，在 200ft 厚地层中心钻取的水平井向外扩展。地层最小主应力为 8000psi，上下地层最小主应力值差值为 500psi。泵送以各种速率进行了 2.5h，如下所述。色标表示支撑剂体积分数，定义为支撑剂在任何点的体积除以裂缝的局部体积（面积 × 孔径）。假设支撑剂混合物中 40 目、55 目和 70 目大小的颗粒量相等。在每种情况下，将支撑剂以 1lb/gal 的初始速率添加到泥浆中，然后逐步提高至 3lb/gal。由于这个简单的模型可能代表控制入口点完井，还改变了射孔直径，假设 12 个射孔均匀分布在井筒周围。穿过射孔的压降由方程式（8.1）给出（Veatch，1983）：

$$\Delta p_{pf} = \frac{0.24 Q^2 \rho}{C_{pf}^2 N_{pf}^2 D_{pf}^4} \tag{8.1}$$

式中，Q 为流量，bbl/min；ρ 为密度，lb/gal；C_{pf} 为射孔的排放系数（在这些计算中设置为 0.5）；N_{pf} 为射孔数量；D_{pf} 为穿孔直径，in。

考虑的第一种情况（图 8.19a）是假设穿孔直径为 0.32in。最大注入速度为 40bbl/min，这是由于射孔摩擦导致的极高井筒压力。由式（8.1）可知穿孔直径的重要性。尽管该模型预测了可观的横向水力裂缝发育程度（半长约1500ft），但水力裂缝的支撑半长大多小于500ft，由于沉降支撑剂仅位于井下方。考虑的第二种情况（图8.19b）将穿孔直径增加到0.64in。在这种情况下，由于较大的射孔孔眼，在井孔内几乎没有多余压力的情况下，很容易达到50bbl/min的速率。在这种情况下，总裂缝尺寸和总支撑面积仅略大于第一种情况。在第三种情况下（图8.19c），支撑剂直径增加到1in，由于井筒没有过度增压流速增加到100bbl/min。虽然裂缝的横向长度显著增加，但尽管注入了两倍于图8.19（b）所示情况下的支撑剂，但支撑区域的尺寸只增加了一倍。

图8.20是使用滑溜水和凝胶支撑剂的分布对比，大多数参数与图8.19中使用的参数相同。模型采用0.64in的穿孔直径，注入速率为10bbl/min（20min）、60bbl/min（30min）、80bbl/min（90min），总注射时间为2.33h。根据以下计划添加支撑剂：1lb/gal，持续15min；1.5lb/gal，持续30min；2.25lb/gal，持续30min；3lb/gal，持续30min。考虑的基本情况（图8.20c）是5h后即刺激结束后约2.7h滑溜水情况（井和水力裂缝中的黏度为0.3cP[1]）。支撑剂基本稳定，几乎达到措施结束1000h后图8.20（d）所示的相同分布。因此，滑溜水水力压裂时支撑剂沉降速度较快。交联黏性凝胶（100cP）压裂5h后如图8.20（a）所示。注意，支撑剂的沉降要慢得多。交联凝胶仅在地层中具有高黏度，而在井筒中以0.3cP的速度流动。交联由假设的200°F地层温度控制。图8.20（b）显示了1000h结束时的黏性凝胶增产措施。支撑剂已从井向外扩散，但仍高度集中在水力裂缝的下部，因此在最靠近井筒的水力裂缝中几乎没有支撑剂。

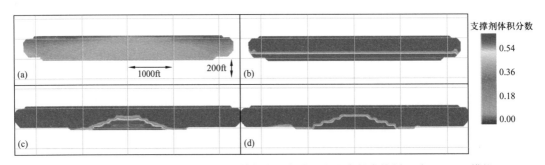

图8.20　比较水平井中单一水力裂缝传播中的凝胶和滑溜水的支撑剂运移 ResFrac 模拟

如图8.19所示，水力裂缝受到激发层段上下应力屏障的强烈限制。（a）5h后凝胶裂缝支撑剂的分布。（b）1000h后凝胶裂缝支撑剂的分布。（c）滑溜水裂缝支撑剂在5h后的分布。（d）1000h后滑溜水裂缝支撑剂的分布

虽然图8.19所示的情况似乎认为使用小直径射孔簇是有问题的，因为它限制了注入速率，但在某些情况下，高井筒压力可能会有好处。图8.21（a）—（c）显示了在200ft长的阶段中，从四个射孔传播的裂缝。模拟参数与图8.18和图8.19中使用的参数相似（深度、应力状态、垂直约束、射孔次数、支撑剂尺寸等）。一个例外情况是流速从10个逐渐增加到60～80bbl/min。图8.21（a）有0.32in射孔，而图8.21（b）有0.64in射孔。

---

❶　1cP=1mPa·s。

注意，通过使用较小的射孔获得更高的井筒压力，井筒中有足够的压力来克服与相邻水力裂缝相关的应力阴影，从而有可能从每个射孔簇中传播裂缝。当射孔较大、井筒压力较低时，最外层射孔仅有两条水力裂缝。一些裂缝的异常形状（在尖端附近较近井筒更宽）是附近水力裂缝应力阴影的结果。图 8.21（c）表示与图 8.21（b）相同的情况，但适用于单个射孔簇。注意，虽然图 8.21（c）中的单次水力裂缝长度远大于图 8.21（a）中的四个裂缝中的三个（图 8.21b 中的两条裂缝之一），且裂缝宽度大于其他情况，但总体而言，支撑裂缝的面积大大小于其他情况。由于高渗透裂缝与低渗透基质之间的接触面积对生产至关重要（第十二章将详细讨论），因此，图 8.21（a）所示的情况似乎是最佳的生产条件。

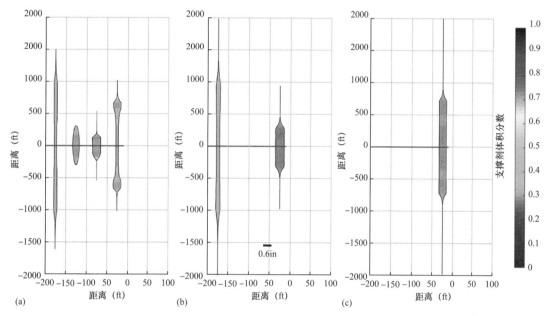

图 8.21　水力裂缝长度和宽度的变化是由与每条裂缝相关的应力阴影和与射孔直径和流量相关的井筒压力之间的相互作用引起的

（a）ResFrac 模拟四条水力裂缝的平面图，从四个具有 0.32in 射孔的簇生长；（b）只有两条水力裂缝从四个 0.64in 穿孔的集群中生长出来；（c）与（b）相同，但只有一个穿孔簇

第九章 储层地震学

如前所述，当孔隙压力达到预先存在的破裂面并导致滑动时，会产生微地震事件。第十章将更详细地描述这一过程，以及如何利用微地震数据更好地理解水力压裂过程。

为了正确地使用微地震数据，了解什么是可以确定的以及这些信息的局限性是很重要的。为此，本章所讨论的主题将简要考虑如何进行微地震监测；如何分析地震事件反映了先存断层上的剪切滑动；如何准确地确定地震事件的位置；根据滑动断层的大小（和断层大小的分布）以及震源平面机制定义的滑动几何结构（首次在第七章中介绍），可以确定地震震源相关信息。因此，本章所讨论的主题旨在向读者介绍与水力压裂期间触发的微地震监测有关的重要问题，而不是全面讨论所考虑的所有主题。

最近出版的许多专著，对这些问题进行了详细的探讨。读者可参考 Maxwell（2014）编写的勘探地球物理学会（SEG）微地震成像和水力压裂短课程，Grechka 和 Heigl（2017）和 Eaton（2018）的《被动地震监测和诱发地震活动》。由于微地震监测中的许多重要课题都与天然地震学的基本原理有关，本章推荐了 Aki 和 Richards（2002）、Stein 和 Wysession（2003）的著作。在这方面，虽然地震位置、震级、震源平面机制和大地震的震源性质在注入诱发地震中具有明显的重要影响，并在第十四章和第十五章中进行了讨论，但本章的重点是介绍伴随多级水力压裂的微地震事件。

第一节 储层增产过程中的微地震监测

地震记录图（记录地球因波的传播而发生的运动）有多种方法，每种方法各有优缺点。地震图代表震源、地震波在地球上的传播和地震仪器的响应是有帮助的。根据 Stein 和 Wysession（2003）的研究成果，地震记录可以表示为震源时间函数 $x(t)$ 与地球结构 $e(t)$ 和 $q(t)$，以及仪器响应 $i(t)$ 的卷积（用符号 * 表示）：

$$u(t) = x(t) * e(t) * q(t) * i(t) \tag{9.1}$$

其中两个任意时间序列的卷积写为

$$s(t) = w(t) * r(t) = \int_{-\infty}^{\infty} w(t - \tau) r(t) \mathrm{d}\tau$$

这是非常方便的，因为时域的卷积等价于频域的乘法，因此式（9.1）变成

$$U(\omega) = X(\omega) E(\omega) Q(\omega) I(\omega) \tag{9.2}$$

式中，每一项表示各自时间序列的傅里叶变换。

这一观点值得牢记的一个原因是，微地震监测的挑战在于利用地震图来获取高频、小振幅震源的信息，尤其是在存在大规模地表（深度通常为 2～3km）噪声源（泵和发动机）的情况下。此外，为了定位地震事件，人们必须了解地球的速度结构［用 $e(t)$ 表示］，它本质上具有各向异性，如第一章和第二章所述，并承认地震波的几何传播、散射和衰减［用 $q(t)$ 表示］将进一步减小最初较小的地震信号的大小。

一、钻孔阵列

由于水力压裂过程中发生的微地震规模极小，记录微地震事件最常用的技术是在附近的已存在的井中部署三分量检波器阵列，通常在措施井深度为 600m 范围内。检波器通过机械或液压方式固定在井眼套管上，以实现良好的耦合效果，通常记录有限频率范围内的质点运动。也可以在水平井中部署检波器阵列。井下监测的优缺点是有目共睹的。因为检波器距离震源较近并且位于相对无噪声的环境中，地震信号更容易检测。由于地震仪距离微地震事件发生地点较近，速度结构的不确定性对确定事件位置的影响较小，特别是当阵列的长度与微地震事件的距离相当时，其深度就更为明显。当然，缺点包括：（1）需要在感兴趣的区域内提供已存在的井，阵列的空间覆盖范围有限，这会影响探测和定位事件的能力以及确定震源平面机制；（2）由于水平分层（导致复杂波形）以及微地震震源和接收器之间沉积层的各向异性本质，波的传播变得复杂。Grechka 和 Heigl（2017）详细讨论了各向异性的重要性。

图 9.1 显示了与 Barnett 组页岩多级水力压裂两个阶段相关的微地震事件监测示例（Hakso 和 Zoback，2017）。使用两个近垂直井部署 20 个水平三分量检波器，间距为 15m。如图 9.1（a）所示，尽管这些井很近，但与微地震事件的距离有时超过 500m，这使得小地震事件的探测变得困难。此外，如图 9.2（b）所示，射线路径相当复杂，因为第 4 阶段（红色）的附近事件与几乎垂直移动的射线相关，而与第 3 阶段（蓝色）相关的远程事件主要涉及水平射线传播。因此，明显不同的射线路径（和射线路径上的速度）会影响这些地震事件在两个相邻阶段的定位精度。

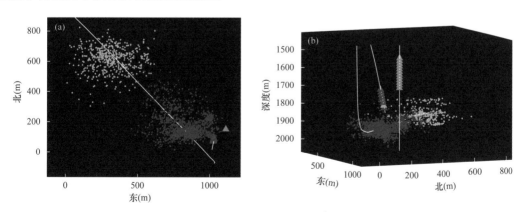

图 9.1　在近垂直井中部署了两个地震检波器阵列记录 Barnett 页岩水平井中与第 3 阶段（蓝色）和第 4阶段（红色）相关的微地震事件（据 Hakso 和 Zoback，2017）

二、地面阵列

在地面部署检波器有可能解决与井下记录相关的一些问题。显然，不需要先存在井，并且有良好的震源球覆盖范围以促进如下所述的震源平面机制。此外，射线的传播主要是垂直的，与从三维地震反射或 VSP 数据中常规获得的射线路径非常相似。图 9.2 显示了沿径向线部署的地面检波器。在每个站点部署 6～12 个检波器的 1000 多个台站并不少见。当地质和噪声条件有利时，地表监测可以产生准确的位置，特别是水平位置（Chambers 等，2010）和相对较大事件的震源平面机制。然而，有些地区的近地表条件导致地表监测工作效果很差。图 7.6 所示的水力压裂方向采用图 9.2 所示的阵列类型获得。从地震记录中提取出的相干地震波往往很难从视觉上识别出地震波，特别是从多个地震记录中提取出来的地震波。此外，地表噪声有时会很严重（而且不容易消除），而近地表地层有时会严重衰减地震信号，需要进行大量的静校正。因此，只能监测到相对较大的事件，并且需要使用专门的信号处理技术，并且通常使用偏移方法来定位事件。特殊的阵列设计有助于去除表面噪声，例如使用检波器集群。

图 9.2　Eagle Ford 地面地震阵列的部署（由 Microseismic Inc. 提供）

它由大约 1200 个地震道组成，每个地震道有六个垂直分量地震仪，以十臂星结构串联记录。该阵列在南北方向延伸约 6.7km，在东西方向延伸约 5.7km，以钻井平台为中心监测蓝色显示的两口井的措施情况

尽管如此，图 9.3 比较了在 Haynesville 组水力压裂期间记录的微地震事件的位置，这些微地震事件是由位于 1000～2000ft 处的 10 个三分量检波器（倒三角形）组成的井下阵

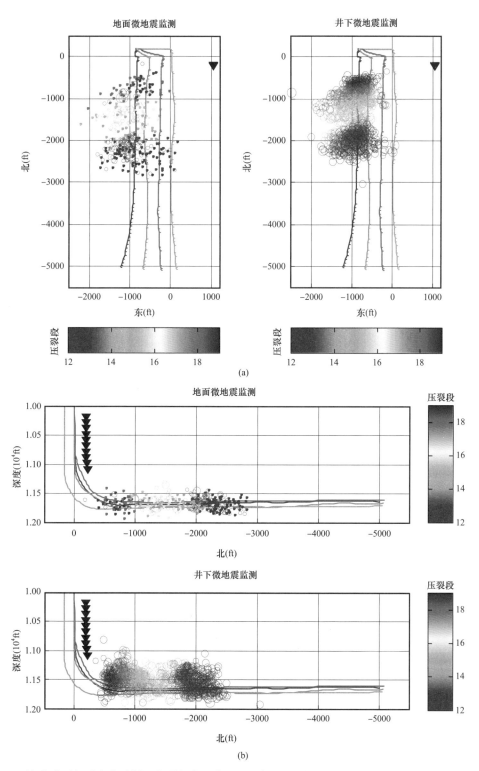

图 9.3 浅孔阵列与垂直井（倒三角形）中三分量地震仪 10 级阵列记录的事件进行微地震位置对比
（a）地图视图中仅显示了 H2 井的 12～19 阶段；（b）横截面（向东看）。请注意，使用井下阵列定位的事件比使用地面阵列定位的事件系统地浅

列获得的，位于井跟以东，由浅钻孔阵列记录，如图 9.4 所示。如图 9.3（b）所示，由于地震检波器的温度限制，最深地震仪位于侧面上方约 500ft 处。仅显示了 H2 井的 12～19 级水力压裂。这种比较有三个值得注意的特点：第一，井下阵列观测到的事件数量大约是地面阵列的十倍（Maxwell 等，2012）。第二，在这种情况下，较大事件的空间位置和深度似乎都更好地受地面阵列的约束。用于定位地表记录事件的速度模型基于检查爆炸测量，并进行了调整，以将记录的射孔弹定位在已知位置。由于只使用 P 波（因为浅钻孔中有单个垂直分量检波器），所以使用迁移技术来定位事件。对较大事件的位置进行比较表明，空间位置的平均差异为 150ft，但所有事件的平均差异高达 800ft。此外，浅孔阵列监测到的事件比井底阵列监测到的事件系统地更深。事件位置的比较表明，位于井眼阵列上的事件似乎在井底阵列的方向上有系统地移动。如上所述，从事件到井下阵列的射线路径包括水平波和垂直波的传播、地层边界处可能的折射以及速度各向异性引起的综合结果。显然，由于地表阵列的射线路径和空间范围更简单，这种情况下的微地震定位比使用井下阵列的微地震定位更准确。第三，当在三维视图观察时，地表记录的事件位置似乎沿 σ_{Hmax} 方向定义了许多平面撞击但集中在倾斜度约 60° 的平面上。由于这是一个正断层环境，事件可能代表了预期围绕水力裂缝或沿着正断层的事件云，如第七章所述。

图 9.4　设计用于监测 Haynesville 地层水力压裂作业的约 100 个浅孔阵列（由 Microseismic Inc. 公司提供）每个钻孔约 100m 深。所示的四口水平井长度约为 5000ft

三、浅孔阵列

第三种部署策略是井下和地面的混合阵列，它使用大量相对较浅的钻孔，在大约100m的深度部署检波器。通过卡车安装的钻机以低廉的成本钻孔，可以显著降低地表噪声。此外，检波器可以永久性地安装在钻孔中，以监测地震随时间变化的活动，而无须重新部署网络。通常情况下，检波器是半永久性部署的，记录设备在每次试井时都会重新部署。此外，浅孔阵列可能比在地面部署1000多个台站便宜，地面检波器的信噪比有改善的潜力，浅孔阵列提供了比井下阵列更好的波场空间采样，如果事件足够大，可以在地表记录，则可以改善地震位置和震源平面机制。部署在Haynesville组中的阵列如图9.4所示。在这种情况下，大约100个孔用于在不同深度部署三个单分量检波器，最深的深度接近100m。

四、光纤和分布式声波传感器

一项有趣的新发展技术是使用粘固在套管后面的光纤作为分布式声波传感器（DAS）或临时部署在连续油管上。从根本上讲，内置在光纤中的缺陷导致来自激光询问器的后向散射能量沿光纤长度（称为标距长度）计算作为时间函数的应变（转换为地面运动），光纤长度决定了频率分辨率。尽管地面震动仅在平行于光纤的方向上进行测量，但此类光纤的优点是它们可以临时或永久部署，并有可能沿光纤长度测量地面震动，从而产生有关地震波场的详细信息。正如Miller等（2012）和Hull等（2017b）指出的，可以记录与传统检波器记录的地震波场非常相似的地震波场，而且在许多情况下，记录的地震波场距离井眼数千英尺。光纤的部署还允许使用分布式温度传感器（DTS），这对研究层间封隔（如第八章所述）和逐步生产（如第十二章所述）非常有用。当光纤胶结在套管后面时，沿井筒的应变测量也是可能的。Jin和Roy（2017）、Hull等（2017b）讨论了部署光纤的多种用途。

第二节　地震波辐射

当发现与水力压裂观测相关的微地震事件时，一个明显的问题是，微地震事件是否显示了水力裂缝传播时的张开，或者像地震一样，代表了分布小断层上的剪切。

如前所述，它们是后者——水力压裂作业期间孔隙压力增加引发的极微小地震。这是因为地震波从震源传播的特性。为了展开这个讨论，首先需要考虑地震能量从震源处的辐射，这首先要考虑作用在一个物体上的力和从它们发出的地震能量。

如图9.5所示（Stein和Wysession，2003），可以考虑单一物体力（可能代表滑坡）、单一偶极力偶（可能代表张开裂缝，尽管可能比这更复杂）或双力偶，代表断层上的滑动。注意，双电偶可以用两个相等大小、符号相反的偶极子对P和T来等价地表示，分别代表一个压缩偶极子和一个拉伸偶极子。

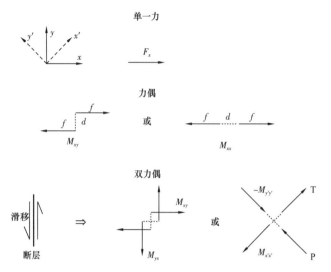

图 9.5　表示断层滑动的单一物体力、单一偶极力偶和双力偶的示意（据 Stein 和 Wysession，2003）

注意，断层剪切可以用剪切力双偶或一组正交偶极子来表示，一个是压缩偶极子，一个是拉伸偶极子。已表明力矩张量的相应分量

为了在不预先考虑地震波起源的情况下评估地震辐射，下一步需要考虑地震事件的矩张量。作为讨论的下一步，首先考虑地震力矩张量的分量，这是对可能导致地震事件的力偶的描述。一般来说，这个二阶矩张量可以写成一个九分量的力偶极子矩阵，将六个独立的力偶表示为 $M_{ij}=M_{ji}$，以满足平衡方程（即零净扭矩）。在 x、y、z 坐标系中，力矩张量表示为

$$
\begin{pmatrix}
M_{xx} & M_{xy} & M_{xz} \\
M_{yx} & M_{yy} & M_{yz} \\
M_{zx} & M_{zy} & M_{zz}
\end{pmatrix}
\tag{9.3}
$$

这些力偶极子可以可视化，如图 9.6 所示。

在进一步研究之前，需要定义标量矩张量，因为它是地震规模的最精确表示。标量矩 M_0 为

$$
M_0 = G\overline{D}S \tag{9.4}
$$

式中，G 为源区的剪切模量；$\overline{D}$ 为平均位移；S 为发生滑移的面积。标量矩与地震震级之间的关系讨论如下。

建立了这些基本概念后，图 9.7 显示了与爆炸源（由于三个伸展偶极子 M_{xx}、M_{yy} 和 M_{zz} 而在所有方向上均匀辐射）、双耦合剪切源（M_{xy} 和 M_{yx}）和补偿线性矢量偶极子（CLVD）相关的波辐射模式，这类似于圆柱体被径向挤压和轴向膨胀相等的量。任何地震信号都可以分解成这三个一般矩张量的分量，尽管分解是非唯一的。

很明显，爆炸会在震源的各个方向产生一个纵波（压缩 P 波）。一个内爆源（可能对应于一个空腔的坍塌）代表了相反的情况——一个向各个方向传播的伸展 P 波。请注意，对

于剪切震源（图中所示的图对应于走向 N45°W 的垂直平面上的右旋走滑地震），伸展 P 波（以蓝色表示）与剪切平面的最大夹角为 45°，纵波和伸展 P 波的对称辐射模式相距 90°。

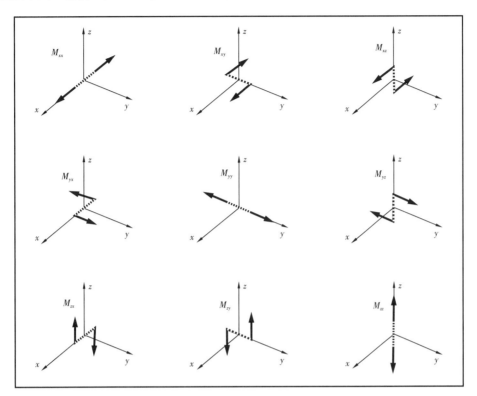

图 9.6　对应于力矩张量九分量的偶极子力图示（据 Stein 和 Wysession，2003）

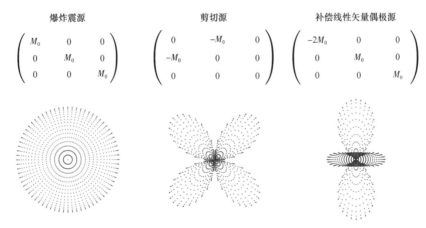

图 9.7　与爆炸源相关的不同方向（红色表示压缩，蓝色表示拉伸）的力矩张量分量和压缩波辐射相对大小的图示（据 Leo Eisner）
南北走向的右旋走滑断层（或东西走向的左旋走滑断层）和一种补偿线性矢量偶极子 CLVD

在继续进行之前，重要的是要认识到剪切波传播有一个独特的模式，如图 9.8 所示，在穿过原点的南北走向垂直面上出现水平剪切滑移。注意 SH 波（粒子运动平行于地球表面的波）显示出与 P 波相似的模式，但旋转了 45°。这意味着，在距断层面走向 45° 的方向上，P 波与 SH 波的比值无限大（因为 SH 波振幅为零），但在 45° 之外，这个比值为零（P 波为零振幅）。振幅比的这种强烈变化将在下面的观测数据中加以利用，因为它是对剪切源的诊断，但既不是各向同性的，也不是补偿线性矢量偶极子（CLVD）源。垂直剪切断层的 SV 波（粒子运动与 SH 波和 P 波正交）的辐射要复杂得多。

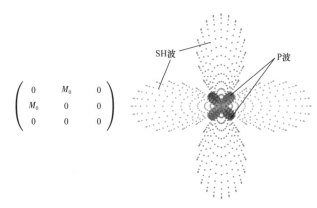

图 9.8　不同方向（红色为压缩，蓝色为伸展）的压缩波和剪切波辐射的相对大小以及垂直北向走滑断层的相应力矩张量（据 Leo Eisner）

一、来自 P 波和 S 波极性的震源平面机制

表示地震仪上记录的 P 波或 S 波极性的典型方法是使用下半球立体网（Stein 和 Wysession，2003）。因此，图 9.9 通过显示表示波极性（海滩球，白色区域表示伸展象限）的赤平投影，扩展了上述讨论，这些极性是上述三种力矩张量的特征。请注意，CLVD 既可以是眼球，也可以是棒球（Stein 和 Wysession，2003），这取决于圆柱体的延伸长轴是垂直的（从右起第三列）还是水平的，并呈南北走向（第四列）。

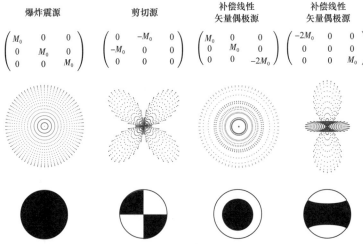

图 9.9　爆炸震源、剪切源（图 9.7）和两种 CLVD 源（红色压缩，蓝色伸展）的压缩波辐射相对大小的比较（据 Leo Eisner）

中间一行是俯视平面图。在下半球赤平投影中，波极性的相应显示为震源平面机制（压缩为黑色，伸展为白色）

图 9.9 所示的立体网很自然地形成了图 9.10 所示几个理想断层的震源平面机制的图解（Stein 和 Wysession，2003）以及 P 波辐射模式——图 9.10（a）的平面图中为垂直走滑断层，右侧横截面为理想的倾斜滑动断层。很清楚的是，如何利用典型的 P 波极性和 S 波极性震源平面机制的结构，从断层活动类型推断相对应力大小。显然，如果要从极性中确定精确的震源平面机制，震源球的空间覆盖是非常重要的。

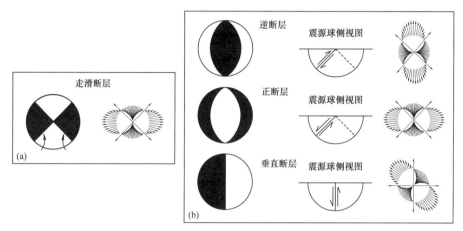

图 9.10　与理想化断层相关的下半球震源平面机制和 P 波辐射模式（据 Stein 和 Wysession，2003，有修改）（a）走向 N45°E 或 N45°W 的垂直走滑断层；（b）南北走向的逆断层、正断层或垂直断层。注意，后一种情况可能与水平断层上的滑动有关

由于辐射模式的对称性，两个震源平面中哪一个对应于实际的断层面，哪一个是正交的辅助平面，存在固有的模糊性。当微地震事件沿着一个明确界定断层的平面排列时（见图 4.4），很容易知道哪个平面是断层。在其他情况下，则更加模糊。然而，当一个区域的应力状态有独立的信息时，可以合理地假设断层是剪应力与正应力比值较高的平面。

图 9.11 是 Yang 和 Zoback（2014）在对 Bakken 组研究时提出的一个挑战，即利用井下地震阵列记录的 P 波极性来确定微地震事件的精确地震震源平面机制。在这种情况下，在垂直井的四个井下阵列上记录了微地震事件，每个阵列由 40 个三分量检波器组成。按照当时的标准，这代表了微地震监测的显著水平。这就是说，为了精确地约束其中一个较大事件的震源平面机制，Yang 和 Zoback（2014）基于对断层方向和相对应力大小的认识，创建了一个合成震源平面机制，说明了四个阵列上的预期 P 波极性（图 9.11a），并将其与观测值进行了比较。图 9.11（c）显示了倾角和倾斜度的变化（倾斜度是断层平面上的滑动方向），假设断层走向受到穿过井筒的明确断层的地震事件的线性约束。因此，即使在这种从四个垂直地震阵列获得极性的情况下，震源平面机制在很大程度上仍然存在不确定性。

图 7.3 说明了图 7.1 中讨论的断层样式是如何通过不同类型的震源平面机制表示的。因为震源机制的 P 轴平分了震源平面机制的伸展 P 波象限，T 轴平分了纵波象限，B 轴位于断层平面，与 P 轴和 T 轴正交。P 轴和 T 轴有时用作主应力方向的指标。如第七章所述，这些轴与主应力方向相似，但不相同，但一旦有一组约束良好的机构，则通常可以将其反转以获得可靠的应力方向。

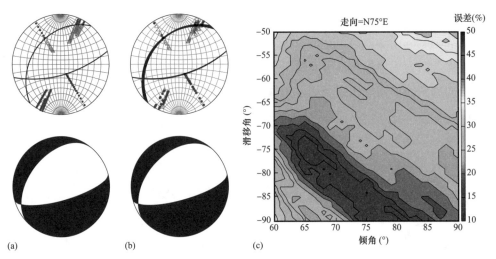

图 9.11　四口垂直监测井记录的 Bakken 组微地震的理论（a）和观测（b）的 P 波极性，每口井具有 40 级三分量地震阵列；（c）假设断层走向已知，各种断层倾角、倾角的预测和观测 P 波首次运动之间的误差等值线图（据 Yang 和 Zoback，2014）

二、使用全波形的震源平面机制

由于微地震监测过程中震源球的覆盖范围有限，必须使用全波形反演等技术来确定地震震源平面机制。从根本上说，全波形反演就是对整个波形进行建模，以获得有关地震震源平面机制和位置信息。波形反演在地震学领域得到了很好的发展，Grechka 和 Heigl（2017）讨论了它在确定微地震事件震源平面机制中的应用。遵循 Staněk 等（2017）的命名法，观测到的纵波和横波位移 d 的振幅可以与格林函数矩阵 G 相关，格林函数矩阵是点震源产生的地震波形，全力矩张量 M 由下式给出：

$$d = G*M \tag{9.5}$$

对于一个三分量地震仪，P 波和 S 波的矩阵 d 和 G 表达式为

$$d = \begin{bmatrix} A_{PN} \\ A_{PE} \\ A_{PZ} \\ A_{SN} \\ A_{SE} \\ A_{SZ} \end{bmatrix}, \quad G = \begin{bmatrix} G_{PN}(1) & G_{PN}(2) & \cdots & G_{PN}(6) \\ G_{PE}(1) & G_{PE}(2) & \cdots & G_{PE}(6) \\ G_{PZ}(1) & G_{PZ}(2) & \cdots & G_{PZ}(6) \\ G_{SN}(1) & G_{SN}(2) & \cdots & G_{SN}(6) \\ G_{SE}(1) & G_{SE}(2) & \cdots & G_{SE}(6) \\ G_{SZ}(1) & G_{SZ}(2) & \cdots & G_{SZ}(6) \end{bmatrix}$$

式中，A_{PN} 为在北分量上测得的 P 波位移的振幅；G_{PN}（1）为由于力矩张量的第一分量引起的北分量振幅的远场射线近似的 P 波格林函数导数；（1）～（6）分别表示力矩张量 M 的六个分量。力矩张量反演方程式如下：

$$M = (G^{T}G)^{-1} G^{T} \tag{9.6}$$

用于确定 **M** 的技术是通过最小二乘法反演找到与观测地震记录相匹配的最佳拟合矩张量（Eaton 和 Forouhideh，2011；Song 和 Toksöz，2011；Eyre 和 van der Baan，2017）。地震资料包含低频地震能量，这是与微地震资料相比的一个显著优势。Vavryčuk（2007）和 Vavrycuk 等（2008）讨论了利用反演确定钻孔监测微地震事件震源平面机制的一些挑战。这些挑战来自各种各样的震源，也许最重要的是井下地震阵列采集的辐射的有限部分，在充分了解速度结构和在感兴趣频率下建模能力的前提下，使用全波形反演可以部分克服这一问题。正如 Stein 和 Wysession（2003）指出的那样，反演矩张量波形族的能力取决于地震记录与矩张量之间的格林函数的知识。

为了说明将波形反演应用于图 9.1 所示数据集的震源机制确定，将利用 Kuang 等（2017）进行的研究结果，这在两个方面都很新颖。Kuang 等（2017）推广了 Li 等（2011）用于匹配 3C 检波器上记录的合成 P 波和 S 波波形的方法，包括 SV/P 和 SH/P 振幅比值。Li 等（2011）的方法只考虑了地震记录单分量的 SV/P 振幅比。因此，该方法利用在地震记录的三个分量上观测到的两个地震测定参数。在预先计算了大量可能的位置和震源平面机制之后，他们利用先进的搜索算法来确定最佳的解决方案。他们发现，至少需要两个井下阵列的数据才能使该技术正常工作，并且需要一个合理的井约束速度模型，以使该技术顺利工作，尽管速度和衰减模型（以及事件位置）的不确定性也被考虑在内。

Kuang 等（2017）的方法最小化以下目标函数：

$$\text{obj} = a_1 * f_1\big(\text{pol}(\text{obs}), \text{pol}(\text{syn})\big) + a_2 * f_2\big(\text{obs} \otimes \text{syn}\big) +$$

$$a_3 * f_3\left\{\left[\text{rat}\left(\frac{\text{SV}_{\text{obs}}}{\text{P}_{\text{obs}}}\right), \text{rat}\left(\frac{\text{SV}_{\text{syn}}}{\text{P}_{\text{syn}}}\right)\right] + a_4 * f_4\left[\text{rat}\left(\frac{\text{SH}_{\text{obs}}}{\text{P}_{\text{obs}}}\right), \text{rat}\left(\frac{\text{SH}_{\text{syn}}}{\text{P}_{\text{syn}}}\right)\right]\right\} \quad (9.7)$$

式中，f_1、f_2、f_3 和 f_4 为每个项的不同通用函数；a_1、a_2、a_3 和 a_4 均为加权因子；obs 为观测数据；syn 为合成数据；pol 为第一个运动的极性；rat 为 SV、SH 和 P 波之间的振幅比。

使用图 9.1 所示 Barnett 组研究的数据，Kuang 等（2017）评估了 23328 个合成震源平面机制，并将拟合优度与观测波形进行了比较。图 9.12（a）显示了 1000 个最佳匹配机制。注意，这些震源机制之间存在相当大的可变性。在确定了 10 个最佳解决方案时（图 9.12b），拟合优度几乎没有提高，而且解决方案之间有相当强的一致性。换句话说，前 10 个最佳搜索结果中的任何一个都可以被视为具有良好约束的解，其走向、倾角和倾斜度的不确定性在 10° 以内，基本上受到记录几何和离散化以及计算效率的限制。

图 9.13 显示了真实（蓝色）和模拟（红色）P 波和 S 波之间的极好对比。在反演中，根据纵波和横波列的总持续时间，使用指定的时间窗对纵波和横波进行加窗处理。对于 P 波，3C 波旋转成径向、横向和垂直分量后，横向分量理论上为零。为了便于说明，已通过消除时间偏移来对齐波形。位置和速度误差主要影响到达时间。衰减的不确定性影响波形的振幅，正如从 S 波比较中可以看到的。然而，振幅效应相对较小，因此 20% 的衰减误差不会显著影响 SV/P 和 SH/P 振幅比值。因此，即使在 100Hz 左右的频率下衰减具有

不确定，反向震源机制也与参考震源机制匹配良好。模拟 CLVD 的东西向垂直拉伸裂缝的
P 波和 SH 波辐射模式如图 9.14 所示。

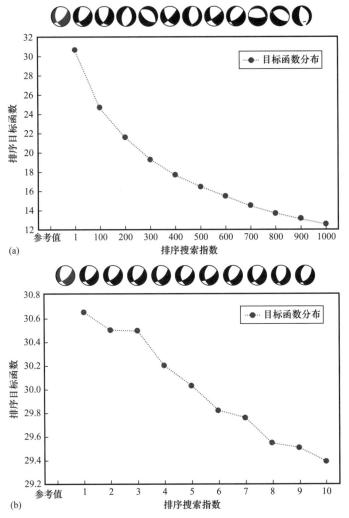

图 9.12　从 23328 个可能的震源平面机制中显示了排名前 1000 最佳解决方案的分布（以及每 100 个结
果对应的震源平面机制）（a）和排名前 10 最佳解决方案的目标函数分布及其相应的震源机制（b）（据
Kuang 等，2017）

海滩球（红色）是用于生成合成测试中的参考数据

Kuang 等（2017）确定了该数据集中 123 个较大微地震事件的震源平面机制，用于
图 7.5 所示的应力反演。通过了解应力状态，确定与断层相对应的节平面为剪应力与正应
力之比最大的节平面。换句话说，无论其方向如何，预计该平面将在比辅助平面低的孔隙
压力扰动下滑动（如第十章所述）。利用这些信息对由微地震数据建立网络模型非常重要
（见第十二章）。

微地震是否代表剪切或拉伸断裂？为了考虑水力压裂期间记录的微地震事件是否代表
水力裂缝的开启，图 9.14 显示了东西走向垂直拉伸裂缝的辐射模式作为 CLVD。注意，横

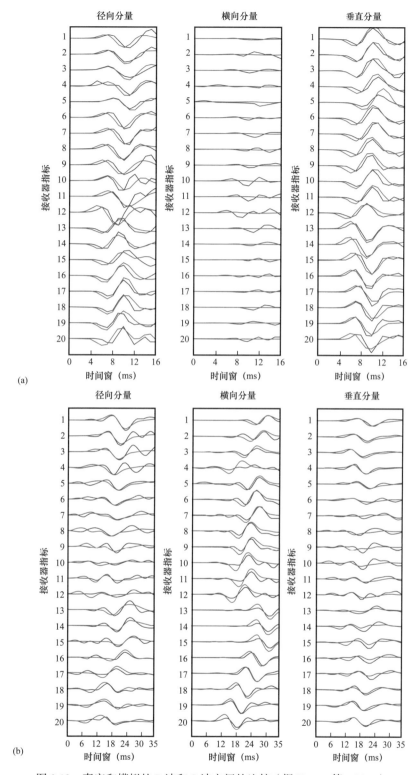

图 9.13　真实和模拟的 P 波和 S 波之间的比较（据 Kuang 等，2017）

（a）真实（蓝色）和模拟数据（红色）之间的 P 波比较，从左到右分别是径向分量、横向分量和垂直分量；（b）真实（蓝色）和建模数据（红色）之间的 S 波比较，从左到右分别是径向分量、横向分量和垂直分量

波的最大振幅大约是纵波的两倍。如前所述，所有机制可分解为三个部分：各向同性（或体积）、剪切和CLVD源。在这种情况下，体积分量为55%，CLVD分量为45%，剪切分量为0。图9.14的另一个替代方案是将张开水力裂缝表示为拉伸偶极点源，这将产生一个震源平面机制，指示所有地方的挤压。实际上，CLVD和点源辐射模式都看不到。

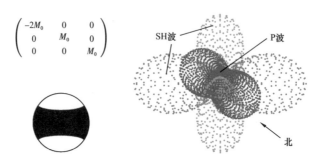

$$\begin{pmatrix} -2M_0 & 0 & 0 \\ 0 & M_0 & 0 \\ 0 & 0 & M_0 \end{pmatrix}$$

图 9.14　模拟 CLVD 的东西向垂直拉伸裂缝的 P 波和 SH 波辐射模式比较（据 Leo Eisner 提供）

为清晰起见，图中未显示从东向西延伸的较小扩张叶

退一步讲，有三个普遍的观察结果表明，水力压裂过程中记录的微地震事件主要表现为剪切滑动，而不是拉伸张开。

第一组观察结果是，微地震事件的时间和位置与扩展的水力裂缝的尖端不相关（Shaffner 等，2011；Warpinski 等，2013；Rutledge 等，2013）。Warpinski 等提出了另一个论点，即在扩展的水力裂缝中，流体不太可能到达裂缝尖端，在未张开的裂缝尖端附近可能会发生剪切变形（见图 8.11a）。图 9.15 是时间—距离微地震事件位置的一个例子，它表明随着水力裂缝的扩展，地震事件不会单调地远离井筒。该图显示了与 Cotton Valley 组早期水力压裂试验相关事件的时间—距离关系图（Rutledge 等，2004）。随着时间的推移，绝大多数事件发生在靠近水力裂缝的岩石体积中，而不是在其扩展尖端。例如，如果在泵送的第一个小时内（速度约为 200m/h）从穿孔处快速传播的微地震事件表明有一些事件

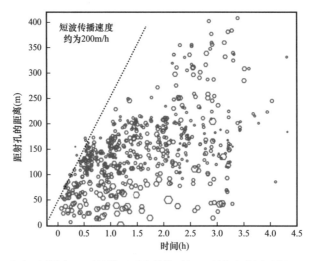

图 9.15　Cotton Valley 组水力压裂期间记录的微地震事件的时间—距离交会图（据 Rutledge 等，2004，有修改）

符号大小与微地震强度相对大小成正比

来自近尖端区域，那么在距离射孔较近的地方，这些事件会持续几个小时。如图 8.11（b）所示，并在第十章详细讨论，这表明事件发生在水力裂缝周围的岩石体积中。200m/h 左右的水力裂缝扩展速度与 Detournay（2016）的理论预测和第八章中显示的裂缝扩展模拟结果相一致。

表明微地震事件是剪切事件的第二条证据是地震能量的辐射模式，其表现为指示剪切断层作用的 P 波和 S 波振幅和比值的变化，而不是拉伸裂缝的张开。在微地震监测开始用于监测水力压裂后不久，Rutledge 等（2004）对 Cotton Valley 组的微地震数据波形进行了分析（图 9.16），得出的重要研究结果表明，尽管微地震震源在水力裂缝的预期方位上呈紧密线性趋势，但基于 P 波极性和 SH/P 波比值的微地震事件的震源平面机制（图 9.8）与左侧走滑地震一致。它们还显示了 SH 波与 P 波的震级之比，与水力裂缝传播的射孔的方位角有关（图 9.16c）。他们将剪切事件解释为小断层造成的，这些小断层在扩展时抵消了水力裂缝（图 9.16b）。图 9.14 所示的张开式断裂的辐射模式不可见。

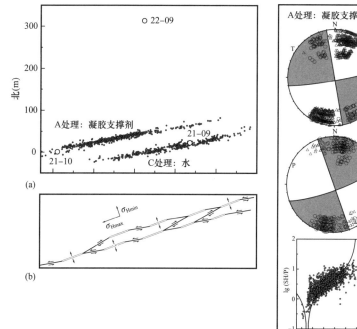
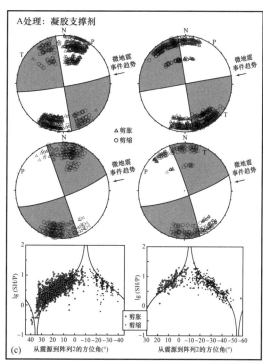

图 9.16　Cotton Valley 组水力压裂期间记录的微地震事件（据 utledge 等，2004）

（a）微地震中似乎确定了 NNE 走向的水力裂缝；（b）网状剪切型和张开型裂缝的解释；（c）震源平面机制和 SH/P 波振幅比随角度的变化表明微地震事件对应于断层上的剪切滑移

第三，完整地震波形的建模（图 9.13）与双耦合震源平面机制一致。此外，在给定区域内反演最佳拟合应力张量（如第七章所述）的一系列震源机制，可靠地产生与独立数据一致的主应力方向和相对大小（见图 7.5）。

自从 Rutledge 等（2004）论文发表之后，研究人员普遍认为，与水力压裂相关的微地震事件主要是先存裂缝和断层上的剪切造成的（Warpinski 等，2013；Maxwell，2014）。

第十章讨论了与水力压裂相关的层面滑移的可能性。虽然不同的研究人员（Sileny 等，2009）提出了水力压裂过程中与地震相关的变形的张开（非双耦合）分量，但该小组最近的研究与他们先前的结论相矛盾。例如，Vavrycuk 等（2008）指出，与德国超深 KTB 钻孔加压期间产生的小地震相关的地震图的非双分量可能是由岩石的各向异性引起的，而不是拉伸张开。他们的结论基于这样一个事实：即负 CLVD 成分与拉伸断裂不一致。此外，这些事件是由远远低于压裂梯度的流体压力触发的（Zoback 和 Harjes，1997），因此预计不会出现拉伸开启。重要的是要注意到与非常规储层水力压裂相关的微地震事件的相似性。事件发生的介质各向异性强，并且微地震事件是在远低于压裂梯度的压力下触发的（见第十章）。

第三节 震源参数与粗化关系

多年来，与地震规模相关的不同地震确定参数之间的关系已得到很好的确定。Stein 和 Wysession（2003）、Eaton（2018）对这些关系进行了简要回顾。

一、能量释放和震级

地震的震级代表断层滑动释放的能量。由于功等于力乘以距离，地震中释放的应变能 W 代表平均抗应力滑移，其表达式为

$$W = \bar{\tau}\,\overline{D}S \tag{9.8}$$

式中，$\overline{D}$ 为平均位移；S 为断层面积。

潜在的大到足以造成损害或伤害的地震是人们最关心的问题，将在第十四章和第十五章中讨论，这两章讨论了与非常规油气生产有关的诱发地震活动。就水力压裂期间发生的微地震而言，典型震级约为 –2。一个里氏 +2 级地震（地表可能感觉到的最小地震）释放约 $6300 \times 10^4 J$（相当于约 15kg TNT 的爆炸），而 –2 级地震释放的能量约为 63J，相当于 1gal 牛奶从厨房柜台上掉下来后砸在地上的能量。每个震级单位代表能量释放的差异系数为 33。因此，在应变能释放中，两个震级单位代表大约 1000 个因子。因此，四个震级单位（+2 级地震和 –2 级地震之间的差异）是能量释放的 100 万倍。

Charles Richter 开发的震级是基于在离地震一定距离处用某种类型的地震仪测得的地面运动振幅。使用类似方法通常被称为局部震级 M_L，因为它们是针对影响地震波随距离衰减的局部地质条件而校准的。

人们普遍认为，计算震级作为应变能释放量度的最佳方法是基于无向量的地震矩［注意式（9.4）和式（9.8）的相似性］。无向量矩通常由地震记录中横波位移谱的低频水平确定，Ω_0 如图 9.17 所示（Warpinski 等，2013），利用以下关系式：

$$M_0 = \frac{4\pi\rho c^3 R\Omega_0}{f_c} \tag{9.9}$$

式中，R 为微地震到地震记录的距离；f_c 为角频率。Eisner 等（2013）讨论微地震事件的震源谱和确定角频率及衰减的方法。

一旦根据光谱确定力矩，力矩大小可由以下方程式得出：

$$M_{\mathrm{w}} = \frac{2}{3}\left(\lg M_0 - 9\right)\qquad（9.10）$$

式中，M_0 为无向量矩，N·m。由于报告的震级通常是局部震级 M_{L}，因此用 M_{L} 表示地震力矩是有用的：

$$\lg M_0 = 0.77 M_{\mathrm{L}} - 10.27\qquad（9.11）$$

对于水力压裂过程中记录的微地震数据，报告的是局部震级还是矩震级，不同研究者报告的震级通常不同。Shemeta 和 Anderson（2010）讨论了由不同服务提供商确定的力矩大小的变化很可能是由于使用的衰减关系。

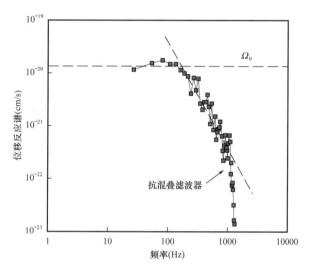

图 9.17　Barnett 页岩中微地震记录的位移谱示例（据 Warpinskietal，2013）

无向量矩 M_0 是位移谱的低频级水平，角频率 f_c 与地震的震源维数有关

二、应力降

对于半径为 r 的圆形断层，应力降、滑动后断层上剪切应力的平均变化 $\Delta\tau$、力矩、断层半径、平均滑移 D 和剪切模量 G 之间的关系如式（9.12）所示：

$$\Delta\tau = \frac{7}{16}\frac{M_0}{r^3} = \frac{7}{16}\frac{G\pi r^2 \overline{D}}{r^3} = \frac{7}{16}\frac{G\pi \overline{D}}{r}\qquad（9.12）$$

图 9.17 中定义的角频率 f_c（滑动的圆形断层片上的震源大小）由剪切半径 r 和剪切速度 β 之间的关系由式（9.13）给出：

$$f_c = \frac{2.34\beta}{2\pi r}\qquad（9.13）$$

因此，应力降、力矩和震源大小之间的关系如下所示：

$$\Delta\tau = 8.47 M_0 \left(\frac{f_c}{\beta}\right)^3 \qquad (9.14)$$

由于这个关系中对 f_c^3 的依赖性（由衰减校正光谱确定，如图 9.17 所示），地震测定的应力降（通常在 0.1～10MPa 之间变化）存在相当程度的不确定性。图 9.18 显示了式（9.12）中所示的关系（Abercrombie，1995）。一般来说，虽然应力降的约束条件很差，但值得注意的是，地震尺度在很大范围内是不变的。图 9.18 显示了从 –1～5.5 的局部震级。请注意，该图是根据深度记录的数据编制的，该数据消除了噪声源和近地表衰减的影响。

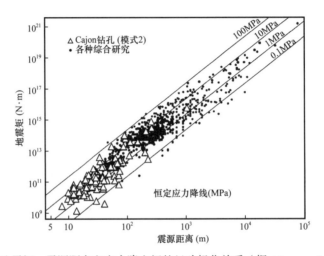

图 9.18　地震矩、震源距离和应力降之间的经验粗化关系（据 Abercrombie，1995）
如根据式（9.9）～式（9.12）从井下地震记录确定的

图 9.19 显示了更大的矩震级范围（Cocco 等，2016），从地球上曾发生的一些最大地震（$M_w \approx 9$）到实验室地震（$M_w = 7$）不等。因此，超过 16 个数量级，能量释放的因子约为 2×10^{24}（33^{16}），应力降不会随地震大小而系统地变化。因此，为相对较大的自然发生的地震定义的经验地震粗化关系与小得多的微地震事件同样相关。这表明无论是要解决与水力压裂措施有关的很小微地震（见第十章至第十二章），还是要引起地震活动（见第十三章和第十四章），都可以使用上面定义的地震比例关系。

三、与断层大小和滑动有关的震级

基于广泛使用的地震粗化关系，图 9.20 总结了地震大小（表示为震级或力矩）、滑动断层大小和基于应力降的滑移量之间的关系（Walters 等，2015）。尽管应力降观察较为分散，但是预计强度为 –2 级的微地震事件与大约 1m 的震源尺寸和小于 0.1mm 的滑动有关。因此，在单层的厚度范围内，裂缝和断层的滑动程度（见第七章）足以解决在水力压裂措施过程中观察到的许多微地震事件。在诱发地震的情况下，本书关注的震级范围的另一端，可能造成 5～6 级地震的破坏需要大约 10km 的断层滑动（在较大断层的一部分上），这意味着向下延伸到地下的断层发生滑动。正如将在第十四章和第十五章中详细讨论的那样，与诱发地震有关的危险通常取决于注入是否会刺激延伸到晶体基底的断层上的滑动。

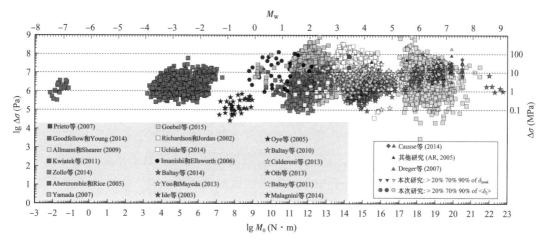

图 9.19　根据多位研究人员的经验观察到的应力下降超过 16 个数量级

不同的颜色和符号对应于图例中所示的不同构造背景和方法

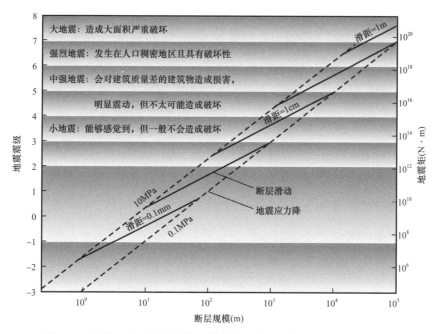

图 9.20　式（9.9）中地震粗化参数的广义表示（据 Walters 等，2015）

第四节　地震统计学

一、Gutenberg-Richter 关系

地震学中最重要的关系之一是频率—震级（Gutenberg-Richter，G-R）关系，它说明

在给定时间段内，给定区域内 M 级及以上地震次数（N）的对数遵循经验法则：

$$\lg N = a - bM \qquad (9.15)$$

尽管这种关系最初是针对加利福尼亚州发生的地震而开发的，但不管地震活动的地区、断层类型或水平如何，这种关系通常都是有效的。此外，普遍认为（对于自然地震）参数 b 接近 1。换句话说，5 级地震是 6 级地震的 10 倍，4 级地震是 5 级地震的 10 倍，以此类推。因此，4 级地震是 6 级地震的 100 倍。然而，就能量而言，6 级地震释放的能量是 4 级地震的 1000 倍。因此，100 个 4 级地震只释放出与 6 级地震 10% 的能量。

关于 G-R 关系，有两点需要注意。在地震较少的地区，显然有必要确保地震目录完整到已知的震级水平，下面在水力压裂伴随的微地震活动的背景下重新讨论这一主题。G-R 关系中的参数 a 实际上相当于 M 0 地震的次数。更简单地说，它对应于给定地区的地震活动水平。例如，在地震活跃的加利福尼亚州南部和相对稳定的美国中东部，M4 级、M5 级和 M6 级地震的发生率明显不同，用 a 值表示，M4 级、M5 级和 M6 级地震事件的相对数相同，因为两个区域的"b"值相同（$b \approx 1$）。

二、目录完成和监测能力

图 9.1 中所示数据集相关的微地震 G-R 增量散点图如图 9.21 所示（Hakso 和 Zoback，2019）。如图所示，数据完整后地震次数与震级之间存在线性关系，在这种情况下 M-1.8 如蓝色圆所示。如果将其外推至 M-2.25，则表明有 2000 多个地震事件（见第十章）。与自然地震不同的是，这个数据集显示了一个非常高的 b 值（2.9），这意味着统计上小地震比大地震多。高 b 值（通常 ≥2）是微地震数据中常见的观测值（Hurd 和 Zoback，2012b；Maxwell，2014；Eaton，2018）。对此，一种可能的解释是在相对较短的时间内，单个水力压裂阶段的剪切措施作用影响了相对较小的岩石体积，因此，没有对整个地壳中断裂尺寸的整体分形分布进行采样。换句话说，剪切措施仅限于相对较小的裂缝，如图 7.13 所示。事实上，Hallo 等（2014）认为 b 不小于 1.5 在物理意义上不现实，因此与微地震事件相关的高 b 观测值是所考虑的小范围震级的假象。

用于监测与微地震监测有关的数据完备性的最常用方法是将震级绘制为距离的函数，如图 9.22a 所示（Maxwell，2012）。这个散点图让人定性地感觉到在距离监控阵列一定距离的不同阶段监测到一定规模的地震事件的能力。例如，可以在 4000ft 距离处监测到 M-2 事件，而在 2500ft 的距离处可以监测到小至 M-2.5 的事件。但是，这些散点图不能反映真实的数据完整性，因此不允许定量比较各个阶段记录的地震活动性。Vermylen 和 Zoback（2011）指出，Barnett 组页岩中连续阶段距监测阵列的可变距离会影响所探测事件的总数。对于图 9.22（a）中所示的数据在图 9.22（b）中展示出。由于阶段 A 离监视阵列更远，因此监测到的总事件较少。但是，在阶段 A 的完整性水平以上，所有级别的微地震事件都发生了。第十章将讨论利用微地震数据创建裂缝网络的重要性。应当注意与这些数据关联的 b 值略大于 2。

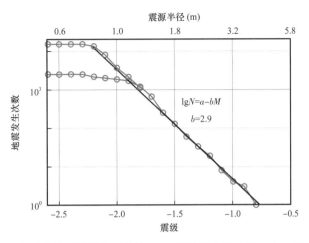

图 9.21　与图 9.1 所示微地震数据集相关的 G–R 增量散点图（据 Hakso 和 Zoback，2019）

请注意非常高的 b 值。微地震的数据点已经完整到大约 M–1.8（蓝色），外推至 M–2.25 将包括 2000 多个地震活动次数

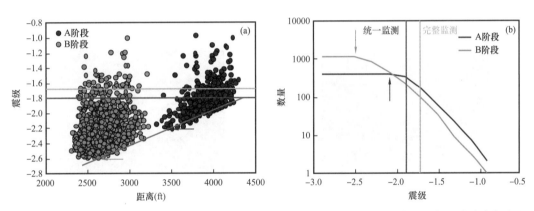

图 9.22　监测阵列（a）和相应累计频率—震级散点图（b）不同距离处两个阶段的微地震活动率对比

（据 Maxwell，2012）

因为更接近阵列，阶段 B 具有更多的总体事件，因此具有较低的监测限制。事件计数在统一监测（蓝色下线，与在所有距离监测的某些事件一致）或完整监测（绿色顶线：监测到的所有事件）的级别上进行比较

第五节　定位微地震

许多学者广泛讨论了地震位置的话题。本节将简要讨论通常用于定位与水力压裂措施相关的微地震的技术。首先讨论分别用于井下和地面地震记录的两种技术。两种技术均用于确定地震事件在空间和时间上的位置。最后讨论了利用 Waldhauser 和 Ellsworth（2000）的双差方法进行相对定位的方法，该方法可用于实现关于彼此的高精度地震事件。

一、传播时间方法

传统的地震定位方法首先利用 P 波和 S 波传播时间的差值来确定地震与给定地震仪的距离。当地震记录在多个地点时，可以通过使用 Geiger 方法拟合来自所有地震仪的数据来获得位置。如第二章所定义，P 波和 S 波以不同的速度传播。因此，在各向同性的均匀介质中，P 波和 S 波到达地震仪的时间由下式给出：

$$t_p = t_0 + \frac{x}{v_p}$$
$$t_s = t_0 + \frac{x}{v_s}$$

（9.16）

式中，x 为到地震仪的距离；t_0 为地震的开始时间。由于 t_p 和 t_s 是根据地震图确定的，但开始时间未知，因此这些等式导致距离为

$$x = \left(t_s - t_p\right)\frac{v_p v_s}{v_p - v_s}$$

（9.17）

对于各向同性的均质介质，图 9.23 说明了更多的地震仪如何连续地使用式（9.17）确定微地震事件的精确位置。单台地震仪能够测定距离地震的距离。利用 P 波运动在射线路径方向上极化的事实（图 9.24），可以使用极化方向来确定射线传播的方向。因此，理论

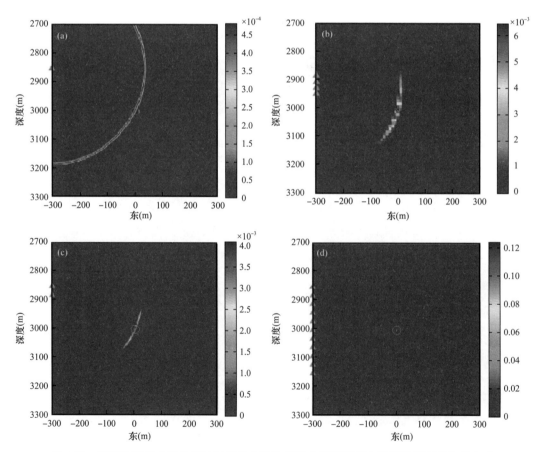

图 9.23　说明 P 波和 S 波的到达时间差允许地震计之间的距离由地震计阵列确定的方式
（据 Leo Eisner 提供）

图示中使用了与各向同性均质介质中的井下监测相对应的几何形状。（a）事件记录在单个井下地震仪上，事件的位置可能发生在所示双曲线的任何位置；（b）、（c）、（d）分别使用了 2 个、4 个和 11 个地震仪，这有助于确定精确位置

上，假设 t_s 和 t_p 已被精确确定并且速度模型是已知的，则可以使用单个地震仪来确定事件的位置。Eisner（2009）提出了一种从井眼阵列确定 S 波速度的方法。

在实践中，使用多个站点记录的旅行时间来定位地震。显然，当仅使用一个或几个地震台站时，P 波和 S 波到达时间、极化方向、速度模型等的采集不确定性就变成了定位精度的不确定性。如上所述，Geiger 方法是使用地震台站网络定位地震的最常用方法。它涉及通过最小化监测到事件的所有站点观测到的理论到达时间与理论到达时间之间的残差来求解地震位置（x，y，z）和起始时间，可以通过方程式确定行程时间：

$$\text{RMS}_{\text{residual}} = \sqrt{\frac{\sum_{i=1}^{n}\left(T_{\text{Pobs}}^{i} - T_{\text{Pcalc}}^{i}\right)^{2} + \left(T_{\text{Sobs}}^{i} - T_{\text{Scalc}}^{i}\right)^{2}}{n_{\text{picks}}}} \quad (9.18)$$

式中，$\text{RMS}_{\text{residual}}$ 为均方根残差；n 为观测台数，这些术语对应于观测和计算的 P 波和 S 波到达时间。迭代求解式（9.18），直到该残差达到适当的小值为止。

尽管 Geiger 方法已经成功使用了 100 多年，但仍面临着许多挑战——准确选择 P 波和 S 波的到达时间可能不精确，尤其是在信噪比较低的情况下（微地震监控通常就是这种情况）。使用互相关的技术有助于提高行程时间拾取精度，以降低这种不确定性（Rutledge 和 Phillips，2003）。与网络设计一样，使用正确的速度模型非常重要。自然地震学的一般经验法则是在网络空间范围之外发生的事件很容易发生相对较大的位置误差，但是在井下监测微地震数据时几乎总是这种情况。

图 9.25（a）示意性地说明了井下监测的基本几何形态，图 9.25（b）显示了来自 40 层三分量地震检波器阵列的数据，其中三个地震图相互叠加。请注意，随着微地震事件和接收器之间的距离增加，P 波到达的时间增加（并且增加 t_s-t_p）。尽管这种情况看起来很简单，但请注意，复杂的射线路径仅由具有不同物理属性的地层的分层以及监测阵列相对于微地震事件的位置引起。这些包括直接到达、折射到达和射线，它们不仅在不同的地层采样，而且还在具有不同程度各向异性且水平和垂直波传播量不同的地层采样。最重要的是，速度模型中的不确定性会影响位置精度以及精确选择到达时间的不确定性。通常，P 波或 S 波的到达时间由下式给出：

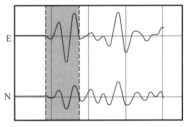
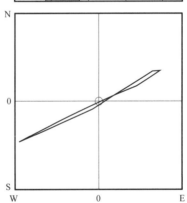

图 9.24 当 P 波在射线传播方向上极化时，如图所示确定极化方向可以确定射线传播方向的位置（据 J. Shemeta）

$$t_{\text{arrival}} = t_{\text{origin}} + \int_{\text{path}}\frac{\text{d}s}{v} \quad (9.19)$$

表明行程时间取决于地震波的累计路径和沿该路径的速度结构。这强调了复杂的射线路径和速度结构对实现精确事件位置的影响。在实践中，通常使用网格搜索技术来避免局部残差最小值。

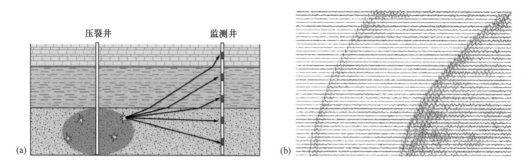

图 9.25　使用单个井下监测阵列监测微地震事件的示意图（据 J. Shemeta）

（a）请注意复杂的射线路径，包括直接到达、折射到达、不同数量的水平和垂直波传播；（b）沿垂直检波器阵列的时差显示三个地震图相互叠加的纵波和横波到达

二、迁移方法

反射地震学中的许多技术已用于校正地层倾角并将反射的地震能量迁移到其真实空间位置。图 9.26 说明了将此类技术定位到微地震事件的真实空间位置和起始时间的应用

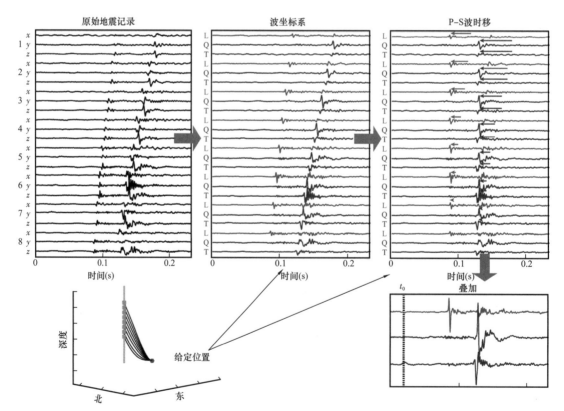

图 9.26　微地震位置迁移方法示意图（据 Bardainne，2011；Magnitude）

正文讨论了数据处理过程；使用 4D 网格搜索（x、y、z 和起源时间）查找最佳位置

（Bardainne，2011）。地震图的三个分量被旋转平行于射线路径的坐标系中，射线路径由纵波偏振（L）和垂直（Q）和水平（T）方向的横向分量定义。自动 4D 网格搜索用于检查对应于不同地震位置（x、y、z）和震源时间的不同 P 波和 S 波时移，以确定产生最大叠加能量的值。在这项特定的研究中，他们还讨论了一种增强自动相位拾取算法的方法，以分析更高精度的事件位置。

如图 9.26 所示，对于井下地震数据，迁移技术也被广泛用于定位记录有地面地震数据的微地震事件，而通常难以识别清晰的 P 波和 S 波到达。对图 9.1 中所示的微地震数据集的某一阶段确定的位置进行的比较显示，位置差异通常为 100～300ft。偏移技术也取决于速度模型，因此需要记住，绝对事件位置的准确性取决于所用速度模型的准确性，如果没有正确的相位，则会受到显著影响。

Eisner 等（2010）提出了与井眼阵列和地面阵列定位的微地震事件的详细比较。他们发现最终位置不确定性与单个监测井中垂直阵列的接收器的后方位角估计有关。他们还发现不确定性会随着事件和接收器之间的距离而增加。由于速度模型的不确定性，用井下阵列确定的事件的位置显示出系统的迁移。对于仅利用 P 波到达时间的迁移方法的地表监测，横向位置得到了可靠的估计，与钻孔记录相比，对速度模型的敏感性较低，并且通常在垂直和水平方向上的散射较小。

三、使用多重地震确定相对事件位置

作为一种独立确定相对微地震位置不确定性的方法（Hakso 和 Zoback，2017），利用了多重地震即基本上发生在同一地点、具有相同震源特征的微地震事件。图 9.27（a）显示了图 9.1 中所示压裂数据集的第 5 阶段期间发生的五个定位的多重地震事件（以绿色显示）。叠加波形显示了地震图三个分量的显著相似性——从横波通过尾波到达，以及随后的地震到达，都是由于散射能量的到达。

Hakso 和 Zoback（2017）在他们的研究中确定了数百个多重地震组。图 9.28 显示了在阶段 4 期间发生的不同多重地震组的位置。对于震源与接收器距离为 150～200m 的位置最佳的多重地震事件，承包商提供的事件位置从多重地震中心的散射约为 60m（是微地震承包商报告的绝对位置不确定性约 30m 的两倍）。当源接收器距离超过 250m 时，事件位置的散射会增加到 120m。

为了确定空间中的多重地震需要很近才能产生类似的波形。Hakso 和 Zoback（2017）使用合成地震图计算了在一系列震源分离值范围内的几个相似阈值的概率。相似度由所有分量上的信噪比加权互相关系数给出。图 9.29 显示了相似性阈值为 0.9 时，超出概率与震中分离之间的关系。这表明，将具有高度相似的地震图（相隔较大距离）的两个事件进行分类的可能性非常低。换句话说，他们证明了地震事件之间的距离必须在 15m 以内，以使波形相似度达到 0.9 甚至更高。

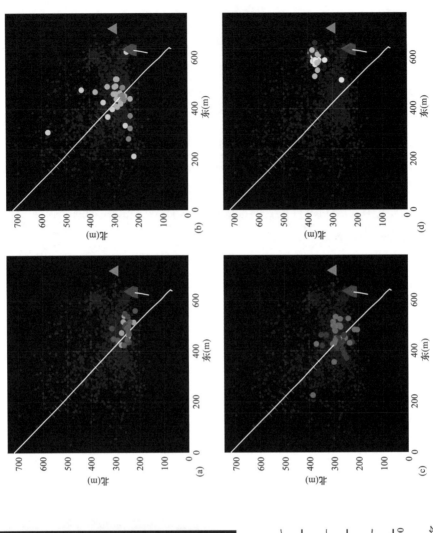

图 9.28 第 4 阶段中记录的多重地震组从泵送开始以 30min 为增量显示 [（a）—（b）—（c）—（d）]（据 Hakso 和 Zoback，2017）

每种颜色代表一个多重地震组。该组覆盖了该阶段微地震事件的所有承包商位置（浅灰色）。报告位置组内散布范围为 75～200m

图 9.27 绘制了在第 5 阶段措施期间发生的五个位置的多重地震事件的图解，叠加在该阶段微地震事件的所有承包商位置上（浅灰色）（a）；它们的叠加波形显示了从剪切波开始到尾波的所有成分的相似性（b）（据 Hakso 和 Zoback，2017）

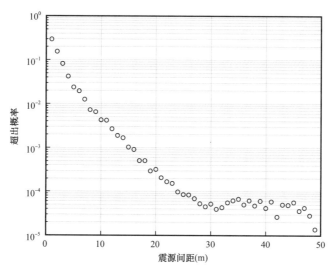

图9.29　震源间距和超出概率的关系图（据 Hakso 和 Zoback，2017）

当相似阈值为 0.90 时，震源分离的超出概率迅速降低。因此，事件间隔超过 15m 的概率小于 0.1%

　　知道多重地震内的微地震事件必须位于彼此之间 15m 之内，因此所报告位置的散布是相对位置不确定性的度量。如图 9.30 所示，离接收器阵列较远的多重地震群显示出更强的分散性，表现出更大的位置不确定性。相对靠近接收器阵列的事件的散布具有约 30m 的平均散布，由微地震承包商报告的不确定性由射孔弹头重新定位确定。但是，距接收器超过 250m 的事件位置的不确定性是其两倍。从所有多重地震组来看，每个事件与其多重地震簇质心之间的中值距离约为 45m。

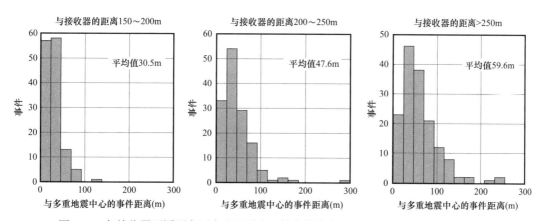

图9.30　与接收器不同距离下多重地震中心的事件分布（据 Hakso 和 Zoback，2017）

每个面板对应一个不同的源接收器距离箱，到参考接收器的距离从左到右增加

四、双差相对位置

　　Waldhauser 和 Ellsworth（2000）的双差（DD）地震定位技术旨在获得通常彼此接近的事件之间的准确相对位置。该技术是用于确定图 4.4 中所示的极其精确的相对位置的方法的基础。如图 9.31 所示，该技术的基础是着眼于彼此接近的事件之间的传播时间差异。

由于从地震到地震台站的大部分射线路径基本相同，因此可以避免由于沿地震与地震仪之间的射线路径对地震速度的不完全了解而导致的绝对地震位置问题。

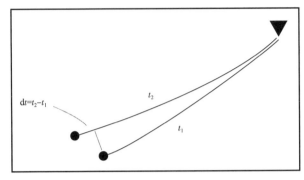

图 9.31　Waldhauser 和 Ellsworth（2000）的双差分算法是基于对两次相邻地震（点）之间传播时间差异的分析

从地震到地震台站（倒三角形）的绝大多数传播路径是相同的，消除了传播路径上速度不确定性的影响

图 9.32 说明了使用加利福尼亚州北部地震台网沿 Calaveras 断层定位地震的技术（Waldhauser 和 Ellsworth，2000）。他们使用目录波中的 P 波和 S 波到达时间以及通过互相关获得更准确的传播时间来说明该技术。结果以地图视图（图 9.32a）和在垂直的 Calaveras 断层平面上向东北看的横截面（图 9.32b）显示，可以减少 100～200m 数量级的位置不确定性。

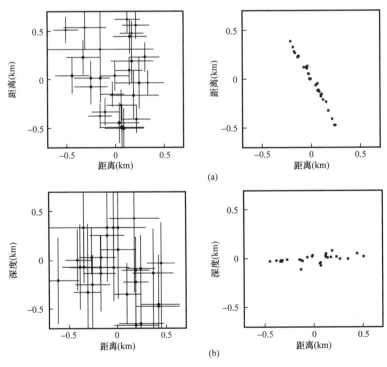

图 9.32　使用 DD 技术和互相关确定的 P 波和 S 波到达时间重新定位加利福尼亚州的 Calaveras 断层上的小地震（据 Waldhauser 和 Ellsworth，2000）

（a）在地图视图中由 NCSN 定位的地震，以及在右侧使用 DD 技术确定的相对位置；（b）在 Calaveras 断层平面上向东北看的横截面图

Hurd（2012）尝试使用双差技术来提高与大不列颠哥伦比亚省 Horn River 地区采集的数据集相关微地震位置的准确性。如图 9.33（a）所示，这些数据记录在两个记录阵列上——一个在水平井中（阵列 1），一个在垂直井中（阵列 2）。从图中可以看出，原始的微地震位置在空间和深度上都非常分散。图 9.33（b）左侧的图像显示了使用双差算法的结果。如图所示，事件沿水力裂缝的预期方向排列，并在垂直于预期的最小主应力方向传播。

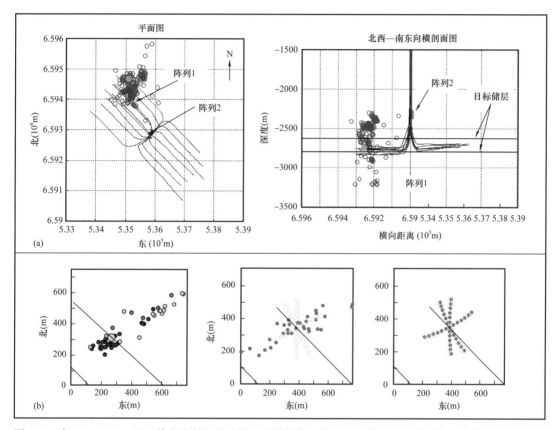

图 9.33　与 Horn River 地区单个阶段相关的微地震数据集。使用两个数组记录数据集。注意平面图（左）和横截面图（右）中位置的分散（a）；DD 算法的应用最初似乎产生了沿预期水力裂缝方向传播事件的真实模式（左）。一项综合微地震定位工作（中心）表明，实际位置（绿色圆圈）并未再现，北东走向位置 DD（红点）是定位方法的产物。在数学上包括第三个监测阵列（右）后，通过 DD 算法精确再现位置（b）（据 Hurd 和 Zoback，2012b）

然而，显示的北东走向线理是与记录几何体相关的人为现象。图 9.33（b）中的中间图显示了具有相同记录几何形状的合成测试。合成事件的实际位置位于绿色小圆圈的位置，而该算法则按照所示的东北趋势线来分布事件。在仔细研究了这个问题之后，发现该人为现象是仅使用两个记录阵列的结果。当在数学上将第三个地震阵列添加到综合测试中时，这些事件就被正确定位了。显然，使用诸如双差算法之类的技术具有很大的潜力，但是像所有技术一样，应谨慎使用它们。

五、结论性陈述

微地震监测确立了剪切滑移对原有裂缝和水力裂缝周围断层的重要性，这是生产措施的关键因素。在第十章和第十二章中讨论了激发剪切裂缝网络对生产的重要性。评估微地震数据价值的特殊性之一似乎有时归结为以下问题：微地震事件的分布是否准确地反映了压裂岩石体积？这个问题没有简单的答案。如第十章所述，精确定位的微地震事件是流体压力升高到裂缝或断层的诱因，并引起滑动。因此，该事件是在距水力压裂一定距离的地方进行水力压裂的证据。但是，正如第十二章中讨论的那样，非常规储层的基质渗透率非常低，导致产量仅限于距受压裂缝仅几米的距离。因此，在分散的微地震事件周围画一个包络线确实意味着大量岩石的产生。微地震监测是一种不完善的工具，但毫无疑问，它在以下方面也非常有价值：

（1）确定老井枯竭影响填充井增产的案例（如第十二章所述）。

（2）确认水力压裂裂缝传播的方位角垂直于最小主应力或何时受先存断层影响，如第七章所示。

（3）选择合适的段距和井距。

（4）记录水力压裂扩展的垂直范围，以确定水力压裂扩展是否超出了区域范围。在第十一章中讨论了影响垂直水力裂缝增长的因素。

（5）增进对与第十二章中讨论的压裂冲击和互动有关的井间联系负责机制的理解。

（6）如图 8.6（a）、（b）所示，在连续的水力压裂阶段说明了层间隔离的问题。

（7）确定通过压裂可渗透表面积的程度，从而能够开发统计储层模型以帮助评估相对产量（在第十二章中进行了讨论）。

第十章 水力压裂过程中的诱导剪切滑移

本章首先讨论了多阶段水力压裂过程中，在先存裂缝和断层上触发滑动的各个方面。第一章、第七章、第八章介绍了在多级水力压裂过程中，在既有断层上诱发剪切滑移的重要性。在简要介绍了这一主题之后，讨论在第四章介绍的库仑断裂理论的背景下，与多级水力压裂相关的高孔隙压力扰动如何触发先存裂缝和水力裂缝周围地层中断层上的滑移。这些断裂和断层通常与当前的应力状态无关，因为它们可能是多期构造作用的结果，可能超过数千万年（有时是数亿年）。事实上，许多古老的"死"裂缝和断层（通常被方解石矿化）通常具有多种方向，这对多阶段水力压裂相关的压力至关重要，以形成互连的渗透性裂缝网络，反过来，这对促进生产至关重要（见第十二章）。

为了研究剪切变形与产量之间的关系，本章讨论了应力状态、已有裂缝和断层的方位以及多级水力压裂引起的孔隙压力扰动之间的关系。还讨论了在亚水平层理面上诱发滑动的可能性，以及在平行于岩心的近垂直裂缝上是否同时存在张开模式（模式 I）和剪切变形（模式 II 和 III），这些裂缝的方向与水力压裂扩展的方向（垂直于 σ_{hmin}）次平行或几乎垂直于水力压裂裂缝（垂直于 σ_{Hmax}）。

接下来将讨论与先存裂缝和断层上诱发滑移有关的渗透性增强。基于有限数量的实验室实验，讨论了为什么滑移会提高渗透率，以及渗透率是如何随着损耗而降低。第十二章将从储层生产的整体观点来考虑这些剪切面的渗透率。

第一节 剪切增产

基于经验观察，人们认为水力压裂过程中对先存断层进行剪切刺激的程度会影响生产。一个已经被广泛讨论的指标是将发生剪切刺激的体积等同于微地震云所包围的岩石体积，通常称为储层改造体积（SRV）。图 10.1（a）显示了 Barnett 页岩的三年累计产气量与 SRV 大小的函数关系（Mayerhofer 等，2010），图 10.1（b）显示了平均日产气量与 SRV 大小的函数关系（Fisher 等，2004）。尽管这种相关性是有意义的，但由于第九章所讨论的相对位置的不确定性，将所有微地震事件纳入理论储层改造体积（SRV）可能意味着比实际情况大得多的储层被刺激（Maxwell，2009）。第十二章将详细讨论这个问题。除了包含微地震事件的包络线大小之外，还有许多其他复杂因素会影响产量（Cipolla 和 Wallace，2014）。已使用各种其他指标来表征模拟体积，如累计力矩密度和 G–R 曲线的 b 值（第九章讨论）。也有人试图捕捉事件震级的空间分布作为储层改造体积的更好指标（Haege 等，2012）。第十二章将集中讨论与受激剪切网络相关的总面积。

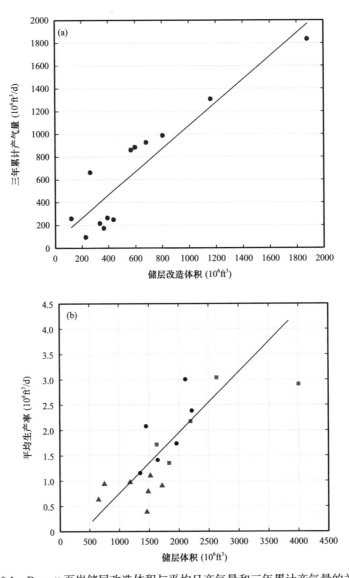

图 10.1　Barnett 页岩储层改造体积与平均日产气量和三年累计产气量的关系

（a）作为 SRV 函数的三年累计产气量（Mayerhofer 等，2010）；（b）作为 Barnett 页岩 SRV 函数的平均生产率。符号表示各种完井，包括未胶结/滑动套管完井（圆圈）、胶结/堵塞完井（方形）、水平井以及垂直井（三角形）

（据 Fisher 等，2004）

　　这就是说，在图 7.16 所示的 Barnett 组案例研究中，阶段性生产与微地震数量之间肯定存在着普遍的相关性。图 10.2 展示了各阶段的生产数据以及 Roy 等（2014）的每阶段微地震数量。虽然相关性不确切，但相对高产量和低产量阶段与具有相对或多或少微地震的侧向位置相关。如第七章所述，在 1 号井第 5 级、6 级和 2 号井第 8 级、9 级附近出现的相对较多的微地震事件与地震反射数据中显示的断层损伤带中的小裂缝滑动有关。这个数据集将在第十二章中重新被讨论。

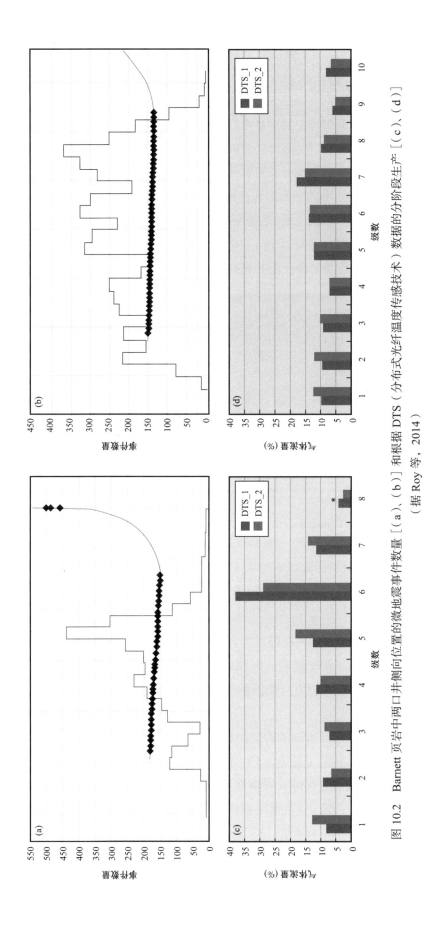

图 10.2 Barnett 页岩中两口井侧向位置的微地震事件数量 [(a)、(b)] 和根据 DTS（分布式光纤温度传感技术）数据的分阶段生产 [(c)、(d)]

（据 Roy 等，2014）

* 第 8 级压裂是在 Barnett 页岩上部完井

第二节　在弱取向裂缝和断层平面上的库仑断裂和滑动

如第四章所述，库仑断裂理论对理解断层滑动和控制脆性岩石中的应力大小具有广泛的适用性，如第七章所述。本节首先利用 Barnett 页岩的案例研究，其中水平井成像测井和记录良好的微地震事件中的裂缝分布可利用震源平面机制定量研究先存裂缝和断层上的滑动是如何触发的。图 10.3 中的平面图和透视图都显示了相关数据集。在确定：（1）震源平面机制（见图 9.12、图 9.13）；（2）震源平面机制反演产生的应力（见图 7.5）；（3）微地震位置的相对不确定性时（见图 9.30），考虑了相同的数据集。该数据集的一个不寻常之处在于，只有五个水力压裂阶段且沿井筒长度分布不均匀。

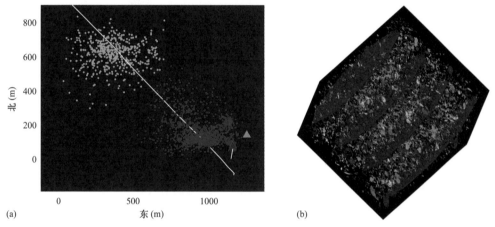

图 10.3　与 Barnett 页岩水平井五个水力压裂阶段相关的微地震事件

阶段由数字着色，每个阶段由两个微地震阵列记录。该数据集已在第七章和第九章中讨论过

图 10.4 利用莫尔圆和立体网说明了水力压裂过程中孔隙压力升高触发滑移的方式。注意，在图 10.4 所示的莫尔圆中，横坐标表示作用在每个平面上的总正应力，而不是有效正应力。因此，利用主应力 σ_{Hmax}、σ_{hmin} 和 σ_V 构造了莫尔圆。这种方式的出现使得摩擦断层线的截距最初对应于未扰动的孔隙压力。为了考虑因漏失而增加孔隙压力的影响，只需将摩擦线向右移动。为了便于说明，假设近静水孔隙压力和摩擦系数为 0.6，而忽略了可能相当小的内聚力。尽管摩擦力可能因黏土含量而变化，但平均值约为 0.6 是相当合理的（见第四章）。

图 10.4 中立体网和莫尔圆所示的破裂面是从水平井的成像测井中获得的。正断层 / 走滑断层应力状态适用于该位置（见图 7.5）。该应力状态如图 7.1 所示。在蓝色和黄色中，还显示了垂直于 σ_{hmin}（如水力裂缝）和垂直于 σ_{Hmax}（垂直于水力裂缝）的假设平面。考虑这些假设平面上的滑动，因为正如第七章所述，通常（但错误地）假设非常规储层中预存裂缝通常与当前主应力平行和垂直。还以绿色显示垂直于 σ_V（模拟水平层理面）的假设平面，因为在水力压裂过程中，层理面滑动是否显著经常引起争议。

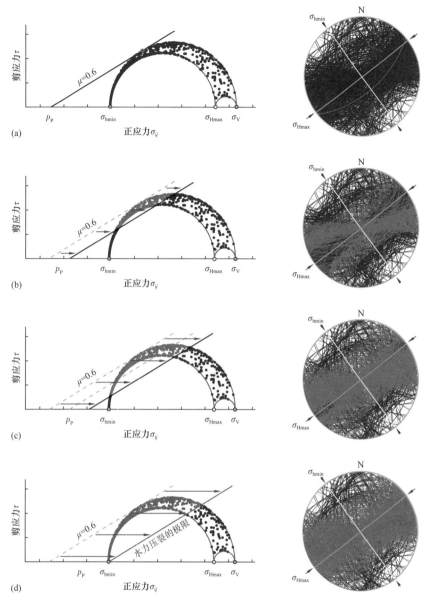

图 10.4　水力压裂期间孔隙压力升高触发先存裂缝和断层滑动的方式说明（据 Zoback 和 Lund Snee，2018）

断裂面和应力状态来自 Barnett 页岩水平井的测井，之前在第九章中讨论过，其特征为正常 / 走滑应力状态（σ_{hmin} ≪ σ_{Hmax} ≈ σ_V）。蓝色、黄色和绿色平面分别是垂直于 σ_{hmin}（如水力裂缝）、σ_{Hmax}（垂直于水力裂缝）和 σ_V（平行于水平层面）的假设平面。（a）参考案例假设接近静水孔隙压力；（b）略微升高的孔隙压力表明一组 NE 向网状破裂面被激活——这些面在 SS/NF 应力状态下相对良好地定向滑动；（c）在相对较高的孔隙压力扰动下，预计会在更多平面上产生剪切；（d）在与最小主应力对应的压力下，许多方向高度变化的平面上预计会发生剪切

　　图 10.4（a）表示刺激之前的参考状态。由于已经存在的取向良好的正断层的摩擦强度有望控制应力状态［根据式（7.3）］，因此只有一条断层在环境场中完全定向滑动。换句话说，目前绝大多数平面是不活动的裂缝和断层，在 Barnett 组通常被方解石矿化（Gale 等，2007）。图 10.4（b）表明，由于水力压裂过程中的流体泄漏，孔隙压力小幅上升，因此激活了许多与 σ_{Hmax} 近似的陡倾正断层（莫尔图中的点和立体网中的相应平面从

黑色变为红色），与 σ_{Hmax} 方向呈 ±30° 的垂直走滑断层一样。当孔隙压力进一步升高时（图 10.1c），剪切作用预计会出现在更多的平面上，因为随着压力的增加，越来越多的定向不良的平面开始随着 CFF → 0 开始滑动（见第四章）。注意，一旦压力达到最小水平应力（图 10.1d），预计大部分平面会滑动，但有相当一部分不会滑动。如下所述，这些平面大致垂直于垂直应力或 σ_{Hmax}（向北西—南东方向倾斜）。为了便于说明，忽略了图 10.4 中的净压力，即水力压裂期间压力超过最小主应力。这通常在几兆帕（几百磅/平方英寸）左右，在靠近井筒的水力裂缝附近可能很重要。

总之，图 10.4 是滑溜水水力压裂过程中剪切增产过程关键重要性的简单说明。在水力压裂过程中，由于压力扰动很大，许多老的死裂缝和断层可以在剪切作用下被激发。通过剪切运动，它们变得可渗透，并且它们的强各向异性导致相互连通的可渗透裂缝网络。这有助于理解为什么低黏度滑溜水的水力压裂如此重要。为了使错向断层上发生滑动，压力必须到达它们。用黏性凝胶进行水力压裂时不会发生这种情况。这也有助于理解先存断层分布的重要性。Fisher 等（2004）首先指出当先存断层不存在时，它们就不能被刺激。此外，正是先存裂缝和断层的分布（以及作用在水力裂缝中的高压到达裂缝的能力）决定了微地震云的性质。事实上，如果先存裂缝具有有限的走向范围（例如，如果它们与最大水平应力方向近似平行，并且与水力压裂裂缝近平行），流体压力很难从水力裂缝传播出去，并且预计会保持非常接近水力裂缝平面（Rutledge 等，2004）。当多个断裂和断层以范围广泛的方向出现时，就有可能产生一个微地震事件的扩散云和一个相互连通的断裂网络。

以下还将讨论具有强各向异性的天然裂缝网络如何在该数据集中的五个不同压裂阶段随时间演化。虽然这种网络的演化通常根据其随时间的空间演化来考虑，但正如第九章所讨论的那样，微地震事件确切位置的不确定性阻碍了分析。相反，考虑了与极低渗透率储层接触的渗透面（在剪切和支撑水力裂缝面中移动的裂缝和断层）总面积的演化。如上所述，在第十二章中将在储层生产的背景下重新讨论这个主题。

虽然图 10.4 利用了 Barnett 组页岩典型案例研究中的真实裂缝和应力数据，但对于水力裂缝泄漏导致的孔隙压力增加，哪些平面可能滑动的预测显然是概念性的。事实证明，可以利用微地震数据的震源平面机制独立地进行这一预测（见图 7.5）。在图 10.5（a）中，再次显示了基于成像测井数据和之前在图 10.4（d）中所示的在相当于压裂梯度的压力下滑动的预测。图 10.5（b）基于微地震的震源平面机制分析中获得滑移的断裂和断层群。从应力反演和井筒数据独立分析中获得的应力状态，可用于选择震源平面机制的哪个节点平面对应于滑动的平面（Kuang 等，2017）。由于震源机制分析仅限于 123 个最大震级事件，图 10.2（b）中所示的平面总数按震级缩放 -2.5 显示如图 10.4（a）所示的可比较数量的事件。如第九章所述，震级 -2.5 事件的震源尺寸小于 1m，这是考虑的合理下限。在图 10.5 中注意两种分析之间的总体一致性。图 10.5（b）所示的平面确实发生了滑动并产生了微地震事件。因此，这些图之间的对比为以下事实提供了支持：在增产过程中，作用于水力裂缝中的大部分压力都达到了每个断层面引发滑动，从而表明与相对不渗透页岩基质接触的互连、可渗透裂缝网络的形成。

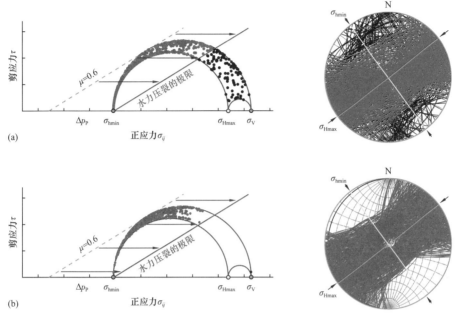

图 10.5　基于成像测井中观察到的裂缝（a）（与图 10.4d 相同）和从同一井的震源平面机制分析（b）中获得的平面，压力达到裂缝梯度时激发的裂缝对比（据 Zoback 和 Lund Snee，2018，有修改）

一、应力状态的重要性

很明显，上图所示的剪切增产的本质是由于存在的裂缝和断层面的方向、应力状态和作用在水力裂缝中的高流体活动到达裂缝和断层的能力之间的相互作用。为了说明应力状态的重要性，图 10.6 重温了图 10.4 中所示的启发式参数，保持除应力状态外的所有内容不变。与沃斯堡（Fort Worth）盆地典型的 SS/NF 应力状态（$\sigma_{hmin} \ll \sigma_{Hmax} \approx \sigma_V$）不同，使用了代表阿巴拉契亚盆地和艾伯塔盆地部分地区的 SS/RF 应力状态（$\sigma_{hmin} \approx \sigma_V \ll \sigma_{Hmax}$）。巧合的是，这两个区域的最大水平应力方向大致为北东—南西向。虽然图 10.4 和图 10.6 之间有许多相似之处，但请注意，随着图 10.6（b）中孔隙压力的适度增加，只有走滑断层（与 σ_{Hmax} 方向走向呈 ±30° 夹角的非常陡倾断层）被激活。在较高的压力下（图 10.6c、d），预计在几乎所有可用平面上都会发生滑移，其中一些平面与 σ_{Hmax} 方向呈非常大的角度，而另一些则处于亚水平状态。

二、水平和垂直面的滑动（和开口）

已有许多研究认为，滑动和 / 或开口发生在次水平层面和 / 或接近垂直裂缝上，其走向与最大水平应力方向接近（Hull 等，2017a；Kahn 等，2017；Stanek 和 Eisner，2013，2017）。如图 10.7 所示，左侧假设震源平面机制显示倾斜滑动（西侧朝上）发生在接近南北向的近垂直平面上，或者滑动发生在正交的水平面上（推测为层理面）（层理平面上方的岩石向东移动）。这在中间的横截面上有说明。开启模式变形的可能性如右图所示。当然，理论上可能在同一平面上同时发生滑移和开启。

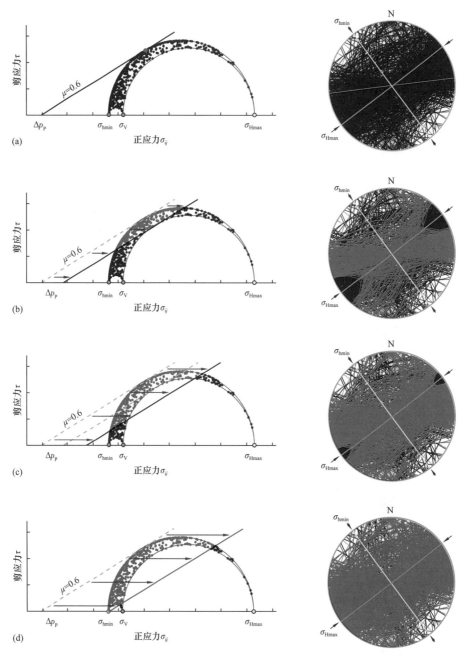

图 10.6　与图 10.4 相同，但走滑 / 逆断层应力状态除外（$\sigma_{hmin} \approx \sigma_V \ll \sigma_{Hmax}$），例如在阿巴拉契亚盆地和艾伯塔盆地的部分地区观察到（据 Zoback 和 Lund Snee，2018）

Stanek 和 Eisner（2013）、Rutledge 等（2014）和 Rutledge 等（2016）都提出了层理面滑动的理由，但尽管围绕这些可能性进行了许多激烈的讨论（第九章讨论了开放模式变形或非双耦合震源平面机制的问题），可以扩展图 10.4 所示的分析来解决这一问题。根据库仑破坏函数［式（4.2）］，滑移发生，则 $CFF \equiv \tau - \mu\sigma_n - \sigma_0 \to 0$。根据上面所示的莫尔图，另一种说法是代表潜在滑动面的点必须接触摩擦破坏线才能发生滑动。同理，断裂发生，断层上的有效正应力必须小于零，$\sigma_n - p_p$ 小于 0。另一种说法是，代表潜在开口平面的点必须位于摩擦破坏线与图 10.4—图 10.6 横坐标相交处的左侧。

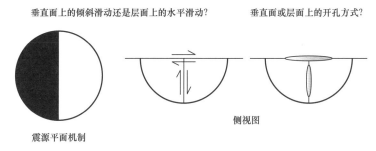

图 10.7　显示了近水平层理面或近垂直裂缝上滑动和 / 或开口趋势的示意图
这些裂缝与最大水平压缩方向近平行

图 10.8 考虑了在图 10.4（d）中考虑的正应力 / 走滑应力状态（$\sigma_{hmin} \ll \sigma_{Hmax} \approx \sigma_V$）和图 10.6（d）中考虑的走滑应力 / 逆应力场（$\sigma_{hmin} \approx \sigma_V \ll \sigma_{Hmax}$）的这些条件是否满足。对于正应力 / 走滑应力状态，图 10.8（a）表明，与层理（几乎垂直于垂向应力）或几乎垂直于 σ_{Hmax}（分别为绿色和黄色圆圈）平行的平面基本上不可能滑动或打开，即使孔隙压

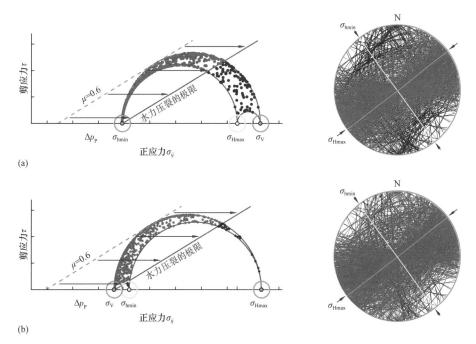

图 10.8　垂直于主应力平面上的剪切滑移或开口趋势的评估（据 Zoback 和 Lund Snee，2018，有修改）
近水平层理面由左侧的绿点和立体网上的绿色平面表示。垂直于 σ_{hmin}（与水力裂缝近平行）的平面显示为蓝色，垂直于 σ_{Hmax} 的平面显示为黄色。（a）正应力 / 走滑应力状态（$\sigma_{hmin} \ll \sigma_{Hmax} \approx \sigma_V$）；（b）走滑 / 逆应力状态（$\sigma_{hmin} \approx \sigma_V \ll \sigma_{Hmax}$）

力达到最小主应力的大小。从严格意义上讲，这也适用于接近 σ_{hmin}（蓝色圆）的平面。然而，在水力压裂过程中，净压力可能比最小主应力高出几兆帕（几百磅／平方英寸），摩擦破坏线就会稍微向右移动，从而使破裂准则和开启模式准则在与水力裂缝次平行的平面上都能得到满足。因此，在正应力／走滑应力环境中，当压力超过 σ_{hmin} 时，裂缝和与次平行于水力裂缝的断层可能发生剪切和张开，但仅由于孔隙压力升高，层面基本上不可能张开或剪切。

在图 10.8（b）所示的走滑／逆断层应力状态下，情况完全不同。当压力达到稍微超过 σ_{hmin} 时，可能会在接近水力裂缝的平面上发生张开和剪切，也可能在近水平面上发生，取决于 σ_{hmin} 和 σ_V 的大小以及净压力的大小。与正应力／走滑应力状态一样，滑动或张开基本上不可能发生在与 σ_{Hmax} 基本垂直的平面上。

为了在实践中考虑这些原则，重要的是必须记住有两种情况下主应力之间的差异显著减小（莫尔圆要小得多）：孔隙压力大幅升高的地层（见图 7.11）以及第三章中讨论的黏塑性应力松弛的地层（第十一章水力压裂将对此进行讨论）。在高孔隙压力引起的相对各向同性应力状态下，很容易在预先存在的平面上诱发滑移。在高黏塑性地层引起的相对各向同性应力状态下，除非地层也超压，否则很难诱发滑动或引发水力裂缝。

三、区域性变化的应力场中的剪切增产

如第八章所述，通常情况下，为了成功开采非常规储层，一般在最小水平应力方向钻井。如上所述，先存裂缝和断层在剪切作用下重新激活的方式取决于应力状态。二叠（Permian）盆地提供了一个有趣的例子来说明这些问题是如何发生的，因为整个盆地的应力场和断裂系统都有很大的不同。图 10.9（b）显示了该区域最大水平应力方向的概括性图。Central 盆地台地和 Midland 盆地的应力方向一致，均为东西向，应力状态一般为走滑／正断层。与此形成鲜明对比的是，在特拉华（Delaware）盆地西北部，σ_{Hmax} 方向从北向南变化，在盆地中部顺时针转向东西向，在盆地南部继续顺时针向北西—南东向。当然，这意味着，Delaware 盆地的水平井最好在从北向南旋转的方位进行钻探，最大水平应力的方向也是如此。换言之，钻井通常应在盆地北部从东向西钻探，在盆地中部大致为从北到南，并且考虑到盆地更南的部分，井的轨迹需要逐渐沿顺时针方向旋转。然而，租约的限制可能使这些最佳井位在某些地区不切实际。

图 10.9（b）所示的相对应力大小的变化对触发在先存裂缝和断层上的滑动非常重要。从西向东，可以看到从 Delaware 盆地的正断层活动到 Central 盆地地台的正断层／走滑断层，到 Midland 盆地的走滑状态。有趣的是，Forand 等（2017）显示了图 10.9（a）中闭合裂缝方向的概括。他们注意到，在 Delaware 盆地，闭合的裂缝通常与 σ_{Hmax} 方向对齐，但始终与 Midland 盆地的 σ_{Hmax} 方向保持约 30° 的夹角。事实证明，这些方向正是在刺激措施过程中最容易滑动的裂缝方向，而不管在成像测井中它们似乎已经闭合。如图 7.1 所示，在 Delaware 盆地的一个正断层区域，最容易受到刺激的裂缝是那些走向近平行于最

大水平应力方向的裂缝（图 10.9a）。因此，图 10.9（a）所示特拉华州北部、中部和南部的闭合裂缝方向处于水力压裂期间要模拟的理想方向。类似地，Midland 盆地走滑断裂环境中闭合裂缝的走向很容易受到刺激，因为它们与 σ_{Hmax} 方向呈约 30° 夹角，其特征是走滑应力状态。

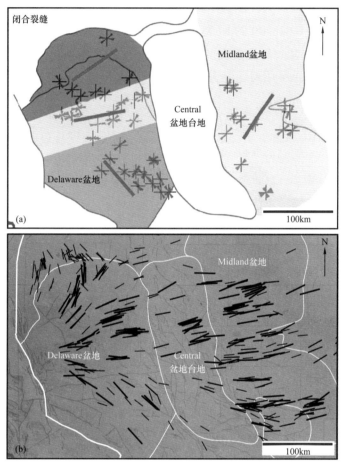

图 10.9　二叠（Permian）盆地的应力和裂缝

（a）Delaware 盆地和 Midland 盆地闭合裂缝方向的概括。粗红线表示所示四个区域中闭合裂缝的平均走向（据 Forand 等，2017）；（b）二叠盆地的详细应力图，显示应力方向和相对应力大小

四、明显局部应力变化的微地震迹象

除了第七章讨论的在非常规储层中预存断层方向的误解之外，微地震云及其与单口井或井场尺度上应力大小变化的关系存在两种误解。图 10.10 是基于与 Barnett 页岩四个水力压裂阶段相关的微地震事件中的一个例子（Daniels 等，2007）。基于水平井剪切速度测井对 σ_{Hmax} 震级的不可靠估计，Daniels 等错误地认为与第 1 阶段和第 2 阶段相关的线性微地震云表明了高度的应力各向异性（σ_{Hmax} 和 σ_{hmin} 之间的差异巨大），而在第 3 阶段和第 4 阶段看到分布更广的微地震事件表明了各向同性更强的应力状态（σ_V、σ_{Hmax} 和 σ_{hmin} 之间的差异较小）。这根本不是真实的情况。如上所述，当应力大小相对各向同性时，很难启

动断层滑动，且广泛分布的事件可能只是表示沿该部分井遇到的已存在断层数量和方向的变化，而与应力大小无关。图 10.4—图 10.6 的目的是说明在增产过程中剪切作用下激活的裂缝和断层是应力、断裂方向和孔隙压力扰动之间相互作用的结果。图 10.10 所示油井的数据表明，第 3 阶段和第 4 阶段的应力各向异性实际上高于第 1 阶段和第 2 阶段。与四个水力压裂阶段相关的瞬时关井压力（ISIP）报告的最小主应力大小分别对应于 0.7psi/ft、0.64psi/ft、0.65psi/ft 和 0.62psi/ft 的压裂梯度。由于这是一个正断层 / 走滑断层环境（$\sigma_{Hmax} \approx \sigma_V$），水平应力各向异性最大的阶段是第 4 阶段（压裂梯度为 0.62psi/ft），而第 1 阶段的应力各向异性最小（压裂梯度为 0.7psi/ft）。不能简单地从微地震活动的总体模式推断应力大小的变化。

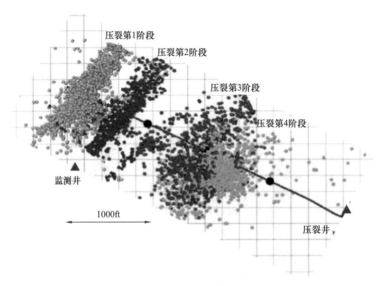

图 10.10　Barnett 页岩中与四个水力压裂阶段相关的微地震事件分布（据 Daniels 等，2007，有修改）
微地震事件的分布不能用于推断水平应力的各向异性

除了这种反对观点之外，Daniels 等（2007）的一个重要贡献是在评估微地震云时，应注意井道轨迹的重要性。由于在黏塑性（如第三章所述）或更高超压（如第七章所述）的地层中，预期应力的各向同性更强，因此沿井眼轨迹的水力压裂阶段将在不同的应力条件下进行，这将在第十一章进行讨论。因此，地层性质的横向变化可能只是随着深度的变化而变化，因为油井会遇到不同的岩相。

从微地震数据推断出的应力状态的第二个常见缺陷来自对图 7.1 所示过渡应力环境中的震源平面机制的解释。这可能是在得克萨斯州、俄克拉何马州北部和其他地区广泛观察到的伸展（正断层 / 走滑断层作用，其中 $\sigma_V \approx \sigma_{Hmax} > \sigma_{hmin}$）过渡应力状态，也可能是在阿巴拉契亚盆地和艾伯塔盆地部分地区观察到的挤压（走滑断层 / 逆断层作用，其中 $\sigma_{Hmax} > \sigma_V \approx \sigma_{hmin}$）过渡应力状态。如果考虑第一种情况来说明，沿着模拟井的一个区域表现为正断层震源机制，而在另一个区域表现为走滑断层震源机制，并不意味着应力从一个地方到另一个地方发生了变化。

相反，它很可能表明受刺激的先存裂缝和断层的方向发生了变化。事实上，图7.5中所示的例子说明，在沿井长度方向观察到的一致走滑断层/正断层应力状态和均匀应力方向内，震源平面机制指示了不同方向平面上的走滑断层和正断层作用，如图7.1所示。

第三节　剪切滑动和渗透性

上述讨论中隐含着这样一个事实，即对先存断层的剪切作用会增加其渗透率。图10.11示意性地说明了这一点（Barton等，2009）。受刺激前的天然裂缝（图10.10）可能闭合或矿化，且渗透率相对较低。此外，由于垂直于破裂面作用的有效应力增加导致有效开度 a 减小，因此预计裂缝渗透率随着枯竭迅速降低。Cho等（2013）回顾了已提出的许多关系式，以估算裂缝渗透率随有效正应力的变化。渗透率的这种变化很容易理解为流经平行板的流动。对于开度为 a 的分离板，黏度为 η 的流体的流速 Q，对应于压力梯度 ∇p，由下式给出：

$$Q = \frac{a^3}{12\eta}\nabla p \qquad (10.1)$$

相反，剪切后，不仅裂缝的初始渗透率预计会增加，而且裂缝壁的错列可能会降低裂缝渗透率对损耗的敏感性（图10.11）。换言之，在剪切运动中的天然裂缝在一定程度上起到了自我支撑的作用。

图10.12展示了基于实验室渗透性实验的图10.11所示现象的定量透视图（Rutter和Mecklenburgh，2018）。根据断裂或断层在剪切运动中的方向，渗透率的增幅也会有所不同——它与应力状态（在低平均有效应力下最大）和平面应力场的方向（这会影响作用于断层的正应力）有关。注意，在所考虑的三种应力状态下，最大有效应力和最小有效应力之比是恒定的，但渗透率的变化随平均法向应力的增加而增加。

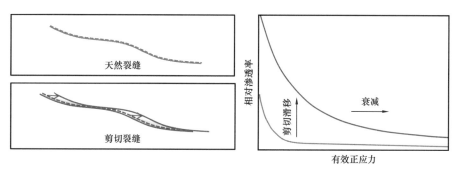

图10.11　先存天然裂缝上的滑动可能增加其初始渗透率并降低渗透率对损耗的敏感性的方式简化（据Barton等，2009）

大多数研究剪切滑动如何影响裂缝渗透率的研究集中在相对坚硬的脆性岩石（花岗岩、砂岩）上。在这些岩石中，通常可以看到渗透率随着几毫米的剪切尺度而持续增加

（Esaki 等，1999；Rong 等，2016）。相比之下，在黏土和富层状硅酸盐岩石上的实验，尤其是在有效正应力相当高的情况下，显示渗透率会随着滑动而丧失（Gutierrez 和 Nyga，2000；Crawford 等，2008；Fang 等，2017；Rutter 和 Mecklenburgh，2018）。此处回顾了最近的实验观察，以了解诱导剪切滑动如何在不同条件下影响渗透率。

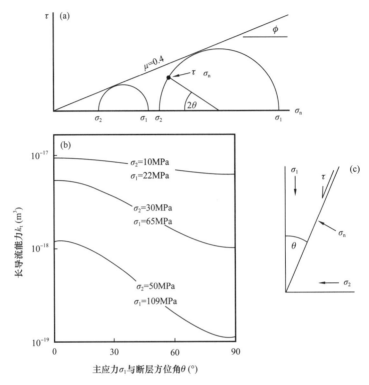

图 10.12　非静水压应力状态如何随断层方向变化产生透射率变化的概述（据 Rutter 和 Mecklenburgh，2018）

（a）两种应力状态任意限制在 $\mu=0.4$ 的摩擦系数极限以下，以防止滑动；（b）主应力与断层方位角 θ 之间的角度关系；（c）三种不同应力状态下透射率随 θ 的变化。σ_2 越高，裂缝方向 90° 以上的渗透率变化范围越大

　　Ye 等（2017）的实验中，他们在 Eagle Ford 组页岩岩心样品内的一个小型天然断层上诱发剪切。与完整岩心样品的实验（见第六章）类似，断层的渗透率随着有效应力的增加呈指数下降（图 10.13a）。由于流体压力增加引起约 0.1mm 剪切位移和约 0.05mm 的膨胀，断层渗透率增加了约 6 倍（图 10.13b、c）。在卸载过程中观察到渗透率滞后现象，这表明并非所有剪切滑移引起的渗透性增强都是永久性的。Ye 等（2017）在类似样品中，还发现了与剪切有关的渗透率增加了 15 倍。根据第九章中给出的地震尺度关系，2 级地震中的预期滑动约为 0.1mm，因此该实验中考虑的位移与微地震事件相比是相当合理的，并且通常与图 10.11 右侧的示意图一致。值得注意的是，这些实验中的滑移率约为 0.1μm/s，远低于微地震期间预期的动态滑移率（约 1m/s）。Scuderi 等（2017b）还观察到，由于富黏土页岩断层泥中诱发的地震滑动循环，使得渗透率显著增加（见第四章）。这些观察结果表明，在水力压裂过程中，缓慢滑动断层也有助于提高渗透率。有趣的是，Scuderi 等

（2017a）还观察到钙质断层泥的渗透性增强，该断层泥在与富黏土页岩相同的注入程序下发生动态（不稳定）破坏，这强调岩石成分对刺激摩擦响应方面的重要性。这已在第四章进行过详细讨论。

Crandall 等（2017）推断了三个含有天然裂缝的 Marcellus 组页岩岩心在剪切位移数毫米的情况下的渗透率变化。他们根据 CT 扫描的裂缝孔径测量推断渗透率的变化。虽然如此大的位移不太可能代表伴随微地震事件的滑动量，但它们记录了两个位移小于或等于 1mm 的样品的显著渗透率增强。

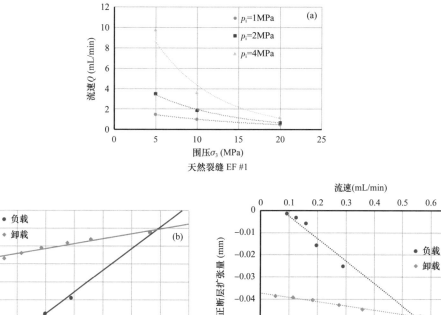

图 10.13　Eagle Ford 页岩黏土和贫有机物（质量分数约为 9%）样品中天然裂缝的诱导剪切（据 Ye 等，2017）（a）渗透率（流速）随有效应力的增加呈指数下降；（b）、（c）渗透率随断层的剪切滑移和膨胀线性增加。剪切滑移中的滞后表明偏移引起的渗透率增强是永久性的

Kassis 和 Sondergeld（2010）报告了 Barnett 组页岩圆柱形岩心样品中轴向裂缝的渗透率测量。他们考虑了四个具有不同粗糙度的样品，并在使用厚 0.05mm 的金属箔垫片偏移断裂的两个面之前和之后测量渗透率（图 10.14）。断裂处的正应力为 5.5MPa（800psi）。偏移 0.05mm 和 0.25mm 前后样品的渗透率如图 10.14（a）所示。注意，仅偏移 0.05mm 会导致渗透率增加 400 倍。当偏移量为 0.25mm 时，渗透率提高了高达 8000 倍。同样，当考虑水力压裂期间微地震事件的预期位移量，这些偏移量的规模是合理的（尽管手动偏移破裂面不一定代表摩擦剪切）。

另一个明显重要的问题是当损耗发生时渗透率保留了多少。Kassis 和 Sondergeld（2010）发现，随着裂缝正应力 p 的增加，渗透率相对小幅降低，这与 Walsh（1981）提出的理论基本一致，其中与渗透率的变化成正比。Cho 等（2013）报道了 Bakken 组页岩样品中粗糙、剪切断层的渗透率在有效压力增加到 20MPa（约 3000psi）的情况下降低了一大半。Britt 等（2016）测量了多个非常规储层样品在有效正应力作用下的裂缝渗透率变化。他们发现，随着有效应力增加几千磅 / 平方英寸，渗透率降低了一到两个数量级，这比 Cho 等（2013）或 Kassis 和 Sondergeld（2010）观察到的要快得多。然而，Britt 等（2016）未提供任何关于他们所研究的裂缝和实验设计的信息。Zhang 等（2015）研究了从露头获得的 Barnett 组页岩样品中天然裂缝的渗透性。如图 10.15 所示，他们也发现随着有效正应力的增加，渗透率损失达到一个数量级，但在测试之前，样品表面没有剪切或偏移。Ye 等（2017）注意到剪切后渗透性增强被保留，这表明由于剪切滑动，断层被永久支撑打开（图 10.13b、c）。总的来说，尽管可用的实验室数据较少，但它确实表明，剪切裂缝可能不会像未剪切裂缝那样随着正应力的增加而迅速丧失渗透率，如图 10.15（b）所示。

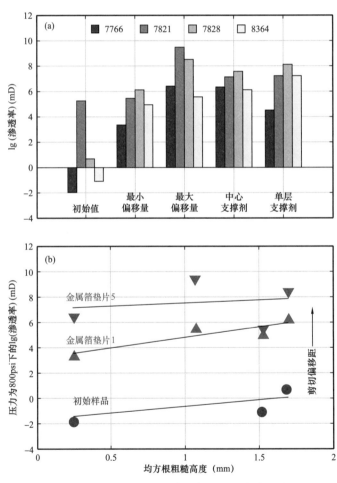

图 10.14　Barnett 页岩样品中不同粗糙度诱导裂缝的渗透率对数。偏移量为 0.05mm 时，渗透率对数的增加量略大于用集中或单层支撑剂的裂缝加载量（a）；在最粗糙的裂缝中，偏移距对渗透率的增强作用影响最大（b）（据 Kassis 和 Sondergeld，2010）

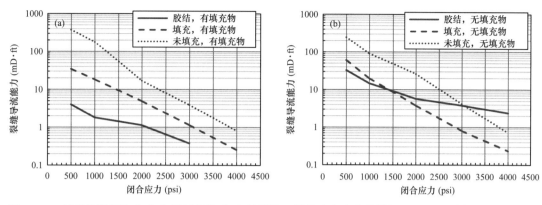

图 10.15 对于有填充物（a）和无填充物（b）的裂缝，随着法向应力的增加，Barnett 页岩天然裂缝的渗透率损失（据 Zhang 等，2015）

图 10.16 显示了一系列实验，研究了恒定孔隙压力下天然断层和锯切断层的渗透率与围压（虚线）和剪切力（水平红线）的函数关系（Wu 等，2017）。富黏土和钙质（低黏土）样品均被测试。在每种情况下，围压（有效应力）增加 10～15MPa，在大多数情况下导致渗透率显著降低近一个数量级，而在富黏土岩石中有锯切的情况下渗透率则稍微降低（图 10.16a）。这与 Zhang 等（2015）观察到的结果相似，但有些不足（图 10.14）。还应注意到，随着有效围压的增加，渗透性损失几乎完全可逆，这表明渗透性损失似乎与弹性变形有关，从而减小了裂缝开度［式（10.1）中的 a］。

Wu 等（2017）的研究结果中最令人惊讶的是认为剪切滑移对断层渗透率的影响很小，并且可以在相同应力条件下提高或降低不同样品的渗透率。在锯切断层上（图 10.16a），富黏土页岩和钙质页岩的渗透率随滑移而增加，而在天然断层上，渗透率随滑移而降低。这可能反映了滑动过程中磨损产物生成的差异。对于较粗糙的天然断层，断层泥（碎料）的形成可能堵塞断层开度，抵消剪切滑动和膨胀的影响。凿槽的形成还取决于有效正应力，它控制滑动接触面积，从而控制滑动接触面上的应力（见第四章）。图 10.16（b）所示为富黏土锯切断层的实验，旨在评估有效正应力对剪切作用下渗透率演化的影响。其他试验的低有效正应力下（约 2.5MPa），渗透率略有增加。在较大的正应力（>5MPa）下，渗透率在相同的滑移增量上降低，这可能反映了由于接触应力超过接触强度而导致的凿槽量增加。在 Bowland 组页岩样品上更高有效正应力（93.5MPa）的类似实验中，Rutter 和 Mecklenburgh（2018）观察到，在相同的滑移增量下，水力透过率（渗透率 × 地层厚度）指数损失近两个数量级。对于相对较强的脆性岩石（砂岩和花岗岩），在较低的正应力下观察到类似的行为，这表明正应力和接触强度之间的关系在很大程度上决定了滑动过程中渗透率的演变。值得注意的是，在 Wu 等（2017）的所有实验中，渗透率在约 0.1mm 的第一次滑移增量时增加。从这些结果中可以得出的一个推论是，重新激活第一次发生时的初始滑移对渗透率的影响最大（如图 10.11 中示意性的暗示和 Ye 等在 2017 年实验观察到的结果）。有趣的是，在相对较高的正应力下，Rutter 和 Mecklenburg

（2018）观察到了相反的情况，即渗透率的大部分降低发生在滑移位移小于 0.1mm 处。另一个推论是，虽然剪切和膨胀引起的渗透率增加可能是永久性的（图 10.13、图 10.16），但与损耗相关的渗透率降低在很大程度上是可逆的。

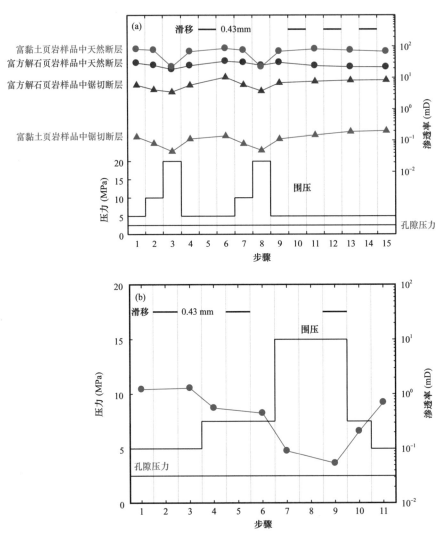

图 10.16 Eagle Ford 页岩锯切断层和天然断层渗透率随围压和剪切滑移变化的实验研究（据 Wu 等，2017，有修改）

（a）富含黏土样品中的锯切断层（石英—方解石—黏土 19%-43%-31%+TOC），钙质样品（9%-86%-4%）中的锯切断层，富含黏土样品中的天然断层。富含方解石样品中的天然断层；（b）富含黏土样品中的锯切断层。在有效应力增加的情况下，在滑动前后测量渗透率

第十一章　地质力学与增产优化

本章将说明地质力学影响特定完井成功策略的几种方式。由于不可能涵盖每一个活跃的非常规油气区块的广泛可能性，试图说明影响完井的几个基本原则，这些原则与本书中考虑的其他主题相关。提出了一些有指导意义的案例研究，并回顾了模拟结果，这些结果说明了地质力学原理对水力裂缝的增长和水力裂缝中支撑剂的分布有着重要影响的几种方式。虽然用于告知最佳完井参数的试验测试周期至关重要，但同样重要的是，测试应在获得尽可能多信息的情况下进行。

许多储层性质控制着开发能否成功。表1.2中，一个区块中最优质的井远远好于一般井。这可能是由许多因素造成的储层厚度、孔隙压力、油气的数量和类型以及成熟度。很明显，不同地区储层质量的差异必然导致不同的完井策略，然而，不太明确的是产层上下地层最小主应力的大小如何影响垂直（相对于横向）水力裂缝的增长。这种效应，加上应力阴影效应（不仅取决于簇间距，还取决于射孔直径和流速等其他参数），在确定支撑剂的位置方面起着至关重要的作用。无论如何，当开发需要开发的叠置层和需要开发的策略，以及决定如何钻最少数量的井以获得最大产量的生产层段时，垂直裂缝增长和支撑剂布置就变得极其重要。

在下面的章节中，首先讨论确定最佳平台区的。尽管对岩石脆性的研究（如第三章所述）常常决定了这一主题，但提供了一些可能有用的新见解，解释为什么应力大小从一个地层（或岩相）变化到另一个地层（或岩相），以及这如何影响最佳平台区的选择。在下一节中，将考虑几项有关选择最佳钻井和完井策略的研究，首先，从储层模拟和先导试验的角度出发。在讨论了垂直水力裂缝发育的相关问题后，重新讨论了从地质力学和完井方法耦合的角度寻找最佳钻井和完井策略的主题。

本章最后两个主题是与影响垂直裂缝发育的岩性因素相关的问题，例如黏塑性应力松弛（第三章介绍）导致的最小主应力大小随深度的变化，以及尝试针对可能更有成效领域的技术使用地球物理方法是否可行（见第二章和第七章）。

第一节　平　台　区

在某些方面，选择非常规储层水平钻井最佳平台区的问题似乎很简单。从逻辑上讲，人们会希望在相对较脆的地层中水力压裂出最富烃的层段。脆性地层可能比塑性富黏土地层更易于钻探和进行水力压裂，并且还可能包含更多的先存裂缝。图11.1（Patel等，

2013）显示了一个示例，在 Eagle Ford 组下段附近 A 井的富黏土区（第 9 和第 10 阶段附近）进行的阶段具有以下特征：微地震事件更少，产气量更少。

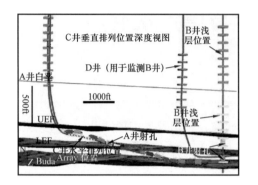
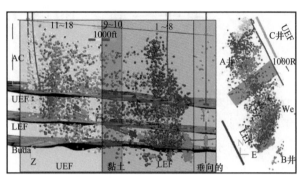

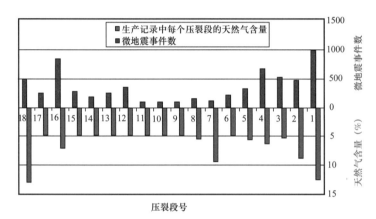

图 11.1　Eagle Ford 组水平井 A 井眼轨迹的横截面图、微地震事件的井眼轨迹和地图视图（每个阶段用不同的颜色表示）以及微地震事件的数量和每个阶段的相对产气量（据 Patel 等，2013）

在 Utica 组研究中，Gourjon 和 Bertoncello（2018）在图 11.1 的基础上指出，"完井表明，当在富黏土相中开始完井作业时，产能下降源于有限的裂缝扩展。在 A 相中完成的阶段显示出较高的接近井筒压力损失和较低的净压力，这与页岩阻塞的概念一致，即裂缝扩展仅限于近井眼。相反，位于脆性岩相 C 的阶段显示出较高的净压力和较低的近井井筒压力损失，与远离井场发育良好的裂缝几何结构一致。"

图 11.2 回顾了第一章中介绍的一个案例（见图 1.13）以说明在钻井和完井过程中密切关注井眼轨迹的重要性（Ma 和 Zoback，2017b）。图 11.2 中显示了在俄克拉何马州 Woodford 组钻的两口井。每张图的上半部分显示了用元素光谱测井仪测量的黏土＋干酪根含量（波动的灰色线，黑线代表中间值）、各阶段测得的瞬时关井压力（ISIP）（红点和红条）以及每个阶段注入的支撑剂量（蓝色柱状图）。中间面板表示成像测井中显示的断裂位置。下面板显示了井径、各阶段的位置、中值黏土＋干酪根含量以及 Woodford 组的三种不同岩相（WDFD-1、WDFD-2 和 WDFD-3），这些岩相是通过附近一口垂直井获得的成分数据标示的。这口井明显严重的起伏是垂直尺度极度放大的结果。4000ft 侧井

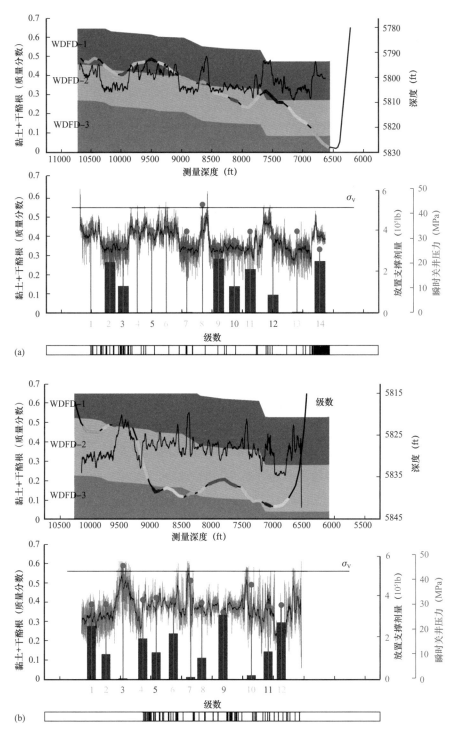

图 11.2　俄克拉何马州 Woodford 组两口水平井的相关井信息、处理数据和岩性（据 Ma 和 Zoback，2017b）

每个图中的上半部分显示了黏土和干酪根含量的变化（黑色曲线表示灰色的平滑测井读数）。瞬时关井压力（ISIP）值（用红点表示）和每个压裂（HF）阶段放置的支撑剂量（蓝条）。瞬时关井压力和放置的支撑剂量位于各阶段的中间。水平红线表示覆盖层应力的大小。黑色虚线表示正断层作用发生时的 σ_{hmin} 大小。中间面板显示了成像测井中沿井的陡倾天然裂缝的位置。下面板显示了井眼轨迹（注意夸张的垂直尺度）和沿井的黏土 + 干酪根含量，以及 Woodford 被划分为 WDFD-1、WDFD-2 和 WDFD-3 岩相段

的趾部仅高出跟部 40ft。请注意，在两口井中当井迹偏离 WDFD-2 岩相时，最小主应力或压裂梯度的幅度都会显著增加。在两口井的情况下，由于泵送压力高且涉及滤失（支撑剂填充井筒），在这些阶段没有注入支撑剂。还应注意最小主应力／压裂梯度的大小与黏土 +TOC 含量之间的良好相关性。如第三章和本章后面部分所讨论的，这些高压裂梯度很可能是黏塑性应力松弛的结果。事实上，正如在多井实验项目中遇到的富黏土岩石（见图 3.19）中首次看到的那样，完全应力松弛将导致压裂梯度基本上等同于覆盖层应力。在第 8 阶段，图 11.2（a）所示油井的黏土和干酪根含量最高。该井黏土和干酪根含量较高的其他阶段也具有较高的压裂梯度值。在图 11.2（b）所示的油井中，黏土和干酪根含量与压裂梯度也有很好的相关性：压裂梯度最高的阶段是黏土和干酪根含量最高的阶段。

图 11.3 回顾了第一章中介绍的另一个案例，该案例来自西弗吉尼亚州的 Marcellus 区块（Alalli 和 Zoback，2018）。图 11.3（a）的上部分图显示了一口井的微地震事件分布，其中第 11～17 阶段显示的事件仅限于 Marcellus 组下段页岩（LMRC）内，且垂直范围小于 100ft，而第 18～21 阶段的事件显示微地震事件向上延伸超过 500ft，并穿过 Marcellus 组上段页岩（UMRC）。中间图显示井眼轨迹。很明显，第 1～17 阶段的射孔位置位于 Marcellus 组下段页岩中，而第 18～21 阶段的射孔位于 Cherry Valley 石灰岩中。图 11.3 的下部分图显示了测量的瞬时关井压力。请注意，对于第 1～16 阶段，瞬时关井压力大约等于（或略大于）σ_V，而第 17～20 阶段显示测量的瞬时关井压力小于 σ_V，因此对应于 σ_{hmin}。由于水力裂缝在垂直于最小主应力的平面上扩展，因此第 1～16 阶段的最小主应力值以及第 11～16 阶段的微地震事件分布表明裂缝的水平扩展。另一口井的类似数据如图 11.3（b）所示，并得出类似结论。第 10～16 阶段显示微地震事件仅限于 Marcellus 组下段页岩，且垂直范围有限，而第 17～21 阶段显示微地震事件向上延伸超过 500ft，超过上 Marcellus 组上段页岩。仔细观察井道，可以看出，在 Marcellus 组下段页岩下部和 Onondaga 石灰岩之间存在阶段划分，第 1～4 和 16～21 阶段位于 Onondaga 石灰岩中，第 5～15 阶段位于 Marcellus 组下段页岩中。当比较水平井的瞬时关井压力值时，第 4～16 级显示测得的瞬时关井压力约等于或略大于 σ_V，而第 1～3 和 17～20 阶段显示测得的瞬时关井压力小于 σ_V。因此，将最小主应力解释为 σ_V，从而导致 Marcellus 组下段页岩在第 5～15 阶段出现水平水力裂缝。

图 11.2 和图 11.3 所示的两个案例研究都强调了应力大小随深度变化的重要性。下面将说明应力大小的垂直变化会对垂直水力裂缝扩展产生的深远影响，进而影响水平扩展和支撑剂放置。水平水力裂缝相关阶段的瞬时关井压力近似于覆盖层应力这一事实表明，它是最小主应力的可靠指标，可能比水力裂缝实际闭合时的压力高 2～3MPa（McClure 等，2016）。这两个案例研究的另一个特点是区分应力状态的垂直变化和地层性质横向变化的重要性。

近各向同性应力场中的水力压裂。如上所述，如果最小主应力的变化与黏塑性应力松

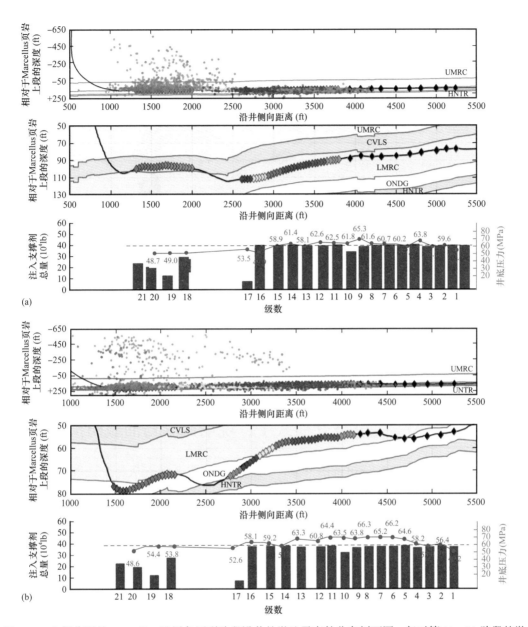

图 11.3　上部分图是 Marcellus 地层各压裂阶段沿井的微地震事件分布剖面图，仅对第 11～21 阶段的微地震活动进行了监测，中间部分图是一个垂直放大的部分，显示了井轨迹，底部图绘制了所有阶段注入支撑剂的总体积（条形图）和相对于 σ_V（黑色虚线）测量的 ISIP（红点）（a）；该区域另一口井的类似图（b）内容同（a）（据 Alalli 和 Zoback，2018）

弛有关，则极限情况是当所有三个主应力基本上等于覆盖层应力时。Ferguson 等（2018）对近井筒水力裂缝起始发生进行了建模，其中 σ_V、σ_{Hmax} 和 σ_{hmin} 的相对震级分别为 1.0、0.94 和 0.93。图 11.4 显示了泵送约 3min 后，套管和胶结水平井射孔周围计算的开孔模式应变的多个视图。注意异常复杂的裂缝模式，这种复杂的裂缝模式可以解释 Gourjon 和 Bertoncello（2018）提到的近井眼页岩阻塞的概念，以及为什么在图 11.2 所示的案例研究中，当处理压力接近各向同性应力状态时，水力压裂人员对筛选感到紧张。

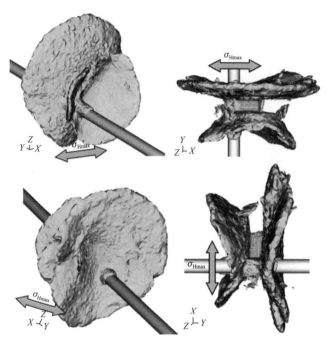

图 11.4　在近各向同性应力页岩中水平钻井的极为复杂水力裂缝起始的数值计算（据 Ferguson 等，2018）
等值面表示模式 I 断层区域。灰色箭头表示最大水平应力的方向

第二节　完井优化模式 I：现场试验与油藏模拟

如上所述，由于油气公司试图开发不同的区块，或者随着从一个区域到另一个区域的条件变化，在一个区块内都试图调整完井实践，通常会有大量的试错测试。Liang 等（2017）对不同区块的不同研究人员确定最佳井距的方法进行了非常有益的概述（表 11.1）。注意最佳井距的范围广。例如，在 Niobara 区块，Li 等（2017）根据模拟结果，建议最佳井距为 2000ft，但 Rucker 等（2016）根据现场试验得出结论，小于 200ft 是最佳选择。相比之下，Lalehrokh 和 Bouma（2014）以及 Siddiqui 和 Kumar（2016）对 Eagle Ford 组模拟研究得出了相似的结果。Liang 等（2017）重点研究了 Midland 盆地和 Delaware 盆地的井距。他们比较了（通过模拟、现场试验和经济分析）660ft 和 880ft 井距（分别为 8 口井 / 段和 6 口井 / 段）以及 300～1000lb/ft 井的支撑剂密度。根据模拟、先导试验和经济分析，发现对于 Midland 盆地和 Delaware 盆地较大的井距和更高的支撑剂浓度更为有利。

在基于模拟和经济性的 Eagle Ford 组井距研究中，Lalehrokh 和 Bouma（2014）得出的结论是储层渗透率和裂缝密度是控制最佳井距的两个最重要参数。他们关于最佳井距的结论见表 11.1。尽管如此，显然很难单独列出任何具体的完成指标。在上述情况下，考虑了井距和支撑剂密度。但射孔簇间距、总处理量和其他参数也很重要，给定参数的最佳时间间隔也是重要的。

表 11.1　最佳井距估算（据 Liang 等，2017）

方法	文献	地层	流体类型	井距结论
微地震、压力和示踪剂的直接测量和现场先导试验，以及 DNA 测序以确定随时间变化的排水量和井间通信	Friedrich 和 Milliken（2013）	Midland 盆地 Wolfcamp 组	油	400ft
	Rucker 等（2016）	Niobrara 组和 Codell 组	油	Niobrara 组井距＜200ft Codell 组井距＜700ft
	Pettegrew 和 Qiu（2016）	Delaware 盆地 Wolfcamp 组	油	1320ft，且 1628lb/ft
运营商数据分析	Sahai 等（2012）	Marcellus 组	天然气	可变的
数值和分析模拟	Sahai 等（2012）	Haynesville 组	天然气	1056ft
直接假设裂缝几何结构或模拟储层改造体积（SRV），即已知或在一定范围内具有一半长度、导流能力和高度的平面对称裂缝	Lalehrokh 和 Bouma（2014）	Eagle Ford 组	重油、反凝析气	重油 330～400ft；反凝析气 440～450ft
	Yu 和 Sepehrnoori（2014）	Bakken 组	重油	880ft
	Siddiqui 和 Kumar（2016）	Eagle Ford 组	反凝析气	单一井场区 400ft
数值和分析模拟	Belyadi 等（2016）	Utica 组	天然气	1200～1300ft
裂缝几何形状或模拟储层改造体积（SRV）由速率瞬态分析（RTA）得出。微地震数据和生产记录	Li 等（2017）	Niobrara 组	天然气	2000ft
数值和分析模拟	Ramanathan 等（2015）	Duvernay 组	反凝析气	200m 并非最佳选择

在美国多个非常规油气区块的综合三维储层模拟中，Sen 等（2018）调查了不同生产阶段的最佳井距、射孔簇间距和完井尺寸。在某些方面，他们的储层模型非常简单——他们将储层改造体积建模为一个增强的基质渗透率区域，该区域对称分布在远离射孔簇的水力裂缝周围。增强的基质渗透率表示有效渗透率，它模拟受刺激储层的整体性质。该模拟储层体积中的增强渗透率用于表示由于水力裂缝泄漏而剪切滑动的许多小断层。尽管他们的模型几何结构简单，但其方法具有几个独一无二的优势。第一，该模型允许水力裂缝在压裂过程中增长，无论是长度还是高度。第二，他们考虑到增强渗透率的面积和大小随时间的推移而减小，模拟了基质损失、剪切裂缝和水力裂缝渗透率随损耗的变化（见第六章、第八章、第十章）。因此，它们指的是动态储层改造体积（SRV）或 DSRV。第三，他们不是简单地尝试历史拟合油井产量，而是寻找与增产处理压力、返排率、压力恢复测试和产量以及微地震事件位置相匹配的模型。

虽然这些模型本质上不是唯一的，但有几个有趣的发现值得注意。图 11.5 说明了四个不同的非常规油气区块的地质背景如何导致不同的动态储层改造体积（DSRVs），进而对完井方法做出不同的响应。在平面图中，每个面板表示单级泵送结束时产生的最大储

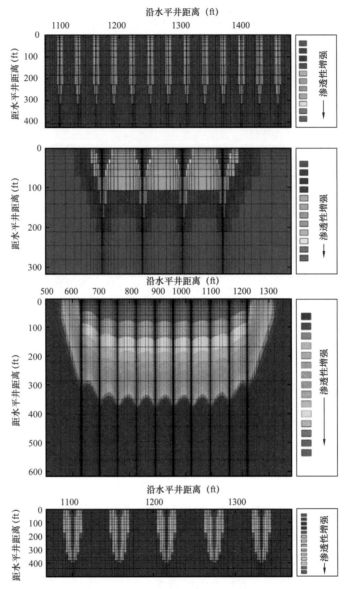

图 11.5 美国四个陆上非常规油气区块渗透率压裂措施模型平面图（据 Sen 等，2018）

每个面代表一个阶段。请注意，围绕从射孔簇中延伸的单个水力裂缝的储层改造体积变化很大。井的位置在每个图形
的边缘顶部。由于对称性，仅显示了一半的水力裂缝。每个面代表一个阶段，具有不同数量的集簇

层改造体积（SRV）的快照。假设水力裂缝从井筒对称扩展（位于每个面板的顶部边缘），
因此只显示油井的一侧。如图 11.5 所示，四个区块中每个阶段的穿孔簇的数量和间距都
有显著变化。每个水力裂缝周围的彩色区域表示由于漏失导致的渗透率增强区域（红色表
示有效渗透率的最大增强）。由于产量仅限于前几年（第一种和第四种情况）渗透率增强
的区域，因此射孔簇相距甚远，并可能在集群中间区域没有产量。一旦认识到这一点，这
些区块的簇间距就减小了。同样值得注意的是，渗透性增强的区域是如何变化的。在第一
种和第四种情况下，这些区域紧邻水力裂缝。在第二种和第三种情况下，射孔簇之间有更
多的增产措施，但渗透率提高最多的区域（和可能的产量）非常靠近油井，这对井距有明

显的影响。很有意思的是，推测围绕水力裂缝具有较宽储层改造体积（SRVs）的这些区块是否被较高的漏失所表征——可能是因为更多先存裂缝的存在。

将图 11.5 所示的单阶段单井方法应用于单区块带中的多口井，Sen 等（2018）在 3 个月至 20 年的时间段内，调查了井距、完井尺寸、簇间距和井控等参数对累计产量的影响（图 11.6）。再次，观察到了一些有趣的趋势。例如，随着时间的推移，井距和完井尺寸的影响变得越来越重要。有点令人惊讶的是在这个区块中，簇间距对产量的影响相对来说是次一级的。相比之下，阻塞尺寸和压降等生产参数随时间的变化变得不那么重要。

图 11.6 所示分析方法的一个明显好处是随着井距的增加，该区块的开发可能会使成本显著下降（略微被完井成本的增加所抵消）和更多的累计产量。

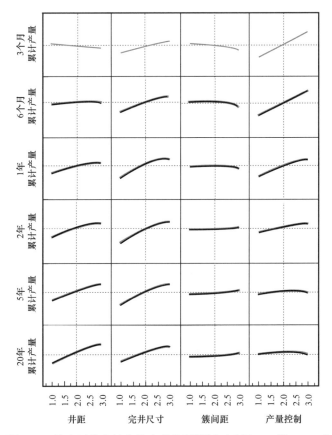

图 11.6　单个区块中的多井生成的预测剖面（据 Sen 等，2018）

对于每个完井参数，有 3 个月、6 个月、1 年、2 年、5 年和 20 年的产量预测。对于每条曲线，垂向轴表示相应预测窗口的标准化累计产量。横轴表示某个参数的范围，从左到右递增

第三节　垂直水力裂缝发育

与平台区问题一样，垂直水力裂缝增长的某些方面似乎有些不言而喻。例如，图 11.7 显示了 Maxwell（2014）基于 Inamdar 等（2010）在 Eagle Ford 组的案例研究的一个示例。

当以 120bbl/min 的流速进行这些阶段（第 1 阶段、2 阶段和 9 阶段）时，微地震数据表明，井底压力足够高，使得水力裂缝向上扩展，进入上覆的 Austin Chalk 组，甚至在上覆的 Austin Chalk 组之上。在较低流速下（第 3～8 阶段），微地震事件表明水力压裂被限制在所需的间隔内。在较高流速下进行阶段压裂时，也有轻微的向下传播趋势，从 Buda 组石灰岩进入下伏地层（可能是 Del Rio 组页岩）。如果较高流速下的净压力超过了 Eagle Ford 组上段 /Austin Chalk 组接触处的应力屏障，但没有超过（或没有超过许多）Buda 组石灰岩底部的应力屏障，则可以很容易地解释这一点。

利用微地震数据评估垂直水力裂缝的增长并非没有潜在缺陷。本书介绍了几个例子，在这些例子中，微地震活动的垂直范围受到断层的影响（如图 7.17 所示的案例研究）。Fisher 和 Warpinski（2012）汇编中代表异常浅或深微地震事件的许多峰值可能是由于沿断层的压力传递（见图 8.16）。在其他案例研究中，如图 8.15 所示，微地震事件似乎表明垂直水力裂缝的增长受层与层之间的应力相对于净压力的变化控制。

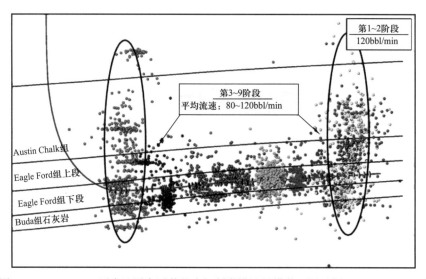

图 11.7　Eagle Ford 页岩地层水平井的多级刺激措施的横截面图（据 Maxwell，2014）

不同的颜色代表不同的阶段。前两个阶段以 120bbl/min 的速度进行，这导致微地震远高于 Austin Chalk 组。在第 3 阶段，注入速率降低至 80bbl/min，并在其余阶段缓慢增加，导致目标下 Eagle Ford 受到微地震影响。第 9 阶段在 120bbl/min 时再次出现，并且再次显示出显著的向上高度增长

在地球上，向上和 / 或向下水力裂缝扩展的问题由层与层之间的应力变化以及断裂韧性或 K_{IC}（Ⅰ型裂缝扩展的临界应力强度因子）的变化控制。在水力压裂过程中，净压力控制着裂缝是否会随着应力或韧性的变化而扩展。虽然弹性性质的变化不会影响裂缝扩展，但它们会影响支撑剂的运移，尤其是杨氏模量，杨氏模量控制着给定净压力下水力裂缝的开启性。为了简单起见，将忽略层理界面的分隔。虽然这一假设似乎有局限性，但成功开发以相对较薄层理为特征的非常规油气区块（Eagle Ford）似乎表明水力裂缝在薄层界面上传播。

Liu 和 Valko（2015）采用 PKN 型模型（见图 8.6a）将水力裂缝增长视为分层序列

中净压力的函数，具有不同的应力大小和断裂韧性（见图8.6a）。他们的五层模型基于Warpinski等（1994）报道的应力变化，其中层间应力的变化范围为1500~2400psi，但Liu和Valko（2015）给出了应力大小和断裂韧性的一些组合的计算结果。对于每个给定的模型，他们评价了高度生长作为净压力的函数。虽然他们进行了许多计算，但在他们的计算中普遍观察到对于层间应力变化，净压力约小于1000psi时导致水力裂缝高度增长受限。当净压力超过1000psi时，他们通常发现显著的向上或向下水力裂缝增长。下面将通过一个实际案例研究的建模来重新讨论这个问题。

由于多种原因，在水力裂缝模型中纳入K_{IC}的变化很困难，例如，代表性岩石的测量值有限，并且K_{IC}与地球物理测井参数之间没有公认的相关性。在Liu和Valko（2015）的计算中，当他们使用约2000psi·ft$^{1/2}$的K_{IC}相对较低值时，应力变化比K_{IC}的变化更重要。Zhang（2002）的数据表明，甚至更低的K_{IC}值代表如页岩、石灰岩和砂岩等沉积岩。

在一项利用三维全耦合数值代码的研究中，Huang等（2018）调查了垂直水力裂缝的生长，不仅考虑了应力随深度的变化，还考虑了在水力压裂过程中可能在剪切作用下被激活的先存断层。虽然很难对其结果进行概括，但该模型对先存断层上的剪切滑移可以促进或阻止水力裂缝的垂直生长的方式做出了非常有趣的预测。在剪切滑移促进水力裂缝生长的情况下，他们的模型说明了滑动如何帮助克服应力障碍。因此，虽然区分了微地震事件垂直迁移的观测结果，以代表垂直水力裂缝生长或沿断层的压力传输，但本节研究表明这两种现象可能同时发生。

第四节　完井优化方式Ⅱ：油藏模拟与三维地质力学

本节将重新讨论操作参数优化的主题，现在引入两个重要的地质力学效应——最小主应力或压裂梯度在层与层之间的变化，以及桥塞射孔连作期间，随着水力裂缝的扩展而同时产生的应力阴影效应（见第八章）。

为了进行计算，将使用ResFrac软件，一个在图8.19—图8.21所示建模中使用的软件包。作为模型的输入，使用了一个与实际案例研究相对应的五层理想地质力学模型，关键地质力学参数见表11.2。DFIT试验测得的σ_{hmin}和实测值符合实际，孔隙度、渗透率和杨氏模量值合理且数值一致。由于D组有机质含量最大，操作员将操作置于该地层中以实现最大产量。

在解释以下模拟时，必须认识到存在许多地质复杂性，可能会影响水力裂缝扩展和支撑剂输送。在计算中也有一些假设，以使复杂的物理过程和相互作用成为可能。此外，现在知道还有一些过程如近距离多个水力裂缝的扩展（如第八章讨论的岩心贯通/钻穿实验中所发现的）尚未被充分理解，无法纳入再压裂等模型。也就是说，提出以下模拟期望观察到的许多大尺度模式都能代表桥塞射孔连作期间发生的情况，因此适用于开发地质力学模型的区域。

表 11.2　三维裂缝扩展计算中使用的参数值

地层	顶深（ft）	厚度（ft）	测量的 σ_{hmin}（psi）	渗透率（mD）	孔隙度（%）	杨氏模量（10^6psi）
A	9500	60	10440	50	5	4
B	10010	240	10000	50	5	4
C	10250	247	10590	50	5	4
D	10497	85	11080	50	5	4
E	10582	418	11430	50	5	4

　　图 11.8—图 11.12 所示的模型结果代表了一个桥塞射孔连作阶段，并具有许多共同特征：（1）注入发生在 200ft 的阶段，每个阶段的射孔簇相距 50ft，距堵塞器 25ft。（2）在 2ft 的间隔内，每个簇有 12 个穿孔，均匀间隔 60°。（3）将具有规定浓度支撑剂的滑溜水以规定的恒定流速注入 2h。如图 11.8—图 11.10 的左上角所示，假设每层的最小主应力（压裂梯度）缓慢增加。在图 11.11 和图 11.12 中，研究了这一假设的影响。

　　图 11.8、图 11.9 和图 11.11 都是从井中俯视从一个射孔簇中延伸出来的水力裂缝的横截面图。左侧水力裂缝横截面对应最靠近井趾的射孔簇。每一个数字都是在刺激结束后两周（为了给支撑剂足够的时间沉淀）但在生产开始前拍摄的快照。颜色表示以 mD·ft 为单位的水力裂缝导流能力，该导流能力由该部分水力裂缝中的支撑剂量控制。注意，这是一个测井比例尺，即支撑良好的水力裂缝部分（如红色所示）的导流能力比未支撑的水力裂缝部分的导流能力高两个数量级（以绿色显示）。这些模型中未绘制的导流能力与 Zhang 等（2014）、Wang 和 Sharma（2018）报道的类似有效正应力值相似。

　　图 11.8 显示了三组计算结果，证明了对各种参数的敏感性。图 11.8（a）顶行的数字显示了四个裂缝，预计流速为 50bbl/d，射孔直径为 0.32in，支撑剂负载为 1lb/gal，相当于每级 6000bbl 流体和 252000lb 支撑剂。该井位于 D 组底部 15ft 处。将其称为参考试验。注意，为了便于参考，该情况显示在图 11.8（a）—（c）、图 11.9（a）、（b）和图 11.11 的顶行中。

　　图 11.8（a）所示水力裂缝扩展模式最引人注目的方面是它主要是向上的，因为 C 地层的压裂梯度比 D 地层小，B 地层比 C 地层小（表 11.2）。基本上不存在水力裂缝向 E 地层的向下扩展，也不会向上传播到 A 地层，因为 E 地层的压裂梯度高于 D 地层，A 地层的压裂梯度高于 B 地层。由于水力裂缝向上生长，除了最靠近脚趾的水力裂缝外，D 地层侧向分布的支撑剂相对较少。重要的是，这些观测结果都得到了微地震数据的证实。D 地层以下微地震事件极为罕见，B、C 地层深处多发微地震事件，A 地层无微地震事件，而且由于水力裂缝向上而非向外扩展，微地震事件距离井的水平距离有限。

　　还应注意，水力裂缝中支撑良好的部分主要位于 C 地层，那里有机质相对较少。此外，在水力裂缝的支撑部分和油井之间存在夹点，即水力压裂导流能力低的区域。图 11.8（a）

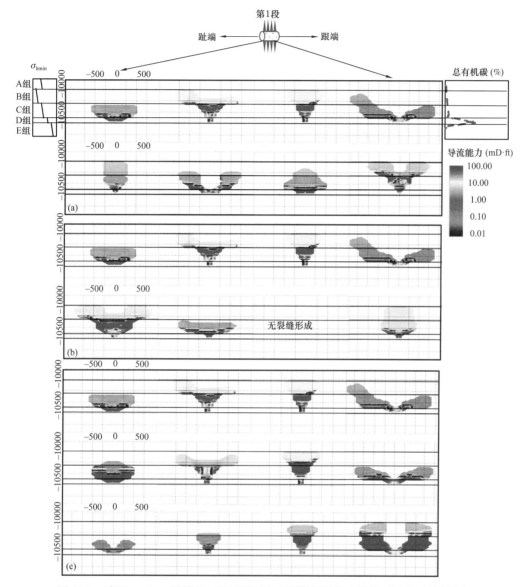

图 11.8　采用 ResFrac 计算的三种情况下水力裂缝导流能力横截面（非对数刻度）

（a）、（b）和（c）的最上一行为参考试验，对应于 50bbl/min 的流速、0.32in 的射孔直径和 1lb/gal 的支撑剂荷载，且油井位于地层 D 底部上方 15ft。（a）油井位置比较：顶行为参考试验，下行将油井置于地层 D 的中心；（b）射孔直径的比较：最上面一行是参考试验，较低的一行使用 0.64in 的射孔直径；（c）支撑剂荷载的比较。最上面一行是参考试验，中间一行是 3lb/gal，最下面一行是 5lb/gal

中的下一行图假设所有参数都相同，只是油井位于 D 地层的中间而不是底部附近。在这种情况下，中间两组裂缝表明 D 地层分布了较多的支撑剂。

图 11.8（b）将基准情况（顶行）与下一行 0.64in 的射孔直径进行了比较。值得注意的是，水力裂缝仍然严重向上生长，D 地层中几乎没有支撑剂。还应注意的是，在第二次射孔时，从该阶段的底部开始没有形成裂缝。有两个因素促成了这一点。在参考试验的情况下，增产措施过程中的最大井底压力为 12100psi。图 11.8（b）下一行的射孔尺寸较

大，最大井底压力仅为11700psi。在这个较低的压力下，应力阴影似乎阻止了传播。正如式（8.1）所示，射孔摩擦与射孔直径 D 的四次方成反比，因此对净压力有显著影响。

图 11.8（c）比较了不同密度支撑剂的水力传播情况。最上面一行支撑剂密度为 1lb/gal 的参考试验，中间一行使用 3lb/gal，下面一行使用 5lb/gal。虽然后两种情况下注入的支撑剂量要多得多，但 D 地层的支撑面积并没有如人们所希望的那样显著增加。从观察看，3lb/gal（图 11.8c 的中间一行）的效果最好。

图 11.9 进行了两个其他情况的比较。图 11.9（a）将参考试验与注入速度增加至 100bbl/min 的情况进行了比较。注意，较高的泵送速率似乎加剧了水力裂缝向上增长。因此，即使泵送的流体和支撑剂是泵送量的两倍，D 地层水力压裂和支撑的程度并没有明显改善。图 11.9（b）比较了流量增加和射孔尺寸增加到 0.64in 的参考试验（顶行）。请注意，这些参数的组合会产生结果更糟糕。裂缝向上生长较多，两个射孔内未形成水力裂缝，D 地层水力裂缝的支撑没有得到改善。

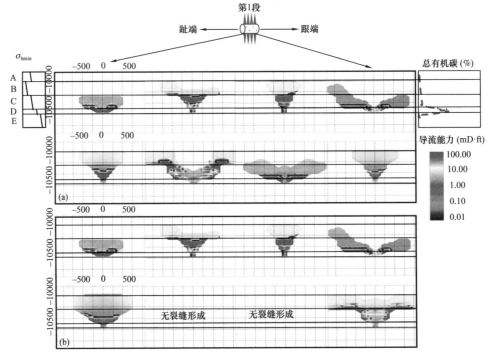

图 11.9　其他两种情况下的水力裂缝导流能力横截面

（a）流速比较，最上一行为参考试验，下行注入速度为 100bbl/min；（b）射孔直径比较。最上一行是参考试验，下一行穿孔参数为 0.64in 和 100bbl/min

图 11.10 显示了 5 年期间的相对产量，所有产量均标准化的参考试验。图 11.10（a）比较了参考试验下的产量（井位于 D 地层底部附近）与将油井置于中间位置或将油井置于顶部附近（图 11.8a 中未显示）的产量。很明显，把井放在 D 组的中间，效果最好。图 11.10（b）显示，与参考试验相比，支撑剂密度为 5lb/gal 和 3lb/gal 情况下的产量都有所增加，其中 5lb/gal 条件下产生的效果最好。图 11.10（c）将基础情况下的产量与增加射孔

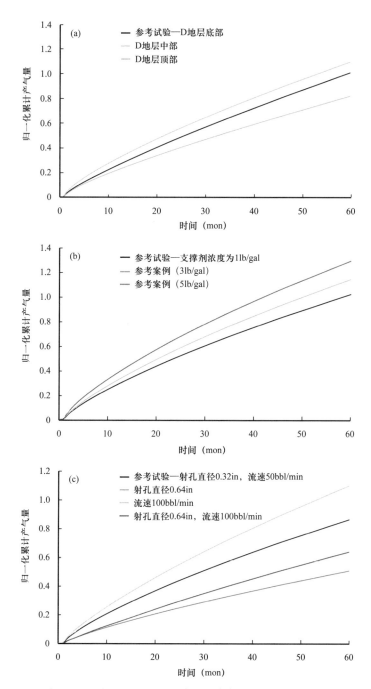

图 11.10　图 11.8 和图 11.9 中所示案例的 5 年累计产气量

（a）在 D 地层中部部署的井产气量最多；（b）支撑剂浓度为 5lb/gal 时产量最高。（c）泵送速率（100bbl/min）和射孔直径（0.32in）时的产量与加倍流速的产量相同。无论泵送速率如何，增加射孔直径都会导致产量降低

直径、增加流速以及同时增大射孔直径和流速进行了比较。注意，只有当流量加倍时产量才会增加（只要射孔直径保持在 0.32in），但其他两种情况导致产量减少。

　　细节很重要。应力的大小通常会随着上地壳深度的增加而增加，因此上述五个地层内计算中使用的最小主应力的轻微增加并非不合理。也就是说，一个合乎逻辑的问题是，假

设每个地层内的压裂梯度不断增大，是否有助于水力裂缝的强劲向上增长。为了验证这一点，图 11.11 将参考试验与每个地层中对应于五个测量 σ_{hmin} 值的最小主应力常量值进行比较。参考试验（顶行）与每个地层（下行）中具有恒定压裂梯度的应力剖面之间存在明显差异。然而，这两种情况都显示水力裂缝明显向上生长，在 D 地层中几乎并没有侧向扩展或支撑剂放置。

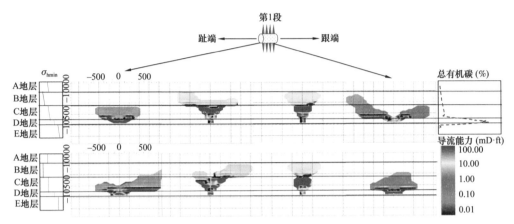

图 11.11　将参考试验（顶行）与各层应力保持恒定的应力剖面进行比较（用 ResFrac 计算）

图 11.12 显示了图 11.11 所示两种情况下的累计产气量。这两种情况的产量差别微乎其微。可以合理地得出如下结论：虽然应力随深度变化的方式有所不同，但总体裂缝扩展和生产趋势并非应力变化建模方式的产物。对各层最小主应力的直接测量表明，从 D 地层向上移动的应力值逐渐减小（表 11.2）。C 地层的压裂梯度小于 D 地层，B 地层的压裂梯度小于 C 地层。如上所述，微地震观测证实，A、E 地层是良好的水力压裂屏障。然而，B、C 和 D 地层的相对应力大小表明，为了优化 D 地层的产量，需要进行仔细的建模和谨慎的操作控制。

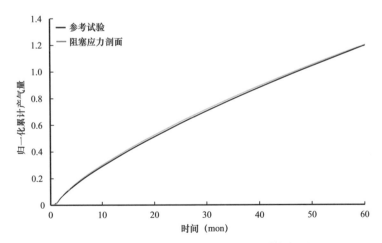

图 11.12　图 11.11 所示案例的 5 年累计产气量

从累计产气量的角度来看，各层应力变化的具体方式并不重要

第五节　黏塑性应力松弛和随深度变化的应力大小

本书前几章讨论了三种可能导致最小主应力大小从一个地层（或岩相）到另一个地层（或岩相）的变化机制。通过案例研究和建模说明，这些应力变化可能对刺激产生一级效应。由于定向断层的摩擦强度随黏土含量（见第四章）、孔隙压力（见第七章）或黏塑性应力松弛（见第三章）而变化，应力大小也会发生变化。正如 Zoback（2007）所讨论的那样，假设应力因弹性性质的变化而变化的模型基于错误的假设，带有大量无约束参数（如各向异性弹性参数和任意边界条件，如瞬时规定的构造应力或应变）。

Ma 和 Zoback（2018）试图用第三章中提出的黏塑性应力松弛模型解释图 11.2 所示的应力随岩性的变化。摩擦系数和孔隙压力的变化都不能解释 Woodford 组三种岩相之间应力的强烈变化。例如，当压裂梯度近似等于图 11.2 的高黏土 + 干酪根段的覆盖层时［之前在 MWX 项目中显示了页岩单元（见图 3.19），或图 11.3 中的 Marcellus 组下段］，则需要静岩孔隙压力或摩擦系数等于零的岩石解释观察结果。图 11.13 给出了一个概念性的解释。随着井眼从岩相到岩相，黏塑性应力松弛或多或少导致最小主应力随深度发生变化。随着更多的应力松弛发生（延性增加），岩石中的应力状态各向同性更强。在正常应力、正常应力 / 走滑应力和走滑应力状态下，这意味着最小主应力或压裂梯度变得更接近上覆岩层应力，如图 3.17 所示。

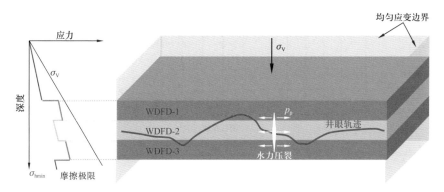

图 11.13　图 11.2 中压裂梯度如何沿井变化的示意图，这种变化是由于沿井道遇到的三种岩相中应力松弛程度的变化引起的（据 Ma 和 Zoback，2018）

然而，在 Woodford 地区，没有可用于实验室测试的岩心。这就要求 Ma 和 Zoback（2016）建立一个经验关系来估计黏弹性幂律参数 n［式（3.14）］的上下界限，以及了解 n 与发生黏塑性应力松弛所需时间之间的关系。图 11.14 解释了这两个问题。图 11.14（a）指出，为了发生接近完全的应力松弛，n 必须相对较高，并且应力松弛必须发生在数千万年内。如图 3.17 所示，对于在实验室测得的最高 n（0.08），初始应力各向异性将保持在 10% 以下。当然，可能存在 n 值较高的岩石，但尚未测试到。

图 11.14（b）显示了杨氏模量和 n 之间的经验关系的上下界限。虽然存在明显的

分散性，但预测应力大小的上下界限并不特别困难（图 11.15）。这表明，估计的三种
Woodford 组岩相的黏塑性应力松弛程度很好地解释了沿水平井长度方向观察到的最小主
应力变化。

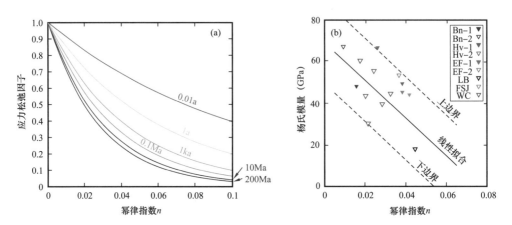

图 11.14　幂律指数 n 与应力松弛因子和杨氏模量的关系（据 Ma 和 Zoback，2018）

（a）应力松弛系数 $t^{-n}/(1-n)$ 随 n 在几天到几年甚至数百万年的时间跨度内的变化；（b）几种页岩储层样品的杨氏模量与松弛参数 n 之间的相关性。图 11.15 中使用上界和下界来估计最小主应力大小的上界和下界

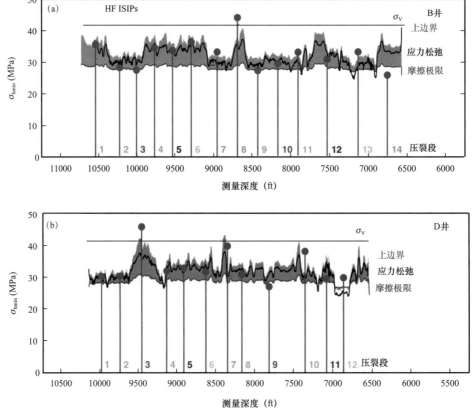

图 11.15　根据与 ISIP（红点）和基于黏塑性应力（蓝色）的预测相比的经验关系，预测图 11.2 所示
油井的 σ_{hmin} 剖面（黑色，灰色带表示不确定性）（据 Ma 和 Zoback，2018）

第六节 目标地质力学"甜点"：裂缝、断层和孔隙压力

总结地质力学与优化增产措施之间的主要关系，至少有五个方面值得强调。

第一，最小主应力大小的垂直变化，无论是从地层到地层，还是从岩相到给定地层的岩相，都直接影响水力裂缝的增长，从而影响增产效果。虽然有多种机制可以引起应力大小的变化，但岩性相关的应力松弛可能是最重要的一种。虽然根据测井岩石特性预测应力大小可能有一天是可能的，但使用小型压裂或 DFIT 测量应力变化绝对是可能的（表 11.2）。侧面所在区域上方和下方的应力大小与其中的应力大小一样重要。此外，确定最佳水力压裂程序时，必须使用能够考虑这些应力变化对水力裂缝增长影响的模型。

第二，井眼轨迹和井场区域也必须考虑水力裂缝增长和支撑剂放置问题。虽然寻找最佳脆性地层具有明显的优点，但井场区域的选择需要考虑水力裂缝的增长和支撑剂的分布情况。

第三，在压裂措施刺激过程中，先存裂缝可能会有帮助。第十章在增产措施过程中如何从这些裂缝上触发剪切滑移的角度讨论了这一点，第十二章将讨论这一过程对生产的重要性。第七章还讨论了地震反射数据在发育更多先存裂缝区域的可能性。这些方法值得进一步应用于非常规油气区块的描述。

第四，大尺度断层（在地震反射数据中可以识别的断层）的存在通常是有问题的，如第七章所述的一些案例研究所示至少它们可以人为影响水力压裂阶段。更重要问题的是断层增压可能加剧井间联系（见第十二章）或诱发井损和／或地震活动（见第十三章）。在某些地区，常规地利用地震反射数据来避免预存断层似乎是谨慎的。

第五，孔隙压力非常重要。如第七章所述，所有活跃的非常规油气区带都存在超压，在某种程度上，孔隙压力与应力大小有关。在具有如此低的基质渗透率的地层中，超压对从孔隙空间驱动水流是很重要的（见第六章）。Utica 超高孔隙压力区域与产量之间具有良好的相关性。Delaware 盆地部分地区相当大的超压（见图 7.9）无疑也是该地区产量的重要因素。也就是说，孔隙压力具有非均质性，无论是烃源（即与有机质分布有关）还是渗漏（可能是沿大规模断层）造成的，都可能是影响单井和整个钻井平台成功的一个因素。第十二章讨论了非常规油气井周围的非均质衰竭，这些井可能会影响与加密钻井相关的压裂冲击或母／子现象。

第十二章　生产和枯竭

如第一章所述，非常规油气井的产量在生产的前 2—3 年内迅速下降。本章首先证明产量（和累计产量）是由从几乎不具渗透性的基质进入渗透性相对较强的裂缝平面的线性流控制。渗透裂缝面由水力裂缝本身和在增产过程中剪切滑动的先存裂缝和断层组成。正如所展示的，产量的迅速下降是这些极低渗透率地层枯竭的自然结果。认为，增产过程中形成的渗透性裂缝面的累计面积是影响资源最终采收率的关键因素。在 Barnett 组页岩的一个案例研究中，逐步评估增产过程中产生的总裂缝面积，并将其与分布式温度传感的逐阶段生产数据进行比较。

本章首先将使用具有离散裂缝的多孔弹性耦合模型来说明在增产过程中裂缝网络是如何演化的。讨论了产生微地震事件的受激剪切裂缝如何局部增强滑动裂缝周围岩石的基质渗透性。其次讨论了第四章中介绍过的地震滑移与抗震滑移的问题。换言之，一旦满足库仑破坏条件，已有断层上发生摩擦滑动是否会产生地震辐射？这一问题对理解在先存断层上是否存在相当数量的缓慢剪切滑动是至关重要的，这些断层增加了产量，但压裂裂缝周围的微地震云并未反映出来。在第四章中，根据速率和状态摩擦的情况，从页岩成分的角度对此进行了讨论。本章将在高度错向断裂和断层面上的滑移背景下讨论这一问题，除非受到非常高的流体压力的刺激，否则预计断层不会滑动。这一观点也将在第十四章的诱发地震活动中加以讨论。

本章最后讨论非常规油气地层衰竭的一个独特方面。由于烃类是通过相互连通的高渗透性裂缝网络在极低渗透性地层中产生的，因此衰竭模式具有强非均质性，这会影响生产及生产引起的应力变化。这能够更好地设想非均质耗竭的可能性，并深入了解为什么由微地震活动确定的储层改造体积（SRV）会高估产量。

对衰竭的讨论直接导致了对水力压裂过程中与井间联系相关的问题以及前面提到的压裂冲击现象的理解。虽然发生井间连通的原因有很多种，但一个重要的机制是伴随衰竭的孔隙弹性应力变化。随着加密钻井在许多地区的应用，这一课题的研究意义日益重大。加密钻井过程中的井间联系有时被称为母井—子井相互作用。在回顾了几个实例后，考虑了一个孔隙弹性应力变化的理论模型，该模型有助于了解这种应力变化何时会对加密井产生重大影响。本章最后讨论了与压力有关的储层性质，如基质、水力裂缝和剪切裂缝渗透率。

第一节 产量递减曲线与一维流量

图 12.1 显示了第一章图 1.9 所示的四个地区数千口非常规油气井的平均产量数据。在图 12.1 中，添加了右栏，该栏显示了对数坐标系下的月产量，以证明产量以类似于 $t^{1/2}$ 的

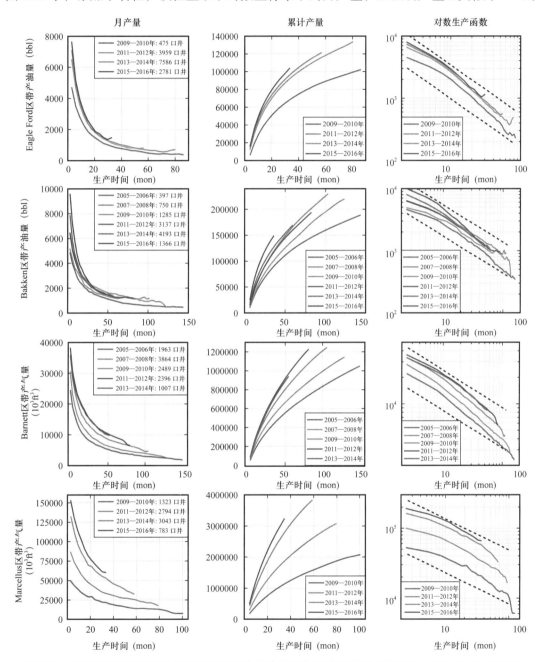

图 12.1 以两年为增量进行分组和平均的四个非常规油气区块的产量（据 Hakso 和 Zoback，2019）
左栏显示月产量，中栏显示累计产量，右栏显示对数坐标系下的月产量以证明生产量以类似于 $t^{1/2}$ 的速率下降，如虚线所示

速率下降（如虚线所示）。对于第一级，产量数据表明从极低的基质渗透率到更高渗透率平面的线性流。在线性流中，产量与 $t^{-1/2}$ 成正比，如下所示：

$$q = \frac{1}{2}\frac{\alpha}{\sqrt{t}} \qquad (12.1)$$

这里，对于干气藏：

$$q = A\left(\frac{p_\mathrm{r}^2 - p_\mathrm{bhf}^2}{p_\mathrm{s}}\right)\sqrt{\frac{c_\mathrm{g}\phi_\mathrm{m}k_\mathrm{m}}{\pi\eta}} \qquad (12.2)$$

式中，A 为与基质接触的所有裂缝（水力裂缝和剪切裂缝）的总表面积；p_r 为储层压力；p_bhf 为井底流动压力；p_s 为大气压力；c_g 为气体压缩系数；ϕ_m 为基质孔隙度；η 为气体黏度；k_m 为基质渗透率。

对于石油，c_g 被压力倒数的常数代替，驱动压力项略有不同（Katz，1959）。累计产量是通过积分方程式（12.1）得到的。并由：

$$Q = \alpha\sqrt{t} \qquad (12.3)$$

如图 12.1 的中心栏所示。在对数坐标中，这意味着 $\lg q$ 应该以 1/2 的斜率下降，如：

$$\lg q = \lg\left(\frac{1}{2}\alpha\right) - \frac{1}{2}\lg t \qquad (12.4)$$

在生产的前三年，图 12.1 所示所有储层两年增量的平均斜率为 -0.503，R^2 值为 0.98，表明生产前几年的线性流量。

Patzek 等（2014）还指出，Barnett 页岩的平均生产率随着时间 $t^{-1/2}$ 的推移而下降。如式（12.2）所示，如果考虑对每个储层的井平均增产，累计产量将取决于与储层接触的总表面积。线性流意味着从基质向垂直于该平面的高渗透平面流动，无论是水力裂缝还是受激剪切裂缝。平面的高渗透性使得平面内的压力通常可以被认为是恒定的（Walton 和 McLennan，2013）。在线性流动的情况下，颗粒运移可用一维扩散过程来模拟，其特征扩散时间（τ）由式（12.5）给出：

$$\tau = \frac{l^2}{\kappa} = \frac{(\phi B_\mathrm{f} + B_\mathrm{r})\eta l^2}{k} \qquad (12.5)$$

式中，l 为特征扩散距离；$\kappa \approx k/\left[\eta\left(\phi B_\mathrm{f} + B_\mathrm{r}\right)\right]$ 为水力扩散系数，其中 B_f 和 B_r 分别为流体和岩石压缩系数，ϕ 为岩石孔隙度，η 为流体黏度。

利用 Barnett 组岩心的力学性质和地质力学背景，可以使用 $B_\mathrm{f} = 3\times10^{-8}\mathrm{Pa}^{-1}$、$B_\mathrm{r} = 6\times10^{-11}\mathrm{Pa}^{-1}$、$\phi = 0.1$ 和 $\eta = 3.5\times10^{-5}\mathrm{Pa}\cdot\mathrm{s}$ 等为各种渗透率构建特征扩散时间。

图 12.2 分别显示了线性坐标和对数坐标中天然气和石油通过典型基质渗透率时间的结果（Hakso 和 Zoback，2019）。天然气在 100nD 储层中的 3 年特征扩散距离约为 10m。

基本上，这意味着在 3 年内，天然气从基质孔隙流向可渗透裂缝的距离仅为 10m 左右。因此，如果不能通过增产措施形成足够密集的裂缝网络，三年内就不会有足够的产量来证明开发成本的合理性。因为石油的高黏度，对石油来说情况更糟。当基体渗透率为 100nD 时，扩散距离仅为 2.5m 左右。

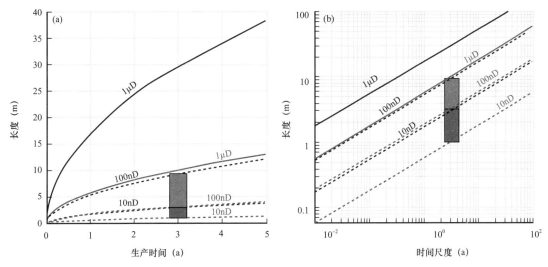

图 12.2　甲烷通过典型基质渗透率扩散所需的时间（据 Hakso 和 Zoback，2019）
灰色区域表明，气体通过 10～100nD 基质扩散到高渗透路径 3～10m 需要三年时间。油的生产时间与距离关系以红色显示，黏度大约高出 10 倍，导致扩散距离相应减小。灰色和粉色方框反映了非常规储层基质渗透率的代表性范围

第二节　利用微地震估算裂缝总面积

从式（12.2）和在非常规储层的低基质渗透率中的小扩散距离，通过增产措施引入尽可能多的表面积，似乎是增产的关键步骤。在下一节中，将分析图 10.3 所示的微地震数据集。尽管在五个不同的井中部署了两个监测阵列，以缩短与五个阶段之间的距离，但微地震事件强度在各个阶段有显著差异，事件位置分散在多个阶段（Hakso 和 Zoback，2019）。这可能是由于事件位置不准确（如第九章所述），以及沿先存断层系统传播的微地震事件（如第七章所述）或层间封隔不良（如第八章所述）造成的。

通过地震力矩 M_o 和应力降 $\Delta\tau$ 计算与每个事件相关的面积 S。对于圆形断层，面积为（Stein 和 Wysession，2003）

$$S = \pi \left(\frac{7M_o}{16\Delta\tau} \right)^{2/3} \tag{12.6}$$

请注意，也许与直觉相反，应力降和断层带大小成反比关系。由于记录地震记录的带宽有限，计算微地震数据的应力降比较困难。因为微地震事件的规模极小，需要在几千赫兹的频率下记录数据，以确定用于计算应力降的拐点频率（见图 9.17）。从其他研究中，

知道应力降分布的规模是不变的，通常遵循对数正态分布（Imanishi 和 Ellsworth，2006；Allmann 和 Shearer，2009）。大量研究（Goertz-Allmann 等，2011；Clerc 等，2016；Cocco 等，2016；Huang 等，2016）已经研究了极为广泛地震规模范围内的应力降。每项研究都发现数值在 $10^{-1} \sim 10^2$ MPa（见图 9.18），中值应力降为个位数，没有明显的地震规模趋势，如图 9.19 所示。Hakso 和 Zoback（2019）使用以 0.5MPa 应力降为中心分布计算了图 10.3 所示的微地震事件的面积。请注意，半径与应力降的立方根成比例，以减弱假定和实际应力降分布之间差异的影响。

图 12.3 显示了在第 4 阶段附近地震活动最密集的地区显示了 100m×100m×100m 的可视化图像。断裂位置和方向根据服务公司报告的微地震事件位置和 Kuang 等（2017）报告的震源机制进行分配。单独知道主应力的方向和相对大小就可以选择震源机制中的哪个节点平面是可能的断层。注意，在水力裂缝之间的区域存在广泛的剪切裂缝和裂缝方向分布，这意味着与低渗透基质接触的剪切裂缝网络连通良好。图 12.3 显示了从应力降分布生成的裂缝网络平面图，其中中值应力降为 0.5MPa 和 0.1MPa 以说明中值应力降 5 倍变化的影响。

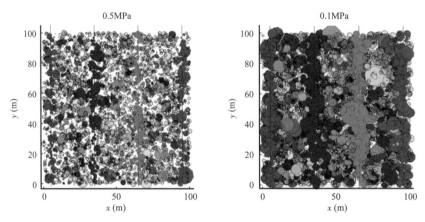

图 12.3　密集地震活动代表性区域应力降差异为 5 倍的裂缝网络平面图（据 Hakso 和 Zoback，2019）
较大的应力降导致断裂网络的断裂半径减小 40%，但在其他方面特征相同

然而，鉴于微地震数据集中存在较大的相对位置不确定性，将这些图像视为精确的离散裂缝网络模型是不可行的（Hakso 和 Zoback，2017）。正因为如此，而且由于总产量受与储层接触的渗透裂缝总面积的控制，本节模拟的裂缝网络应视为具有统计代表性，而不是裂缝网络的直接代表。下面将集中讨论从一个阶段到另一个阶段所创建的相关区域。

一、生产油气的面积

图 12.4 中的八个直方图显示了图 7.16 所示 Barnett 组数据集中观察到的微地震数量，以及按上述方式计算的累计面积。图的左侧显示了根据生产过程中两个不同时间获得的 DTS 数据计算的相对阶段生产数据（Roy 等，2014）。每个阶段的受激裂缝网络的总尺寸变化很大，从第 1 阶段和第 8 阶段小于 100m^2 到第 5 阶段将近 30000m^2 不等。所有阶段产

生的总面积至少为 76000m²。由于地震滑动可能在压裂过程中发生（如下所述），根据微地震事件计算的面积代表了所产生面积的下限。

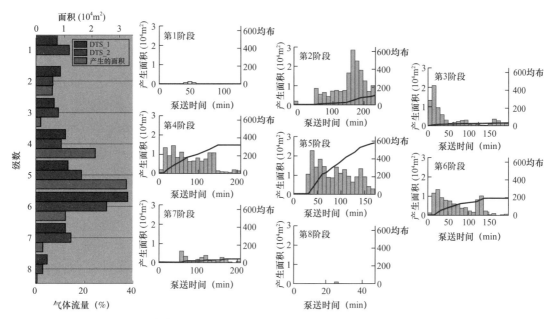

图 12.4　通过分布式温度传感测量的产量与每个阶段产生的面积以及每个阶段微地震事件的泵送时间
分布直方图（据 Hakso 和 Zoback，2019）

累计面积在同一轴上用黑线表示

很明显，产量最大的阶段（4～6）也是产生最大面积的阶段。虽然在几个阶段剪切作用下产生的表面积很小，但仍有少量的产量，可能与水力裂缝本身（或抗震滑动）的面积有关。获得大量渗透面积所需的注入时间因阶段而异。在第 2 阶段，泵送 140min 后产生的表面积有限，而在第 4 阶段，在该时间段后几乎没有产生面积。应注意的是，如果微地震事件发生在某一特定阶段，则该区域被分配给该阶段，而与事件的位置无关。很明显，在相对较短的泵送时间后，第 1 阶段、第 7 阶段和第 8 阶段不太可能产生大量的面积。

产量与累计微地震源面积之间的相关性明显强于产量与监测到的事件数量之间的相关性。请注意，第 2 阶段的微地震比第 4 阶段或第 6 阶段多，但产生的面积要小得多，产量也少得多。由于图 12.4 未考虑事件的位置，第 2 阶段期间事件的平均震级必须小于第 4 和第 6 阶段的平均震级。同样重要的是要注意，在特定阶段的刺激过程中产生的区域可能不会出现在该阶段的同一位置，因此对该阶段的生产没有贡献。如第八章所述，层间封隔似乎会影响第 2 阶段的事件，Farghal 和 Zoback（2015）指出，与第 2 阶段相关的事件似乎是沿着北东—南西走向的先存断层损害带进行的（注意监测井 A 附近的事件）。因此，虽然在第 2 阶段中产生的事件数量可能会导致人们期望的产量高于观察到的产量，但由于事件规模较小且分布分散，因此产量相对较小。

正如 Hakso 和 Zoback（2017）所说，由于水力裂缝的支撑面积可能与受激裂缝网络面积的下限估计值相当，因此该分析提供了低黏度压裂液和增产过程中漏失的重要性。然而，水力裂缝之间相距 50m 的扩散距离会使显著流量的扩散时间过长，在经济上不划算。从另一个角度来说，虽然大型水力裂缝可以产生足够的面积来生产油气，但只有当水力裂缝间距约为 10m 时，由于扩散距离很小，这在经济上才是可行的。下面将对此进行说明。这个例子再次强调了前面的观点，在与生产相关的时间尺度上（几年），低渗透储层中的受激断层和裂缝通常可以被视为相对于基质具有很高的渗透率，产量受到从基质到高渗透网络的扩散速率的限制（Walton 和 McLennan，2013）。因此，在增产过程中不仅要产生面积，而且要促使产生分布在整个目标储层体积内的面积，以便使渗透性破裂面相对靠近基质中的大多数含烃孔隙。理想情况下，受激裂缝网络在目标体积中相对均匀分布，导致到最近裂缝的扩散距离相对较短。

二、生产储层规模

图 12.5 试图将面积和扩散时间联系起来（Hakso 和 Zoback，2019），通过描述每个阶段在平均基质渗透率为 100nD 的体积中对高渗透裂缝网络的分布扩散时间方面的效率。在平均扩散时间（x 轴）内，每个阶段（y 轴上）的理论模拟储层体积百分比显示为刺激期间时间的函数（彩色等值线）。根据井距、阶段间距和目的层厚度确定每个阶段的估计储层体积，射孔簇中心位于体积中心。根据微地震构造裂缝网络，计算出距离最近受激裂

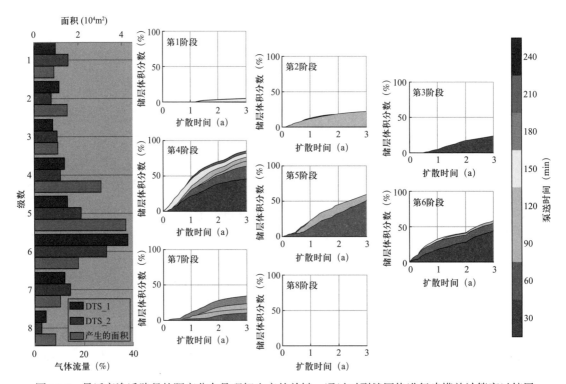

图 12.5　最近高渗透路径的距离分布是理解生产的关键。通过对裂缝网络进行建模并计算穿过储层体积到渗透带的距离分布，假设平均基质渗透率为 100nD，计算目标体积排水部分的估计值作为时间的函数（据 Hakso 和 Zoback，2019）

缝的距离分布。从距离到平均扩散时间的转换提供了生产随时间变化。请注意，在3年内发生扩散的大部分目标体积是在泵送的前90min内达到。第7阶段是唯一的例外，在90～180min的泵送期间，目标体积穿透率大约翻倍。换言之，这项分析表明在8个阶段中的7个阶段，泵送的流体远远超过了所需的量。

第三节　剪切断裂网络的演化

本节提出了两种互补的方法，以说明水力压裂期间与受激剪切裂缝网络创建相关的机制。首先，回顾了Jin和Zoback（2018）的研究成果，他们提出了任意裂缝和流体饱和多孔弹性固体中触发微地震的完全耦合分析，扩展了Jin和Zoback（2017）开发的耦合孔隙弹性模型。他们的方法的优点是可以包括一个离散的裂缝网络（由大规模的确定性裂缝和小规模的随机裂缝组成），遵循合理的尺寸分布和方向。在下面的数值实验中给出了一个合成的诱发地震事件步骤，包括与流体压力、孔隙弹性应力和裂缝分布有关的地震活动性分布、地震活动的时空特征以及震源参数和渗透率的变化。

以下概述了几个关键的控制方程式。压应力取为正值。流体和固相的完全耦合质量守恒定律和准静态力平衡定律为

$$\left[\Lambda_0 \phi_{m0} \left(C_m + C_\rho \right) + \left(1 - \Lambda_0 \right) \phi_{f0} \left(C_f + C_\rho \right) \right] \dot{p} - \alpha \nabla \cdot \dot{u} + \nabla \cdot v = s \qquad (12.7)$$

$$\nabla \cdot \sigma_p' + \alpha \nabla p = 0 \qquad (12.8)$$

基质和裂缝的两个流体流动方程分别由达西定律和非线性立方定律给出，如下所示：

$$v = -\eta^{-1} k \cdot \nabla p \qquad (12.9)$$

$$v = -\eta^{-1} \frac{1}{12} \left[b_0 \left(1 + C_f p \right) \right]^2 \nabla_\tau p \qquad (12.10)$$

整个断裂岩石的固体本构关系用广义胡克定律表示：

$$\sigma_p' = \mathbb{C} : \nabla^s u \qquad (12.11)$$

式（12.7）～式（12.11）中，下标 m 和 f 表示与主岩（多孔基质）和离散裂缝相关的数量；下标 0 表示数量的初始值；下标 τ 表示裂缝切线方向；ϕ 为固有孔隙度；Λ 为裂缝相关参数，能够定义所谓的部分孔隙度；C 为压缩系数；p 为流体超压；v 为流体速度矢量；s 为初始流体密度归一化的外部流体源；η 为流体黏度；k 为渗透率张量；b 为裂缝水力孔径；σ_p' 为固体有效应力（即孔隙弹性应力）张量；u 为固体位移矢量；α 为 Biot–Willis 系数；$\mathbb{C}$ 为平面应变假设下的弹性刚度张量。注意，∇、∇^s 和 ∇_τ 分别为计算梯度、对称梯度和断裂切向梯度的运算符，$\nabla \cdot$ 是散度运算符。

图 12.6（a）说明了假设水力压裂作业 10min、20min、40min 和 80min 后的压力变

化（Jin 和 Zoback，2018）。该图可被视为从每侧 100m 水力裂缝平面向下看井眼。由于这是一个二维模型，显示的裂缝以各种倾角（随机分布）在平行于井筒的平面内外延伸。因此，有些是很好的定向滑动，但许多不是。裂缝规模从 0.1～10m 不等，呈幂律分布。Odling 等（1999）报道了断裂长度似乎遵循幂律分布 $\left[N(I)=L_{\min}I^{-n}\right]$，其衰减率 n 约为 2.1，超过断裂长度的 4～5 个数量级。在这项研究中，假设断裂长度在上述尺寸范围内遵循这种幂律分布特征。

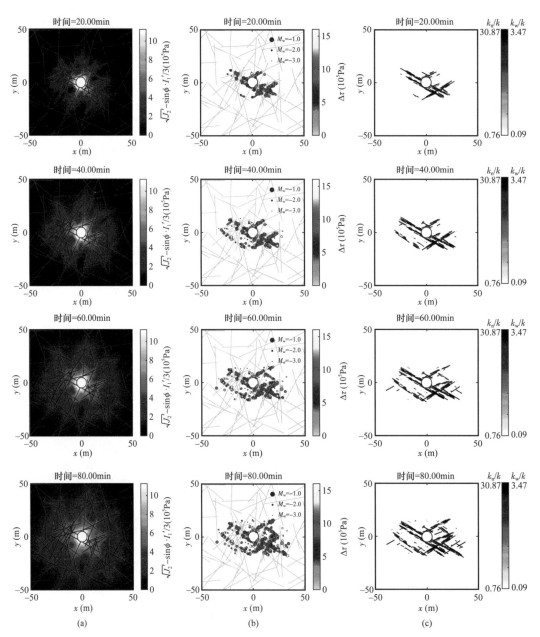

图 12.6　模拟水力压裂作业期间孔隙压力（a）、微地震事件（b）和渗透率增强（c）的演化模拟
（据 Jin 和 Zoback，2018）

每行表示 10min、20min、40min 和 80min 后的快照

显然，这种简化的裂缝几何结构不能代表非常规储层水平井多级水力压裂过程中的实际水力裂缝。事实上，由于该模型不是为非常规储层模拟增产开发的，因此基质渗透率远高于其代表性渗透率。尽管如此，还是可以看到一些相关的特性。首先，正如预期的那样，压力以准径向的方式在水力裂缝平面内扩散，压力沿离散裂缝集中，高压穿透离散裂缝。微地震事件沿着这些平面发生，与库仑破坏准则一致。如图 12.6（b）所示，随着时间的推移，在水力裂缝平面上形成了一团微地震云，这是孔隙压力增加的直接结果，也是图 10.1—图 10.5 中未考虑的孔隙弹性应力变化的结果。由于离散裂缝的微地震作用，这些特征的渗透率显著增加。为了说明问题，Ishibashi 等（2016）的方法论被用于估计与断层平行和垂直的渗透率变化，如图 12.6（c）所示，但应注意的是，Ishibashi 公式最初是针对结晶岩开发的。

注意，孔隙压力的变化（图 12.7a）远大于有效库仑破坏函数的变化，如图 12.7（d）所示。通常表示的 CFF 是剪切应力与有效法向应力和摩擦力乘积之间的差值（见第四章），当用应力不变量 I_1 和 J_2 表示时，表达式 $\sqrt{J_2'} - \sin\phi \cdot I_1'/3$，其中 $\phi = \tan^{-1}\mu_s$ 基本相同。孔隙弹性效应倾向于降低 CFF 的原因是：当泵送进行时，在远离井筒的地方，诱导的孔隙弹性应力通常是压缩的（图 12.7b），从而抑制了失败。如 Chang 和 Segall（2016）所指出，如果泵送突然结束，孔隙弹性应力下降速度快于流体压力，则会促进剪切滑移。

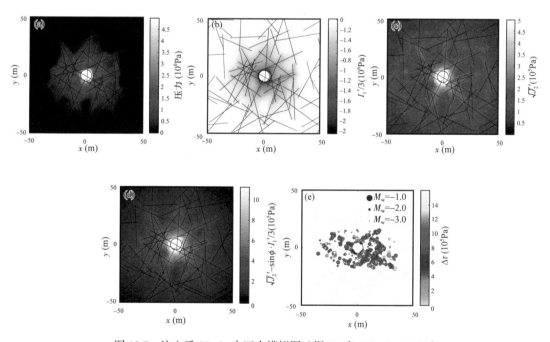

图 12.7　注入后 80min 内四个模拟图（据 Jin 和 Zoback，2018）

（a）流体压力 p；（b）孔隙弹性有效平均法向应力 $I_1'/3$；（c）第二偏孔隙弹性应力不变量 $\sqrt{J_1'}$；（d）过量孔隙弹性剪切应力，定义为 $\sqrt{J_2'} - \sin\phi \cdot I_1'/3$，其中 $\phi = \tan^{-1}\mu_s$；（e）矩震级 M_w 的地震事件的大小，颜色为应力降 $\Delta\tau$

第四节　基质损伤与渗透率增强

除了剪切作用对滑动断层渗透性产生直接影响外，Johri 等（2014a）指出动态裂缝扩展会破坏并增加滑动断层周围基质岩石的渗透率。Dunham 等（2011）的动态破裂扩展方法用于计算考虑的情况是长 1m 的断裂在剪切作用下滑动约 0.1mm，对应于典型的 2 级微地震事件。所建立的模型如图 12.8（a）所示，滑移的演变如图 12.8（b）所示，每 0.4μs 滑移线。图 12.8（c）为与最大水平应力方向不同的滑动断层周围的损伤。损伤用膨胀拉伸应变表示。请注意，在每种情况下，多个损伤区都是由滑动断层片尺度上的破裂扩展造成的。注意这种损伤是由动态断裂扩展引起的，而不是均匀滑动断层周围静应力变化的结果（King 等，1994）。

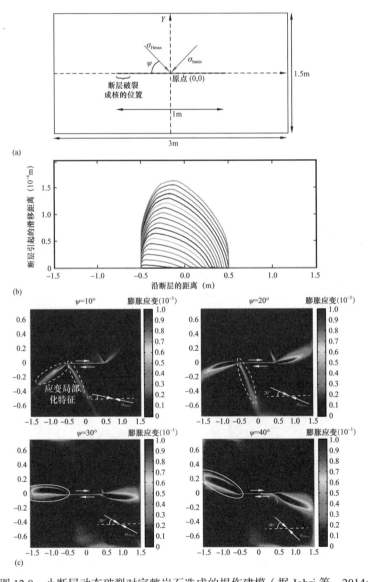

图 12.8　小断层动态破裂对完整岩石造成的损伤建模（据 Johri 等，2014a）

使用的参数对应于典型的 2 级微地震事件。（a）模型建立；（b）滑动演化轮廓，每 0.4μs 一次；（c）与最大水平压应力方向不同的断层的膨胀应变（损伤）

第五节　地震与抗震断层滑动

根据 Kohli 和 Zoback（2013）在非常规储层岩石的实验室实验中发现的随黏土含量增加而从不稳定滑动到稳定滑动的转变，Zoback 等（2012）假设在水力压裂作业期间可能存在大量的抗震滑移。Barnett 组、Haynesville 组和 Eagle Ford 组的速度增强（稳定或抗震滑动）黏土含量高的样品和速度减弱（条件不稳定或地震滑动）黏土含量低的样品来自同一口井的岩心，有时相距仅 10～20m（见图 4.7）。这表明在同一水力压裂阶段，地震和抗震滑动可能同时发生。

图 12.9 所示的模型说明了导致抗震滑移的另一种机制（Zoback 等，2012），该模型采用了 McClure 和 Horne（2011）所述的方法。在假设应力场中，由于孔隙压力升高，在不同方向的断层上考虑了滑移（图 12.9a）。有些断层的滑动方向相对较稳定，有些断层的定向性非常差，由于高孔隙压力扰动而滑动，有些断层即使在孔隙压力接近最小主应力时也不会滑动。由于断层滑动（图 12.9b 右图）只能沿着断层传播，其速度与高孔隙压力沿断层扩散的速度一样快（图 12.9b 中图），滑动本质上是抗震的。为了使断层上传播的剪切

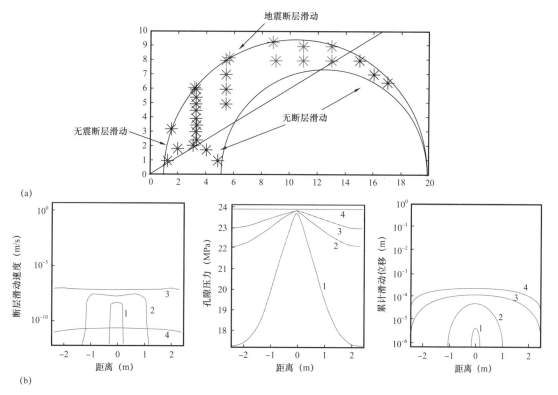

图 12.9 （a）不同方向断层的地震或抗震滑动趋势，一般来说，定向性强（临界应力）的断层预计会发生地震滑动，而定向性差的断层滑动缓慢；（b）错向断层上滑动的演化。左图显示滑动速度，中图显示孔隙压力，右图显示累计滑动位移。1、2、3 和 4 表示孔隙压力沿断层扩散和位移增加的连续时间。虽然这些图中的精确值高度依赖于模型中使用的参数，但它们说明了滑动演化如何依赖于沿断层孔隙压力增加的速率（据 Zoback 等，2012）

滑移产生地震波，破裂速度必须接近剪切速度（几千米 / 秒）。如图 12.9（a）中代表不同方向断层的符号颜色所示（注意，该莫尔图使用有效正应力为 σ_n-p_p），地震滑动趋势（红色符号）仅限于方向相对良好的断层和具有较高剪应力的断层。虽然高孔隙压力导致断层滑动（紫色），但它们预计会滑动缓慢。

这些计算似乎表明，在水力压裂过程中，当高孔隙压力触发时，大部分方向不良的断层预计会缓慢滑动。因此，无论是由于黏土含量高还是许多裂缝相对于当前应力场方向不良，水力压裂过程中发生抗震滑动的程度表明，根据上面讨论的微地震数据对增产过程中产生面积的估计是下限估计。如第十三章所述，抗震断层滑动也可解释井筒损害。

在非常规储层多级水力压裂过程中，很难证明是否发生了地震滑动。Das 和 Zoback（2013a，b）报道了 Barnett 页岩中两组井在多阶段水力压裂期间发生的异常长周期、长持续时间（LPLD）地震事件。他们将这些事件解释为由于先存断层上的缓慢滑动造成。Kumar 和 Hammack（2016）报道了 Marcellus 组水力压裂期间发生的类似事件。然而，Zecevic 等（2016）指出，在 Das 和 Zoback 报道的其中一个案例中，LPLD 事件与附近发生的非常小的地震相关，这些地震在 Das 和 Zoback 研究时未包含在地震目录中。鉴于此，根据岩石的摩擦特性和图 12.9 所示的分析，水力压裂过程中发生的明显的抗震滑动似乎仍然有可能发生，但尚未有报道。

第六节　具有高渗透裂缝的特低渗透地层的衰竭

使用上述 Jin 和 Zoback 描述的耦合孔隙弹性，Jin 和 Zoback（2019）研究了可能影响加密钻井的衰竭和孔隙弹性应力变化的影响。图 12.10 显示了 5 个射孔和先存裂缝单阶段的三个损耗模型。假设该模型无流动，且外部边界无牵引力。假设相当于约 1mm（1000d）的有效水力开度，水力裂缝具有非常高的渗透率。模拟天然裂缝具有相当于约 0.3mm（100d）的有效水力开度的高渗透性，并且假设基质渗透率为 100nD（10^{-19}m^2）。如上所述，从基质流入水力压裂渗透面的流速控制流速和衰竭。虽然该模型是二维的，但如果将图像视为穿过通过井传播的多个水力裂缝支撑区域的水平面视图，则它有望代表正在发生的情况。

图 12.10 中有三个模型的原因很是明显的，当在本章后面考虑由损耗引起的多孔弹性应力变化如何影响初始应力状态时，这三种模型都考虑了正断层 / 走滑断层应力状态（$\sigma_V \geqslant \sigma_{Hmax} > \sigma_{hmin}$），井内孔隙压力 p_p 为 1000psi（6.9MPa）以驱动生产。第一种情况考虑中等超压 [p_p=4000psi（27.6MPa），σ_{hmin}=5100psi（35.2MPa），σ_{Hmax}=6500psi（44.8MPa），σ_V=7000psi（48.3MPa）]。第二种情况考虑中等超压，由此产生的初始应力各向异性较小，如第七章所述 [p_p=5000psi（34.5MPa），σ_{hmin}=5650psi（39.0MPa），σ_{Hmax}=6500psi（44.8MPa），σ_V=7000psi（48.3MPa）]，因此损耗更大。第三种情况考虑了更高的孔隙压力，更小的初始应力各向异性 [p_p=6000psi（41.4MPa），σ_{hmin}=6325psi（43.6MPa），

σ_{Hmax}=6500psi（44.8MPa），σ_V=7000psi（48.3MPa）]，因此损耗更大。值得注意的是，在这一特定的分析中，没有考虑压力依赖性基质或裂缝渗透率，已经分别在第五章和第十章中讨论过。此外，相对较少的模拟剪切裂缝显示为计算实用性。虽然可能会出现更多的小裂缝（见第七章末尾的讨论），但图12.10所示建模的目的是说明有关损耗的几个原则，尤其是在远离近井筒的区域。

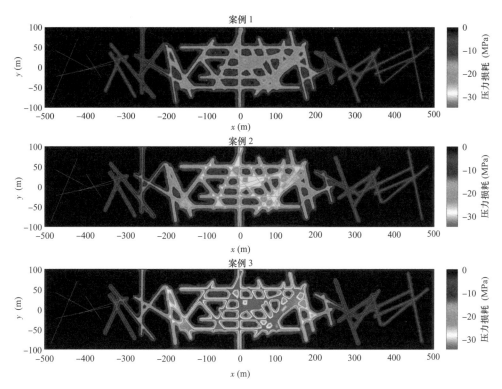

图 12.10　具有水力裂缝的水平井周围生产两年后的压力损耗模型（据 Jin 和 Zoback，2019）
水力裂缝由五个射孔和先存裂缝扩展而来。如正文中所述，这三种情况代表不同的初始孔隙压力

不用说，高渗透性裂缝和极低渗透率基质的结合导致了两年生产后非常不均匀的损耗。如图12.10所示，损耗集中在渗透性水力裂缝和受激剪切裂缝附近的狭窄地带。这与图12.2所示的小扩散距离一致。该模型在一定程度上代表了自然界中的非常规储层，因此很明显，为什么采收率如此低。为了有效地排干非常规储层，需要密集的可渗透裂缝。

对储层改造体积（SRV）的影响：图12.10所示的非常规储层的生产示意图对微地震事件云可用于定义产生生产的储层改造体积这一概念有着有趣的含义。为了便于讨论，将微地震事件位置的不确定性可能会错误地扩大储层改造体积大小的这一问题放在一边。因此，假设在增产过程中记录的微地震事件代表了升高的流体压力到达裂缝的证据。然而，图12.10强调了一个事实，即由于非常规储层的基质渗透率极低，产量仅来自数米范围内渗透性水力裂缝和剪切作用下的裂缝。因此，从微地震事件定义的体积中生产的概念似乎有意义的地方只是那些渗透裂缝排列非常紧密的区域。除非这种很小的裂缝间距是合理的（例如，根据水平井的成像测井），否则在一个分散的微地震事件云周围绘制一条包络线将大大高估正在排水的岩石体积。

图 10.1 显示了 Barnett 页岩 3 年累计产量作为 SRV 的函数（Mayerhofer 等，2010），图 12.1 显示了 3 年后，Barnett 页岩总产量的约 70%，从这两个图中可以找到对该断言的证据。应用甲烷的典型体积膨胀系数，可以预期甲烷从储层膨胀到典型井下 Barnett 温度和压力的标准条件下，膨胀系数为 238（Aguilera，2016）。假设高 TOC 的 Barnett 页岩孔隙度约为 5%（见第二章），可生产气体体积与储层改造体积尺寸之间的关系如图 10.1 所示，表明储层改造体积高估了可生产气体的数量（约为 8 倍）。

第七节　压裂冲击现象与井间联系

在多级水力压裂过程中，无论是在加密钻井（母井—子井相互作用）的情况下，还是在附近井受到刺激（压裂冲击现象）而使得现有井的产量受到影响时，井与井之间的联系越来越重要。King 等（2017）、Rainbolt 等（2018）和 Miller 等（2016）均对这一现象进行有趣的评论。

井与井之间联系通常有两种方式，无论老井的产量如何，与新井增产相关的高压都可以传输到现有井。或者，母井周围的枯竭和相关孔隙弹性应力变化有效地促使了新井产生的水力裂缝，因为水力裂缝更容易传播到应力较低的枯竭区。在这种情况下，新井的产量将低于正常水平，因为新井（子井）的水力裂缝将扩展到与老井（母井）相关的储层枯竭区。

Rainbolt 等（2018）在二叠盆地 Wolfcamp 组的案例研究中详细报道了与影响母井的子井增产相关的高压示例（图 12.11）。他们指出，当子井的刺激影响到母井时，通常会对母井的产量产生负面影响。如图 12.11（b）所示，当子井发生水力压裂时，母井中的压力增加超过 3500psi（可能接近压裂梯度）。子井增产后，母井产量受到严重影响（图 12.11c），但在几个月内会得到恢复。

King 等（2017）报道了 Woodford 组的一个案例，在该案例中，刺激大约 1500ft 外的子井会对母井的产量产生负面影响（图 12.12）。请注意，子井在第 1～4 阶段，母井（以蓝色显示）中的压力增加约 700psi（与不同阶段相关的刺激时间以红色显示）。当母井重新打开时，第 8 阶段后产量开始急剧下降。母井第二次关井后，第 11～19 阶段压力增加约 1000psi。King 等以及 Rainbolt 等证明在子井的某一阶段增压与母井压力变化率快速增加之间存在 1～2h 的延迟。

枯竭在井间联系之间似乎起着的重要作用，实例来自二叠盆地，Ajisafe 等（2017）研究了 Delaware 盆地 Avalon 组页岩中的母井和子井的产量。对 200 口井的研究表明，子井的产量比母井低约 30%，这显然是由于母井的枯竭影响了子井的增产。Ajani 和 Kelkar（2012）分析了 Arkoma 盆地 Woodford 组 179 口水平井的日产气和产水数据，以探索加密井之间的干扰对老井产量的影响。正如预期的那样，结果与井距密切相关。当井距小于

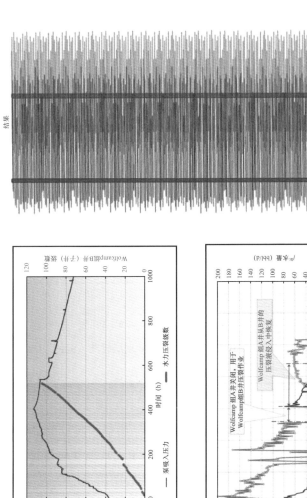

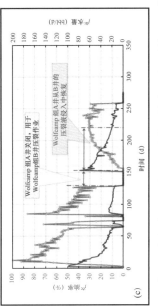

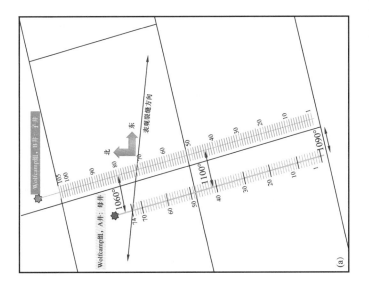

图 12.11 二叠盆地 Wolfcamp 组母井（青色）和子井（红色）位置图（a）；随着子井中的阶段增加，母井（蓝色）中的压力增加（b）；子井增产前后母井的产油量和产水量（c）；两口井之间密集水力裂缝相互作用的示意图（d）（据 Rainbolt 等，2018）

1000ft 时，天然气产量有 50% 可能受到负面影响。他们假设这是由于老的衰竭井周围的孔隙弹性应力变化引起的，促使新井的水力裂缝进入枯竭带。他们指出，随着加密井和老井之间的偏移量越来越大，衰竭带影响加密井的概率明显下降。

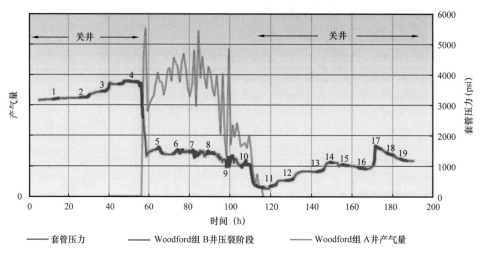

图 12.12　在子井（红色）中进行水力压裂时，Woodford 地层母井（蓝色）中的压力增加
（据 King 等，2017）

第 4 阶段后，母井投入生产。子井在第 9 阶段之后，产气量（绿色）显著下降。在第 10 阶段之后关闭母井，母井中的压力再次增加，因为子井正在进行水力压裂

Miller 等（2016）研究了五个主要盆地的 3000 多个裂缝干扰以确定井间联系对加密井的影响。与其他盆地相比，Haynesville 和 Bakken 区带比其他盆地具有更多的积极压裂冲击，而 Woodford 和 Niobara 区带的大多数压裂冲击的作用是消极的，Eagle Ford 区带中 41% 的相互作用产生了负面影响（表 12.1）。这两个盆地的大部分负面影响造成产量长期的负面变化。总体而言，只有 24%～38% 的井未受影响，因此，了解井间联系的内容、原因和方式对非常规储层开发过程至关重要。

表 12.1　母井首次生产至少 18 个月后子井破裂影响的概率（据 Miller 等，2016）

影响	Bakken	Eagle Ford	Haynesville	Woodford	Niobrara
积极影响（长期）占比（%）	17	9	20	2	0
积极影响（短期）占比（%）	33	14	38	2	6
积极影响（总的）占比（%）	50	23	58	4	6
没有影响占比（%）	35	36	24	32	38
负面影响（总的）占比（%）	15	41	10	64	56
负面影响（短期）占比（%）	7	13	5	20	19
负面影响（长期）占比（%）	6	17	5	41	31
实例数量	649	1210	366	259	32

一、井间联系的机制

如上所述，有两种机制有助于井与井之间的联系。也许最容易理解的是当井距太近，与相邻井相关的水力裂缝重叠并相互作用时，会发生什么。Sardinha 等（2014）介绍了 Horn River 盆地 10 个井场在枯竭前三个深度开采产层的情况。在所研究的层中，所有井都经受多次冲击，尽管干扰测试表明，随着时间的推移，井之间的联系逐渐减少，并且并非所有的压裂冲击都对产量产生负面影响。他们对压裂冲击频率的分析表明，主要因素是受激阶段与附近井之间的距离。当间距小于 200m 时，在 10 口井中的 8 口井中压裂冲击率超过 77%。在 200～600m 的分离处，压裂冲击仍然很常见，但可能性较小。当间距大于 600m 时，压裂冲击很少发生。高分辨率微地震观测证实了密集水力裂缝之间的高度相互作用。图 12.11（d）中，Rainbolt 等（2018）的另一个案例研究示意性地描述了这种现象，紧密间隔阶段和紧密间隔井的组合可能促进井间联系（尽管它们表明母井周围的枯竭也可能在促进联系方面发挥了作用）。

另一种可能导致井间联系的机制是存在直通式井场规模的断裂。如第七章所述，井场规模的断层可能具有高渗透性损伤带，可在水力压裂过程中引导流动和压力积聚。图 7.16 显示了一个例子，在断层 C 附近（第 5 阶段和第 6 阶段）对 1 号井进行增产时，2 号井的压力突然增加，伴随着微地震，不仅沿着断层 C 连通了两口井，而且继续向东北方向延伸。此外，当 1 号井在 B 断层附近（第 3 阶段和第 4 阶段）受刺激时，微地震向西南方向传播，并对一个用于微地震监测阵列的先存垂直井施加压力。在这种情况下，较老的垂直井附近的枯竭可能对沿损害带的流动起到了促进作用。

图 12.13 展示了由 Woodford 组的井场规模断层引起的井间联系的另一个例子（Ma 和 Zoback，2017b）。利用 3 口垂直井进行了微地震监测，微地震事件的探测能力和定位精度都比较好。当 A 井受到刺激时（图 12.13a），在水力裂缝周围会出现许多东西向微地震云（σ_{Hmax} 的方向大致为东西向）。然而，当 C 井受到刺激时，明显的东西走向集中在 A 井和 B 井之间，靠近井趾和井跟（图 12.13b）。当 D 井受到刺激时，在大约 3000ft 外的 A 井底部附近，沿着东西走向发生了许多微地震事件。虽然不能排除沿水力裂缝的压力传递，但与这四口井增产相关的地震活动总体模式表明，沿东西走向正断层进行长距离压力传递的重要性。

二、多孔弹性应力变化和加密钻井

最后一个讨论的可能导致井间联系的重要机制是由母井附近的枯竭引起的多孔弹性应力变化。如上所述，随着地层产量的增加，孔隙压力降低（Engelder 和 Fischer，1994；Segall 等，1994；Chan 和 Zoback，2002；Chan 和 Segall，2016），水平应力的大小也会随之降低。在加密钻井的情况下，多孔弹性应力降低使得水力裂缝更容易从子井扩展到母井周围的衰竭区，而不是进入应力较高的子井周围未衰竭岩石中。

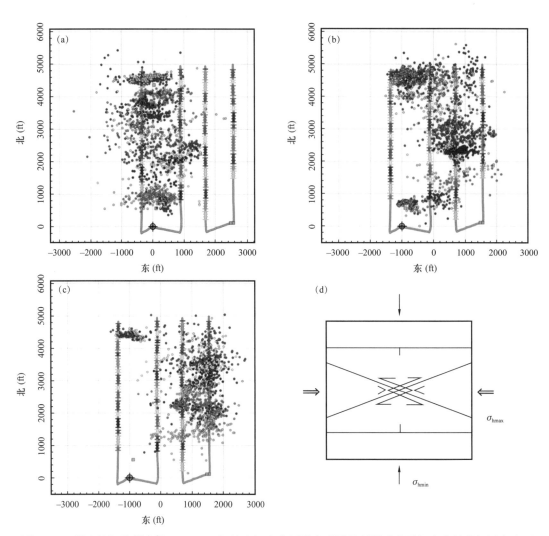

图 12.13　俄克拉何马州中部 Woodford 组的多级水力压裂表明贯通断层形成了相当大的井间压力沟通

（据 Ma 和 Zoback，2017b，有修改）

（a）当井 A 受到刺激时，微地震事件发生在东部 2000ft 处；（b）当 C 井受到刺激时，在 A 井附近以西 2000ft 处可观测到微地震；（c）当 D 井受到刺激时，在 A 井附近以西近 3000ft 可观测到微地震；（d）在正常走滑断层环境中，当 σ_{Hmax} 大致为东西走向时，潜在活动井场规模断层的预期方向

　　图 12.14 为 Bakken 组的多孔弹性效应的一个很好的例子（Dohmen 等，2017）。该区最大水平应力方向为 N55°E，因此水力裂缝预计将向该方向扩展。在对 H2、H3 和 H4 加密井进行钻探和增产时，一口老油井 H1 已经在生产中。H1 井周围的孔隙压力已从最初的 7540psi 下降到 1860psi，降幅约 5700psi。由于 H1 井周围的多孔弹性应力变化，H2 井和 H4 井的水力裂缝扩展（微地震所示）极为不对称。H2 井的水力裂缝向 H1（图 12.14a）基本向西南方向单向扩展，而 H4 井（图 12.14b）的水力裂缝则向 H1 井向东北方向单方向扩展。注意，在图 12.14（c）中，H1 井的井下压力记录显示了 H2 井和 H4 井的压裂冲击。

　　值得注意的是，在 H1 井附近似乎没有水力裂缝方向的变化（即应力方向没有变化）。当水力裂缝从两侧向 H1 井扩展时，水力裂缝方向基本上保持不变。因此，虽然应力大小

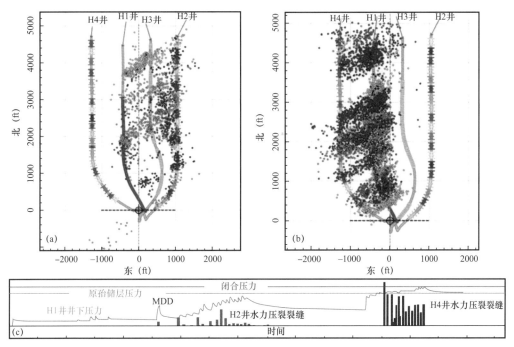

图 12.14　Bakken 地层中的多级水力压裂显示了 H2 井（a）和 H4 井（b）水力裂缝向 H1 井周围衰竭带的不对称增长（据 Dohmen 等，2017）

明显随 H1 井周围的损耗而变化，但应力方向几乎没有变化。在震源平面机制研究的基础上，Yang 和 Zoback（2014）认为 Bakken 组具有正断层 / 走滑断层应力状态，最大水平应力略小于垂直应力。换言之，预计会出现很强的水平应力各向异性特征。

Dohmen 等（2017）提供了整个 Bakken 油田 Bakken 组和 Three Forks 组孔隙压力和最小主应力大小的 DFIT 数据（图 12.15）。在某些地区，油田超压，Bakken 组的压力梯度高达 0.7psi/ft，Three Forks 组的压力梯度高达 0.73psi/ft。数据暗示的应力路径（孔隙压力特定变化时最小主应力大小的变化）为 0.73，根据 Chan 和 Zoback（2002）的研究，这将有助于促进正断层活动。正如 Dohmen 等（2017）所说，这意味着微地震活动方式可能是枯竭的一个指标。Chan 和 Zoback（2002）指出，应力路径应根据随时间在同一位置变化的应力和孔隙压力测量来确定。然而，Dohmen 等（2017）的数据清楚地表明，衰竭井的孔隙压力和最小水平应力都要低几千磅每平方英寸。

Miller 等（2016）回顾了一项试图通过对母井重新加压来减轻耗竭作用的策略。正如他们所指出的，母井的重复压裂可能有利于生产，并可将多孔弹性应力变化降至最低，这种变化可能会在以后的加密井中促使产生水力裂缝。Lindsay 等（2016）报道了在 Eagle Ford 进行重复压裂的 12 口井的增产效果，以保护母井，并预测由于重复压裂，随着时间的推移石油产量显著增加（Marongio-Porcu 等，2015；Morales 等，2015）。然而，在图 12.14 所示的情况下，H1 井在 6h 内加压至 5230psi，并不能阻止 H2 井和 H4 井的水力裂缝扩展到 H1 井周围的衰竭区。

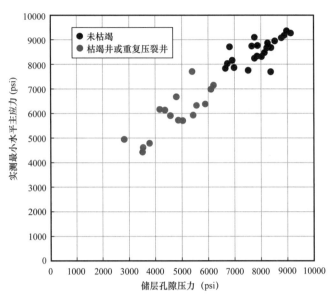

图 12.15　Bakken 油田 Bakken 组和 Three Forks 组枯竭前后的 DFIT 孔隙压力和最小水平主应力关系
（据 Dohmen 等，2017）

第八节　多孔弹性应力变化模拟

模拟衰竭引起的应力变化是一个挑战。由于基质低渗透率与剪切裂缝网络的极高渗透率形成对比，衰竭很可能非常不均匀（图 12.10）。对关键参数（如 Biot 系数）使用适当的值也很困难（见第二章的讨论）。此外，正确结合孔隙弹性耦合的计算技术并不广泛可用（Jin 和 Zoback，2017）。一种方法是假设水力裂缝周围相对均匀的衰竭，这导致对称衰竭阴影影响应力大小，但不影响方向。其原因是，由于大多数井是在最小水平主应力 σ_{hmin} 方向，而水力裂缝则沿 σ_{Hmax} 方向扩展，水力裂缝周围的对称衰竭会产生以不同程度影响 σ_{hmin} 和 σ_{Hmax} 的大小，但不会旋转主应力方向。Zoback（2007）讨论了封闭断层一侧衰竭引起的应力旋转问题。当应力扰动与水平主应力一致时，不存在应力旋转。Gupta 等（2012）的一项研究假设储层均匀衰竭，预测了衰竭井附近的应力重新定向，因为该井未在最小水平应力方向。在这项研究中，考虑的两个水平主应力之间的应力差异非常小，在 1%～5% 之间。

与水力裂缝周围均匀衰竭的假设形成鲜明对比，Ajisafe 等（2017）、Marongio–Porcu 等（2015）和 Morales 等（2016）从具有复杂断层模式的模型开始，预测衰竭区异常复杂的应力模式。这些计算中使用的方法没有详细描述（例如，孔隙压力和应力如何耦合，数值模型的边界条件等）。这些模型中也没有规定关键参数，如多孔弹性参数（如 Biot 系数）、基质的假定渗透率、受激剪切断层和水力裂缝或衰竭前假设的主应力和孔隙压力大小。下面将展示这些参数的重要性。显然，如果假设两个水平应力基本相等（正如第七章所讨论的那样，几乎不存在这种情况），即使是轻微的应力扰动也有可能导致的应力明显旋转。

Cipolla 等（2018a）模拟了与 H1 井周围枯竭相关的多孔弹性应力变化。如图 12.16（a）所示与 H1 井生产相关的压力变化高达 6000psi。在模型中，衰竭带在井周围整体呈均匀分布，在北东向水力裂缝周围对称分布。图 12.16（b）显示了计算的应力变化。由于 H1 井附近的最小主应力变化预计比 H2 井附近的未扰动应力状态低近 4000psi，因此，H1 附近的枯竭区有效地吸引了 H2 井和 H4 井扩展的水力裂缝。

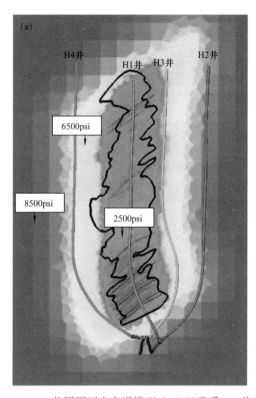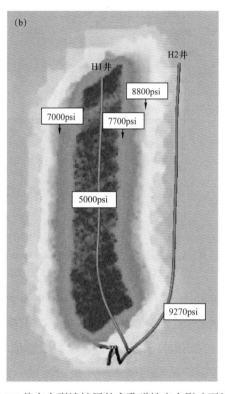

图 12.16　H1 井周围压力衰竭模型（a）以及受 H2 井和 H4 井水力裂缝扩展的多孔弹性应力影响下的 H1 井周围压力衰竭模型（b）（据 Cipolla 等，2018a）

图 12.17 显示了如图 12.10 所示的应力方向如何随衰竭变化（Jin 和 Zoback，2019）。在所有情况下，使用恒定的 Biot 系数 0.8，并假设井内的孔隙压力为 1000psi 以驱动两年的流量。在该模型中，初始 σ_{hmin} 和 σ_{Hmax} 方向分别称为 σ_{yy} 和 σ_{xx}。对于情况 1，初始水平应力差为 1400psi（9.7MPa），压力损耗为 3000psi（20.7MPa），应力方向几乎没有变化。局部应力方向的变化在水力裂缝和已有裂缝的交叉点附近观察到。在情况 2 中，初始水平应力差为 950psi，压力损耗为 4000psi（27.6MPa），水力裂缝和已有裂缝交叉点附近的应力方向变化加剧，在水力裂缝末端附近有适度的应力方向变化。在情况 3 中，初始应力差仅为 175psi（1.2MPa），压力损耗为 5000psi（34.5MPa），水力裂缝周围区域和模型两端远离井的区域都会发生应力方向的显著变化。事实上，模型左右两侧应力方向的显著变化表明 σ_{hmin} 和 σ_{Hmax} 方向相反。

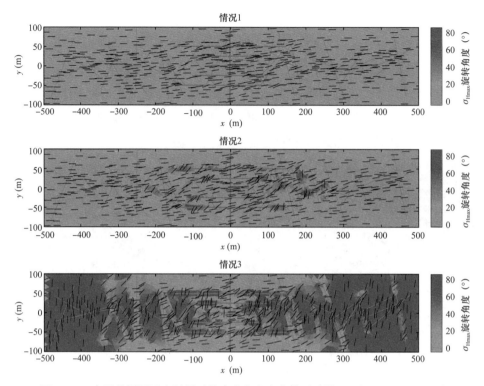

图 12.17　水平井周围压力耗尽时的应力方向变化模型（据 Jin 和 Zoback，2019）

该水平井具有从五个射孔以及先存裂缝扩展而来的水力裂缝。三种情况分别考虑增加初始孔隙压力和减小初始应力各向异性的模型

图 12.18 提供了图 12.10 所示非均匀衰竭导致图 12.17 中情况 3 所示应力方向急剧变化的原因。图 12.18（a）显示了伴随衰竭的 σ_{yy} 应力（初始模型中为 σ_{hmin}）的变化，图 12.18（b）显示了 σ_{xx} 应力（初始模型中为 σ_{Hmax}）的变化。应力大小的变化主要集中在渗透性裂缝沿线的衰竭最严重的区域，但在模型域内则普遍减小。显然，这种多孔弹性应力的降低可能导致非对称水力裂缝的生长，如图 12.14 所示。由于复杂的几何形状，有些区域的局部应力增加。如图 12.17 所示，σ_{xx} 应力的变化大于 σ_{yy} 应力，导致 σ_{xx} 应力和 σ_{Hmax} 应力方向相反。这是受激剪切裂缝和非均质性衰竭的假定分布以及水平主应力和大量衰竭的微小差异的直接结果。同样需要强调的是，作为二维模型，耗竭引起的应力变化比实际储层中的变化要大。

综上所述，非对称水力裂缝发育和压裂冲击现象是影响井距和加密井的一个重要课题。在某些情况下，当在两个水平主应力之间存在显著差异的区域内，在一口井周围均匀地发生适度衰竭时，预测可能发生的情况相对简单。也就是说，图 12.17 和图 12.18 说明了与衰竭相关的显著应力重新定向最有可能发生在强烈超压的地层中，其中主应力之间的初始差异很小，而衰竭引起的应力可能相当大。由于这些应力方向如何在空间和时间上发生变化的细节是模型复杂程度的直接结果，因此很难对这些结果进行概括，而且不清楚（在这个时间点上）是否显著的应力旋转等过程对相邻井的后续增产有重大影响。

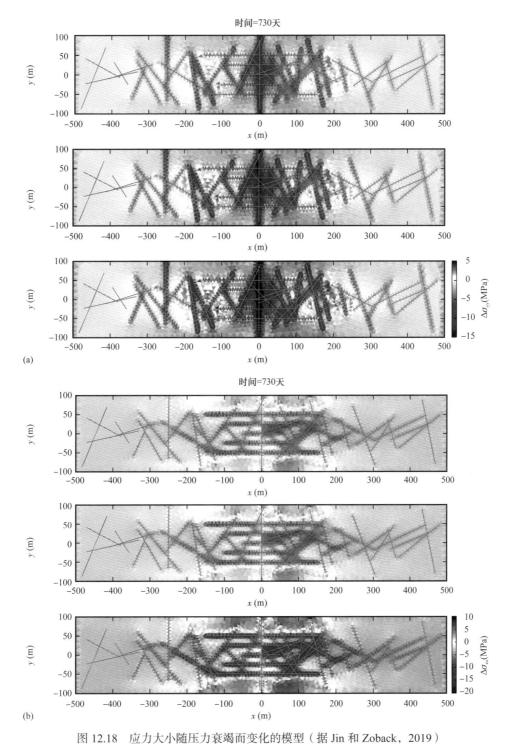

图 12.18　应力大小随压力衰竭而变化的模型（据 Jin 和 Zoback，2019）

图 12.10 和图 12.17 所示的三种情况与图中使用的相同。（a）σ_{yy} 的变化，相当于初始应力状态下的 σ_{hmin}；（b）σ_{xx} 的变化，相当于初始应力状态下的 σ_{Hmax}。注意，对于情况 3，σ_{xx} 的减少量大于 σ_{yy} 的减少量，导致某些区域出现 σ_{Hmax} 和 σ_{hmin} 的互换

第三篇
环境影响与诱发地震

第十三章　环境影响与诱发地震

本章首先简要概述与大规模开发非常规储层有关的一些环境影响。虽然解决所有可能出现的潜在环境问题超出了本书的范围，但仍有一些与本书其他章节考虑的主题相关。然后，将重点放在与非常规储层开发相关的诱发地震活动这一主题上，这是一个重大的议题，特别是有些出乎意料的对环境影响的情况下。

如图 13.1 所示，与非常规储层开发相关的许多潜在风险因素分为四大类（Zoback 和 Arent，2014）。尽管这些问题中的许多问题在传统油气开发中也很常见，但非常规油气开发的独特特点是钻井数量非常多，有时甚至是在人口稠密地区。Barnett 页岩区带（约 15000 口井）位于 Dallas/Fort Worth 大都会区，Utica 和 Marcellus 区带位于俄亥俄州、宾夕法尼亚州和西弗吉尼亚州，通常靠近人口密集区，科罗拉多州 DJ 盆地的 Niobara 区带位于 Denver 郊区附近。虽然人口稠密地区的石油和天然气开发似乎很独特，但人们常常忘记，洛杉矶县目前有 3000 多口油井在运营，这里有 1000 多万人口。得克萨斯州医学、工程和科学院（The Academy of Medicine，Engineering and Science，2017）最近发布了一份综合报告，评估了得克萨斯州非常规油气开发对空气、水、交通、地震活动以及经济和社会影响的影响。

图 13.1　非常规油气开发相关环境问题图解（据 Zoback 和 Arent，2014）

如图 13.2 所示，2009 年前后，美国中部和东部以及加拿大部分地区展开了大量的地震活动（未显示）（Rubinstein 和 Mahani，2015）。2015 年，3 级及以上地震的数量从平均每年 34 次增加到近 1000 次。毫无疑问，现在 3 级及以上地震的显著增加是非常规油气开发相关的流体注入的结果。将在下面讨论发生这种情况的主要机制——水力压裂、回收水处理和采出水处理。第十四章将讨论减少与诱发地震活动相关的危害的方法，包括采取的措施，这些措施导致 2015 年以后地震数量显著下降。

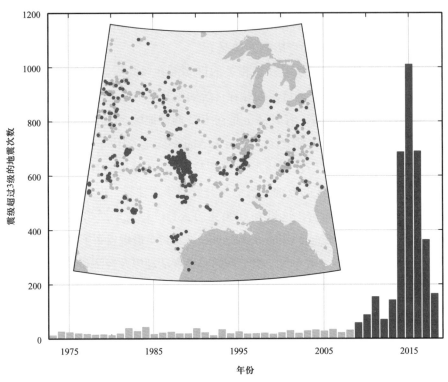

图 13.2　美国中部和东部 3 级及以上地震的数量随时间的变化（据 Rubinstein 和 Mahani，2015）
在 2009 年前后开始明显增加，在 2015 年达到峰值，但持续在远高于前 30 年的水平

第一节　环境议题概述

　　下面讨论的环境问题是那些与本书其他章节中考虑的主题密切相关的问题。这些问题涉及水问题，从水力压裂的水资源使用到水力压裂液中使用的化学品，再到水力压裂后回收水的处理，以及井投产后产出地层孔隙水的处理。显然，水处理问题与诱发地震问题密切相关。尽管淡水含水层的潜在污染主要与井建设有关（见第八章介绍），但它常常与水力裂缝向近地表扩展并污染近地表水供应的可能性混淆。钻井施工也与甲烷泄漏问题有关。由于甲烷是一种强效的温室气体，需要查明和补救与天然气井、管道和加工设施以及市政分配系统有关的甲烷排放源。毫无疑问，从煤改为天然气发电将是一种进步，既可以降低二氧化碳的排放量，又可以缓解影响全球数亿人的严重空气污染问题（及其对公众健

康的影响）。然而，有人认为，甲烷泄漏到大气中可能减弱这种优点。关于非常规油藏开发的环境影响（相对于效益）有大量的文献报道，而且经常有相当程度的争论。Krupnick 等（2013）根据政府机构、行业、学术界和非政府组织专家的调查，提出了与页岩气开发相关的环境风险分析，以确定并在一定程度上优先考虑各种来源的风险。2016 年，美国环境保护署（EPA，2016）发布了一份关于水资源和水质的报告。Charlez 和 Baylocq（2015）报道了页岩气生产对环境影响的一些现象进行了有趣的概述，无论是否合理，这些影响极大地影响了公众舆论。Zhang 和 Yang（2015）从美国经验教训的角度评估了美国页岩气开发对环境的影响。

一、水的使用

与多级水力压裂相关的用水量规模相当大。在美国的一些地区，如 Utica 和 Marcellus 区带，水资源相对丰富。在这些地区，获得钻井和水力压裂所需的淡水并不是主要问题，尽管水处理可能是个大问题。在干旱的西部，情况则大不相同。例如，在得克萨斯州南部的 Eagle Ford 区带和北达科他州的 Bakken 区带中，Scanlon 等（2014）确定非常规油气开发井平均每口井使用 482×10^4gal 和 201×10^4gal。由于这些水量适用于 Eagle Ford 区带和 Bakken 区带的约 13000 口和 15000 口井，因此仅这两个地区的总用水量分别约为 620×10^8gal 和 300×10^8gal，时间跨度为 5—9 年。虽然这种情况会随着时间的推移而变化，但考虑到未来将在这些地区钻探大量的水井，干旱地区的高用水量是一个令人关切的问题。

在使用淡水造成灌溉、饲养牲畜或家庭用水短缺的程度上，有两个措施似乎是有必要的。制订区域水资源管理流程，第一要考虑的是区域水资源管理。如上所述，非常规储层开发与常规储层开发的主要区别之一是井数多、受影响区域大。显然，流域规模的水资源管理似乎是非常有必要的。Rahm 和 Riha（2012）提出了宾夕法尼亚州 Susquehanna 河流域的一个例子。第二似乎有必要使用咸水或微咸水代替淡水进行水力压裂。

二、水的再利用和再循环

当水力压裂后的井回收压裂液时，可回收 0 至 50% 的注入水力压裂液。美国国家科学院（National Academies Press，2017）发表了一份关于回收水和采出水质量、水再循环和再利用方法以及再利用挑战的全面综述。图 13.3 显示了俄亥俄州 Utica 组页岩 13 口井的平均回收量。在生产的前 150 天，大约有 10000bbl 水力压裂液（约占注入量的 10%）得以回收。尽管水力压裂液在此之后继续回收，但其速度非常低，而且在递减。回收的压裂液比注入时含盐量更高，可能含有铁、砷、硒和天然放射性物质等污染物（NORM）。随着生产的继续，来自油井的水由更少的水力压裂液和更多与石油或天然气生产共同产生的孔隙水组成。例如，在 Barnett 组页岩中，平均每口井在第一年产出的水力压裂液和地层水的量大致相等，但四年后，产出水是地层水的两倍（Nicot 等，2014）。

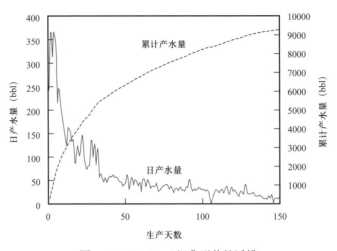

图 13.3 Woodford 组典型井的返排

注意，在水力压裂过程中，大约 30% 的注入量在前 15 天恢复

图 13.4 说明了处理水力压裂后回收水和采出水的备选方案（Scanlon 等，2017）。图中显示了二叠盆地的三个主要产油区——从西到东分别是 Delaware 盆地、Central 盆地地台和 Midland 盆地。然而，如本章后面所讨论的，图中所示的内容通常也代表了许多其他地区。如图 13.4 所示，在 Delaware 盆地，与 Bone Spring 组和 Wolfcamp 组中的石油共同产

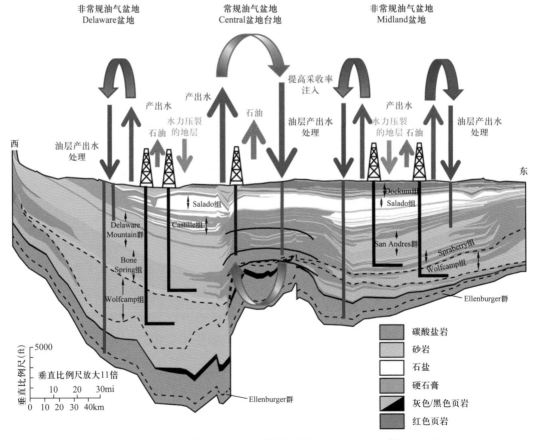

图 13.4 二叠盆地注水、生产和使用示意图（据 Scanlon 等，2017）

生的水通过盐水处理（SWD）处置，进入相对较浅的 Delaware 山群或较深的 Ellenburger 组碳酸盐岩，它直接位于晶体基底上。在沃斯堡盆地 Barnett 区带也发生了向 Ellenburger 河的深层注入。如下所述，在俄克拉何马州和阿肯色州发生地震的部分地区，类似的基底碳酸盐岩也用于返排和采出水处理。请注意，该地区浅层有明显的硬石膏，为 Delaware 山群的盐水处理提供了良好的顶部盖层。

在 Central 盆地台地地区，迄今为止大部分是常规石油开发。因此，作为提高采收率（EOR）操作的一部分，采出水被返回到生产层中。第十四章将讨论处理采出水引起的诱发地震活动，可以可持续的方式（即在不触发地震活动的情况下）将采出水返回产气层。在 Midland 盆地，水力压裂返排水和采出水（SWD）正在相对较浅的 San Andres 群和更深的 Ellenburger 组进行处理。

公众关心的一个问题是水力压裂中使用的化学品，以及这些化学品是否有可能污染淡水供应。有关水力压裂液的最全面的数据来源可从 Fractfocus 网站获得（www.fracfocus.org）。FracFocus 是美国国家水力压裂化学注册中心。FracFocus 由地下水保护委员会和州际油气契约委员会管理，这两个组织的任务围绕着环境保护。FracFocus 网站提供了水力压裂所用化学品的全面概述，以及来自近 13 万个注册井的数据。虽然所用化学品的完整列表有些令人望而生畏，但表 13.1 说明了美国平均水力压裂液的组成及其用途（据 FracFocus 和 King，2012）。需要记住的两个重要问题是人们一直在努力用更安全的添加剂取代潜在有害的化学添加剂（EPA，2015），而且，也许更重要的是，由于美国非常规油气区块的水力压裂作业深度与淡水含水层之间存在较大的分离（Fisher 和 Warpinski，2012；见图 8.16），没有记录到水力裂缝扩展到足够浅的深度，从而导致近地表含水层污染的案例。如下所述，当发生污染时，其原因是油井施工不当或地表泄漏（Jackson 等，2014；EPA，2016）。

表 13.1　平均水力压裂液成分

成分	含量（％）	论述
水	99.2	通常可以使用淡水、微咸水和盐水
酸	0.07	盐酸可用于清理射孔周围的水泥并降低裂缝起始压力。酸在水力裂缝入口点的几英寸范围内用完，不会返回到表面
胶凝剂	0.5	如第八章所述，瓜尔胶和纤维素聚合物等增稠剂可用于混合压裂。瓜尔豆胶是一种常见的食品添加剂
抗腐蚀剂	0.05	使用的几种可能有毒的有机化合物，但仅在使用酸时使用。抗腐蚀剂吸附在钢上，然后进入地层。5％～10％ 的抗腐蚀剂（百万加仑水中约有 1gal）被回收
减摩剂	0.05	聚丙烯酰胺广泛用于降低高速泵送过程中的水摩擦压力。也可用作婴儿尿布的吸附剂和饮用水制备剂
黏土控制剂	0.034	通过钠—钾离子交换稳定地层中的黏土。产生氯化钠，即普通盐，在回收水中返回
交联剂	0.032	温度升高时保持黏度。与破胶剂结合，返回回收水中的盐

成分	含量（%）	论述
阻垢剂	0.023	用于防止矿物结垢沉淀，以及管道与设备的可能堵塞。常见的阻垢剂无毒，使用浓度很低
破碎剂	0.02	使用时，允许凝胶剂和交联剂延迟分解
铁控制剂	0.004	防止金属氧化物沉淀。与地层中的矿物反应形成简单的盐，这些盐可通过回流水回收
杀菌剂	0.005～0.05	戊二醛通常用于控制细菌生长，这些细菌可能对液体中的添加剂有害或导致 H_2S 的生成。戊二醛是一种医用消毒剂。紫外线、臭氧和低浓度二氧化氯的使用越来越多
表面活性剂	0.05～0.2	表面活性剂改变表面或界面张力，以破坏或防止乳液

三、采出水

在美国，采出水的数量和组成以及处理方式存在重大差异。如图 13.5 所示（EPA，2015），宾夕法尼亚州 Susquehanna 河盆地 Marcellus 组页岩平均井水力压裂所用水量

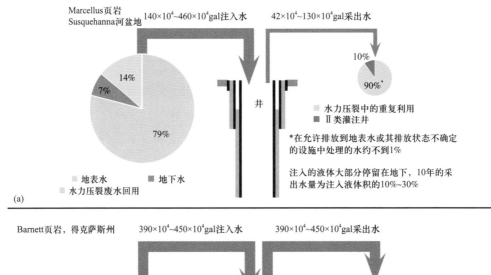

图 13.5　水力压裂水管理实践的水预算说明（据 EPA，2016）

（a）大约在 2008—2013 年 Susquehanna 河流域的 Marcellus 页岩；（b）大约在 2011—2013 年得克萨斯州的 Barnett 页岩。Ⅱ类井用于向地下注入与油气生产相关的废水，并受《安全饮用水法》地下注入控制计划的管制

（图 13.5a）与 Barnett 组页岩平均井所用水量相似（图 13.5b）。然而，Barnett 组的产水量远高于其他油田，主要通过钻入 Ellenburger 组的处理井进行处理。相比之下，从 Marcellus 组中产出的水要少得多，但绝大多数水是循环利用的。事实上，由于在宾夕法尼亚州很少进行采出水处理，与注入有关的诱发地震活动在那里也很少见。

Shaffer 等（2013）利用美国地质调查局的数据制得图 13.6，显示了美国页岩区块的采出水总溶解固体（TDS）范围。柱状图显示了 Williston 盆地的 Bakken 组和 Gammon 组页岩、Powder River 盆地的 Mowry 组页岩、二叠盆地的 Avalon Bone Spring 组和 Barnett Woodford 组页岩区带及阿巴拉契亚盆地的泥盆系、Marcellus 和 Utica 页岩区带的采出水的总溶解固体浓度。请注意，除少数例外（如 Powder River 盆地），孔隙水的含盐量远高于海水（约 20000mg/L）。这种盐水可以用作水力压裂液，但由于其含盐量太高，处理压裂液在经济上不可行，因此必须通过注入进行处理。

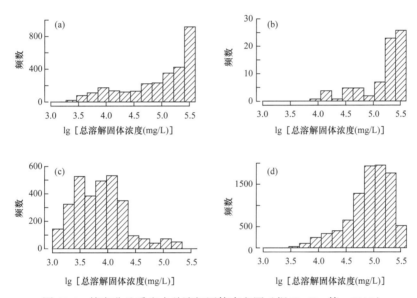

图 13.6　特定盆地采出水总溶解固体直方图（据 Shaffer 等，2013）
（a）Williston 盆地；（b）阿巴拉契亚盆地；（c）Powder River 盆地；（d）二叠盆地

四、钻井施工

众所周知，当石油和天然气钻井和完井作业造成含水层污染时，发生污染的原因与钻井施工不当、水泥和套管随时间的推移变质或多级水力压裂过程中套管和水泥损坏有关。2011 年，美国能源部下属的一个小组委员会在与非政府组织和环境组织多次会晤后，要求"就页岩开采实践向各机构提供共识建议，以确保公众健康和环境的保护。"来自石油和天然气行业以及州和联邦监管机构的代表认为，为了保护水质，有必要"在油井开发和施工中采用最佳做法，尤其是套管、固井和压力管理。水泥套管的压力测试和最先进的水泥胶结测井应用于确认地层封隔"（Deutch 等，2011）。同样的原理也适用于防止井中甲烷泄漏。

表 13.2 显示了来自四个不同群体的专家百分比，他们最关心的与非常规储层开发相关事故有关的活动类型（Krupnick 等，2013）。显然，潜在的固井和套管断层是引起人们广泛关注的共识领域。King 和 King（2013）很好地概述了油井建设带来的风险，Carey（2013）回顾了可能损害井眼完整性（套管和水泥）的机制。

表 13.2　不同潜在事故源的专家关注百分比

事故	非政府组织	工业	学术	政府机构	所有专家
固井故障	**<u>80.0</u>**	**<u>58.7</u>**	57.1	**<u>66.7</u>**	**<u>63.3</u>**
套管故障	*68.6*	**46.7**	<u>*61.9*</u>	*57.1*	*56.7*
蓄水故障	*71.4*	33.3	<u>*61.9*</u>	45.2	50.2
地面井喷	54.3	34.7	49.2	40.5	43.3
储罐泄漏	42.9	30.7	46.0	28.6	36.7
卡车事故	37.1	40.0	34.9	28.6	35.8
管道破裂	42.9	30.7	38.1	33.3	35.3
表面阀故障	40.0	21.3	27.0	26.2	27.0
井下沟通	37.1	14.7	28.6	23.8	24.2
其他泄漏	22.9	20.0	20.6	23.8	21.4
地下井喷	31.4	14.7	20.6	23.8	20.9
水管爆裂	22.9	17.3	14.3	16.7	17.2
其他火灾或爆炸	8.6	13.3	7.9	14.3	11.2
其他未列出事故	8.6	5.3	11.1	2.4	7.0
全部 14 宗意外事故	40.6	27.2	34.2	30.8	32.2
被选为高优先级的平均事故数	5.69	3.81	4.79	4.31	4.50

注：粗体下划线字体为最常用数据，粗体斜体字体为第二常用数据。

图 13.7 展示了通用的井施工示意图（King，2012）。井施工的一个关键要素是表层套管延伸到地表含水层深度以下。规定各不相同，但表层套管可能从几百英尺延伸到几千英尺。表面套管应完全粘合在表面上。套管和水泥的完整性是井施工的关键要素。井施工的另一个关键要素是生产套管的胶结部分延伸到最浅的产气层上方（同样，法规有所不同）。由于生产套管的未胶结部分通常可延伸数千英尺，因此应注意确保所有产气层均已套管和胶结。下面将讨论甲烷排放情况下的套管完整性问题。

五、甲烷泄漏

作为一种温室效应较强的气体，大气中的甲烷引起了极大的关注，因为它被认为是造成全球变暖的 25% 因素（www.globalcarbonproject.org/index.htm）。Alvarez 等（2018）最近对美国产量约 30% 的地区天然气设施（油井、加工厂、管道等）的甲烷排放量进行了研究，估计大气中的甲烷量比之前估计的要多得多。他们估计，美国天然气总产量的约 2.3% 在天然气供应链中流失。此外，这种泄漏对全球变暖的影响与天然气燃烧过程中产生的二氧化碳相当。

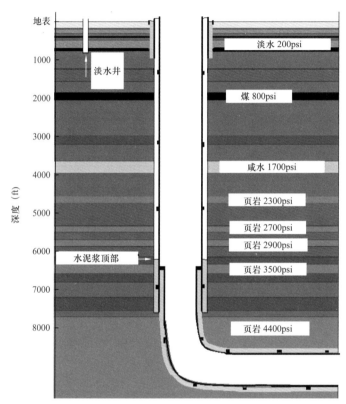

图 13.7　非常规油气井示意图（据 King，2012）
固井表面套管的深度和完整性以及在产气层上方固井的必要性是井施工的关键因素

　　这里最相关的是甲烷泄漏与油井的任何关联，无论是由油井施工不良造成的，还是受到多级水力压裂作业不利影响的油井施工造成的。来自犹他州三个不同盆地 31 口井的土壤气体研究。根据对犹他州三个不同盆地中 31 口井的土壤气体的研究，Lyman 等（2017）估计犹他州油气作业排放的碳氢化合物中极少数（约百万分之一）来自这些井。Barkley 等（2017）最近报告的一项研究利用了宾夕法尼亚州东北部的十次航空调查（和建模），发现上游作业的泄漏量约为产量的 0.4%。如果这些研究更普遍地代表了作业，那么油井和上游作业只占石油和天然气工业排放甲烷的一小部分。

　　当然，其他地方的结果可能会大不相同，但也必须认识到，大气中甲烷的一半来自石油和天然气工业，大部分来自生物源（农业、湿地、废物 / 垃圾填埋场、永久冻土、牲畜），以及其他与人类相关的活动（Saunois 等，2016）。有时也很难量化大气中甲烷的来源。利用飞机或卫星上的传感器进行自上而下的研究和基于特定设施的地面测量的自下而上的研究有明显的优点和缺点。在自上而下的研究中，有时很难确定检测到的甲烷的具体来源，自下而上的研究可能会遗漏重要的泄漏源。在石油和天然气工业中，后一个问题尤其值得关注，因为有证据表明极少数部件泄漏（约1%）。在这些泄漏的气体中，有一小部分（约5%）泄漏了大量的甲烷，并造成了超过一半的甲烷泄漏（Brandt等，2016）。换言之，大气中与石油和天然气活动有关的大部分甲烷来自超级排放源，约占所有成分的1/2000，这些气体通常与天然气处理设施或管道有关。

第二节　诱发地震

从地震的角度来看，2011年是不平凡的一年。尽管日本近海发生的9.0级Tohoku地震所带来的破坏引起了全世界的关注，但相对稳定的美国内陆地区却发生了数量惊人的中小型地震。其中一些是自然事件，即所有板块内区域不时发生的地震类型。例如，发生在弗吉尼亚州中部地区的里氏5.8级地震在整个东北部都有震感，破坏了华盛顿纪念碑，并导致一座核电站暂时关闭。然而，2011年发生在美国内陆地区的一些中小型地震似乎与废水处理有关，至少在一定程度上与水平钻井、多级水力压裂和页岩气生产有关。阿肯色州Guy附近发生了几次地震，这些地震显然是在Fayetteville页岩中由水力压裂后的回流水注入引起的。最大的地震是4.7级。在靠近科罗拉多州和新墨西哥州边界的Trinidad/Raton地区，注入与煤层气生产相关的废水似乎已经造成了一次5.3级地震事件。地震是在俄亥俄州Youngstown附近的圣诞夜和新年前夜由回流注水引发的，其中最大的一次是4.0级地震。最重要的是，同年11月俄克拉何马州Prague附近发生了三次5级以上地震，现在知道，这些地震是由深层注入井的采出水处理引发的。

长期以来，地震似乎是由与流体注入、水库蓄水和采矿活动有关的活动引起的。美国地质调查局在科罗拉多州Denver附近的落基山兵工厂（Healy等，1968）和科罗拉多州Rangely油田（Rangely等，1976）的开创性工作中，充分记录了流体注入引起地震的发生。Nicholson和Wesson（1992）回顾了世界各地与深井注入相关的已知或疑似诱发地震活动案例。在过去的几年里，已经有一些关于这个主题的评论论文。美国国家科学院（National Research Council，2013）对与许多能源相关活动有关的诱发地震活动进行了全面审查。该报告回顾了大量的历史案例，讨论了不同类型的人为活动诱发地震的机制，并提出了评估（和降低）诱发地震风险的方法。Ellsworth（2013）回顾了近期注入诱发地震的多个地点，包括美国中部和东部、瑞士Basel和科罗拉多州的Paradox Valley。EPA（2014）更新了NRC（2013）的研究内容，特别强调了与非常规油气开发相关的注入诱发地震活动。地下水保护委员会与洲际石油和天然气契约委员会（GWPC和IOGCC，2017）合作，对之前的审查进行了有益的更新，特别是在水力压裂期间诱发的地震方面。Foulger等（2018）介绍了诱发地震活动的全球回顾（和事件的全球数据库），其中包括许多水库诱发地震活动的例子。

一、临界应力地壳

本书将重点讨论与非常规储层开发相关的活动引起的地震，考虑大陆动力学中的一个基本概念是有帮助的，即构成地球上部20km的结晶基底岩石处于摩擦破坏平衡状态。另一种说法是结晶基底岩石中的应力水平与最佳定向断层的摩擦强度保持平衡。如图13.8所示，板块内地震基本上在地球上的任何地方都会发生，这一观察结果支持了这一概念。由于热流和地壳成分的变化，板块内地震在不同地区的发生率明显不同（Zoback等，2002）。同样清楚的是，当板块内地震发生时，地震中的滑移感与独立数据定义的相对较大的构造应力一致（Zoback 和 Zoback，1989；Zoback，1992b；Hurd 和 Zoback，2012a）。换言之，驱动板块的力通过板块传递，并引起少量的内部变形。由于水库蓄水引起的应力和孔隙水压力扰动很小，要使水库诱发地震发生，应力的初始状态必须已经接近破坏。支持结晶地壳处于摩擦破坏平衡状态的其他证据是在板块内区域钻入结晶岩深钻孔中的直接应力测量（Townend 和 Zoback，2000）。

同样的摩擦破坏平衡概念也适用于脆性和不易发生黏塑性应力松弛的沉积岩，如第三章和第十一章所述。Zoback（2007）中提出了一些实例研究，说明了摩擦平衡概念的沉积岩地应力测量结果，并在图3.18中显示了 Haynesville 组页岩。

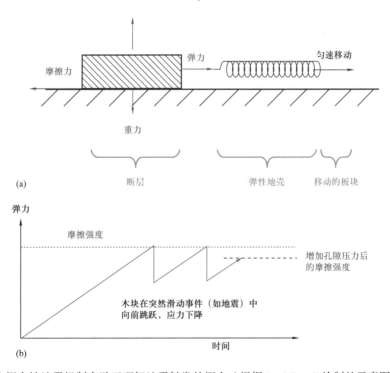

图 13.8 一个概念性地震机制有助于理解地震触发的概念（根据 Paul Segall 绘制的示意图进行了修改）

二、概念化地震触发

在库仑摩擦理论的背景下，式（4.2）指出当孔隙压力升高时，作用在断层上的有效正应力减小，从而增加断层滑动的可能性。图 13.8 用地震和一个弹簧拉着桌子上的一个积木之间的类比来说明地震触发。弹簧中的力（类似于断层上的剪应力）随着时间的推移而增加。在像 San Andreas 断层这样的板块边界上，由于太平洋板块和北美板块之间的相对运动，这种情况发生得相对较快。在板块内区域，由于板块驱动力以极低的速率导致板块内部变形，这种情况发生得相当缓慢。当滑动的摩擦阻力被克服（根据库仑准则的定义），块体（或断层）滑动，弹簧中的力（或地球上的应力）下降。第九章讨论了地震应力降。这一过程在地质时期反复出现。如图 13.8（b）所示，当流体压力增加时，它降低了滑动的摩擦阻力，从而允许在已经接近破坏应力但可能在几百年或数千年内不会滑动的断层上触发滑动。一个关键的概念是，这个过程是一个流体压力增加引发地震的过程；断层上的应力已经是自然地质作用的结果。第十章讨论了水力压裂过程中的滑动小断层，它在围岩中产生了一系列微地震事件。在本书的其余部分将集中讨论引发更大地震的问题，那些可能对人或设施有害。

三、注入诱发地震与非常规储层开发

如上所述，非常规油气开发中流体注入引发地震的三种基本机制：水力压裂、回收水处理和采出水处理，如图 13.9 所示。除了伴随多级水力压裂的微地震事件外，与多级水力压裂相关的压力也有可能刺激先存断层的滑动。Maxwell 等（2008）和 Yoon 等（2017）提出了这方面的例子，如图 13.10 所示。在图 13.10（a）中，微地震事件跟踪了水力裂缝向西北方向的传播，这是根据局部应力场估计的方向。当水力裂缝与一条北北东走向的先存断层相交时，微地震事件表明该断层是由水力裂缝中的高压引起的滑动。图 13.10（b）显示了 Guy Greenbrier 断层附近的东西走向断层。这些东西向断层上的滑动在所示井的水

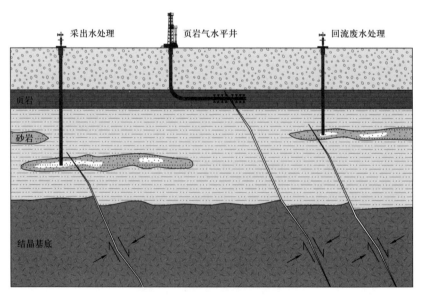

图 13.9 采出水注入（左）、水力压裂井（中）和水力压裂后回注水（右）引发的地震示意图（修改自 Southwestern Energy）

力压裂过程中被激活。也观察到了与当前 σ_{Hmax} 方向平行的北东—南西向的微地震事件，但图中未显示。Yoon 等（2017）提出了沿东西向断层的许多事件的复合震源平面机制，这些事件与局部应力状态下的左旋走滑运动一致（Hurd 和 Zoback，2012a）。

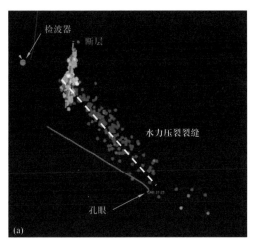 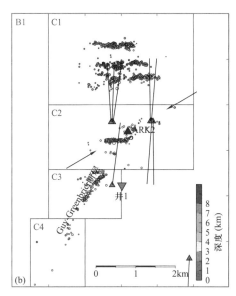

图 13.10　两个案例研究的地图视图，其中微地震表明水力裂缝（沿预期方向延伸）触发附近断层的地震活动（据 Yoon 等，2017）

（a）从斜井向西北方向延伸的水力裂缝与 NNE 向的先存断层相交（据 Maxwell 等，2008）；（b）阿肯色州 Guy-Greenbrier 断层附近水力压裂引发的东西向断层上的小型微地震。向内的箭头表示最大水平主应力方向

图 13.9 还说明了在水力压裂或采出水注入后，与注入返排水有关的地震可能发生。这些盐水的处理发生在美国环境保护局规定的二级注入井中。与水力压裂井一样，处理井的井施工要求也设计为防止淡水含水层污染。在大多数情况下，与水力压裂相关的高压相比，注水引起的压力变化很小。如上所述，均产生了水力压裂返排水和地层孔隙水，但随着井的枯竭，大部分为地层水。因此，处理返排水与采出水之间唯一显著的区别是后者有可能持续多年。一般来说，受激滑移的断层必须已经接近失效。在下面的章节中，给出了所有三个过程触发的地震实例。

四、基底断层的作用

在非常规储层开发过程中，引发潜在破坏性地震可能性最重要的控制因素之一是注入带与结晶基底的接近程度。如图 9.20 所示，震级不小于 4 级的地震要求断层滑动发生在几千米的范围内。直观地说，这意味着相对较大的地震只发生在相对较大的断层上。实际上，这实质上意味着能够产生震级不小于 4 级地震事件的断层很可能延伸到基底。事实上，经验证明了这一点。

图 13.11（a）显示了与 2011 年俄克拉何马州 Prague 附近地震序列相关的地震活动，包括三个震级不小于 5 的事件（Keranen 等，2013）。如下所述，大量采出水注入 Arbuckle

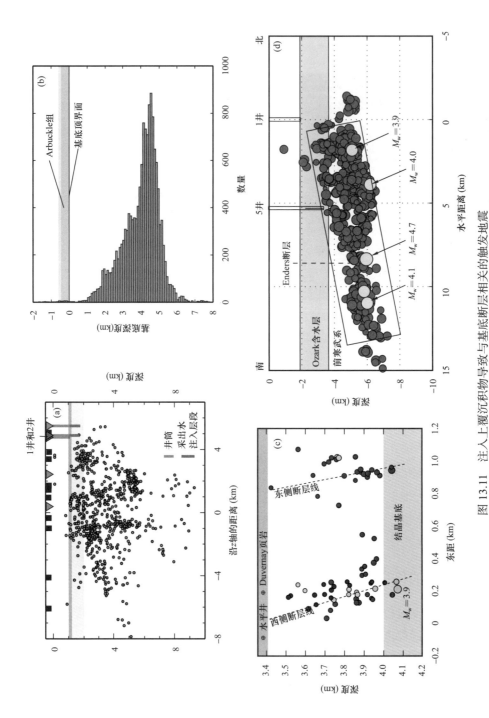

图 13.11　注入上覆沉积物导致与基底断层相关的触发地震

（a）俄克拉何马州 2011 年 Prague 地震序列中，与采出水注入 Arbuckle 组相关的地震活动（据 Keranen 等，2013）；（b）整个俄克拉何马州中北部和塔萨斯州南部的地震深度，是大量的采出水被处理到理到 Arbuckle 组造成的（据 Schoenball 和 Ellsworth，2017）；（c）艾伯塔省 Fox Creek 附近 Duvernay 页岩水力压裂作业数周后发生的与震级 3.9 级事件相关的地震活动（据 Bao 和 Eaton，2016）；（d）阿肯色州 Guy 附近 Ozark 含水层的回流水处理引发 Guy-Greenbrier 断层地震（据 Horton，2012）

组（以黄色显示），但绝大多数地震发生在结晶基底。图 13.11（b）显示了整个俄克拉何马州中北部和堪萨斯州南部的地震深度发生在基底中（Schoenball 和 Ellsworth，2017）。在俄克拉何马州中北部和堪萨斯州南部，由于注入采出水而引起的强烈地震活动在本章后面和第十四章中有一定的篇幅讨论。图 13.11（c）显示了加拿大艾伯塔省 Fox Creek 地区 Duvernay 组页岩水力压裂引发的一系列地震（Bao 和 Eaton，2016）。注意，地震活动似乎是由延伸到基底的两条断层链上的水力压裂引起的。最大的事件的震级是 3.9，它发生在注入结束数周后的西部断裂带基底上。图 13.11（d）显示了与处理阿肯色州 Guy 附近 Fayetteville 组页岩开发回收水相关的地震活动（Horton，2012）。与俄克拉何马州 Prague 附近发生的情况类似，注入 Ozark 含水层中，这是一种位于基底顶部的厚层碳酸盐岩。虽然一些地震发生在沉积剖面，但绝大多数地震以及较大的地震（最大的震级为 4.7）发生在基底。

由于注入进入上覆沉积物，在基底断层上发生地震活动的另一个原因是基底中的临界应力断层（在当前应力场中定向破坏的断层）与未受到临界应力的断层相比具有相对的渗透性。如图 13.12 所示，水文活动的结晶岩断层具有机械活动性（Zoback 和 Townend，2001）。在四个深科学钻孔的成像测井被用来确定在不同深度遇到的数千个裂缝和断层的方位。在每个钻孔中确定地应力的大小和方向。精确的温度记录用于确定哪些裂缝和断层具有导流能力（Barton 等，1995；Townend 和 Zoback，2000；Ito 和 Zoback，2000 等）。如图所示，渗透性 / 导水性裂缝和断层（填充符号）优先为具有高剪切比和有效正应力之比较高的断裂和断层。柱状图显示，导电断层的平均比值为 0.6，这是这些岩石摩擦系数的合理值（见第四章）。非导水裂缝和断层的剪应力与正应力之比较低。它们在电流应力场中不起作用。

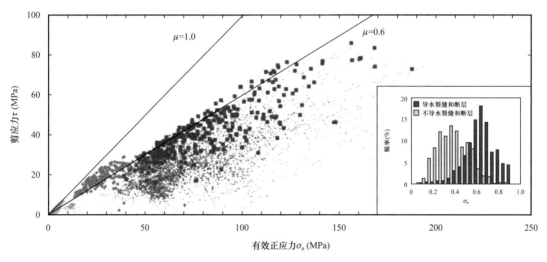

图 13.12　Nevada 测试场（绿色）、Long Valley（黄色）、Cajon Pass（红色）和 KTB（蓝色）钻孔中遇到的裂缝和断层上的剪切力与有效正应力之比（据 Zoback 和 Townend，2001）

根据成像测井确定裂缝和断层的方位。导水裂缝和断层（粗体符号）由精确的温度测井确定。应力状态是独立确定的

如图 13.13 所示，不列颠哥伦比亚的 Horn River 盆地似乎正在发生类似于图 13.11（c）所示的过程。如图所示，Muskwa、Otter Park 和 Evie 地层中广泛的水力压裂与微地震事件相关，这些地震事件主要局限于这些地层。然而，偶尔水力压裂阶段会与连接基底的潜在活动断层相交，从而产生更大的地震。早在 2009 年，Horn River 盆地就监测到了 2～3 级地震。一旦当地地震台网安装在该地区，这些事件就可能在空间和时间上与水力压裂活动相关联。那里发生的最大地震是 3.6 级。

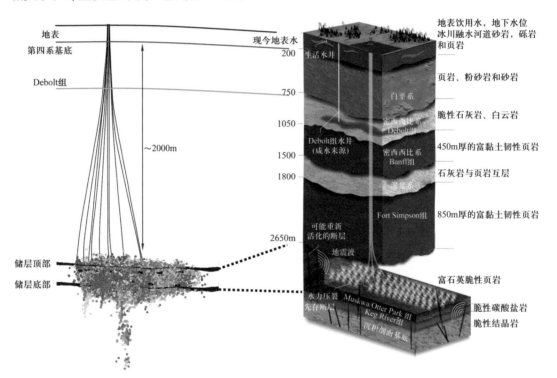

图 13.13　不列颠哥伦比亚省东北部 Horn 河地区的微地震事件通常局限于产层（据 British Columbia Oil and Gas Commission）

偶尔，与连接生产层段的断层相交并触发更大的地震（震级高达 4 级）

由于基底断层的重要性，Skoumal 等（2018a）发现在阿巴拉契亚盆地，当靠近基底发生水力压裂时诱发地震活动的可能性更大。图 13.14 显示了他们在俄亥俄州、宾夕法尼亚州西南部和俄亥俄州东北部的研究区域。对比图 13.14（b）中的横截面 AA′ 和 BB′（横截面的位置如图 13.15a 所示）表明，基底地震发生的频率比较浅的 Marcellus 组（以绿色显示）发生水力压裂更频繁。基底仅比 Pt 深约 1km。西弗吉尼亚州的几次地震发生在剖面图 CC′ 的较深沉积剖面中，这些地震似乎与水力压裂和注水有关。Skoumal 等同时指出，与 Bakken 组相关的基底地震活动似乎很少，因为位于基底岩石和受激区之间的蒸发岩沉积物可能阻止了从刺激带到基底断层的压力传递。

所有这些都说明，需要认识到诱发地震并不局限于基岩。第四章已介绍了页岩的实验数据，典型的是黏土含量相对较低的页岩，速度减弱。换言之，如果滑动是由流体压力增加引起的，那么它们在地震中可能会滑动。事实上，在最近的一个地震覆盖率很高实验

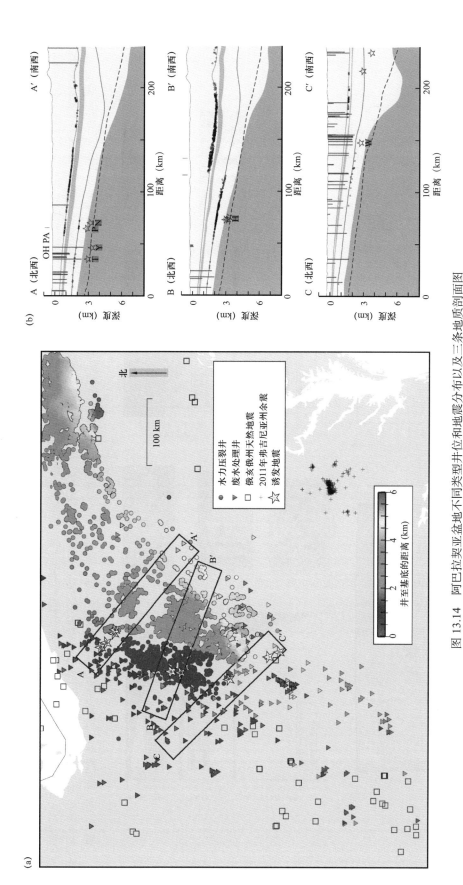

图 13.14　阿巴拉契亚盆地不同类型井位和地震分布以及三条地质剖面图

（a）阿巴拉契亚盆地水力压裂井和废水处理处理井的受激地层位置；（b）中横截面井的受激深度（Skoumal 等，2018a），方框显示了（b）中横截面的位置；（c）Marcellus 页岩（绿色），Salina 群蒸发岩（浅灰色阴影）和基底上方地层（浅灰色阴影）和基底（深灰色阴影）的简化地质横截面。深度值与海平面有关。小圆圈表示水力压裂措施的深度和位置，蓝线表示废水处理井。五角星是诱发地震序列：T—俄亥俄州 Trumbull 县（OH）；Y—俄亥俄州 Youngstown；P—俄亥俄州 Poland 镇；N—俄亥俄州 North Beaver 镇；H—俄亥俄州 Harrison 县；B—西弗吉尼亚州 Braxton 县（WV）；G—弗吉尼亚州 Gilmer 县；W—俄亥俄州 Washington 县。虚线表示基底深度

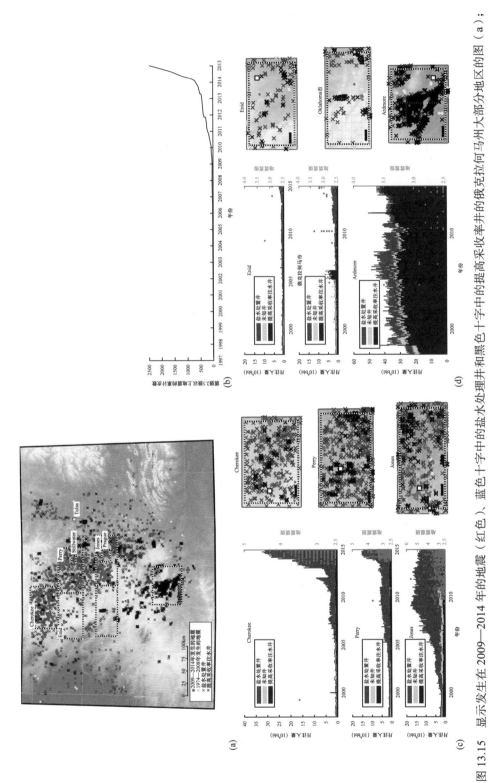

图 13.15　显示发生在 2009—2014 年的地震（红色），蓝色十字中的盐水处理井和黑色十字中的提高采收率井的俄克拉阿马州大部分地区的图（a）；俄克拉阿马州 M_w ≥2.5 级地震的累计次数随时间的变化。2009 年地震发生率开始上升，2014 年前后急剧上升（b）；Cherokee、Perry 和 Jones 每个地震活跃区内 EOR、SWD 和未知井的月注入量，以及每个地区的地震次数和震级，还展示了每个研究区域的详细图片，地震、SWD 和 EOR 井的符号与（a）中的相同（c）；Enid、俄克拉阿马市和地震活动性较小的 Ardmore 地区的 EOR、SWD 和未知油井的月注入量（d）。图 13.15 中的所有数据均引自 Walsh 和 Zoback（2015），虽然图 13.15（c）、（d）已更新一年的额外数据

– 330 –

中，Eaton 等（2018）记录了沿着 Duvernay 组页岩内部和上方发育良好的断层发生的一系列诱发地震。最大的地震震级 M_w 为 3.2。

五、与采出水注入有关的地震

美国大多数地震发生在俄克拉何马州中北部和堪萨斯州南部。如图 13.15（a）中的红点所示［图 13.15 中的所有数据均引自 Walsh 和 Zoback（2015），尽管图 13.15（c）、（d）中的数据更新了一年的数据］，在大量高盐采出水的地区发生了数千次震级 M_w 不小于 2.5 的地震，主要来自密西西比石灰岩和 Hunton 区块，通过注入更深的 Arbuckle 组进行处置。每个月注入超过 30000bbl（约 4800m³）的盐水处理井用蓝色十字表示。黑十字是常规油藏中的注水井，在这里，标准水驱是提高采收率操作的一部分，采出水被回注到生产地层中。图 13.15（b）显示了俄克拉何马州地震活动性的急剧增加（显示了 $M_w \geqslant 2.5$ 的地震次数），这一点始于水处理量的显著增加。比 2.5 级地震更重要的是人们普遍感觉到的 4 级以上地震。2009 年以前，该地区每十年发生一次 4 级以上地震。在活动高峰期（2015 年底至 2016 年初），人们普遍感觉到每周平均 M_w 不小于 4 的地震和每 2～3 个月 M_w 不小于 5 的潜在破坏性地震。

俄克拉何马州地震活动的急剧增加最初是相当令人困惑的。在如此大的区域内从未发生过诱发地震，地震的 b 约为 1.0，这是自然地震序列的常见观测结果（Holland，2013）。为了建立地震活动性增加和咸水流入 Arbuckle 组之间的关系，Walsh 和 Zoback 在俄克拉何马州中北部划定了 6 个地区，每个地区面积为 5000km²。这些区域由图 13.15（a）中的虚线矩形限定。三个区域位于地震活动发生的地方，三个位于没有发生地震的地方。如图 13.15（c）所示，三个地震活动区的地震活动增加的同时，进入 Arbuckle 组的 SWD 增加（如时间序列中的蓝色柱状图所示）。在 Cherokee 和 Perry 地区，地震活动随着该地区 SWD 的增加而急剧增加。在这两个地区，地震和处理井都分布在整个地区。在 Jones 地区，SWD 和地震随时间的推移逐渐增加。在这三个区域中，与提高采收率（黑色显示）或水力压裂返排相关的注入量相对可忽略不计。在这段时间内，地震活动最活跃地区的水驱产油量接近每月 2000×10^4bbl，而在地震活动增加之前，水驱产油量要小得多。

与地震活动频繁的地区相比，图 13.15（d）显示了三个近期地震活动较少的地区。在 Enid 和俄克拉何马市地区，尽管这两个地区邻近地震活跃区［所有体积直方图的垂直轴在图 13.15（c）中比例相同］，但 SWD 和诱发地震活动非常少。第十四章探讨了这一现象的地质原因。在 Ardmore 地区，地震活动相对较少，因为生产层的压力随着时间的推移而降低。在这个地区发生的少数地震很可能与该地区发生的 SWD 有关。

与俄克拉何马州中北部大规模 SWD 诱发地震相关的一些关键问题如下（图 13.16）。地震活动区域通常与最大 SWD 区域相关（Langenbruch 和 Zoback，2016）。由于 Arbuckle 组相对较厚（约 300m）且渗透性强，压力在注入井迅速扩散，在深度处形成的孔隙压力增加非常小（小于 0.3MPa）（Langenbruch 等，2018）。图 13.16 显示了与 SWD 相关的进入 Arbuckle 组中的过程，SWD 是 Arbuckle 组地震活动的主要原因。密西西比系石灰岩中许多生产井的产水被收集起来，并通过管道输送到相对较大直径的 SWD 井，这些井向下钻探进入 Arbuckle 组（直接位于基底顶部）。由于该区域的 Arbuckle 组低压（Nelson 等，2015），因此水基本上会在自身重力作用下流入，由于一些油井以高速率（高达每天约80000bbl）注入，因此需要泵送以克服井筒摩擦。由于 Arbuckle 组的强渗透性，压力会大面积扩散。当在基底中遇到临界应力和渗透性断层时，压力被传递到深处，导致地震由相对较小的孔隙压力变化触发。如图 4.4 所示，地震活动性定义了在当前应力场中断裂的临界应力（定向良好）平面。然而，在 12 亿年前的结晶基底岩石中，大多数断层既没有临界应力，也不具有渗透性。Zhang 等（2013）提出了一个在基底含水层中流体压力扩散的数值模型，该模型在距注入点数千米的可渗透性基底断层上引起滑动。

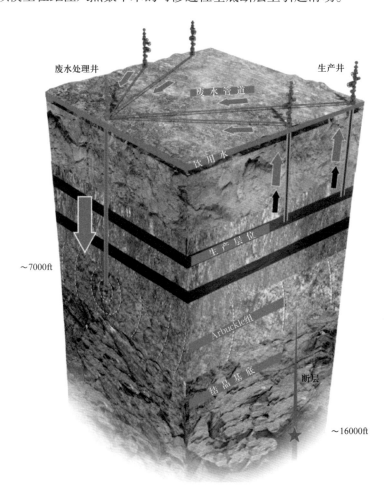

图 13.16　密西西比系石灰岩产出的盐水注入 Arbuckle 组并在下面的结晶基底岩石中触发地震的示意模型

六、返排注水

如 Zoback（2012）所指出的那样，前几年发生的许多地震似乎与非常规油气开发有关，都是由注入水力压裂返排水引起的。这包括如图 13.11（d）所示的阿肯色州 Guy 附近的 4.7 级地震，俄亥俄州 Youngstone 附近一次 4.0 级地震事件和由 Frohlich 等（2011）研究的 Dallas–Fort Worth（DFW）机场地区数年的地震活动，其中最大的震级 3.3 级。图 13.17 显示了 Guy-Greenbrier 地震序列（Horton，2012）和 Dallas–Fort Worth 机场的一些地震（Frohlich 等，2011），这些地震与水力压裂后用于注入返排水的附近井有关。在 Guy-Greenbrier 层序中，有两口处理井（标记为 1 和 5）正在断层几千米范围内注入。就 DFW 机场而言，地震发生在 SWD 井 200m 范围内的断层上。在这两种情况下，NE 向断层（Guy-Greenbrier 为走滑断层，DFW 为正断层）发生在根据局部应力状态特征可能被识别为潜在活动断层的断层上。得克萨斯州 Azle 附近发生的地震也是如此，这些地震似乎是由返排注水引发（Hornbach 等，2015），这将在第十四章进行更详细的讨论。

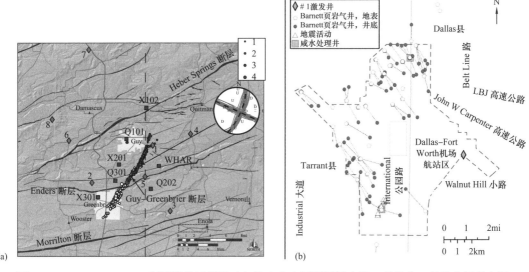

图 13.17　Guy-Greenbrier 断层沿线地震活动与注入水力压裂返排水的 1 号井和 5 号井之间的空间相关性图（据 Horton，2012）（a）；在 Dallas–Fort Worth 机场地区，地震活动沿北东向断层发生在注入水力压裂返排水井 200m 范围内（b）（据 Frohlich 等，2011）

七、与水力压裂相关的地震

在上述几个案例中，水力压裂似乎触发了先存断层上的地震。还有几个其他的案例需要提及。Friberg 等（2014）和 Skoumal 等（2015）讨论了俄亥俄州水力压裂相关地震。俄亥俄州的监管机构已经实施了实时地震监测要求和红绿灯系统（在第十四章中讨论）以管理与水力压裂引起的地震活动相关的风险。英国 Lancashire Bowland 页岩水力压裂相关地震（Clarke 等，2014）基本上导致了英国页岩气开发活动的停止，尽管事实上最大的地震仅为 2.3 级。Holland（2013）报道了俄克拉何马州水力压裂作业引发地震的案例。由于俄克拉何马州的大部分诱发地震与上述采出水处理有关，水力压裂引起的地震活动被认为是二级问题。然而，Skoumal 等（2018b）报道了俄克拉何马州多达 500 次地震（M_w为 2.0～3.5），水力压裂似乎是最好的解释。在 Arkoma 盆地的 SCOOP 和 STACK 区带内，观测到超过 90% 的地震活动似乎与水力压裂有关。总体而言，他们发现虽然只有约 2% 的水力压裂阶段与诱发地震有关，但在某些地区高达 50% 的水力压裂阶段与诱发事件有关。因此，SCOOP 和 STACK 区带对水力压裂的地震响应在空间上是可变的。第十四章给出对这种变化的一种地质解释。

将这些结果与 Atkinson 等（2016）报道的加拿大西部沉积盆地诱发地震活动的统计分析进行比较，具有一定的指导意义。综上所述，发现约 1% 的处置井与 M_w 不小于 3 级地震有关，0.3% 的水力压裂井与 M_w 不小于 3 级地震有关。由于加拿大（$M_w \geqslant 3$）的高监测阈值的限制无法与上述俄克拉何马州（$M_w \geqslant 2$）的数据进行直接比较，2008 年与水力压裂有关的地震明显增加，同时正在水力压裂的井数迅速增加。因此，水力压裂引发的地震是世界许多地区必须考虑的普遍问题。

EPA（2014）发布的诱发地震活动性报告，总结了美国地质调查局关于美国四百年历史的地震活动（Stover 和 Coffman，1989），指出影响井完整性的地震非常罕见。最显著和相关的是 1983 年加利福尼亚州 Coalinga 6.2 级地震，震源在 Coalinga 油田的正下方。在 1725 口井中，约有 14 口井显示出套管损坏的迹象。不列颠哥伦比亚省石油和天然气委员会（BCOGC）调查了 2009—2011 年 Horn River 盆地因水力压裂作业而发生的一系列地震。BCOGC 报告强调："未在井筒的垂直部分报告套管变形，也未发现储层封闭问题。目标页岩地层水平井部分只发生两次轻微套管变形。套管变形的原因不能最终确定为与地震活动有关。"BCOGC 的报告还暗示了与英国 Bowland 盆地地震活动有关的套管变形归因于水力压裂作业。注意到井水平部分的套管变形，但没有井完整性破坏。

诱发地震断层滑动和井剪切—水力压裂对断层影响的最后一个例子来自中国四川盆地龙马溪组页岩的一口水平井。这是中国商业上最成功的页岩气开采，但在该区块已钻井的 101 口井中有 32 口发生了套管变形。图 13.18 显示了一个案例（Chen 等，2018）。井跟附近的多级水平压裂在局部应力场中的活动走滑断层一致方向上产生了大量微地震事件。在靠近断层附近观察到套管变形。在这 10 个阶段中的许多阶段都发生了一系列 1 级地震。然而，套管剪切力似乎太大，无法用 1 级地震来解释。看来，该断层（以及影响该地区其他井的其他断层）上的大部分变形是抗震的。龙马溪组页岩含有 30%～50% 的黏土。如第四章所述，由于黏土含量很高，页岩中的断层很可能具有速度增强作用，因此会发生抗震剪切。虽然该井水力压裂引起的断层不会产生有感地震，但确实对井造成损害。由于该断层可通过三维地震数据的蚂蚁追踪进行识别（见图 7.17、图 7.20 和图 7.21），因此在多阶段水力压裂期间，不对该断层加压是有益的。

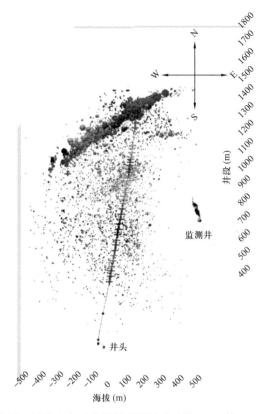

图 13.18　中国四川盆地水平井的微地震活动（据 Chen 等，2018，有修改）

靠近坡跟的阶段似乎激活了横穿井的较大断层损害区内小断层的滑动。该断层上的套管因滑动而被剪断

第十四章 注入诱发地震的风险管理

第十三章介绍了水力压裂期间引发的地震、水力压裂后的返排水注入和生产水注入的例子。本章将讨论可采取的步骤以尽量减少此类事件的发生。当然，避免注入诱发地震最明显的方法之一就是尽量减少注入量。宾夕法尼亚州几乎所有水力压裂返排水都被回收的地区很少发生注入诱发地震，这并非巧合。接下来，首先讨论避免注入潜在活动断层的问题。图 13.17 给出了两个例子，其中注入井非常靠近潜在问题断层的位置。得克萨斯州 Azle 附近发生的地震也是如此（Hornbach 等，2015）。如本章第一节所述，如果地下有断层，则可以根据库仑断裂准则和局部应力状态，评估断层是否可能因流体注入引起的孔隙压力增加而被激活。第二节扩展了这个讨论来考虑利用概率方法的同一主题，该方法允许人们将关键参数的不确定性纳入评估中。

实践中的难题在于由于缺乏可用的地震数据或地震数据无法成像断层，尤其是在基底中，通常不可能知道是否存在临界应力断层。为此，风险管理和缓解方法对解决可能存在的一系列不确定性至关重要。因此，下一节将讨论三种具体的管理工具，可用于将注入诱发地震的风险降至最低。首先，使用红绿灯系统（一种实时管理工具）；其次，利用发震指数模型评估生产水注入管理方案和现场特征风险框架的第三次开发，作为主动识别诱发地震活动程度的工具。

第一节　避免在潜在活动断层附近注入

第四章指出，越来越多的证据支持库仑断裂准则对地球断层的适用性。因此，如果已知断层的方向，以及该区域的应力状态（如第七章所示）和原位孔隙压力，就可以评估断层是否可能被流体压力的增加所激活。Lund Snee 和 Zoback（2016）对得克萨斯州可能发生过流体注入诱发地震的地区进行了具体应用，分析了得克萨斯州在油气活动附近发生震级在 3.8～4.8 之间的四个地点。这些活动包括在 Azle、Karnes、Snyder 和 Timpson 附近举办的活动。图 14.1 中每个区域的详细图片包括地震位置、σ_{Hmax} 方位、已知断层（来自公开来源）和其可靠性震源平面机制，这在大多数情况下是只有稀疏的地震监测。注意，在 Snyder 或 Timpson 附近的地震附近没有已知的断层。

Lund Snee 和 Zoback（2016）发现，在所考虑的四个地震序列的三个中，至少有一个震源机制中定义的断层面（和滑动感）与局部应力场一致，并且需要触发相对较小的孔隙压力变化。对于 Azle 和 Karnes 城市事件，这一点非常明显，在这些事件中，相对一致的应力测量和该区域的断层方向使分析变得简单明了。然而，1978—2016 年得

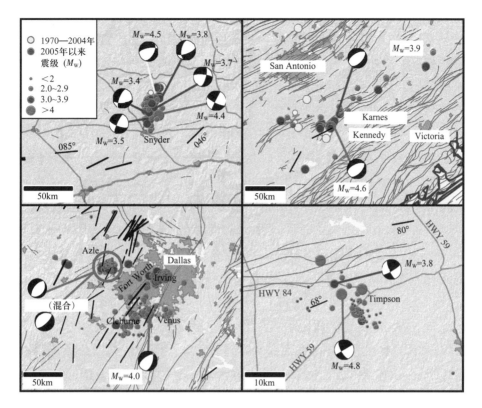

Snyder，TX (Cogdell)

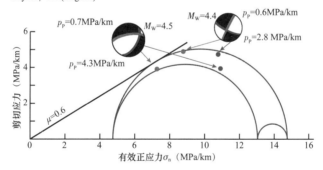

Timpson，TX

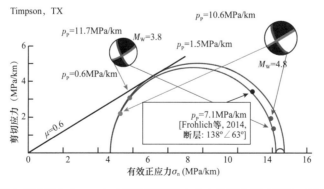

图 14.1　得克萨斯州最大水平应力（σ_{Hmax}）方向和相对应力大小的应力图（据 Lund Snee 和 Zoback，2016）
相对应力大小如第七章所述。盆地边界来自 EIA。红色框限定了四个研究区域，如更详细的图所示。如正文所述，莫尔圆代表两个研究区域的摩擦失效分析

克萨斯州 Snyder 附近的地震发生在一个应力方向受约束很弱的区域，并且地震附近没有绘制的断层。尽管 Snyder 事件的震中倾向于北—东北，对于走滑事件，震源平面机制主要向北和向东，对于斜向正断层事件，震源平面机制主要向东北。这些断层方向与附近的原位测量结果一致，显示北东—南西向的 σ_{Hmax} 方向和走滑/正断层应力状态。因此，如果用与地震中明显滑动的断层相似方向绘制急倾斜断层图，它们就会被识别为潜在的活动断层。然而，很少有地震反射数据可以用来识别不在州断层图上的断层。

虽然 Lund Snee 和 Zoback（2016）研究的四个区域中有三个很容易用库仑断裂准则来理解，但 2012 年发生在得克萨斯州 Timpson 附近的地震活动更难理解。有两种走滑震源平面机制，分别为北西向和东—东北走向的节面。虽然在地震活动的直接区域没有绘制的断层，但东—东北走向的节面方向与仅在地震活动性北部绘制的断层方向非常相似。然而，其中一个较大事件的余震震源限制了一个走向西北的断层，这表明沿着一个之前未绘制的西北走向断层滑动，该断层向西南倾斜（Frohlich 等，2014）。可用的应力数据表明 σ_{Hmax} 方位范围从 N68°E 到 N80°E，Lund Snee 和 Zoback 证明了由于流体压力的适度增加，预计会出现东—东北走向的节面上的滑动（该节点将与图中的断层略为平行）（图 14.1 中的莫尔图）。然而，在由震源限定的北西走向面上滑动是不可能的。这种不寻常的情况可能意味着地下复杂的断层模式。虽然协调应力状态、震源平面机制和附近断层图很简单，但要解释震源的北西走向并不容易。利用一个考虑孔隙弹性应力变化的地质力学模型，Fan 等（2016）发现北西走向映射断层上的滑动可能是由附近注入盐水引起的异常大孔隙压力（12.9MPa）扰动引发的。无论如何，在这种情况下，更好地了解断层深度的几何结构、精确的地震位置和震源平面机制，将弄清局部应力状态、断层分布和深度流体压力变化之间的关系。

一、断层滑动的概率评估

这些案例研究清楚地说明了库仑断裂准则如何被用来评估由于注入导致孔隙压力增加时，已识别的断层是否存在潜在问题。然而，进行该评估所需的每个关键参数都存在不确定性——断层走向和倾角、三个主应力的方位和相对大小，以及孔隙压力和可能的孔隙压力扰动等，为试图解决这些不确定性，Walsh 和 Zoback（2016）通过提出概率方法来解释评估中每个参数，扩展了库仑断裂准则的适用性。因此，它们能够以概率的方式表达断层滑动的可能性。Walsh 和 Zoback 利用定量风险评估（QRA），这是一种蒙特卡罗技术，用于计算滑动映射断层的条件概率，以响应注入相关孔隙压力的增加。Chae 和 Lee（2015）采用 QRA 方法通过井、断层和裂缝性盖层的 CO_2 泄漏研究了碳封存储层。Chiaramonte 等（2008）使用 QRA 评估 CO_2 注入试点项目的孔隙压力增加是否会导致断层滑动。Chiaramonte 等分析假设纯走滑或正断层，也就是只考虑断层走向的不确定性。Walsh 和 Zoback 将这种类型的分析推广到包括来自不确定应力的映射断层上任何方向上的潜在滑动。他们在俄克拉何马州中北部开发并初步应用了这项技术，在那里广泛注入采出的盐水引发了上千次中小型地震，如第十三章所述。条件概率通过 QRA 将每个莫尔—库仑参数（应力张量、孔隙压力、摩擦系数和断层方位）的不确定性合并在一起。结果是导致每个断层段滑动所需孔隙压力的累计分布函数。该结果可用于评估已知断层在给定注入相关孔隙压力增加情况下诱发滑动的可能性。

在将俄克拉何马州中北部划分为六个研究区域（图 14.2；Alt 和 Zoback，2017）之后，Walsh 和 Zoback 根据每个区域中每个参数的不确定性对绘制的断层应用了 QRA。图 14.3 显示了区域 6 的不确定度分布示例。他们评估了 10000 个随机参数组合，以评估滑动作为孔隙压力扰动函数的条件概率，给出了上述库仑断裂准则背景下的模型假设。

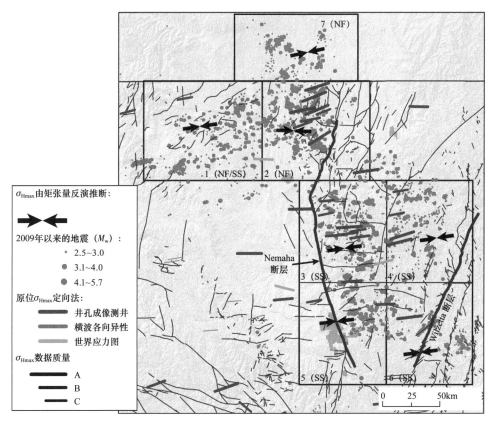

图 14.2　俄克拉何马州中北部应力图（据 Alt 和 Zoback，2017）

线条和箭头显示 σ_{Hmax} 的方向，使用图例中所述的不同数据源（和数据质量）。2009 年至 2015 年（美国地质调查局）$M_w \geq 2.5$ 级地震（红点）震中和俄克拉何马地质调查局编制的断层（Darold 和 Holland，2015）。俄克拉何马州的六个研究区和堪萨斯州的一个研究区是根据每个研究区的应力方向和断层类型确定的。请注意，大多数地震与绘制的断层无关

图 14.3 显示了研究区域 6 的 QRA 中使用的摩擦力、孔隙压力和应力分布。Walsh 和 Zoback 给出了其他研究区域的类似数据，以及每个参数的不确定性是如何确定的。由于没有关于断层倾角的信息，因此调查了陡倾角的分布，因为这是已知的走滑断层作用区域。图 14.3（c）和（d）也以红色显示响应面，它们使用图 14.3 中每个分布中最可能的值（由其他分布中的垂直黑线表示）来显示根据断层倾角（图 14.3c）或走向（图 14.3d）诱发断层滑动所需的孔隙压力。图 14.3（c）和（d）中的黑色水平线显示了 2MPa 预期孔

隙压力扰动。该数值的依据是 Arbuckle 的孔隙压力约为 2MPa 亚静态（Nelson 等，2015）以及在注入停止后井口压力保持在亚静态的观察结果。

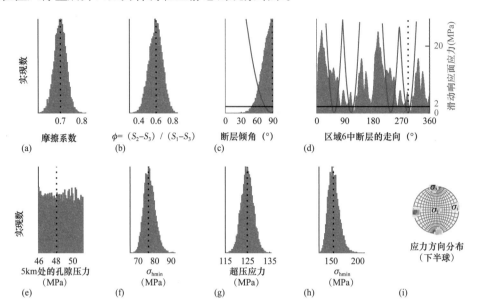

图 14.3　10000 次孔隙压力计算中使用参数的不确定性分布（据 Walsh 和 Zoback，2016）
这些孔隙压力要求在研究区域 6 的每个断层段上引起滑动。矩张量反演结果的分布如（b）和（i）所示。红色显示了在每个参数（σ_{hmin} 和 σ_{Hmax}）分布中由垂直黑色虚线描述的优选地质力学模型中，孔隙压力对滑动的响应面

Walsh 和 Zoback 将结果表示为经验累计分布函数（CDF）以表明已知断层上滑动的概率是孔隙压力增加的函数，如图 14.4 所示。这个地区的每个断层都有编号。在断层走向发生变化的情况下，单独对断层段进行编号。每个断层段的 CDF 确定断层上滑动的概率，作为孔隙压力的函数。个别注水井附近的最高孔隙压力被认为是 2MPa。配色方案是任意的。如果概率小于 1%，则断层显示为绿色。如果大于 33%，则为红色，中间值为渐

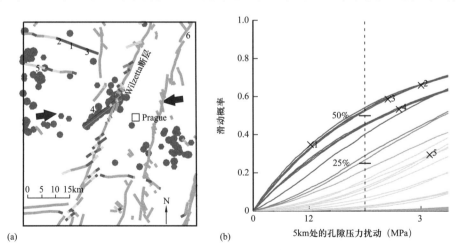

图 14.4　研究区域 6 映射断层和 $M_w \geqslant 3$ 的地震（灰点）分布（据 Walsh 和 Zoback，2016）
选定的断层被着色并编号以对应其各自的累计分布函数（CDF）。显示的断层段颜色基于相应的 CDF 曲线。注意，CDF 曲线与盐水处理过程中预期的孔隙压力变化有关。2MPa 被认为是注入井附近可能发生的最大孔隙压力变化

变色。注意，大多数绘制的断层不太可能因 2MPa 孔隙压力增加而滑动，包括大型 NNE 走向断层，如 Wilzetta 断层。然而，2011 年发生 Prague 5.6 级地震的 Wilzetta 断层显示出潜在的活动断层可以从该地区的三维地震数据中看到。

图 14.5 绘制了所有六个研究区域中 2MPa 的孔隙压力变化引起的断层滑动概率以及基于震源机制反演的断层类型（走滑、走滑—正断层或正断层）的指示（Walsh 和 Zoback，2016）。观察到，大多数绘制的断层不太可能被适度的孔隙压力变化激活。还显示了从 2009—2014 年任何一个月内注入超过 300000bbl 的 M_w 不小于 3 级的地震和盐水处理井。2016 年 2 月 13 日俄克拉何马州 Fairview 附近发生的 5.1 级地震围绕在区域 1 西南部。地震的震源机制显示出一个北东向陡倾的断层面与位于震中西南和东北方向的类似走向的断层一致，呈不同的黄色阴影。

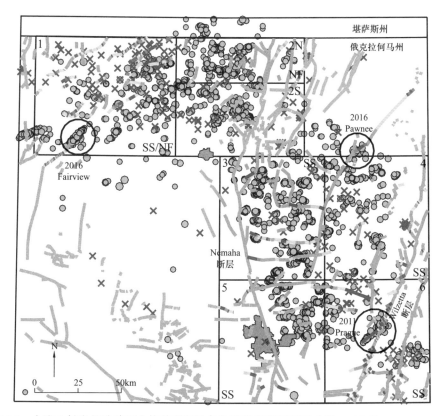

图 14.5　由注入触发的孔隙压力扰动引起的条件滑动概率断层图（据 Walsh 和 Zoback，2016）

红色断层段表示在 2MPa 孔隙压力扰动下发生滑动的概率大于 33%；绿色表示在相同压力下发生滑动的概率小于 1%。灰点显示 M_w>3 的地震；灰色线显示未评估的映射断层。2015 年前任何一个月注入量超过 300000bbl 的处置井显示为蓝色十字。在每个研究区域的角落，主要的断裂类型为：SS—观察到的走滑断裂；NF—观察到的正断层。黑色大圆圈表示 M_w>5 的地震

二、俄克拉何马州的断层滑动可能性的回顾性测试

上述方法已应用于俄克拉何马州所有 M_w 不小于 5 级的地震。在每一种情况下，如果知道地震发生的断层，它都会被确定为潜在的活动断层。2016 年 9 月 3 日发生的 Pawnee

5.8 级地震，这是俄克拉何马历史上发生的最大地震，如图 14.6 所示。Pawnee 主震发生在前震定义的北东向断裂交会处，该断层与北东向断层的映射和未绘制断层的南东东向余震趋势几乎一致。美国地质调查局震源平面机制确定了两个可能的陡倾断层面——一个走向北北东，一个走向南东东，这几乎与余震趋势平行。Walsh（2017）使用上述方法分析了两个可能断层面上的每一个诱发滑移的可能性。他证明南东东向平面与可能的断层相对应，因为该平面在局部应力场中的方向最为有利，并且可通过孔隙压力的微小增加触发（图 14.6b），而另一个平面预计不会滑动，除非深度处的压力增加到接近 σ_{hmin} 或压裂梯度的量级。如果在地震前已知该断层，该区域断层上地震的相对概率如图 14.6（c）所示。

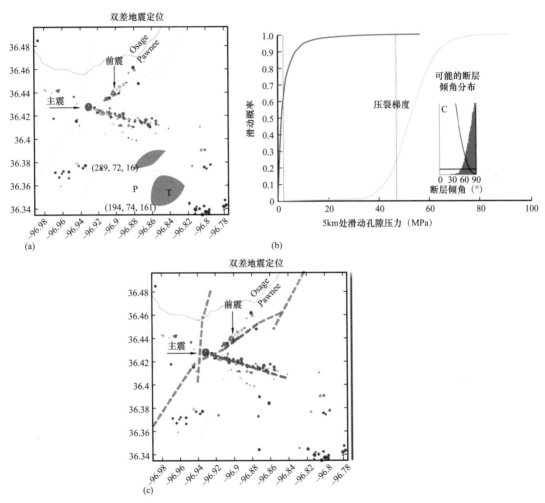

图 14.6　2016 年 9 月 3 日 Pawnee 5.8 级主震的位置，靠近由前震定义的北东向断层（几乎与绘制的北东向断层一致）和未绘制断层的南东向余震的交叉点。美国地质调查局的震源平面机制确定了两个可能陡倾的可能断层面——一个走向北北东，另一个走向南东东，几乎与余震的走向平行（a）；对断层滑动可能性的分析表明，南东东走向面是可能的断层面，因为孔隙压力的微小增加会导致滑动（b）；Pawnee 主震区域内映射断层上断层滑动的可能性，以及与余震趋势和震源平面机制的一个节点平面相关的假设南东东走向平面（c）（据 Walsh，2017）

三、了解断层

为了避免注入潜在的活动断层，显然有必要知道存在的断层。在这方面，很明显公开的数据一般不足以确定所有潜在的断层。如图 14.2 和图 14.5 所示，俄克拉何马州中北部绝大多数地震与绘制的断层不一致，但毫无疑问，地震确实发生在断层上。众所周知，利用地震反射数据很难对结晶基底中的断层进行成像，但地震反射数据中通常可以看到较大的断层（最重要的断层），因为它们也存在于上覆的沉积岩中。为了使用上述方法，必须尽一切可能绘制一个区域内存在的所有断层，不可避免地会漏掉断层，但无论何时发现，避免潜在的问题断层仍然是有益的。

四、了解应力状态

如第七章所述，越来越多的地区正在开发非常规油气，在那里可以获得良好的数据来约束水平主应力的方向和相对大小。俄克拉何马州中北部、沃斯堡盆地和二叠盆地的大部分地区都是如此。如第七章所述，利用现有数据（特别是近垂直井的成像测井和交叉偶极子剪切速度测井）的方法是众所周知的，许多公司愿意提供此类数据，以便绘制应力图。只有当可靠的应力数据可用时，才有可能识别潜在的活动断层。

五、FSP 在线工具

遵循上述方法，Walsh 等（2017）已公开提供软件用于计算流体注入导致已知断层超过莫尔—库仑滑动准则的累计概率。该程序名为 FSP，以表达该程序旨在量化断层滑动可能性的概念，这个概念很重要。例如，如果地震发生在不远处的断层上，地震中的应力下降会降低流体压力增加引起的滑动可能性。由于这一点尚不可知，该软件的目的是量化断层滑动的可能性，而不是预测是否会发生滑动。

为以下输入参数提供图形用户界面：断层走向和倾角、井位和注入速度、水文参数和物理应力状态参数以及这些参数的不确定性。断层可以随机生成或导入。该方法的工作原理如下：首先，用确定性方法计算出每个断层上滑动的莫尔—库仑孔隙压力。接下来，对每个断层进行相同参数的蒙特卡罗分析，得出每个断层滑动的概率是其孔隙压力增加的函数。一旦蒙特卡罗模拟计算出滑动概率作为孔隙压力的函数，评估特定注入情况所需就是一个将注入与孔隙压力联系起来的模型。默认情况下，该代码使用简单的径向流模型；如果可用，可以导入更复杂的压力模型。水文模型的输出被用作概率断层滑动模型的孔隙压力输入，该模型产生断层滑动累计概率的估计值，作为时间（或压力）的函数。不确定性的蒙特卡罗方法也可以选择性地应用于每个断层的压力增加。该程序只能评估已知断层上滑动的概率，以响应可预测的孔隙压力扰动。该程序可通过斯坦福诱导和触发地震中心的网站免费获得。

第二节 二叠盆地和沃斯堡盆地断层滑动性能评价

最近的两项研究将上述方法应用于及时感兴趣的领域。第一个是得克萨斯州西部的二叠盆地，那里的地震活动明显与油气活动有关，而且在可预见的未来可能会进行大量的钻探活动（注意第一章中提到的约 1000000 个潜在钻探地点）。第二个是位于得克萨斯州中北部沃斯堡盆地的 Dallas Fort Worth 大都会区。从 2008 年末到 2015 年，该地区的地震活动率急剧上升，同时向深层含水层注入了约 20×10^8bbl 废水。尽管 Barnett 页岩的钻探速度和活动水平近年来有所放缓，但仍有 600 多万人生活在受潜在诱发地震影响的地区。

图 14.7（a）显示了 Lund Snee 和 Zoback（2018b）报道的二叠盆地广义应力图，盆地中的应力状态变化很大。虽然在 Central 盆地地台和 Midland 盆地中可以看到平滑变化的应力方向和相对大小（在走滑／垂直于走滑断层应力状态下大致为东西向挤压），但在 Delaware 盆地，应力方向明显从北向南旋转，其应力状态具有以下特征：两个水平主应力之间各向异性较小的正断层作用。因此，Lund Snee 和 Zoback 定义了 16 个研究区域（图 14.7a），这些区域由相当一致的 A_ϕ 值和 σ_{Hmax} 方向定义，使得任何给定研究区域内应力场的空间变化最小化。他们在公共领域使用了通常不指定断层倾向的断层轨迹。因此，他们作出了合理的假设，即潜在活动断层倾角在 50°～90° 之间。这一假设意味着在正断层或走滑断层环境中，所有断层段都可以以合理的摩擦系数进行定向滑动，这取决于它们相对于 σ_{Hmax} 的走向。

图 14.7（b）显示了二叠盆地所有研究区域的断层滑动性能分析结果。颜色标度详述如下：深绿色线代表在规定孔隙压力增加时临界应力概率不大于 5% 的断层；深红色表示断层滑动概率不小于 45%；黄色、橙色和浅红色代表中间值。图中所示的结果表明，整个盆地的断层走向差异很大，反映了不同的应力场，预计会出现较高的断层滑动潜力。例如，在 Delaware 盆地北部和大部分 Central 盆地地台，由于流体压力增加，东西走向的断层最容易滑动。然而，在 Delaware 盆地南部，北西—南东向的断层最有可能发生滑动，而近似于东西走向的断层具有相对较低的滑动概率。值得注意的是，发现在 Delaware 盆地南部和 Central 盆地地台以及 Matador 穹隆沿线绘制的大型断层具有很高的滑动概率。重要的是，图 14.7（b）还显示了不太可能因流体压力适度增加而滑动的断层。在模拟流体压力扰动下，主要位于 Central 盆地地台、Delaware 盆地西部和西北大陆架大部分地区的大型南北走向断层具有较低的断层滑动概率。

图 14.8 显示了区域 10 的大比例尺视图，该区域断层特别密集。该图清楚地表明，即使断层走向的微小变化也能显著改变断层滑动的可能性。图 14.7 和图 14.8 还显示了自 1970 年以来记录的地震位置与所绘制断层的关系。值得注意的是，与俄克拉何马州中北部一样，许多地震都发生在该区域范围内绘制的断层之外。最明显的例子是 Dagger Draw

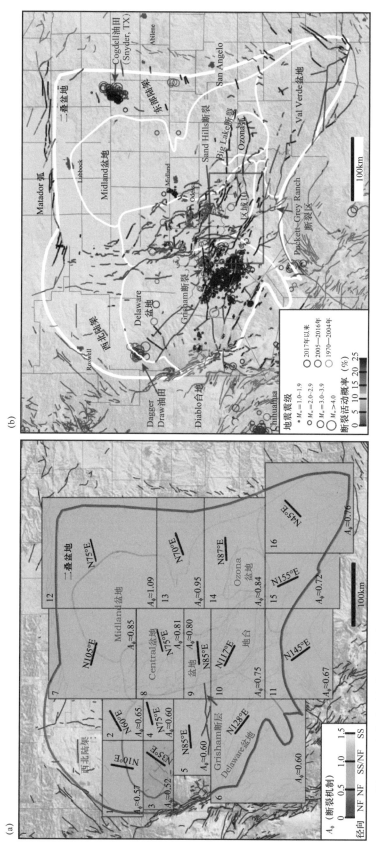

图 14.7 根据大致相似的应力条件选择的二叠盆地 16 个研究区的图片，正文注释表明了每个研究区域的代表性 σ_{Hmax} 方向和相对主应力大小（A_ϕ 参数）。背景中的灰线表示将应用 FSP 分析的公共数据库中的断层痕迹（a）；FSP 分析的结果。显示的地震来自美国地质局国家地震信息中心，即 TexNet 地震监测计划（b）（据 Lund Snee 和 Zoback，2018）

油田附近（新墨西哥州东南部）、Cogdell 油田（得克萨斯州 Snyder 附近）、得克萨斯州 Pecos 镇附近的事件组以及位于得克萨斯州 Midland 镇和 Odessa 镇之间的一组 M_w 小于 2 地震事件。由于地震无疑发生在断层上，这一观察结果再次强调了开发改进的地下断层图的必要性，以便在可能经历注入相关孔隙压力增加的地区使用。然而，图 14.7 和图 14.8 也显示了一些地震，这些地震似乎发生在有较高断层滑动概率的绘制断层上。特别值得注意的是得克萨斯州 Reeves 东南部和 Pecos 县西北部的地震，其中相当数量的地震发生在黄色或橙色断层上或附近。在二叠盆地的一些城镇附近发现了潜在的活动断层，包括 Odessa（图 14.7b）和得克萨斯州 Fort Stockton（图 14.8）。在一些地区，如得克萨斯州 Brewster 县北部和北部 Central 盆地地台的部分地区，地震发生在沿走向长度相对较短的橙色或红色断层上或附近，使得断层在这个尺度上显得相当微不足道。在 Pecos 和 Reeves 县的活跃地震活动区，估计了几个明显较大的断层（沿走向长度大于 20km）的相对较高的滑动可能性，这些断层迄今为止几乎没有地震记录。正如第十三章中详细讨论的，较大的断层是地震灾害的特别关注点，因为它们更可能延伸到基底，因此，可能与较大震级地震相关。

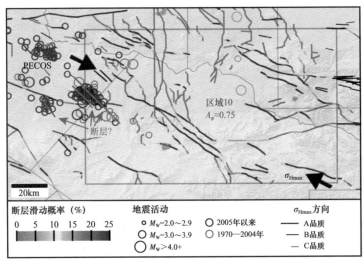

图 14.8　区域 10 的 FSP 分析结果（位置如图 14.7 所示）（据 Lund Snee 和 Zoback，2018）
该区域的大多数地震不会发生在断层附近，但在合理的预期压力变化下，这两条断层不太可能滑动，并且整个区域都存在潜在的问题断层

在沃斯堡盆地，Hennings 等（2019）利用对盆地断层的新解释对断层滑动概率进行了详细分析，其中包括 250 条主要走向 NNE 的基底正断层以及最新的应力信息，该信息表明盆地具有相对一致的最大水平压缩的 NNE 方向和一条正断层活动（南部）到正断层/走滑断层（北部）应力状态。

Hennings 等（2019）研发的断层包括来自石油运营商提供的地震反射数据、新的露头图和所有公开可用信息来源的信息，包括现有断层解释和整合到三维地质模型中的数千个测井曲线，用于解释展示的许多断层。此外，他们利用 1286 口井数据控制，通过层位图解释了断层，或验证了先存断层的存在。得克萨斯中部沃斯堡盆地西南侧翼的露头的投影突出提供了更多的控制。显示的断层抵消了前寒武系火成岩和变质岩与上覆显生宙沉积岩之间的不整合。与俄克拉何马州一样，沃斯堡盆地发生的地震绝大多数发生在注入带下方的结晶基底岩石中，这是典型的 Ellenburger 地层，就像俄克拉何马州的 Arbuckle 和阿肯色州的 Ozark 一样，是一种位于基底之上的高渗透性碳酸盐岩。Hennings 等为地图上显示的地下断层开发了一个置信度表，以便将显示的断层列为高置信度或中等置信度。值得注意的是，因为许多地区缺乏数据，作者认为是断层图是不完整的。地震震源数据来自 SMU 的得克萨斯北部目录、一些当地地震活动性研究（Hornbach 等，2015，2016；Scales 等，2017；Ogwari 等，2018）和其他已发表的研究。

Hennings 等利用压力图显示了沿着具有均匀应力方向和大小的四个区域的轮廓。由于 4 区域缺乏井筒应力数据，应力条件根据地图上显示的其他数据及 Lund Snee 和 Zoback（2016）中的其他数据进行插值。Azle（A）和 Venus（V）附近事件的震源平面机制也显示出来。在这两种情况下，震源平面机制主要指示正断层，具有 NE 走向的节点面，并且在两个区域都有与震源平面机制的节点平面走向相似的断层。

FSP 分析结果表明盆地中的许多断层只对轻微的压力增加敏感，包括直接位于人口稠密地区的断层。这些潜在的问题断层的识别将有助于运营商和监管机构避免将注入井选址在其附近。

一、利用 FSP 预测断层滑动和套管变形

回顾 FSP 在第十三章讨论的四川盆地触发断层滑动剪切井问题中的应用具有指导意义。由于水力压裂引起的断层活动产生的地震足以使该地区有震感，因此避免对井造成损害的方法与在水力压裂过程中避免诱发地震的方法基本相同。图 14.9（a）显示了应用于图 13.18 所示井区三维地震反射数据集的蚂蚁追踪断层解释。在开发了该地区的地质力学模型后，Chen 等（2018）将 FSP 应用于地震测绘的断层。结果如图 14.9 所示，包括该区域内所有断层以及地震成像井相交的两条断层。如图所示，在水力压裂相关的压力扰动下，相交的两条断层都有很高的滑动概率。通过 FSP 分析预测，靠近脚尖部断层（段 1～5）滑动的可能性很大，事实上，产生了大量地震活动如图 13.18 所示。1 级以上的地震与不同的阶段有关，这意味着要么存在层间封隔问题（可能是侧面套管胶结不良），要么是储层裂缝和断层高度连通。有趣的是，穿过井眼的较大断层（预测滑动段 12～14）并未产生地震事件（见图 13.18），但明显通过抗震蠕变套管偏移了。

二、忽略多孔弹性

重要指出的是，前面章节中使用的 FSP 分析的一个缺点是忽略了多孔弹性。如第十二章所述，由于各种原因，多孔弹性理论很难在实际应用中应用。例如，在基质渗透率很低的裂缝和断裂的结晶基底中，很难了解孔隙压力的分布。由于大部分孔隙压力变化是非均匀发生的，并且集中在裂缝和断层上，因此很难知道在建模中应使用什么样的孔隙弹

性参数。尽管如此，Chang 和 Segall（2016）提出了孔隙压力和多孔弹性效应的理论研究，考虑到注入渗透性沉积物可能引发基底断裂的各种情况。他们表明，由于孔隙弹性应力转移，在注入区和基底断层之间没有直接水力连接的情况触发下可能会发生，尽管注入带和基底断层通过水力连接时触发的趋势要大得多。Barbour 等（2017）利用层状孔隙弹性半空间模型进行了分析，以研究与触发上述 Pawnee 5.8 级地震相关的过程。他们发现直接压力扩散是降低触发地震断层上有效应力的主要机制；固体基质弹性变形与压力扩散之间的多孔弹性耦合引起的剪切应力和法向应力的大小与孔隙压力的变化量相当。

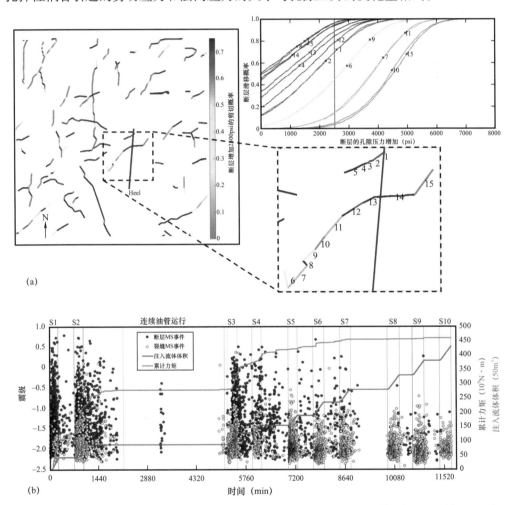

图 14.9　图 13.17 所示中国四川盆地井附近地震反射数据得出的断层图像（据 Chen 等，2018）
FSP 分析表明，与井相交的两条断层发生滑动的可能性很大

第三节　风险管理和红绿灯系统

交通信号灯系统可实时用于预先确定运营公司和监管机构将如何应对地震活动的发生。此外，还可以根据当地情况进行调整，如人口中心、关键基础设施和总体风险承受能力。根据美国国家研究委员会（US National Research Council，2013）的审查，交通灯系

统历来用于增强地热环境，并基于地面震动或震级阈值，以指示注入项目是否应按计划继续（绿色）、因风险增加而修改运营（琥珀色）或暂停运营由于严重风险（红色）。在美国俄亥俄州和俄克拉何马州、加拿大的艾伯塔省和不列颠哥伦比亚省，在英国也许还有其他地方监管机构已经建立了这样的系统来监控水力压裂作业。

一、水力压裂交通灯系统

Walters 等（2015）提出了一种适用于水力压裂的通用交通灯系统（图 14.10）。绿色、琥珀色和红色面板表示由于具体观察而引起的高度关注，还指定了建议的操作。从概念上讲，水力压裂作业开始于绿色区域，在该区域人们预计会发生许多震级小于 1 的微地震事件。如果监测到异常大的地震事件，项目将过渡到琥珀色区域。任何时候，当一个项目离开绿色区域进入琥珀色或红色区域时，有必要快速评估操作实践在多大程度上可能被调整或停止。

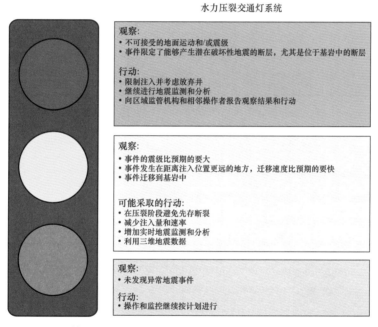

图 14.10　Walters 等（2015）提供的用于实时监测水力压裂作业的通用交通灯系统

正如人们所料，在不同的地区对"异常大"一词的定义差异很大。例如，如图 14.11 所示，在艾伯塔省，琥珀色警告灯亮起（通常意味着通知监管机构）的震级阈值为 $M_w=2.0$，俄亥俄州为 $M_w=1.5$，俄克拉何马州为 $M_w=2.5$，英国为 $M_w=0$。更值得注意的是，红灯亮起的范围（包括停止运营）在艾伯塔省是 $M_w=4.0$，俄亥俄州是 $M_w=2.5$，俄克拉何马州是 $M_w=3.5$，英国是 $M_w=0.5$。这些数字反映了各监管机构对风险的高度规避。

为了有效地利用交通灯系统，必须解决许多重要的操作问题。第一，何时需要实时地震监测？如图 14.11 所示，俄亥俄州要求根据给定场地与基底断层的距离和历史地震活动的发生情况进行实时监测。第二，如何处理地震参数的不确定性？地震震级的实时测定和历史地震活动的位置一样具有相当大的不确定性。

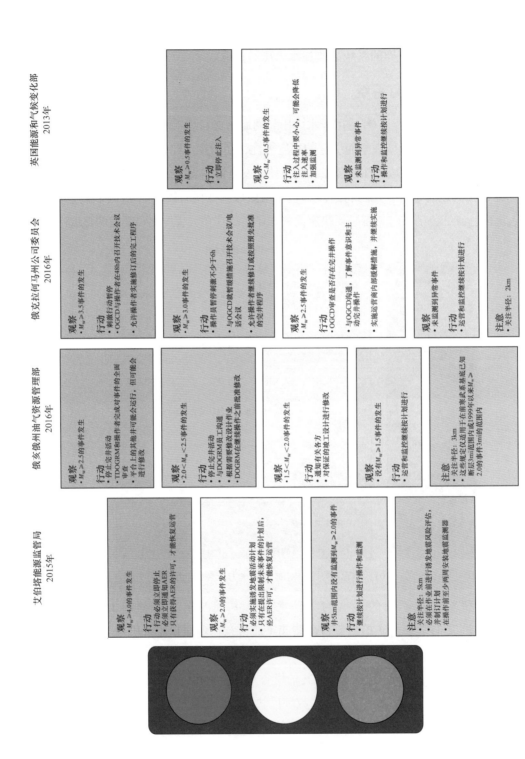

图 14.11　不同地区使用的不同交通灯系统之间的比较

请注意，采取行动时的阈值大小之间存在非常大的差异

二、返排和采出水处理的交通灯系统

适用于盐水处理的交通灯系统（图 14.12）在概念上与水力压裂可能使用的系统相似，但在几个方面操作上有所不同。当然，常见的是，绿色、琥珀色和红色代表了意识的提高和可能采取的潜在行动。然而，由于流体被注入地下并监测地震事件（可能持续数年），因此除了发生震级超过某一阈值的地震外，还观察到了潜在风险。例如，如果相对较小的地震从注入点迁移的距离比预期的要远，这可能表明流体可能正在通过一个可渗透的潜在的活动断层迁移。类似地，小地震可能会揭示一个平面特征，表明存在潜在的活动断层。

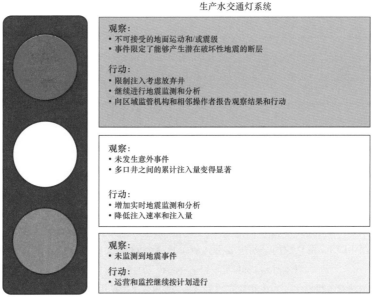

图 14.12　Walters 等（2015）提供的用于监测返排或采出水处理的通用交通灯系统

需要注意的是，对于所有红绿灯系统，在项目变为琥珀色或红色后，在对危害进行彻底评估或活动发生变化（如降低注入率）后，可能会切换回较低的风险水平。这可能包括聘请工程师、地下地质和地球物理专家审查可用的地下数据，并在必要时设计和进行工程试验，以调整操作程序，如下一节讨论的实例所示。

第四节　利用发震指数模型管理采出水注入

如第十三章所述，图 13.2 所示美国中部和东部地震数量的急剧增加始于 2008 年左右，并在 2012 年前后明显加快。虽然这些地震与水力压裂、返排注水和采出水注入这三种机制有关，但绝大多数地震都与注入地层采出水有关，如俄克拉何马州中北部和最南部的密西西比州石灰岩和堪萨斯州 Hunton 石灰岩。如图 14.13 所示（Langenbruch 和 Zoback，2016），蓝线表示俄克拉何马州中北部的月注入量，绿线表示 M_w 不小于 3 地震的次数。如前所述，某些时候地震数量的峰值是由于较大地震的余震序列造成的。注入速率快速增加的时间与地震之间存在延迟，这是由于流体压力从注入井扩散到深层断层所需的时间造成的。尽管如此，注入速率与地震活动率之间的良好相关性是显而易见的——注入速率在 2012 年迅速增加，而地震数量在大约一年后迅速增加。2015 年后半年，注入速率开始迅速下降。图 13.2 所示，2015 年后美国中部和东部的地震数量急剧减少，这直接反映了由于采出水注入量的减少，俄克拉何马州中北部的地震活动减少。

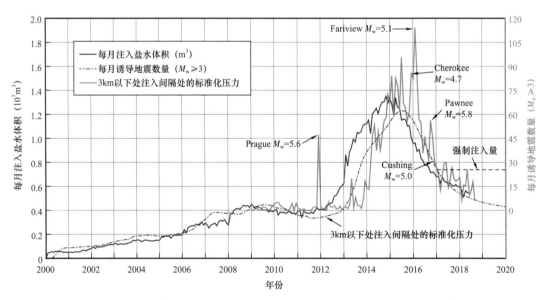

图 14.13　俄克拉何马州中北部区域每月 Arbuckle 盐水注入和诱发地震率

（据 Langenbruch 和 Zoback，2016，有修改）

每月 Arbuckle 盐水注入量（2000 年至 2016 年 7 月）（蓝线）和地震率（2009 年至 2016 年 9 月）（绿线）。红色虚线显示了标准化压力速率，延迟到达注入深度以下 3km 处（地震震源的平均深度）

俄克拉何马州中北部注入速率的下降是由两个因素造成的。首先，2015 年油价下跌导致密西西比河区带勘探活动减少。其次，由于认识到采出水注入速率与地震发生率之间的相关性，俄克拉何马州监管机构于 2016 年 2 月和 3 月强制要求将 2016 年的注入量减少 40%。这将使注入的盐水总量恢复到地震活动性迅速增加之前的水平。Langenbruch 和 Zoback（2016）进行了一项研究，试图预测该地区未来地震活动率将如何响应强制降低的注入速率。

Langenbruch 和 Zoback（2016）使用了基于 Shapiro（2015）详细讨论的发震指数的模型。从物理上讲，发震指数模型背后的思想如图 14.14 所示。它假设地壳中先存随机分布的断层，断层强度分布广泛，由克服滑动摩擦阻力所需的压力增加确定。这相当于第十三章中讨论的临界应力地壳模型——结晶基底岩石中有许多方向不同的断层，其中大多数在当前应力场中没有潜在的活动性。然而，一些先存断层在当前应力场中具有稳定的滑动方向，并且可能在小的压力扰动下滑动（这些可以被认为是低强度的）。地震触发过程受孔隙流体压力和岩石裂缝中压力的扩散控制。如果压力扰动超过临界水平，就会引发地震。上述假设和断层强度的均匀分布导致地震活动率与注入速率成正比（Shapiro 等，2010）。

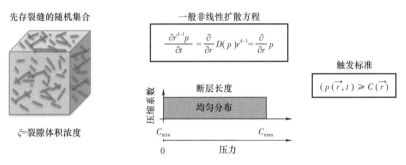

图 14.14　强调发震指数模型使用的物理假设示意图（由 Cornelius Langenbruch 提供）

地震触发是对岩石孔隙和裂缝空间中压力扩散的响应。裂缝的随机分布存在于从均匀分布中取样的断层强度。临界压力对应于克服单个先存断层的摩擦强度所需的压力增加

从数学上讲，发震指数 $\varSigma$ 或 SI 由流体诱发地震的修正 Gutenberg–Richter 关系式定义

$$\lg\left[N_{\geqslant M_{\mathrm{w}}}(t)\right] = a(t) - b M_{\mathrm{w}} = \lg\left[V_{\mathrm{I}}(t)\right] + \varSigma - bM \tag{14.1}$$

式中，$N_{\geqslant M_{\mathrm{w}}}(t)$ 为 t 之前观测到的震级大于 M_{w} 的地震次数；$V_{\mathrm{I}}(t)$ 为注入流体的体积；a 和 b 均为 Gutenberg–Richter 定律［式（9.15）］的 a 和 b 值。

从根本上讲，SI 包含了一个区域内先存断层的体积集中和应力状态。与自然地震序列相关的 Gutenberg–Richter 关系相反，式（14.1）不假定 a 值的平稳性（通常用于概率危险性分析），而是将地震活动的时间变化与受注入影响的地壳体积中流体注入速率的变化联系起来：$a(t) = \lg\left[V_{\mathrm{I}}(t)\right] + \varSigma$。Shapiro（2015）研究表明，不同地区的诱发地震活动的 SI 随时间保持不变。这支持了这样一个假设，即 SI 是地壳体发震状态的一个特征，与人为扰动无关。

Langenbruch 和 Zoback（2016）通过引入临界注入水平对 SI 模型进行了修改，该注入水平似乎适用于俄克拉何马州的水文地质系统，没有发生地震活动。如图 14.13 所示，这一水平并未超过 2008 年的水平。在使用地震活动最初几年的地震活动率和注入率

校准改进的 SI 模型后，Langenbruch 和 Zoback 基于两个假设预测地震活动率：（1）气田水注入量保持在规定水平以下；（2）地震衰减将遵循从大构造地震后余震序列的衰减率（Langenbruch 和 Shapiro，2010）。这种相关性一直持续到撰写本书时，即预测做出两年后依然能看出图 14.15（a）所示的相关性（Langenbruch 和 Zoback，2017）。

基于校准的 SI 模型，Langenbruch 和 Zoback 估计了年概率 $P_E(M_w)$ 超过一定震级 M_w 的概率，即在整个 AOI 中观测到一次或多次超过某一震级的地震的概率。如果使用泊松过程来描述诱发地震的发生（Shapiro 等，2010；Langenbruch 等，2011），则可以通过高于确定的地震活动性触发阈值，根据年注入盐水量计算震级超过概率：

$$P_E(M_w) = 1 - P(0, M_w, V_{IA}) = 1 - \exp(-V_{IA} 10^{\Sigma - bM}) \tag{14.2}$$

这些概率的预测基于以下假设：采出水注入量保持在规定水平不变，地震衰减将与诱发地震余震序列的衰减相关（Langenbruch 和 Shapiro，2010）。图 14.15（b）显示了地震发生超过一定震级的年概率。如前所述，2009 年以前超过 5 级地震的背景概率是每世纪一次。当地震活动率在 2015 年达到峰值时，每年有 80% 的概率超过 5 级地震。对盐水注入总体减少的长期反应是概率曲线向左移动，朝向背景速率。然而，需要注意的是，尽管 M_w 不小于 3 的有感地震数量在 2015—2017 年间迅速减少（图 14.15a），但 2017 年有感地震潜在破坏性的概率远高于背景概率（图 14.15b）。例如，该模型预测俄克拉何马州的地震最终将恢复到构造背景水平，但由于该地区仍在进行大规模的注入，恢复速度将非常缓慢。请注意，2025 年中等规模地震的年超越概率远远高于背景概率。因此，发生潜在破坏性地震的概率在若干年内仍然很高。2017 年发生 M_w 不小于 5 级地震的概率约为 37%，但如果注入速率没有降低，则为 80%。

2016 年 9 月发生的 Pawnee 5.8 级地震似乎比 Langenbruch 和 Zoback 模型预测的震级高，因为 2016 年的年最大震级预计 M_w 为 5 左右。然而，2009 年至 2017 年 5 月报告的盐水注入量超过 M_w 为 5.8 的累计概率相当高，约为 28%（Langenbruch 和 Zoback，2017）。

改进俄克拉何马州地震活动的 SI 模型。Langenbruch 等（2018）重温了上述分析，旨在解决两个缺点。利用地震发生地区（包括堪萨斯州南部）的水文模型，能够分析 SI 的空间变异性，这直接转化为潜在破坏性地震可能性的空间变化。第二，他们能够计算地震活动性衰减的预期速率，而不必假设其功能形式。

Langenbruch 等使用的水文模型利用了该地区所有可用的注入数据。俄克拉何马州最深沉积物和结晶基底水文地质系统的数值模型旨在预测流体注入相关的孔隙压力在空间和时间上的变化。采用了三维水文地质模型（MODFLOW；Harbaugh 等，2010），该模型假设注入流体具有恒定密度和动态黏度。注入发生在 2.1km 深、400m 厚的寒武系 Arbuckle 群破碎的白云质碳酸盐岩中，假设整个界面深度均匀。Arbuckle 群被低渗透率结晶基底覆盖在整个模型域下方，深度为 20km。水文地质模型通过均匀层来表示系统的大尺度整体渗透性，有意简化和理想化三维水文地质介质。初始模型参数化基于所报告的 Arbuckle 组渗透

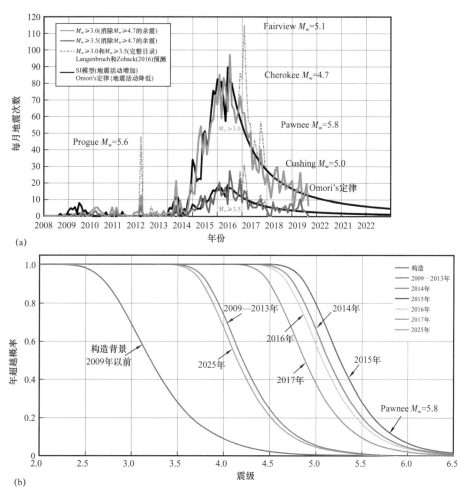

图 14.15　俄克拉何马州中北部相关地区诱发地震活动的观测和预测，实色线表示每月观察到的地震总数（绿色，M_w≥3；红色，M_w≥3.5），余震震级为 M_w≥4.7 已删除，灰色虚线表示完整的地震目录，彩色虚线表示 2014 年 6 月—2015 年 12 月不同时间校准的 SI 模型，黑色实线表示 M_w≥3 的衰减（据 Langenbruch 和 Shapiro，2010）（a）；超过横坐标所示震级的综合年概率（b）（据 Langenbruch 和 Zoback，2016）

率范围 10^{-14}～10^{-12}m²（来自岩心、露头和监测井测试）。虽然缺乏对俄克拉何马州和堪萨斯州南部结晶基底渗透率的直接测量，但他们实施了文献（10^{-16}～10^{-14}m²）中断裂基底岩石的整体渗透率，并通过运行多个 Arbuckle 群和基底渗透率的组合来测试模型输出对渗透率的敏感性。模型的一个关键特征是将 Nemaha 断层描述为一个区域性的、低渗透的跨断层流动屏障。两个关键的基线数据集限制了大型 Arbuckle 组的渗透率：（1）在俄克拉何马州和堪萨斯州最深的水文地层中观察到的水力欠压；（2）俄克拉何马州 Arbuckle 群注入井报告的每日井口压力的大范围趋势。观察到的液压欠压是众所周知的，并在第十三章中进行了讨论。每日井口压力的大范围趋势表明，超过一半的 Arbuckle 注入井，即使是以大于 10000m³/d 的速度运行的井，都是在重力注入下进行的，无需井口压力。大多数剩余的油井（约 40%）在井口压力 0.3～2MPa 之间操作，井在井筒摩擦预期的压力范围内。这些数据表明，Arbuckle 群的大规模、体积渗透率可能接近报告范围的高值。

截至 2017 年 12 月，结晶基底 6.5km 深度处的压力增加，这是由于水文地质建模造成的。最大的压力增加约 0.3MPa，靠近俄克拉何马州 / 堪萨斯州边界。请注意，假设 Nemaha 断层是跨断层流动的低渗透屏障。从 150km 到南部，压力变化基本上只发生在 Nemaha 断层的东部（由于注入井在那里作业），地震活动性也是如此。尽管注入速率在 2015 年开始显著下降，但假设注入率保持在 2018 年 3 月的水平，到 2020 年底压力仍将上升。结晶岩中孕震深度的峰值压力尚未达到。然而，与过去的压力增加相比（图 14.7a），2018—2020 年的预计最大压力增加幅度较小（小于 0.05MPa）。

在水文模型可用的情况下，Langenbruch 等（2018）替换了注入速率［在 SI 模型方程式（14.1）和式（14.2）］，通过模拟局部压力增加率，并在局部尺度上计算 SI。在 2014 年 12 月—2017 年 12 月，通过不同的时间终点，在遍布整个研究区域的 25000 个种子点周围半径 10km 的局部尺度区域内校准 SI。请注意，SI 在空间上表现出显著的变异性，但在时间上是稳定的，另一个迹象表明它是地壳孕震状态的特征，与水文条件无关。硅质含量高值区和低值区很容易区分。

Langenbruch 等（2018）绘制了一年地震危害图，以评估 2015—2020 年俄克拉何马州和堪萨斯州潜在破坏性诱发地震的概率。为了进行预测，他们只使用预测期之前的观测地震，然后使用明年的模拟压力率来预测整个研究区域的预期地震活动。M 级以上地震的预期年速率（$N_{\geqslant M_w}$）是一个泊松过程。一年内发生一次或多次 M 级以上地震的年概率，可根据

$$P_E\left(M_w\right) = 1 - P_E\left(0, M_w, N_{>M_w}\right) = 1 - \exp\left(-N_{>M_w}\right) \tag{14.3}$$

他们选择 M_w 为 4 的震级，因为较低的震级不太可能造成损害。由此产生的概率超过 M_w 为 4 的 1 年期远景图显示出地震灾害在时间和空间上是如何随着注入速率的时空变化和 SI 的空间变化而变化的。为了应对盐水注入速率的降低，压力增加在很大范围内都在放缓，该模型预测 2017 年地震灾害将大范围减少。事实上，整个区域发生破坏性地震的概率与图 14.15（b）所示基本相同，即使 2018 年 3 月之后没有更多的注入速率降低，该模型预测 2018 年和 2020 年地震危险性将进一步降低。Nehama 断层以东，注入速率降低最显著，准确预测了下降最严重的区域。在俄克拉何马州北部和堪萨斯州最南端的其他地区，M_w 不小于 4 的概率仍处于较高水平。确定了 2018 年 M_w 不小于 4 超标概率保持在 30% 以上的三个区域。请注意，2018 年观测到的大多数地震发生在这些地区及其附近。

第五节　场地特征风险框架

斯坦福诱发和触发地震活动中心（SCITS）提出了一个诱发地震和风险评估框架，试图提供一个统一的风险评估方法，包括操作因素、暴露和脆弱性以及风险承受能力。Walters 等（2015）概述了工作流程和要考虑的因素。工作流的最终产品是生成风险矩阵，类似于 Nygaard 等（2013）提出的那些矩阵，这使得人们能够在承受不同程度的地面震动

的情况下考虑操作因素。

针对水力压裂和盐水处理引发的地震，拟定的危害和风险评估工作流程（图 14.16）旨在针对特定地点且具有适应性。它包括利用该地区已知的地质、水文、地震历史和地质力学对某一地点的地震危险性进行分析。它可与概率地震危险性分析（PSHA）（Kramer，1996）一起使用，作为确定自然地震灾害可能程度的基础。在某些情况下，由于缺乏历史地震活动性和其他因素，在确定一个地区的危险程度时可能存在很大的不确定性。然后将确定的自然灾害与影响触发地震发生可能性的操作因素结合使用，包括具体的注入实践、该地区和责任公司的运行经验以及地层特征。一旦根据可能触发的震源位置和震源大小估算出发生不同级别地震的概率，就可以将它们与可能的后果相结合，以评估风险。后果取

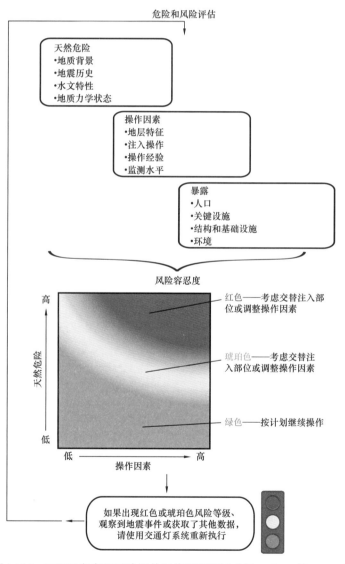

图 14.16　SCITS 危害和风险评估工作流程概述（据 Walters 等，2015）

简言之，危险、操作因素、暴露和风险容忍度在注入操作之前进行评估，并通过将风险容忍度矩阵中的绿色光谱转换为红色光谱来反映。注入开始后，该地区地震的发生和其他的场地特征数据可能需要对工作流程进行更多的迭代

决于现场和周围区域的暴露程度和影响因素。因此，风险评估和规划需要与可能影响风险的运营计划一起进行。操作因素和暴露在下面进一步描述。建议的工作流程计划在注入操作之前实施，然后随着与危险和风险相关的新信息可用，反复使用。在风险不可忽略的情况下，缓解措施可包括更多的监测和数据收集（Nygaard 等，2013）。在严重情况下，特定区域可能会被确定为具有不合理的高风险和随后的流体注入风险。

一、操作

随着地震历史和现场的地质、水文和地质力学特征，许多操作因素也有可能引发地震活动（图 14.17a）。由于 PSHA 程序中不包括操作因素，因此在项目风险承受矩阵的形成中对其进行单独说明。由于目前不可能以定量或因果方式将这些操作因素与地震发生联系起来，Walters 等采用下面介绍的间接方法，将运营因素作为评估风险时使用的单独指标加以考虑。

操作因素	地层特征	注入操作		操作经验
		废水注入	水力压裂	
显著的	注入层位可能与基底连通，注入层段欠压	高累计注入量和注入速率	活动断层附近高流体注入量和高压力，未进行返排	该地区注入经验有限，过去的地震与操作明显或模糊相关
中性的	注入层位可能与基底连通，注入层段略微欠压	中等累计注入量和注入速率	活动断层附近的中等流体注入量和中等压力，可能进行返排	该地区中等注入经验，且无地面震动
少数的	注入层位不与基底连通	低累计注入量和注入速率	活动断层附近的低流体注入量和低压力，可能进行返排	在无地面震动的区域有丰富的注入经验

(a)

暴露	关键设施	结构和基础设施	环境	人口
高	附近可能有遭受损坏的设施	根据目前的工程实践，很少有设计用于抗震	许多历史遗址、受保护物种和/或受保护的荒地	人口密度高和/或总人口多
中等	附近有设施	根据目前的工程实践，一些设计用于抗震	少量历史遗址、受保护物种和/或受保护的荒地	人口密度中等和/或总人口中等
低	区内没有设施	根据目前的工程实践，许多设计用于抗震	没有历史遗址、受保护物种和/或受保护的荒地	人口密度低和/或总人口少

(b)

图 14.17 影响注入现场风险水平的操作相关因素（a）和影响注入现场暴露水平的因素（b）
（据 Walters 等，2015）

除了选择距离潜在活动断层足够远的注入井位置外，还有一些特殊的地层特征可能会影响现场的风险。此外，检查注入层段是否与结晶基底连通也很重要，因为地层最初是否欠压。显然，特定的注入操作也有可能影响与项目相关的风险水平。单井的注入速度和注入量可能与现场的地震活动有关。对于盐水处理井，一个越来越重要的操作考虑因素是近距离井组的注入速度。

二、暴露

与特定场地相关的暴露（图 14.17b）取决于关键设施、当地结构和基础设施的数量、接近程度和状况、周围人口的规模和密度以及可能因流体注入而发生地面震动的受保护场地。具体而言，包括人口中心、医院、学校、发电厂、水坝、水库、历史遗址、危险品储存等。如果在这些项目中的一个或多个项目附近拟建一个注入项目，项目的风险相应增加。因为，就像俄克拉荷马州中北部的情况一样，地震可以在远离注入点的地方触发，而中等地震引起的地面震动在很大范围内都可以感觉到，因此确定这一关注区域的方式可以结合现场的地质、水文条件、地质力学特征、地震历史和风险敞口，以及邻近作业人员的注入是否会对该区域的风险产生累计影响。

三、风险矩阵

一旦确定了给定项目的地震危害、暴露和操作因素，运营商和监管机构就可以使用风险矩阵方法汇总结果。图 14.18 显示了通过 PSHA（纵轴）、操作因素（横轴）和暴露（上、中或下图）进行危害评估的结果如何汇总，以执行此类评估，如 Nygaard 等（2013）提出的概念的扩展。图 14.18（a）显示了低暴露区、中等暴露区或高暴露区的广义风险容忍矩阵。在提议的风险承受能力矩阵中，绿色区域将被认为是有利的，因为适当的操作实践；琥珀色区域被认为是可以接受的，但可能需要加强监控、限制操作实践和实时数据分析；红色区域需要采取重大的缓解措施或潜在的场地废弃。对特定项目存在的风险的了解使受影响方能够确定其对估计风险的容忍度。对潜在的地面震动的容忍度将取决于相关人群的政治、经济和情感状态，使其具有特定的网站特性。在高风险情况下，或对于已确定风险的容忍性较低的患者，可能不允许在某些位置进行注射。或者，在其他领域，风险承受能力可能足够高，以不干扰拟议的注入项目。当然，如何确定暴露的确切水平、操作因素、危害和后续风险，以告知特定项目所用的特定风险容忍度矩阵，这有点主观，需要利益相关者之间的协作。

Walters 等考虑了几个实际注射操作的例子，以说明图 14.18（b）所示的风险承受矩阵的使用。在每种情况下，他们只是根据当前的科学文献进行了粗略的分析以提供背景。为了反映这些风险承受能力的差异，风险承受能力矩阵的彩色部分可以上下移动，以根据需要变得更加宽松或限制。

Horn River 盆地地处偏远，人口非常少，几乎没有建设基础设施。在 2009 年 4 月开始开发之前，它并没有经历过大地震。到 2011 年 12 月，震级 2.2～3.8 之间记录了 38 次地震。在低暴露风险容忍矩阵的绿色阴影区域绘制了 Horn 河流域的例子，表明即使地震活动正在发生，也可能不需要采取重大的缓解措施。

Walters 等考虑到 Bowland 页岩是一个人口中等聚居区，在 2011 年发生了震级 2.3 级地震，属于中度暴露区。很明显，在英国参与水力压裂作业的利益相关者对风险的承受能力非常低。因此，Walters 等的风险矩阵分析这可能是几乎不采取行动是适当的，英国采用了高度限制性的红绿灯系统（图 14.11），似乎是为了防止水力压裂发生。

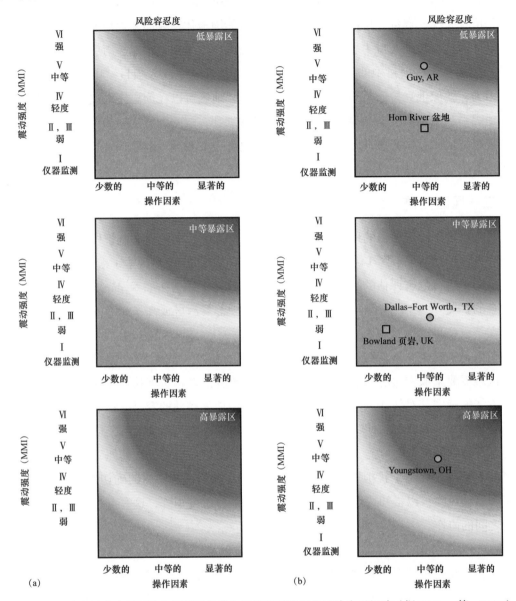

图 14.18　广义风险容忍矩阵和根据事件发生后的情况绘制的风险容忍矩阵（据 Walters 等，2015）
（a）与危害水平（用 PSHA 确定的可能震动强度表示）相关的广义风险容忍矩阵，它是不同暴露水平的操作因素的函数；（b）根据事件发生后的情况，在风险容忍矩阵上绘制项目的示例。正方形代表水力压裂项目，圆圈代表盐水处理项目

　　Dallas-Fort Worth 机场咸水处理场也被认为具有中等暴露程度，因为机场设施导致该项目位于矩阵的琥珀色部分。进行诸如加强地震监测，更紧密地追踪注入的流体以及加大力度绘制该地区断层图之类的活动似乎是适当的。

　　最后，发生在俄亥俄州 Young Stown 咸水处置场的地震（Kim，2013）位于人口稠密的地区，附近有关键的基础设施，因此被认为是高暴露区域，地震中发生的中度晃动将该事件变成了红色。高风险容忍度矩阵的一部分是：适当时，在该部位终止注入。

四、总结

Walters 等提出了与盐水处理和水力压裂相关的触发地震活动风险评估框架。该框架包括对场地特征、地震危害、操作因素、暴露和风险容忍度的评估。该过程旨在针对特定地点、可适应和随着新信息的出现而更新，并包含许多影响决策过程的问题，如运营商、监管机构和公众在面临了解如何应对已触发地震时的风险时所面临的问题。危险和风险评估工作流程可以很容易地将重点放在实时地震观测上的红绿灯系统的使用作为确定某项活动是否需要加强监测、减少注入或停止活动的决定因素。

本章要传达的信息是，当注入相关活动有可能导致诱发地震时，运营商和监管机构应积极主动。此类活动可能涉及根据详细特征确定注水井位置、加强地震监测、实施红绿灯系统或开发风险矩阵。每一个步骤都将有助于更好地理解地震发生的原因，并更清楚地界定运营商和监管机构为保护公共和私人利益应采取的措施。

参 考 文 献

Abercrombie, R. E. (1995). Earthquake source scaling relationships from -1 to 5 ML using seismograms recorded at 2.5-km depth. *Journal of Geophysical Research*, *100* (B12), 24015-24036.

Adachi, J., Siebrits, E., Peirce, A., & Desroches, J. (2007). Computer simulation of hydraulic fractures. *International Journal of Rock Mechanics and Mining Sciences*, *44* (5), 739-757. https://doi.org/10.1016/j.ijrmms.2006.11.006

Agarwal, K., Mayerhofer, M. J., & Warpinski, N. R. (2012). Impact of Geomechanics on Microseismicity. *SPE/EAGE European Unconventional Resources Conference and Exhibition*, (March), 20-22. https://doi.org/10.2118/152835-MS

Aguilera, R. (2016). Shale gas reservoirs: Theoretical, practical and research issues. *Petroleum Research*, 1(1), 10-26. https://doi.org/10.1016/S2096-2495 (17) 30027-3

Ahmadov, R. (2011). Microtextural, elastic and transport properties of source rocks. Stanford University.

Ahmed, U. & Meehan, D. N. (eds.). (2016). *Unconventional Oil and Gas Resources: Exploitation and Development.* Boca Raton, FL: CRC Press.

Ajani, A. A. & Kelkar, M. G. (2012). Interference Study in Shale Plays. *SPE Hydraulic Fracturing Technology Conference*, (February), 6-8. https://doi.org/10.2118/151045-MS

Ajisafe, F., Solovyeva, I., Morales, A., Ejofodomi, E., & Marongiu-Porcu, M. (2017). Impact of Well Spacing and Interference on Production Performance in Unconventional Reservoirs, Permian Basin. *Unconventional Resources Technology Conference*, 24-26. https://doi.org/10.15530/urtec-2017-2690466

Aki, K., Fehler, M., & Das, S. (1977). Source mechanism of volcanic tremor: fluid-driven crack models and their application to the 1963 kilauea eruption. *Journal of Volcanology and Geothermal Research*, *2* (3), 259-287. https://doi.org/10.1016/0377-0273 (77) 90003-8

Aki, K. & Richards, P. G. (2002). *Quantitative Seismology* (2nd edn.). Sausalito, CA: University Science Books.

Akono, A. T. & Kabir, P. (2016). Microscopic fracture characterization of gas shale via scratch testing. *Mechanics Research Communications*, *78*, 86-92. https://doi.org/10.1016/j.mechrescom.2015.12.003

Al Alalli, A. (2018). Multiscale investigation of porosity and permeability relationship of shales with application towards hydraulic fracture fluid chemistry on shale matrix permeability. Stanford University.

Alalli, A. & Zoback, M. D. (2018). Microseismic evidence for horizontal hydraulic fractures in the Marcellus Shale, southeastern West Virginia. *Leading Edge*, *37* (5). https://doi.org/10.1190/tle37050356.1

Aljamaan, H. (2015). Multi-Component Physical Sorption Investigation of Gas Shales at the Core Level. *SPE Annual Technical Conference and Exhibition.* https://doi.org/10.2118/178736-STU

Aljamaan, H., Ross, C. M., & Kovscek, A. R. (2017). Multiscale Imaging of Gas Adsorption in Shales. In *SPE Canada Unconventional Resources Conference.* https://doi.org/SPE-185054-MS

Allmann, B. P. & Shearer, P. M. (2009). Global variations of stress drop for moderate to large earthquakes. *Journal of Geophysical Research: Solid Earth*, *114* (1), 1-22. https://doi.org/10.1029/2008JB005821

Alnoaimi, K. R., Duchateau, C., & Kovscek, A. R.（2015）. Characterization and measurement of multiscale gas transport in shale core samples. *SPE Journal*, 1–16. https：//doi.org/10.15530/urtec–2014–1920820

Alt, R. C. & Zoback, M. D.（2017）. In situ stress and active faulting in Oklahoma. *Bulletin of the Seismological Society of America*, *107*（1）, 1–13. https：//doi.org/10.1785/0120160156

Alvarez, R. A., Alvarez, R. A., Zavala–Araiza, D., Lyon, D. R., Allen, D. T., Barkley, Z. R., ... Pacala, S.W.（2018）. Assessment of methane emissions from the U.S. oil and gas supply chain, Science, *361*（6398）, 186–188. https：//doi.org/10.1126/science.aar7204

Alzate, J. H.（2012）. Integration of surface seismic, micro– seismic, and production logs for shale gas characterization：Methodology and field application. The University of Oklahoma.

Amer, A., Primio, R., & Ondrak, R.（2013）. The impact of heat flow variations in shale gas evaluation：A Haynesville Shale case study. *Society of Petroleum Engineers*. https：//doi.org/10.2118/164347–MS

An, C., Guo, X., & Killough, J.（2018）. Impacts of Kerogen and Clay on Stress–Dependent Permeability Measurements of Shale Reservoirs. *SPE/AAPG/SEG Unconventional Resources Technology Conference*. https：//doi.org/10.15530/urtec–2018–2902756

Anderson, E. M.（1951）. *The Dynamics of Faulting and Dyke Formation with Applications to Britain*. Edinburgh：Oliver and Boyd.

Angelier, J.（1990）. Inversion of field data in fault tectonics to obtain the regional stress – III. A new rapid direct inversion method by analytical means. *Geophysical Journal International*, *103*, 363–376.

Anovitz, L. M. & Cole, D. R.（2015）. Characterization and Analysis of Porosity and Pore Structures. *Reviews in Mineralogy and Geochemistry*, *80*, 61–164.

Anovitz, L. M., Cole, D. R., Sheets, J. M., Swift, A., Elston, H.W., Welch, S., ...Wasbrough, M. J.（2015）. Effects of maturation on multiscale（nanometer to millimeter）porosity in the Eagle Ford Shale. *Interpretation*, *3*（3）, SU59–SU70. https：//doi.org/10.1190/INT–2014–0280.1

Aplin, A. C. & Macquaker, J. H. S.（2011）. Mudstone diversity：Origin and implications for source, seal, and reservoir properties in petroleum systems. *AAPG Bulletin*, *95*（12）, 2031–2059. https：//doi.org/10.1306/03281110162

Araujo, O., Lopez–Bonetti, E., Garza, D., & Salinas, G.（2014）. Successful Extended Injection Test for Obtaining Reservoir Data in a Gas–Oil Shale Formation in Mexico, SPE 169345–MS, Society of Petroleum Engineers. doi：10.2118/169345–MS

Arch, J. & Maltman, A.（1990）. Anisotropic permeability and tormosity in deformed wet sediments structure in accrefionary tectonic features fluids flow from accrefionary within D6collement Project（DSDP）/ODP drill holes which have penetrated major so the examination of microscopic s. *Journal of Geophysical Research*, *95*（89）, 9035–9045. https：//doi.org/10.1029/JB095iB06p09035

Arnold, R. & Townend, J.（2007）. A Bayesian approach to estimating tectonic stress from seismological data. *Geophysical Journal International*, *170*（3）, 1336–1356. https：//doi.org/10.1111/j.1365–246X.2007.03485.x

Armitage, P. J., Faulkner, D. R., Worden, R. H., Aplin, A. C., Butcher, A. R., & Iliffe, J. (2011). Experimental measurement of, and controls on, permeability and permeability anisotropy of caprocks from the CO_2 storage project at the Krechba Field, Algeria. *Journal of Geophysical Research : Solid Earth*, *116*(12). https : //doi.org/10.1029/2011JB008385

Ashby, M. F. & Sammis, C. G. (1990). The damage mechanics of brittle solids in compression. *Pure and Applied Geophysics*, *133* (3), 489–521. https : //doi.org/10.1007/BF00878002

Atkinson, G. M., Eaton, D. W., Ghofrani, H., Walker, D., Cheadle, B., Schultz, R., ... Kao, H. (2016). Hydraulic fracturing and seismicity in the Western Canada sedimentary basin. *Seismological Research Letters*, *87* (3), 631–647. https : //doi.org/10.1785/0220150263

Aybar, U., Yu, W., Eshkalak, M. O., Sepehrnoori, K., & Patzek, T. (2015). Evaluation of production losses from unconventional shale reservoirs. *Journal of Natural Gas Science and Engineering*, *23*, 509–516. https : //doi.org/10.1016/j.jngse.2015.02.030

Backeberg, N. R., Iacoviello, F., Rittner, M., Mitchell, T. M., Jones, A. P., Day, R., ... Striolo, A. (2017). Quantifying the anisotropy and tortuosity of permeable pathways in clay–rich mudstones using models based on X–ray tomography. *Scientific Reports*, 7 (1), 1–12. https : //doi.org/10.1038/s41598–017–14810–1

Baihly, J. D., Altman, R. M., Malpani, R., & Luo, F. (2010). Shale Gas Production Decline Trend Comparison over Time and Basins. *SPE Annual Technical Conference and Exhibition*. https : //doi.org/10.2118/135555–MS

Bakulin, A., Grechka, V., & Tsvankin, I. (2000). Estimation of fracture parameters from reflection seismic data—Part I : HTI model due to a single fracture set. *Geophysics*, *65* (6), 1788. https : //doi.org/10.1190/1.1444863

Bandyopadhyay, K. (2009). Seismic anisotropy : Geological causes and its implications to reservoir geophysics. Stanford University.

Bao, X. & Eaton, D. W. (2016). Fault activation by hydraulic fracturing in western Canada. *Science*, *354*(6318), 1406–1409. https : //doi.org/10.1126/science.aag2583

Barbour, A. J., Norbeck, J. H., & Rubinstein, J. L. (2017). The effects of varying injection rates in Osage County, Oklahoma, on the 2016 Mw 5.8 Pawnee earthquake. *Seismological Research Letters*, *88* (4), 1040–1053. https : //doi.org/10.1785/0220170003

Bardainne, T. (2011). Semi–Automatic Migration Location of Microseismic Events : A Good Trade–off between Efficiency and Reliability. In *Third Passive Seismic Workshop – Actively Passive* ! (p. PSP09).

Barkley, Z. R., Lauvaux, T., Davis, K. J., Deng, A., Cao, Y., Sweeney, C., ... Maasakkers, J. D. (2017). Quantifying methane emissions from natural gas production in northeastern Pennsylvania. *Atmospheric Chemistry and Physics Discussions*, 1–53. https : //doi.org/10.5194/acp–2017–200

Baron, L. I., Longuntsov, B. M., & Pozin, E. Z. (1962). *Determination of Properties of Rocks*. Moscow : Gosgortekhizdat.

Barree, R. D., Barree, V. L., & Craig, D. P. (2007). Holistic Fracture Diagnostics. *SPE Rocky Oil & Gas Technology Symposium*. https : //doi.org/10.2118/107877–PA

Barton, C. A., Zoback, M. D., & Moos, D. (1995). Fluid flow along potentially active faults in crystalline rock. *Geology*, *23*, 683–686.

Barton, C., Moos, D., & Tezuka, K. (2009). Geomechanical wellbore imaging : Implications for reservoir fracture permeability. *AAPG Bulletin*, *93* (11), 1551–1569. https : //doi.org/10.1306/06180909030

Belyadi, H., Yuyi, J., Ahmad, M., Wyatt, J., & Energy, C. (2016). Deep Dry Utica Well Spacing Analysis with Case Study Dry Utica Rock Properties / Geological Overview. *SPE Eastern Regional Meeting*, (September), 13–15.

Bertier, P., Schweinar, K., Stanjek, H., Ghanizadeh, A., Clarkson, C. R., Busch, A., . . . Pipich, V. (2016). On the use and abuse of N_2 physisorption for the characterization of the pore structure of shales. In *The Clay Minerals Society Workshop Lectures Series* (Vol. 21, pp. 151–161). https : //doi.org/10.1346/CMS–WLS–21.12

Bhandari, A. R., Flemings, P. B., Polito, P. J., Cronin, M. B., & Bryant, S. L. (2015). Anisotropy and stress dependence of permeability in the Barnett Shale. *Transport in Porous Media*, *108* (2), 393–411. https : //doi.org/10.1007/s11242–015–0482–0

Biot, M. A. (1941). General theory of three–dimensional consolidation. *Journal of Applied Physics*, *12* (2), 155–164.

Bishop, A. (1967). Progressive Failure with Special Reference to the Mechanism Causing It. In *Proc. Geotech. Conf.* (pp. 142–150). Oslo.

Bjørlykke, K. (1998). Clay mineral diagenesis in sedimentary basins – a key to the prediction of rock properties. Examples from the North Sea Basin. *Clay Minerals*, *33* (1), 15–34. https : //doi.org/10.1180/000985598545390

Blackwell, D. D., Richards, M. C., Frone, Z. S., Batir, J. F., Williams, M. A., Ruzo, A. A., & Dingwall, R. K. (2011). *SMU Geothermal Laboratory Heat Flow Map of the Conterminous United States*, *2011*.

Boness, N. L. & Zoback, M. D. (2006). A multiscale study of the mechanisms controlling shear velocity anisotropy in the San Andreas Fault Observatory at Depth. *Geophysics*, *71* (5). https : //doi.org/10.1190/1.2231107

Bonnelye, A., Schubnel, A., David, C., Henry, P., Guglielmi, Y., Gout, C., . . . Dick, P. (2016a). Elastic wave velocity evolution of shales deformed under uppermost–crustal conditions. *Journal of Geophysical Research : Solid Earth*, *122* (1), 1–45. https : //doi.org/10.1002/2016JB013540

Bonnelye, A., Schubnel, A., David, C., Henry, P., Guglielmi, Y., Gout, C., . . . Dick, P. (2016b). Strength anisotropy of shales deformed under uppermost crustal conditions. *Journal of Geophysical Research : Solid Earth*, *122* (1), 110–129. https : //doi.org/10.1002/2016JB013040

Bott, M. H. P. (1959). The mechanics of oblique–slip faulting. *Geological Magazine*, *96*, 109–117.

Bowker, K. (2007). Barnett Shale gas production, FortWorth Basin : Issues and discussion, *AAPG Bulletin*, *91* (4), 523–533.

Brace, W. F., Walsh, J. B., & Frangos, W. T. (1968). Permeability of granite under high pressure. *Journal of Geophysical Research*, *73* (6), 2225–2236. https : //doi.org/10.1029/JB073i006p02225

Brandt, A. R., Heath, G. A., & Cooley, D. (2016). Methane leaks from natural gas systems follow extreme distributions. *Environmental Science and Technology*, *50* (22), 12512–12520. https : //doi. org/10.1021/acs.est.6b04303

Brannon, H. D. & Bell, C. E. (2011). Eliminating Slickwater Compromises for Improved Shale Stimulation. In *SPE Annual Technical Conference and Exhibition* (Vol. 6, pp. 4578–4588).Retrieved from www.scopus. com/inward/record.url？eid=2–s2.0–84856719865&partnerID=40& md5=6fb0c8cbf9a6b1b0869baf178297 0a12

Bratovich, M. W. & Walles, F. (2016). Formation evaluation and reservoir characterization of source rock reservoirs. In U. Ahmed & D. N. Meehan (eds.), *Unconventional Oil and Gas Resources : Exploitation and Development*. Boca Raton, FL : CRC Press.

Britt, L. K., Rock, B., Smith, M. B., & Klein, H. H. (2016). Production Benefits from Complexity –Effects of Rock Fabric, Managed Drawdown, and Propped Fracture Conductivity.

Burton, W. A.(2016). Multistage completion systems for unconventionals. In U. Ahmed & D. N. Meehan(eds.), *Unconventional Oil and Gas Resources : Exploitation and Development*. Boca Raton, FL : CRC Press.

Busch, A., Schweinar, K., Kampman, N., Coorn, A., Pipich, V., Feoktystov, A., ... Bertier, P. (2017). Determining the porosity of mudrocks using methodological pluralism. *Geological Society*, *London*, *Special Publications*, *454* (1), 15–38. https : //doi.org/10.1144/SP454.1

Byerlee, J. (1978). Friction of rocks. *Pure and Applied Geophysics*, *116* (4–5), 615–626. https : //doi. org/10.1007/BF00876528

Caffagni, E., Eaton, D., van der Baan, M., & Jones, J. P. (2015). Regional seismicity : A potential pitfall for identification of long–period long–duration events. *Geophysics*, *80* (1), A1–A5. https : //doi. org/10.1190/geo2014–0382.1

Caine, J. S., Evans, J. P., & Forster, C. B. (1996). Fault zone architecture and permeability structure, Geology, 24 (11), 1025–1028.

Candela, T., Renard, F., Klinger, Y., Mair, K., Schmittbuhl, J., & Brodsky, E. E. (2012). Roughness of fault surfaces over nine decades of length scales. *Journal of Geophysical Research : Solid Earth*, *117* (8), 1–30. https : //doi.org/10.1029/2011JB009041

Cander, H. (2012). Sweet spots in shale gas and liquid plays : prediction of fluid composition and reservoir pressures. *Search and Discovery*, 40936, 29pp.

Cappa, F. & Rutqvist, J. (2011). Modeling of coupled deformation and permeability evolution during fault reactivation induced by deep underground injection of CO_2. *International Journal of Greenhouse Gas Control*, *5* (2), 336–346. https : //doi.org/10.1016/j.ijggc.2010.08.005

Carey, J. W. (2013). Geochemistry of wellbore integrity in CO_2 sequestration : Portland cement–steel–brine–CO_2 interactions. *Reviews in Mineralogy and Geochemistry*, *77* (1), 505–539. https : //doi.org/10.2138/ rmg.2013.77.15

Chae, K. S. & Lee, J. W. (2015). Risk Analysis and Simulation for Geologic Storage of CO_2. In *Proceedings of the World Congress on Advances in Civil*, Environmental, *and Materials* Research, *Incheon*, Korea,

25–29 August 2015.

Chalmers, G. R., Bustin, R. M., & Power, I. M. (2012a). Characterization of gas shale pore systems by porosimetry, pycnometry, surface area, and field emission scanning electron microscopy/transmission electron microscopy image analyses : Examples from the Barnett, Woodford, Haynesville, Marcellus, and Doig uni. *AAPG Bulletin*, *96* (6), 1099–1119. https : //doi.org/10.1306/10171111052

Chalmers, G. R. L., Ross, D. J. K., & Bustin, R. M. (2012b). Geological controls on matrix permeability of Devonian Gas Shales in the Horn River and Liard basins, northeastern British Columbia, Canada. *International Journal of Coal Geology*, *103*, 120–131. https : //doi.org/10.1016/j.coal.2012.05.006

Chambers, K., Kendall, J. M., Brandsberg–Dahl, S., & Rueda, J. (2010). Testing the ability of surface arrays to monitor microseismic activity. *Geophysical Prospecting*, *58* (5), 821–830.https : //doi.org/10.1111/j.1365–2478.2010.00893.x

Chan, A. & Zoback, M. D. (2002). Deformation Analysis in Reservoir Space (DARS): A Simple Formalism for Prediction of Reservoir Deformation with Depletion – SPE 78174. In *SPE/ISRM Rock Mechanics Conference*. Irving, TX : Society of Petroleum Engineers.

Chandler, M. R., Meredith, P. G., Brantut, N., & Crawford, B. R. (2016). Fracture toughness anisotropy in shale. *Journal of Geophysical Research : Solid Earth*, *121* (3), 1706–1729. https : //doi.org/10.1002/2015JB012756

Chang, C., Zoback, M. D., & Khaksar, A. (2006). Empirical relations between rock strength and physical properties in sedimentary rocks. *Journal of Petroleum Science and Engineering*, *51* (3–4), 223–237. https : //doi.org/10.1016/j.petrol.2006.01.003

Chang, C. & Zoback, M. D. (2009). Viscous creep in room–dried unconsolidated Gulf of Mexico shale (I): Experimental results. *Journal of Petroleum Science and Engineering*, *69* (3–4). https : //doi.org/10.1016/j.petrol.2009.08.018

Chang, K. W. & Segall, P. (2016). Injection–induced seismicity on basement faults including poroelastic stressing. *Journal of Geophysical Research : Solid Earth*, *121* (4), 2708–2726.https : //doi.org/10.1002/2015JB012561

Charlez, P. & Baylocq, P. (2015). *The Shale Oil and Gas Debate*. Paris, France : Technip.

Chen, Z., Zhou, L., Walsh, R., & Zoback, M. (2018). Case study Fault slip and Casing Deformation Induced by Hydraulic Fracturing in Sichuan Basin – URTeC–28823130180501. In *URTeC 2882313*.

Cheng, Y. (2012). Impact of Water Dynamics in Fractures on the Performance of Hydraulically Fractured Wells in Gas Shale Reservoirs. *SPE International Symposium and Exhibition on Formation Damage Control*, (May 2011), 10–12. https : //doi.org/10.2118/127863–MS

Chester, F. M., Evans, J. P., & Biegel, R. L. (1993). Internal structure and weakening mechanisms of the San Andreas fault. *Journal of Geophysical Research*, *98*, 771–786.

Chester, F. M. & Logan, J. M. (1986). Implications for mechanical properties of brittle faults from observations of the Punchbowl fault zone, California. *Pure and Applied Geophysics*, *124*, 79–106.

Chiaramonte, L., Zoback, M. D., Friedmann, J., & Stamp, V. (2008). Seal integrity and feasibility of CO_2 sequestration in the Teapot Dome EOR pilot : Geomechanical site characterization. *Environmental Geology*, *54*（8）. https : //doi.org/10.1007/s00254-007-0948-7

Cho, Y., Ozkan, E., & Apaydin, O. G.（2013）. Pressure-dependent natural-fracture permeability in shale and its effect on shale-gas well production. *SPE Reservoir Evaluation & Engineering*, *16*（02）, 216-228. https : //doi.org/10.2118/159801-PA

Chong, K. K., Grieser, W. V., Passman, A., Tamayo, C. H., Modeland, N., & Burke, B.（2010）. A Completions Roadmap to Shale-Play Development : A Review of Successful Approaches toward Shale-Play Stimulation in the Last Two Decades. *International Oil and Gas Conference and Exhibition in China*, 1-27. https : //doi.org/10.2118/130369-MS

Ciezobka, J., Courtier, J., & Wicker, J.（2018）. Results, 1-9. https : //doi.org/10.15530/urtec-2018-2902355

Cipolla, C. & Wallace, J.（2014）. Stimulated Reservoir Volume : A Misapplied Concept ? *SPE Hydraulic Fracturing Technology Conference*,（February）, 4-6. https : //doi.org/10.2118/168596-MS

Cipolla, C., Motiee, M., Kechemir, A., & Corporation, H.（2018a）. Integrating Microseismic, Geomechanics, Hydraulic Fracture Modeling, and Reservoir Simulation to Characterize Parent Well Depletion and Infill Well Performance in the Bakken, 1-12. https : //doi.org/10.15530/urtec-2018-2899721

Cipolla, C., Gilbert, C., Sharma, A., & Lebas, J.（2018b）. Case History of Completion Optimization in the Utica. *SPE Hydraulic Fracturing Technology Conference and Exhibition*,（January）, 23-25.

Cipolla, C. L., Warpinski, N. R., Mayerhofer, M. J., Lolon, E. P., & Vincent, M. C.（2008）. The Relationship between Fracture Complexity, Reservoir Properties, and Fracture Treatment Design. In *2008 SPE Annual Technical Conference and Exhibition*, *Denver*, *CO. 11-24 September 2008*（Vol. 1）. Society of Petroleum Engineers. Retrieved from http : //www.scopus .com/inward/record.url ? eid=2-s2.0-79952850661&partnerID=40&md5=0139cfc6cf0b922340aca989490b6fe8

Clarke, H., Eisner, L., Styles, P., & Turner, P.（2014）. Felt seismicity associated with shale gas hydraulic fracturing : The first documented example in Europe. *Geophysical Research Letters*, *41*（23）, 8308-8314. https : //doi.org/10.1002/2014GL062047

Clarkson, C. R., Solano, N., Bustin, R. M., Bustin, A. M. M., Chalmers, G. R. L., He, L., ... Blach, T. P.（2013）. Pore structure characterization of North American shale gas reservoirs using USANS/SANS, gas adsorption, and mercury intrusion. *Fuel*, *103*, 606-616. https : //doi.org/10.1016/j.fuel.2012.06.119

Clerc, F., Harrington, R. M., Liu, Y., & Gu, Y. J.（2016）. Stress drop estimates and hypocenter relocations of induced seismicity near Crooked Lake, Alberta. *Geophysical Research Letters*, *43*（13）, 6942-6951. https : //doi.org/10.1002/2016GL069800

Coates, D. F. & Parsons, R. C.（1966）. Experimental criteria for classification of rock substances. *International Journal of Rock Mechanics and Mining Sciences*, *3*（3）, 181-189. https : //doi.org/10.1016/0148-9062（66）90022-2

Cocco, M., Tinti, E., & Cirella, A.（2016）. On the scale dependence of earthquake stress drop. *Journal of Seismology*. https : //doi.org/10.1007/s10950-016-9594-4

Council, N. R. (2013). *Induced Seismicity Potential in Energy Technologies.* Washington D.C. : National Academies Press.

Craig, D. P., Barree, R. D., Warpinski, N. R., & Blasingame, T. A. (2017). Fracture Closure Stress : Reexamining Field and Laboratory Experiments of Fracture Closure Using Modern Interpretation Methodologies, SPE187038-MS. In *SPE Annual Technical Conference and Exhibition, 9–11 October, San Antonio, Texas, USA.* Society of Petroleum Engineers. https : //doi.org/10.2118/187038-MS

Crain, E. R. (2010). *Crain's Data Acquisition.*

Cramer, D. D. & Nguyen, D. H. (2013). Diagnostic Fracture Injection Testing Tactics in Unconventional Reservoirs, SPE 163863. Society of Petroleum Engineers. doi : 10.2118/163863-MS

Crandall, D., Moore, J., Gill, M., & Stadelman, M. (2017). CT scanning and flow measurements of shale fractures after multiple shearing events. *International Journal of Rock Mechanics and Mining Sciences, 100* (November 2016), 177–187. https : //doi.org/10.1016/j.ijrmms.2017.10.016

Crawford, B. R., Faulkner, D. R., & Rutter, E. H. (2008). Strength, porosity, and permeability development during hydrostatic and shear loading of synthetic quartz–clay fault gouge. *Journal of Geophysical Research : Solid Earth, 113* (3), 1–14. https : //doi.org/10.1029/2006JB004634

Crone, A. J. & Luza, K. V. (1990). Style and timing of Holocene surface faulting on the Meers fault, southwestern Oklahoma. *Geological Society of America Bulletin, 102,* 1–17.

Cui, X., Bustin, A. M. M., & Bustin, R. M. (2009). Measurements of gas permeability and diffusivity of tight reservoir rocks : Different approaches and their applications. *Geofluids, 9* (3), 208–223. https : //doi.org/10.1111/j.1468-8123.2009.00244.x

Curtis, C. D. (1980). Diagenetic alteration in black shales. *Journal of the Geological Society, 137* (2), 189–194. https : //doi.org/10.1144/gsjgs.137.2.0189

Curtis, J. B. (2002). Fractured shale-gas systems. *AAPG Bulletin, 86* (11), 1921–1938. https : //doi.org/10.1306/61EEDDBE-173E-11D7-8645000102C1865D

Curtis, M. E., Ambrose, R. J., Sondergeld, C. H., & Rai, C. S. (2011). Investigation of the Relationship between Organic Porosity and Thermal Maturity in the Marcellus Shale. *SPE Conference, SPE 114370.* https : //doi.org/10.2118/144370-ms

Curtis, M. E., Cardott, B. J., Sondergeld, C. H., & Rai, C. S. (2012a). Development of organic porosity in the Woodford Shale with increasing thermal maturity. *International Journal of Coal Geology, 103,* 26–31. https : //doi.org/10.1016/j.coal.2012.08.004

Curtis, M. E., Sondergeld, C. H., Ambrose, R. J., & Rai, C. S. (2012b). Microstructural investigation of gas shales in two and three dimensions using nanometer–scale resolution imaging. *AAPG Bulletin, 96* (4), 665–677. https : //doi.org/10.1306/08151110188

Daigle, H. & Dugan, B. (2011). Permeability anisotropy and fabric development : A mechanistic explanation. *Water Resources Research, 47* (12), 1–11. https : //doi.org/10.1029/2011WR011110

Daniels, J., Waters, G., Le Calvez, J., Bentley, D., & Lassek, J. (2007). Contacting More of the Barnett Shale Through an Integration of Real–Time Microseismic Monitoring, Petrophysics, and

Hydraulic Fracture Design. *Proceedings of SPE Annual Technical Conference and Exhibition*. https：//doi. org/10.2118/110562-MS

Darold, A. P. & Holland, A. A. (2015). *Preliminary Oklahoma Optimal Fault Orientations. Oklahoma Open File Report oF 4-2015*.

Das, I. & Zoback, M. D. (2013a). Long-period, long-duration seismic events during hydraulic stimulation of shale and tight-gas reservoirs – Part 1: Waveform characteristics. *Geophysics*, *78*(6). https：//doi. org/10.1190/GEO2013-0164.1

Das, I. & Zoback, M. D. (2013b). Long-period long-duration seismic events during hydraulic stimulation of shale and tight-gas reservoirs – Part 2: Location and mechanisms. *Geophysics*, *78*(6). https：//doi. org/10.1190/GEO2013-0165.1

Day, S., Sakurovs, R., & Weir, S. (2008). Supercritical gas sorption on moist coals. *International Journal of Coal Geology*, *74*(3-4), 203-214. https：//doi.org/10.1016/j.coal.2008.01.003

Detournay, E. (2004). Propagation regimes of fluid-driven fractures in impermeable rocks. *International Journal of Geomechanics*, *4*(1), 35-45. https：//doi.org/10.1061/(ASCE)1532-3641(2004)4：1(35)

Detournay, E. (2016). Mechanics of hydraulic fractures. *Annual Review of Fluid Mechanics*, *48*(1), 311-339. https：//doi.org/10.1146/annurev-fluid-010814-014736

Deutch, J., Holditch, S., Krupp, F., McGinty, K., Tierney, S., Yergin, D., & Zoback, M. D. (2011). Shale Gas Production Subcommittee 90-Day Report.

Dieterich, J. H. (1978). Time-dependent friction and the mechanics of stick-slip. In Rock Friction and Earthquake Prediction (pp. 790-806). Basel: Birkhäuser Basel. https：//doi.org/10.1007/978-3-0348-7182-2_15

Dieterich, J. H. (1979). Modeling of rock friction 1. Experimental results and constitutive equations. *Journal of Geophysical Research*, *84*, 2161-2168.

Dieterich, J. H. & Kilgore, B. D. (1994). Direct observation of frictional contacts：New insights for state-dependent properties. *Pure and Applied Geophysics*, *143*(1-3), 283-302. https：//doi.org/10.1007/BF00874332

Dohmen, T., Zhang, J., Barker, L., & Blangy, J. P. (2017). Microseismic magnitudes and b-values for delineating hydraulic fracturing and depletion. *SPE Journal*, *22*(5), 1-11. https：//doi. org/10.2118/186096-PA

Dow, W. G.(1977). Kerogen studies and geological interpretations. *Journal of Geochemical Exploration*, 7(C), 79-99. https：//doi.org/10.1016/0375-6742(77)90078-4

Dunham, E. M., Belanger, D., Cong, L., & Kozdon, J. E. (2011). Earthquake ruptures with strongly rate-weakening friction and off-fault plasticity, part 2: Nonplanar faults. *Bulletin of the Seismological Society of America*, *101*(5), 2308-2322. https：//doi.org/10.1785/0120100076

Eaton, D.W. (2018). *Passive Seismic Monitoring of Induced Seismicity*. Cambridge University Press.

Eaton, D.W. & Forouhideh, F. (2011). Solid angles and the impact of receiver-array geometry on microseismic moment-tensor inversion. *Geophysics*, *76*(6), WC77-WC85. https：//doi.org/10.1190/

geo2011–0077.1

Eaton, D. W. & Schultz, R. (2018) . Increased likelihood of induced seismicity in highly over–pressured shale formations, *Geophysical Journal International*, *214*, 751–757.

Eaton, D.W., Igonin, N., Poulin, A., Weir, R., Zhang, H., Pellegrino, S., & Rodriquez, G. (2018) . Tony Creek Dual Microseismic Experiment (ToC2ME) . In *GeoConvention 2018*. Calgary, Canada.

Economides, M. J. & Nolte, K. (2000) . *Reservoir Stimulation*. Wiley.

Edwards, R.W. J. & Celia, M. A. (2018) . Shale gas well, hydraulic fracturing, and formation data to support modeling of gas and water flow in shale formations. *Water Resources Research*, 1–11. https : //doi. org/10.1002/2017WR022130

EIA (2013) . *Technically Recoverable Shale Oil and Shale Gas Resources : An Assessment of 137 Shale Formations in 41 Countries Outside the Unites States* (June) .

Eisner, L., Fischer, T., & Rutledge, J. T. (2009) . Determination of S–wave slowness from a linear array of borehole receivers. *Geophysical Journal International*, *176* (1), 31–39.

Eisner, L., Gei, D., Hallo, M., Opršal, I., & Ali, M. Y. (2013) . The peak frequency of direct waves for microseismic events. *Geophysics*, *78* (6), A45–A49. https : //doi.org/10.1190/geo2013–0197.1

Eisner, L., Hulsey, B. J., Duncan, P. M., Jurick, D., Werner, H., & Keller, W. (2010) . Comparison of surface and borehole locations of induced seismicity. *Geophysical Prospecting*, *58* (5), 809–820. https : //doi.org/10.1111/j.1365–2478.2010.00867.x

https : //doi.org/10.1111/j.1365–246X.2008.03939.x

Ellsworth, W. L. (2013) . Injection–induced earthquakes. *Science*, *341* (1225942 12 July 2013) . https : // doi.org/10.1126/science.1225942

Engelder, T. & Fischer, M. P. (1994) . Influence of poroelastic behavior on the magnitude of minimum horizontal stress, Sh, in over–pressured parts of sedimentary basins. *Geology*, *22* (10), 949–952. https : //doi.org/10.1130/0091–7613 (1994) 022＜0949: IOPBOT>2.3.CO

Engelder, T., Lash, G. G., & Uzcátegui, R. S. (2009) . Joint sets that enhance production from Middle and Upper Devonian gas shales of the Appalachian Basin. *AAPG Bulletin*, *93* (7), 857–889. https : //doi. org/10.1306/03230908032

Engle, M. A., Reyes, F. R., Varonka, M. S., Orem, W. H., Ma, L., Ianno, A. J., . . . Carroll, K. C. (2016) . Geochemistry of formation waters from the Wolfcamp and "Cline" shales : Insights into brine origin, reservoir connectivity, and fluid flow in the Permian Basin, USA. *Chemical Geology*, *425*, 76–92. https : //doi.org/10.1016/j.chemgeo.2016.01.025

English, J. M., English, K. L., Corcoran, D. V. & Toussaint, F. (2016)Exhumation charge : The last gasp of a petroleum source rock and implications for unconventional shah resources. *AAPG Bulletin*, *100* (1), pp. 1–16. doi : 10.1306/07271514224.

Environmental Protection Agency (2015) . *Assessment of the Potential Impacts of Hydraulic Fracturing for Oil and Gas on Drinking Water Resources : Executive Summary*, (June), 1–3. Retrieved from http : //www2. epa.gov/sites/production/files/2015–07/documents/hf_es_erd_jun2015.pdf

EPA（2014）. *Minimizing and Managing Potential Impacts of Injection-Induced Seismicity from Class II Disposal Wells*：*Practical Approaches.*

EPA（2016）. *Hydraulic Fracturing for Oil and Gas*：*Impacts from the Hydraulic Fracturing Water Cycle on Drinking Water Resources in the United States.* Retrieved from www.epa.gov/hfstudy

Esaki, T., Du, S., Mitani, Y., Ikusada, K., & Jing, L.（1999）. Development of a shear−flow test apparatus and determination of coupled properties for a single rock joint. *International Journal of Rock Mechanics and Mining Sciences*, *36*（5）, 641–650. https：//doi.org/10.1016/S0148−9062（99）00044−3

Eyre, T. S. & van der Baan, M.（2017）. The reliability of microseismic moment tensor solutions：Surface versus borehole monitoring. *Geophysics*, *82*（6）, 1–46. https：//doi.org/10.1190/geo2017−0056.1

Fan, L., Harris, B., & Jamaluddin, A.（2005）. Understanding gas−condensate reservoirs. *Oilfield Review*,（Winter 2005/2006）, 14–27. https：//doi.org/http：//dx.doi.org/10.4043/25710−MS

Fan, Z., Eichhubl, P., & Gale, J. F. W.（2016）. Geomechanical analysis of fluid injection and seismic fault slip for the Mw4.8 Timpson, Texas, earthquake sequence. *Journal of Geophysical Research*：*Solid Earth*, *121*, 2798–2812. https：//doi.org/10.1002/2016JB012821.Received

Fang, Y., Elsworth, D., Wang, C., Ishibashi, T., & Fitts, J. P.（2017）. Frictional stability permeability relationships for fractures in shales. *Journal of Geophysical Research*：*Solid Earth*, *122*（3）, 1760–1776. https：//doi.org/10.1002/2016JB013435

Farghal, N.（2018）. Fault and fracture identification and characterization in 3D seismic data from unconventional reservoirs, PhD Thesis, Stanford University.

Farghal, N. S. & Zoback, M. D.（2015）. Identification of slowly slipping faults in the Barnett Shale utilizing ant tracking；Identification of slowly slipping faults in the Barnett Shale utilizing ant tracking. In *SEG Technical Program Expanded Abstracts*（Vol. 34）, 4919–4923. https：//doi.org/10.1190/segam2015−5811224.1

Faulkner, D. R. & Rutter, E. H.（1998）. The gas permeability of clay−bearing fault gouge at 20 C. *Geological Society, London, Special Publications*, *147*（1）, 147–156. https：//doi.org/10.1144/GSL.SP.1998.147.01.10

Faulkner, D. R., Lewis, A. C., & Rutter, E. H.（2003）. On the internal structure and mechanics of large strike−slip fault zones：Field observations of the Carboneras fault in southeastern Spain. *Tectonophysics*, *367*（3–4）, 235–251. https：//doi.org/10.1016/S0040−1951（03）00134−3

Faulkner, D. R., Mitchell, T. M., Healy, D., & Heap, M. J.（2006）. Slip on "weak" faults by the rotation of regional stress in the fracture damage zone. *Nature*, *444*（7121）, 922–925. https：//doi.org/10.1038/nature05353

Ferguson, W., Richards, G., Bere, A., Mutlu, U., & Paw, F.（2018）. Modelling Near−Wellbore Hydraulic Fracture Branching, Complexity and Tortuosity：A Case Study Based on a Fully Coupled Geomechanical Modelling Approach. *SPE Hydraulic Fracturing Technology Conference and Exhibition.* https：//doi.org/10.2118/189890−MS

Fisher, M. K. & Warpinski, N. R.（2012）. Hydraulic−Fracture−Height Growth：Real Data. *SPE Production*

& *Operations*. https：//doi.org/10.2118/145949-PA

Fisher, M. K., Heinze, J. R., Harris, C. D., Davidson, B. M., Wright, C. A., & Dunn, K. P. (2004). Optimizing Horizontal Completion Techniques in the Barnett Shale Using Microseismic Fracture Mapping. *SPE Annual Technical Conference and Exhibition*. https：//doi.org/10.2118/90051-MS

Fisher, M. K., Wright, C. A., Davidson, B. M., Goodwin, A. K., Fielder, E. O., Buckler, W. S., & Steinsberger, N. P. (2002). Integrating Fracture Mapping Technologies to Optimize Stimulations in the Barnett Shale. In *SPE Annual Technical Conference and Exhibition*. Soc. Petr. Engr. https：//doi.org/10.2118/77441-MS

Fogden, A., Olson, T., Cheng, Q., Middleton, J., Kingston, A., Turner, M., ... Armstrong, R. (2015). Dynamic Micro-CT Imaging of Diffusion in Unconventionals. *Proceedings of the Unconventional Resources Technology Conference*, 1–16. https：//doi.org/10.15530/urtec-2015-2154822

Forand, D., Heesakkers, V., & Schwartz, K. (2017). Constraints on Natural Fracture and In-Situ Stress Trends of Unconventional Reservoirs in the Permian Basin, USA, 24–26. https：//doi.org/10.15530/-urtec-2017-2669208

Foulger, G. R., Wilson, M. P., Gluyas, J. G., Julian, B. R., & Davies, R. J. (2018). Global review of human-induced earthquakes. *Earth-Science Reviews*, *178* (January 2017), 438–514. https：//doi.org/10.1016/j.earscirev.2017.07.008

Friberg, P. A., Besana-Ostman, G. M., & Dricker, I. (2014). Characterization of an earthquake sequence triggered by hydraulic fracturing in Harrison County, Ohio. *Seismological Research Letters*, *85* (6), 1295–1307. https：//doi.org/10.1785/0220140127

Friedrich, M. & Milliken, M. (2013). Determining the Contributing Reservoir Volume from Hydraulically Fractured Horizontal Wells in the Wolfcamp Formation in the Midland Basin. *Unconventional Resources Technology Conference*, *Denver*, *Colorado*, *12–14 August 2013*, 1461–1468. https：//doi.org/10.1190/urtec2013-149

Frohlich, C., Hayward, C., Stump, B., & Potter, E. (2011). The Dallas-Fort Worth earthquake sequence：October 2008 through May 2009. *Bulletin of the Seismological Society of America*, *101* (1), 327–340. https：//doi.org/10.1785/0120100131

Frohlich, C., Ellsworth, W. L., Brown, W. A., Brunt, M., Luetgert, J., Macdonald, T., & Walter, S. (2014). The 17 May 2012 M4.8 earthquake near Timpson, East Texas：An event possibly triggered by fluid injection. *Journal of Geophysical Research*, (August 1982), 581–593. https：//doi.org/10.1002/2013JB010755. Received

Gaarenstroom, L., Tromp, R. A. J., Jong, M. C. de, & Brandenburg, A. M. (1993). Overpressures in the Central North Sea：Implications for trap integrity and drilling safety. In J. R. Parker (ed.), *Petroleum Geology of Northwest Europe：Proceedings of the 4th Conference* (pp. 1305–1313). London.

Gale, J. F.W., Elliott, S. J., & Laubach, S. E. (2018). Hydraulic Fractures in Core From Stimulated Reservoirs：Core Fracture Description of HFTS Slant Core, Midland Basin, West Texas, (1993). https：//doi.org/10.15530/urtec-2018-2902624

Gale, J. F. W., Laubach, S. E., Olson, J. E., Eichhubl, P., & Fall, A. (2014). Natural fractures in shale : A review and new observations. *AAPG Bulletin*, *98* (11), 2165–2216.

Gale, J. F. W., Reed, R. M., & Holder, J. (2007). Natural fractures in the Barnett Shale and their importance for hydraulic fracture treatments. *AAPG Bulletin*, *91* (4), 603–622. https : //doi.org/10.1306/11010606061

Gasparik, M., Ghanizadeh, A., Bertier, P., Gensterblum, Y., Bouw, S., & Krooss, B. M. (2012). High-pressure methane sorption isotherms of black shales from the Netherlands. *Energy and Fuels*, *26* (8), 4995–5004. https : //doi.org/10.1021/ef300405g

Gasparik, M., Bertier, P., Gensterblum, Y., Ghanizadeh, A., Krooss, B. M., & Littke, R. (2014). Geological controls on the methane storage capacity in organic-rich shales. *International Journal of Coal Geology*, *123*, 34–51. https : //doi.org/10.1016/j.coal.2013.06.010

Gdanski, R. D., Fulton, D. D., & Shen, C. (2009). Fracture-face-skin evolution during cleanup. *SPE Production & Operations*, *24* (1), 22–34. https : //doi.org/10.2118/101083-pa

Geng, Z., Bonnelye, A., Chen, M., Jin, Y., Dick, P., David, C., ... Schubnel, A. (2017). Elastic anisotropy reversal during brittle creep in shale. *Geophysical Research Letters*, *44* (21), 10, 887–10, 895. https : //doi.org/10.1002/2017GL074555

Gensterblum, Y., Merkel, A., Busch, A., & Krooss, B. M. (2013). High-pressure CH_4 and CO_2 sorption isotherms as a function of coal maturity and the influence of moisture. *International Journal of Coal Geology*, *118*, 45–57. https : //doi.org/10.1016/j.coal.2013.07.024

Gensterblum, Y., Ghanizadeh, A., Cuss, R. J., Amann-Hildenbrand, A., Krooss, B. M., Clarkson, C. R., ... Zoback, M. D. (2015). Gas transport and storage capacity in shale gas reservoirs – A review. Part A : Transport processes. *Journal of Unconventional Oil and Gas Resources*, *12*, 87–122. https : //doi.org/10.1016/j.juogr.2015.08.001

Gephart, J. W. & Forsyth, D. W. (1984). An improved method for determining the regional stress tensor using earthquake focal mechanism data : application to the San Fernando earthquake sequence. *Journal of Geophysical Research*, *89*, 9305–9320.

Ghanbarian, B. & Javadpour, F. (2017). Upscaling pore pressure-dependent gas permeability in shales. *Journal of Geophysical Research : Solid Earth*, *122* (4), 2541–2552. https : //doi.org/10.1002/2016JB013846

Ghanizadeh, A., Gasparik, M., Amann-Hildenbrand, A., Gensterblum, Y., & Krooss, B. M. (2013). Lithological controls on matrix permeability of organic-rich shales : An experimental study. *Energy Procedia*, *40*, 127–136. https : //doi.org/10.1016/j.egypro.2013.08.016

Ghanizadeh, A., Amann-Hildenbrand, A., Gasparik, M., Gensterblum, Y., Krooss, B. M., & Littke, R. (2014b). Experimental study of fluid transport processes in the matrix system of the European organic-rich shales : II. Posidonia Shale (Lower Toarcian, northern Germany). *International Journal of Coal Geology*, *123*, 20–33. https : //doi.org/10.1016/j.coal.2013.06.009

Gherabati, S. A., Hammes, U., Male, F., Browning, J., Smye, K., Ikonnikova, S. A., & McDaid, G. (2016).

Assessment of Hydrocarbon–in–Place and Recovery Factors in the Eagle Ford Shale Play, URTeC : 2460252.

Godec, M., Koperna, G., Petrusak, R., & Oudinot, A. (2013). Potential for enhanced gas recovery and CO_2 storage in the Marcellus Shale in the Eastern United States. *International Journal of Coal Geology*, *118*, 95–104. https : //doi.org/10.1016/j.coal.2013.05.007

Goertz–Allmann, B. P., Goertz, A., & Wiemer, S. (2011). Stress drop variations of induced earthquakes at the Basel geothermal site. *Geophysical Research Letters*, *38* (9), 1–5. https : //doi. org/10.1029/2011GL047498

Goodway, B., Chen, T., & Downton, J. (1997). Improved AVO Fluid Detection and Lithology Discrimination Using Lame Petrophysical Parameters from P and S Inversions. *SEG Annual Meeting*. https : // doi.org/10.1190/1.1885795

Goodway, B., Varsek, J., & Abaco, C. (2006). Practical applications of P–wave AVO for unconventional gas Resource Plays – Part 1: Seismic petrophysics. *CSEG Recorder*, *31 Special* (March), 1–17.

Goodway, B., Perez, M., Varsek, J., & Abaco, C. (2010). Seismic petrophysics and itotropicanisotropic AVO methods for unconventional gas exploration. *The Leading Edge*, *December*, 1500–1508. https : //doi. org/10.1190/1.3525367

Gourjon, E. & Bertoncello, A. (2018). Impact of near Well–Bore Geology on Hydraulic Fractures Geometry and Well Productivity : A Statistical Look Back at the Utica Play. *In SPE Hydraulic Fracturing Technology Conference & Exhibition.*

Graham, S. A. & Williams, L. A. (1985). Tectonic, depositional, and diagenetic history of Monterey Formation (Miocene), Centra San Joaquin Basin, California. *American Association of Petroleum Geologists Bulletin*, *69* (3), 385–411. https : //doi.org/10.1306/AD4624F7–16F7–11D7–8645000102C1865D

Grechka, V. & Heigl, W. M. (2017). *Microseismic Monitoring.* SEG.

Guo, B. (n.d.). Article in press.

Guo, Z., Chapman, M., & Li, X. (2012). Exploring the effect of fractures and microstructure on brittleness index in the Barnett Shale. In *SEG Technical Program Expanded Abstracts* (Vol. 2, pp. 1–5). https : //doi.org/10.1190/segam2012–0771.1

Gupta, J. K., Zielonka, M. G., Albert, R. A., El–Rabaa, A. W., Burnham, H. A, & Choi, N. H. (2012). SPE 152224 Integrated methodology for optimizing development of unconventional gas resources. *Stress : The International Journal on the Biology of Stress.* https : //doi.org/10.2118/152224–MS

Gutierrez, M. & Nyga, R. (2000). Stress–dependent permeability of a de–mineralised fracture in shale, *Marine and Petroleum Geology*, *17*, 895–907.

GWPC & IOGCC (2017). *Potential Injection-Induced Seismicity Associated with Oil & Gas Development.*

Haege, M., Maxwell, S., Sonneland, L., Norton, M., & Resources, P. E. (2012). Integration of Passive Seismic and 3D Reflection Seismic in an Unconventional Shale Gas Play : Relationship between Rock Fabric and Seismic Moment of Microseismic Events. *2012 SEG Annual Meeting*, 1–5.

Hagin, P. N. & Zoback, M. D. (2004a). Viscous deformation of unconsolidated reservoir sands – Part 1: Time–dependent deformation, frequency dispersion, and attenuation. *Geophysics*, *69* (3). https : //doi.

org/10.1190/1.1759459

Hagin, P. N. & Zoback, M. D. (2004b). Viscous deformation of unconsolidated reservoir sands – Part 2: Linear viscoelastic models. *Geophysics*, *69* (3). https : //doi.org/10.1190/1.1759460

Haimson, B. & C. Fairhurst (1967). Initiation and extension of hydraulic fractures in rocks. *Society of Petroleum Engineers Journal*, Sept. : 310–318.

Hajiabdolmajid, V. & Kaiser, P. (2003). Brittleness of rock and stability assessment in hard rock tunneling. *Tunnelling and Underground Space Technology*, *18* (1), 35–48. https : //doi.org/10.1016/S0886–7798 (02) 00100–1

Hakso, A. & Zoback, M. (2017). Utilizing multiplets as an independent assessment of relative microseismic location uncertainty. *The Leading Edge*, *36* (10), 829–836. https : //doi.org/10.1190/tle36100829.1

Hakso, A. & Zoback, M. D. (2019). The relation between stimulated shear fractures and production in the Barnett Shale : Implications for unconventional oil and gas reservoirs. *Geophysics*, in review.

Hallo, M., Oprsal, I., Eisner, L., & Ali, M. Y. (2014). Prediction of magnitude of the largest potentially induced seismic event. *Journal of Seismology*, *18* (3), 421–431. https : //doi.org/10.1007/s10950–014–9417–4

Harbaugh, A. W., Banta, E. R., Hill, M. C., & McDonald, M. G. (2010). *Modflow-2000, the U.S. Geological Survey Modular Groundwater Model – User Guide to Modularization Concepts and the Groundwater Flow Process.*

Healy, J. H., Rubey, W. W., Griggs, D. T., & Raleigh, C. B. (1968). The Denver earthquakes. *Science*, *161*, 1301–1310.

Heller, R. & Zoback, M. (2014). Adsorption of methane and carbon dioxide on gas shale and pure mineral samples. *Journal of Unconventional Oil and Gas Resources*, *8* (C). https : //doi.org/10.1016/j.juogr.2014.06.001

Heller, R., Vermylen, J. P., & Zoback, M. D. (2014). Experimental investigation of matrix permeability of gas shales. *AAPG Bulletin*, *98* (5), 975–995. https : //doi.org/10.1306/09231313023

Hennings, P., Allwardt, P., Paul, P., Zahm, C., Reid, R., Alley, H., ... Hough, E. (2012). Relationship between fractures, faultzones, stress, and reservoir productivity in the Suban gas field, Sumatra, Indonesia. *AAPG Bulletin*, *96* (4), 753–772. https : //doi.org/10.1306/08161109084

Hennings, P., Lund Snee, J.-E., Osmond, J. L., Dommisse, R., DeShon, H. R., & Zoback, M. D. (2019). Slip potential of faults in the Fort Worth Basin of North–Central Texas, USA. *Science Advances*, in review.

Hill, R. (1963). Elastic properties of reinforced solids : Some theoretical principles. *Journal of the Mechanics and Physics of Solids*, *11* (5), 357–372. https : //doi.org/10.1016/0022–5096 (63) 90036–X

Ho, N. C., Peacor, D. R., & Van Der Pluijm, B. A. (1999). Preferred orientation of phyllosilicates in Gulf Coast mudstones and relation to the smectite–illite transition. *Clays and Clay Minerals*, *47* (4), 495–504. https : //doi.org/10.1346/CCMN.1999.0470412

Holland, A. A. (2013). Earthquakes triggered by hydraulic fracturing in south–central Oklahoma. *Bulletin of the Seismological Society of America*, *103* (3), 1784–1792. https : //doi.org/10.1785/0120120109

Hornbach, M. J., Deshon, H. R., Ellsworth, W. L., Stump, B. W., Hayward, C., Frohlich, C., ... Luetgert, J. H. (2015). Causal factors for seismicity near Azle, Texas. *Nature Communications*, *6*. https://doi.org/10.1038/ncomms7728

Hornbach, M. J., Jones, M., Scales, M., DeShon, H. R., Magnani, M. B., Frohlich, C.,... Layton, M. (2016). Ellenburger wastewater injection and seismicity in North Texas. *Physics of the Earth and Planetary Interiors*, *261*, 54–68. https://doi.org/10.1016/j.pepi.2016.06.012

Horton, S. (2012). Disposal of hydrofracking waste fluid by injection into subsurface aquifers triggers earthquake swarm in Central Arkansas with potential for damaging earthquake. *Seismological Research Letters*, *83* (2), 250–260. https://doi.org/10.1785/gssrl.83.2.250

Hu, H., Li, A., & Zavala–Torres, R. (2017). Long–period long–duration seismic events during hydraulic fracturing: Implications for tensile fracture development. *Geophysical Research Letters*, *44* (10), 4814–4819. https://doi.org/10.1002/2017GL073582

Huang, J., Morris, J. P., Fu, P., Settgast, R. R., Sherman, C. S., & Ryerson, F. J. (2018). Hydraulic Fracture Height Growth Under the Combined Influence of Stress Barriers and Natural Fractures. *SPE Hydraulic Fracturing Technology Conference and Exhibition.* https://doi.org/10.2118/189861–MS

Huang, Y., Beroza, G. C., & Ellsworth, W. L. (2016). Stress drop estimates of potentially induced earthquakes in the Guy–Greenbrier sequence. *Journal of Geophysical Research: Solid Earth*, *121* (9), 6597–6607. https://doi.org/10.1002/2016JB013067

Hubbert, M. D. & Rubey, W.W. (1959). Role of fluid pressure in mechanics of overthrust faulting. *Geological Society of America Bulletin*, *70*, 115–205.

Hubbert, M. K. & Willis, D. G. (1957). Mechanics of hydraulic fracturing. *Petr. Trans. AIME*, *210*, 153–163.

Hucka, V. & Das, B. (1974). Brittleness determination of rocks by different methods. *International Journal of Rock Mechanics and Mining Sciences*, *11* (10), 389–392. https://doi.org/10.1016/0148–9062 (74) 91109–7

Hull, R. A., Leonard, P. A., & Maxwell, S. C. (2017a). Geomechanical Investigation of Microseismic Mechanisms Associated With Slip on Bed Parallel Fractures, 24–26. https://doi.org/10.15530/urtec–2017–26888667

Hull, R. A., Meek, R., Bello, H., Resources, P. N., & Miller, D. (2017b). Case History of DAS Fiber–Based Microseismic and Strain Data, Monitoring Horizontal Hydraulic Stimulations Using Various Tools to Highlight Physical Deformation Processes (Part A).

Hurd, O. (2012). Geomechanical analysis of intraplate earthquakes and earthquakes induced during stimulation of low permeability gas reservoirs. Stanford University.

Hurd, O. & Zoback, M. D. (2012a). Intraplate earthquakes, regional stress and fault mechanics in the central and eastern U.S. and Southeastern Canada. *Tectonophysics*, *581*. https://doi.org/10.1016/j.tecto.2012.04.002

Hurd, O. & Zoback, M. D. (2012b). Stimulated Shale Volume Characterization: Multiwell Case Study from the Horn River Shale: I. Geomechanics and Microseismicity. *SPE Annual Technical Conference and*

Exhibition, C. https：//doi.org/10.2118/159536-MS

Imanishi, K. & Ellsworth, W. L.（2006）. Source scaling relationships of microearthquakes at Parkfield, CA, determined using the SAFOD pilot hole seismic array. In *Earthquakes：Radiated Energy and the Physics of Faulting*（pp. 81-90）. American Geophysical Union. https：//doi.org/10.1029/170GM10

Inamdar, A. A., Ogundare, T. M., Malpani, R., Atwood, W. K., Brook, K., Erwemi, A. M., & Purcell, D.（2010）. Evaluation of Stimulation Techniques Using Microseismic Mapping in the Eagle Ford Shale. *Tight Gas Completions Conference*. https：//doi.org/10.2118/136873-MS

Ingram, G. M. & Urai, J. L.（1999）. Top-seal leakage through faults and fractures：the role of mudrock properties. *Geological Society, London, Special Publications*, *158*（1）, 125-135. https：//doi.org/10.1144/GSL.SP.1999.158.01.10

Ishibashi, T., Watanabe, N., Asanuma, H., & Tsuchiya, N.（2016）. Linking microearthquakes to fracture permeability evolution. *Crustal Permeability*, 49-64. https：//doi.org/10.1002/9781119166573.ch7

Al Ismail, M. I.（2016）. Influence of nanopores on the transport of gas and gas-condensate in unconventional resources. Stanford University.

Al Ismail, M. I. & Zoback, M. D.（2016）. Effects of rock mineralogy and pore structure on extremely low stress-dependent matrix permeability of unconventional shale gas and shale oil samples. *Royal Society Philosophical Transactions A*. https：//doi.org/10.1098/rsta.2015.0428

Al Ismail, M. I., Hol, S., Reece, J. S., & Zoback, M. D.（2014）. The Effect of CO_2 Adsorption on Permeability Anisotropy in the Eagle Ford Shale. *Unconventional Resources Technology Conference*, （1921520）.

Ito, H. & Zoback, M. D.（2000）. Fracture permeability and in situ stress to 7 km depth in the KTB scientific drillhole. *Geophysical Research Letters*, *27*, 1045-1048.

Jackson, R. B., Vengosh, A., Carey, J.W., Darrah, T. H., O'Sullivan, F., & Pétron, G.（2014）. The environmental costs and benefits of fracking. *Ssrn*, （August）, 1-36. https：//doi.org/10.1146/annurev-environ-031113-144051

Jaeger, J. C. & Cook, N. G. W.（1971）. *Fundamentals of Rock Mechanics*（3rd edn.）. New York：Chapman and Hall.

Jarvie, D. M., Hill, R. J., Ruble, T. E., & Pollastro, R. M.（2007）. Unconventional shale-gas systems：The Mississippian Barnett Shale of north-central Texas as one model for thermogenic shale-gas assessment. *AAPG Bulletin*, *91*（4）, 475-499. https：//doi.org/10.1306/12190606068

Jin, G. & Roy, B.（2017）. Hydraulic-fracture geometry characterization using low-frequency DAS signal. *The Leading Edge*, *36*（12）, 975-980. https：//doi.org/10.1190/tle36120975.1

Jin, L. & Zoback, M. D.（2017）. Fully coupled nonlinear fluid flow and poroelasticity in arbitrarily fractured porous media：A hybrid-dimensional computational model. *Journal of Geophysical Research*, *122*, 33. https：//doi.org/10.1002/2017JB014892

Jin, L. & Zoback, M. D.（2018）Fully dynamic spontaneous rupture due to quasi-static pore pressure and poroelastic effects：An implicit nonlinear computational model of fluid-induced seismic events. *Journal of*

Geophysical Research : Solid Earth, *123*. https : //doi.org/10.1029/2018JB015669

Jin, L. & Zoback, M. (2019). The Effects of Initial Stress State and Pore Pressure on Stress Changes Associated with Depletion. In *Hydraulic Fracturing Technology Conference*. The Woodlands, TX : Society of Petroleum Engineers.

Jin, X., Shah, S. N., Roegiers, J.–C., & Zhang, B. (2014a). Fracability evaluation in shale reservoirs – An integrated petrophysics and geomechanics approach. *SPE Journal*, (October 2015). https : //doi.org/10.2118/168589–MS

Jin, X., Shah, S. N., Truax, J. A., & Roegiers, J.–C. (2014b). A Practical Petrophysical Approach for Brittleness Prediction from Porosity and Sonic Logging in Shale Reservoirs. *SPE Annual Technical Conference and Exhibition*, 18. https : //doi.org/10.2118/170972–MS

Johnston, J. E. & Christensen, N. I. (1995). Seismic anisotropy of shales. *Journal of Geophysical Research*, *100* (B4), 5991–6003.

Johri, M., Dunham, E. M., Zoback, M. D., & Fang, Z. (2014a). Predicting fault damage zones by modeling dynamic rupture propagation and comparison with field observations. *Journal of Geophysical Research : Solid Earth*, *119* (2). https : //doi.org/10.1002/2013JB010335

Johri, M., Zoback, M. D., & Hennings, P. (2014b). A scaling law to characterize fault–damage zones at reservoir depths. *AAPG Bulletin*, *98* (10), 2057–2079. https : //doi.org/10.1306/05061413173

Jung, H., Sharma, Mukul M., Cramer, D., Oakes, S., & McClure, M. (2016). Re–examining interpretations of non–ideal behavior during diagnostic fracture injection tests, *Journal of Petroleum Science and Engineering*, *145*, 114–136, http : //dx.doi.org/10.1016/j.petrol.2016.03.016

Jweda, J., Michael, E., Jokanola, O., Hofer, R., & Parisi, V. (2017). Optimizing Field Development Strategy Using Time–Lapse Geochemistry and Production Allocation in Eagle Ford – URTeC : 2671245 (pp. 24–26). Paper was prepared for presentation at the Unconventional Resources Technology Conference held in Austin, Texas, USA, 24–26 July 2017. https : //doi.org/10.15530/urtec–2017–2671245

Kahn, D., Roberts, J., & Rich, J. (2017). Integrating Microseismic and Geomechanics to Interpret Hydraulic Fracture Growth. *Proceedings of the 5th Unconventional Resources Technology Conference*, (2016). https : //doi.org/10.15530/urtec–2017–2697445

Kale, S., Rai, C., & Sondergeld, C. (2010). Rock Typing in Gas Shales. In *SPE Annual Technical Conference and Exhibition*. https : //doi.org/10.2118/134539–MS

Kaluder, Z., Nikolaev, M., Davidenko, I., Leskin, F., Martynov, M., Shishmanidi, I., Platunov, A., Chong, K. K., Astafyev, V., Shnitiko, A., & Fedorenko, E. (2014) First High–Rate Hybrid Fracture in Em–Yoga Field, West Siberia, Russia. OTC 24712–MS, Offshore Technology Conference–Asia, http : //www.onepetro.org/doi/10.4043/24712–MS

Kang, S. M., Fathi, E., Ambrose, R. J., Akkutlu, I. Y., & Sigal, R. F. (2011). Carbon dioxide storage capacity of organic–rich shales. *SPE Journal*, *16* (04), 842–855. https : //doi.org/10.2118/134583–PA

Kanitpanyacharoen, W., Kets, F. B., Wenk, H. R., & Wirth, R. (2012). Mineral preferred orientation and microstructure in the Posidonia Shale in relation to different degrees of thermal maturity. *Clays and Clay*

Minerals, *60*（3）, 315–329. https：//doi.org/10.1346/CCMN.2012.0600308

Kanitpànyacharoen, W., Wenk, H.–R., Kets, F., Lehr, C., & Wirth, R.（2011）. Texture and anisotropy analysis of Qusaiba shales. *Geophysical Prospecting*, *59*（3）, 536–556. https：//doi.org/10.1111/j.1365–2478.2010.00942.x

Kassis, S. & Sondergeld, C.（2010）. Fracture permeability of gas shale：Effects of roughness, fracture offset, proppant, and effective stress. *Society of Petroleum Engineers Journal*,（1）, 1–17. https：//doi.org/10.2118/131376–MS

Katz, D.（ed.）.（1959）. *Handbook of Natural Gas Engineering*. McGraw–Hill.

Keller, L. M. & Holzer, L.（2018）. Image–based upscaling of permeability in Opalinus clay. *Journal of Geophysical Research：Solid Earth*, *123*（1）, 285–295. https：//doi.org/10.1002/2017JB014717

Kelly, S., El–Sobky, H., Torres–Verdín, C., & Balhoff, M. T.（2016）. Assessing the utility of FIBSEM images for shale digital rock physics. *Advances in Water Resources*, *95*, 302–316. https：//doi.org/10.1016/j.advwatres.2015.06.010

Kennedy, R. L., Knecht, W. N., & Georgi, D. T.（2012）. Comparisons and Contrasts of Shale Gas and Tight Gas Developments, North American Experience and Trends. *SPE Saudi Arabia Section Technical Symposium and Exhibition*,（August 2005）. https：//doi.org/10.2118/160855–MS

Kennedy, R., Luo, L., & Kusskra, V.（2016）. The unconventional basins and plays – North America, the rest of the world and emerging basins. In U. Ahmed & D. N. Meehan（eds.）, *Unconventional Oil and Gas Resources：Exploitation and Development*. Boca Raton, FL：CRC Press.

Keranen, K. M., Savage, H. M., Abers, G. A., & Cochran, E. S.（2013）. Potentially induced earthquakes in Oklahoma, USA：Links between wastewater injection and the 2011 Mw5.7 earthquake sequence. *Geology*, *41*（6）, 699–702. https：//doi.org/10.1130/G34045.1

Kim, W. Y.（2013）. Induced seismicity associated with fluid injection into a deep well in Youngstown, Ohio. *Journal of Geophysical Research：Solid Earth*, *118*（7）, 3506–3518. https：//doi.org/10.1002/jgrb.50247

King, G. C. P., Stein, R. S., & Lin, J.（1994）. Static stress changes and the triggering of earthquakes. *Bulletin of the Seismological Society of America*, *84*, 935–953.

King, G. E.（2012）. Hydraulic Fracturing 101：What Every Representative, Environmentalist, Regulator, Reporter, Investor, University Researcher, Neighbor and Engineer Should Know About Estimating Frac Risk and Improving Frac Performance in Unconventional Gas and Oil Wells. *SPE Hydraulic Fracturing Technology Conference*, 1–80. https：//doi.org/10.2118/152596–MS

King, G. E.（2014）. Improving recovery factors in liquids–rich resource plays requires new approaches. *Editors Choice Magazine*. Retrieved from http：//www.aogr.com/magazine/editors–choice/improving–recovery–factors–in–liquids–rich–resource–plays–requires–new–appr

King, G. E. & King, D. E.（2013）. Environmental risk arising from well–construction failure–Differences between barrier and well failure, and estimates of failure frequency across common well types, locations, and well age. *SPE Production & Operations*, *28*（04）, 323–344. https：//doi.org/10.2118/166142–PA

King, G. E., Rainbolt, M. F., Swanson, C., & Corporation, A.（2017）. SPE–187192–MS Frac Hit

Induced Production Losses : Evaluating Root Causes, Damage Location, Possible Prevention Methods and Success of Remedial Treatments.

King, H. E., Eberle, A. P. R., Walters, C. C., Kliewer, C. E., Ertas, D., & Huynh, C. (2015). Pore architecture and connectivity in gas shale. *Energy and Fuels*, *29* (3), 1375–1390. https : //doi.org/10.1021/ef502402e

Klaver, J., Desbois, G., Urai, J. L., & Littke, R. (2012). BIB–SEM study of the pore space morphology in early mature Posidonia Shale from the Hils area, Germany. *International Journal of Coal Geology*, *103*, 12–25. https : //doi.org/10.1016/j.coal.2012.06.012

Klaver, J., Desbois, G., Littke, R., & Urai, J. L. (2015). BIB–SEM characterization of pore space morphology and distribution in postmature to overmature samples from the Haynesville and Bossier Shales. *Marine and Petroleum Geology*, *59*, 451–466. https : //doi.org/10.1016/j.marpetgeo.2014.09.020

Klinkenberg, L. J. (1941). The permeability of porous media to liquids and gases. *API Drilling and Production Practice*, 200–2013. https : //doi.org/10.5510/OGP20120200114

Kohli, A. H. & Zoback, M. D. (2013). Frictional properties of shale reservoir rocks. *Journal of Geophysical Research : Solid Earth*, *118* (9), 5109–5125. https : //doi.org/10.1002/jgrb.50346

Kohli, A. H. & Zoback, M. D. (2019). Frictional properties of shale reservoir rocks II : Calcareous shales and thermal controls on frictional stability. *In Preparation.*

Kramer, S. L. (1996). *Geotechnical Earthquake Engineering.* Upper Saddle River, NJ : Prentice Hall.

Kranz, R. L., Saltzman, J. S., & Blacic, J. D. (1990). Hydraulic diffusivity measurements on laboratory rock samples using an oscillating pore pressure method. *International Journal of Rock Mechanics and Mining Sciences*, *27* (5), 345–352. https : //doi.org/10.1016/0148–9062 (90) 92709–N

Kronenberg, A. K., Kirby, S., & Pinkston, J. (1990). Basal slip and mechanical anisotropy of biotite. *Journal of Geophysical Research*, *95*, 19257–19278.

Krupnick, A., Gordon, H., & Olmstead, S. (2013). *What the Experts Say about the Environmental Risks of Shale Gas Development. Resources for the Future*, *Pathways to Dialogue* (Vol. 2). Retrieved from http : //scholar.google.com/scholar ? hl=en&q=What+the+Experts+Say+about+the+Environmental+Risks+of+Shale+Gas+Development&btnG= ≈ sdt=1, 5≈sdtp=#0

Kuang, W., Zoback, M., & Zhang, J. (2017). Estimating geomechanical parameters from microseismic plane focal mechanisms recorded during multistage hydraulic fracturing. *Geophysics*, *82* (1), KS1–KS11. https : //doi.org/10.1190/geo2015–0691.1

Kubo, T. & Katayama, I. (2015). Effect of temperature on the frictional behavior of smectite and illite. *Journal of Mineralogical and Petrological Sciences*, *110* (6), 293–299. https : //doi.org/10.2465/jmps.150421

Kuila, U., McCarty, D. K., Derkowski, A., Fischer, T. B., Topór, T., & Prasad, M. (2014). Nanoscale texture and porosity of organic matter and clay minerals in organic–rich mudrocks. *Fuel*, *135*, 359–373. https : //doi.org/10.1016/j.fuel.2014.06.036

Kumar, A. & Hammack, R. (2016). Long period, long duration (LPLD) seismicity observed during hydraulic fracturing of the Marcellus Shale in Greene County, Pennsylvania, (Figure 1), 2684–2688. https : //doi.org/10.1190/segam2016-13876878.1

Kumar, A., Chao, K., Hammack, R., & Harbert, W. (2018). Surface Seismic Monitoring of Hydraulic Fracturing Test Site (HFTS) in the Midland Basin, Texas National Energy Technology Laboratory, Department of Energy, Pittsburgh, PA, 1–11. https : //doi.org/10.15530/urtec-2018-2902789

Kumar, A., Zorn, E., Hammack, R., & Harbert, W. (2017). Long-period, long-duration seismicity observed during hydraulic fracturing of the Marcellus Shale in Greene County, Pennsylvania, (July), 580–587. https : //doi.org/10.1190/tle36070580.1

Kwon, O., Kronenberg, A. K., Gangi, A. F., Johnson, B., & Herbert, B. E. (2004). Permeability of illite-bearing shale : 1. Anisotropy and effects of clay content and loading. *Journal of Geophysical Research*, *109* (B10), 1–19. https : //doi.org/10.1029/2004JB003052

Kwon, O., Kronenberg, A. K., Gangi, A., & Johnson, B. (2001). Permeability of Wilcox shale and its effective pressure law. *Journal of Geophysical Research*, *106*, 19339–19353.

LaFollette, R. F., Holcomb, W. D., & Aragon, J. (2012). Practical Data Mining : Analysis of Barnett Shale Production Results with Emphasis on Well Completion and Fracture Stimulation : SPE 152531. *Society of Petroleum Engineers*. https : //doi.org/10.2118/152531–MS

Lakes, R. S. (1999). *Viscoelastic Solids*. CRC Mechanical Engineering Series.

Lalehrokh, F. & Bouma, J. (2014). Well Spacing Optimization in Eagle Ford. *SPE/CSUR Unconventional Resources Conference*. https : //doi.org/10.2118/171640–MS

Lan, Q., Xu, M., Binazadeh, M., Dehghanpour, H., & Wood, J. M. (2015). A comparative investigation of shale wettability : The significance of pore connectivity. *Journal of Natural Gas Science and Engineering*, *27*, 1174–1188. https : //doi.org/10.1016/j.jngse.2015.09.064

Langenbruch, C. & Shapiro, S. A. (2010). Decay rate of fluid-induced seismicity after termination of reservoir stimulations. *Geophysics*, *75* (6).

Langenbruch, C. & Zoback, M. D. (2016). How will induced seismicity in Oklahoma respond to decreased saltwater injection rates ? *Science Advances*, *2* (11), 1–9. https : //doi.org/10.1126/sciadv.1601542

Langenbruch, C. & Zoback, M. D. (2017). Response to comment on "How will induced seismicity in Oklahoma respond to decreased saltwater injection rates ? " *Science Advances*, *3* (8). https : //doi.org/10.1126/sciadv.aao2277

Langenbruch, C., Dinske, C., & Shapiro, S. A. (2011). Inter event times of fluid induced earthquakes suggest their Poisson nature. *Geophysical Research Letters*, *38* (21), 1–6. https : //doi.org/10.1029/2011GL049474

Langenbruch, C., Weingarten, M., & Zoback, M. D. (2018). Physics-based forecasting 1 of manmade earthquake hazards in Oklahoma and Kansas. *Nature Communications*, *9*, 3946. DOI : 10.1038/s41467-018-06167-4 9

Langmuir, I. (1916). The constitution and fundamental properties of solids and liquids. Part I. Solids. *Journal of the American Chemical Society*, *38* (11), 2221–2295. https : //doi.org/10.1021/ja02268a002

Laplace, P. S., Bowditch, N., & Bowditch, N. I. (1829). Mécanique céleste. *Meccanica.*

Laubach, S. E., Olson, J. E., & Gale, J. F. W. (2004). Are open fractures necessarily aligned with maximum horizontal stress? *Earth and Planetary Science Letters, 222* (1), 191–195.

Lecampion, B., Bunger, A., & Zhang, X. (2017). Numerical methods for hydraulic fracture propagation: A review of recent trends. *Journal of Natural Gas Science and Engineering.* https://doi.org/10.1016/j.jngse.2017.10.012

Lee, D., Shrivastava, K., & Sharma, M. M. (2017). *Effect of Fluid Rheology on Proppant Transport in Hydraulic Fractures in Soft Sands.* American Rock Mechanics Association.

Lee, S., Fischer, T. B., Stokes, M. R., Klingler, R. J., Ilavsky, J., McCarty, D. K., ...Winans, R. E. (2014). Dehydration effect on the pore size, porosity, and fractal parameters of shale rocks: Ultrasmall–angle X–ray scattering study. *Energy and Fuels, 28* (11), 6772–6779. https://doi.org/10.1021/ef501427d

Letham, E. A. & Bustin, R. M. (2016). Klinkenberg gas slippage measurements as a means forshale pore structure characterization. *Geofluids, 16* (2), 264–278. https://doi.org/10.1111/gfl.12147

Leu, L., Georgiadis, A., Blunt, M. J., Busch, A., Bertier, P., Schweinar, K., ... Ott, H. (2016). Multiscale description of shale pore systems by scanning SAXS and WAXS microscopy. *Energy and Fuels, 30* (12), 10282–10297. https://doi.org/10.1021/acs.energyfuels.6b02256

Li, J., Zhang, H., Sadi Kuleli, H., & Nafi Toksoz, M. (2011). Focal mechanism determination using high–frequency waveform matching and its application to small magnitude induced earthquakes. *Geophysical Journal International, 184* (3), 1261–1274. https://doi.org/10.1111/j.1365–246X.2010.04903.x

Li, N., Lolon, E., Mayerhofer, M., Cordts, Y., White, R., & Childers, A. (2017). Optimizing Well Spacing and Well Performance in the Piceance Basin Niobrara Formation. *SPE Hydraulic Fracturing Technology Conference and Exhibition.* https://doi.org/10.2118/184848–MS

Li, S., Yuan, Y., Sun, W., Sun, D., & Jin, Z. (2016). Formation and destruction mechanism as well as major controlling factors of the Silurian shale gas overpressure in the Sichuan Basin, China, *Journal of Natural Gas Geoscience, 1* (4), 287–294. doi: 10.1016/j.jnggs.2016.09.002.

Liang, B., Du, M., Goloway, C., Hammond, R., Yanez, P. P., & Richey, M. (2017). Subsurface Well Spacing Optimization in the Permian Basin. *Proceedings of the 5th Unconventional Resources Technology Conference.* https://doi.org/10.15530/urtec–2017–2671346

Lindsay, G. J., White, D. J., Miller, G. A., Baihly, J. D., & Sinosic, B. (2016). Understanding the Applicability and Economic Viability of Refracturing Horizontal Wells in Unconventional Plays. *SPE Hydraulic Fracturing Technology Conference.* https://doi.org/10.2118/179113–MS

Linker, M. F. & Dieterich, J. H. (1992). Effects of variable normal stress on rock friction: Observations and constitutive equations. *Journal of Geophysical Research, 97* (92), 4923–4940.

Lisjak, A., Grasselli, G., & Vietor, T. (2014). Continuum–discontinuum analysis of failure mechanisms around unsupported circular excavations in anisotropic clay shales. *International Journal of Rock Mechanics and Mining Sciences, 65*, 96–115. https://doi.org/10.1016/j.ijrmms.2013.10.006

Liu, F., Ellett, K., Xiao, Y., & Rupp, J. A. (2013). Assessing the feasibility of CO_2 storage in the New

Albany Shale (Devonian-Mississippian) with potential enhanced gas recovery using reservoir simulation. *International Journal of Greenhouse Gas Control*, *17*, 111-126. https : //doi.org/10.1016/j.ijggc.2013.04.018

Liu, S. & Valko, P. P. (2015). An Improved Equilibrium-Height Model for Predicting Hydraulic Fracture Height Migration in Multi-Layered Formations. *SPE Hydraulic Fracturing Technology Conference*, (1), 1-16. https : //doi.org/10.2118/173335-MS

Lockner, D. A., Byerlee, J. D., Kuksenko, V., Ponomarev, A., & Sidorin, A. (1992). Observations of quasistatic fault growth from acoustic emissions. In *Fault Mechanics and Transport Properties of Rocks* (pp. 1-29). Academic Press.

Lockner, D. A., Tanaka, H., Ito, H., Ikeda, R., Omura, K., & Naka, H. (2009). Geometry of the Nojima fault at Nojima-Hirabayashi, Japan – I. A simple damage structure inferred from borehole core permeability. *Pure and Applied Geophysics*, *166* (10-11), 1649-1667. https : //doi.org/10.1007/s00024-009-0515-0

Loucks, R. G. & Reed, R. M. (2014). Scanning-electron-microscope petrographic evidence for distinguishing organic-matter pores associated with depositional organic matter versus migrated organic matter in mudrocks. *GCAGS Journal*, *3*, 51-60.

Loucks, R. G. & Ruppel, S. C. (2007). Mississippian Barnett Shale : Lithofacies and depositional setting of a deep-water shale-gas succession in the FortWorth Basin, Texas. *AAPG Bulletin*, *91* (4), 579-601. https : //doi.org/10.1306/11020606059

Loucks, R. G., Reed, R. M., Ruppel, S. C., & Hammes, U. (2012). Spectrum of pore types and networks in mudrocks and a descriptive classification for matrix-related mudrock pores. *AAPG Bulletin*, *96*(6), 1071-1098. https : //doi.org/10.1306/08171111061

Loucks, R. G., Reed, R. M., Ruppel, S. C., & Jarvie, D. M. (2009). Morphology, genesis, and distribution of nanometer-scale pores in siliceous mudstones of the Mississippian Barnett Shale. *Journal of Sedimentary Research*, *79* (12), 848-861. https : //doi.org/10.2110/jsr.2009.092

Lund, B. & Townend, J. (2007). Calculating horizontal stress orientations with full or partial knowledge of the tectonic stress tensor. *Geophysical Journal International*, *170* (3), 1328-1335. https : //doi.org/10.1111/j.1365-246X.2007.03468.x

Lund Snee, J. E. & Zoback, M. D. (2016). State of stress in Texas : Implications for induced seismicity. *Geophysical Research Letters*, *43* (19), 10, 208-10, 214. https : //doi.org/10.1002/2016GL070974

Lund Snee, J.-E. & Zoback, M. D. (2018a). State of stress in the Central and Eastern U.S. Submitted to *Geology*.

Lund Snee, J.-E. & Zoback, M. D. (2018b). State of stress in the Permian Basin, Texas and New Mexico : Implications for induced seismicity. *The Leading Edge*, February. Retrieved from https : //doi.org/10.1190/tle37020127.1.

Luo, M., Baker, M. R., & Lemone, D. V. (1994). Distribution and generation of the overpressure system, eastern Delaware Basin, western Texas and southern New Mexico. *American Association of Petroleum Geologists Bulletin*, *78* (9), 1386-1405. https : //doi.org/10.1306/A25FECB1-171B-11D7-

Lupini, J. F., Skinner, A. E., & Vaughan, P. R. (1981). The drained residual strength of cohesive soils. *Géotechnique*, *31* (2), 181–213. https：//doi.org/10.1680/geot.1981.31.2.181

Lyman, S. N., Watkins, C., Jones, C. P., Mansfield, M. L., McKinley, M., Kenney, D., & Evans, J. (2017). Hydrocarbon and carbon dioxide fluxes from natural gas well pad soils and surrounding soils in Eastern Utah. *Environmental Science and Technology*, *51* (20), 11625–11633. https：//doi.org/10.1021/acs.est.7b03408

Lynn, H. B. (2004). The winds of change：Anisotropic rocks – Their preferred direction of fluid flow and their associated seismic signatures – Part 2. *The Leading Edge*, *23* (12), 1258–1268. https：//doi.org/10.1190/leedff.23.1258_1

Lyu, Q., Long, X., Ranjith, P. G., Tan, J., & Kang, Y. (2018). Experimental investigation on the mechanical behaviours of a low–clay shale under water–based fluids. *Engineering Geology*, *233* (July 2017), 124–138. https：//doi.org/10.1016/j.enggeo.2017.12.002

Lyu, Q., Ranjith, P. G., Long, X., Kang, Y., & Huang, M. (2015). A review of shale swelling by water adsorption. *Journal of Natural Gas Science and Engineering*, *27*, 1421–1431. https：//doi.org/10.1016/j.jngse.2015.10.004

Ma, L., Fauchille, A.-L., Dowey, P. J., Figueroa Pilz, F., Courtois, L., Taylor, K. G., & Lee, P. D. (2017). Correlative multi–scale imaging of shales：a review and future perspectives. *Geological Society*, *London*, *Special Publications*, *454*. https：//doi.org/10.1144/SP454.11

Ma, L., Slater, T., Dowey, P. J., Yue, S., Rutter, E. H., Taylor, K. G., & Lee, P. D. (2018). Hierarchical integration of porosity in shales. *Scientific Reports*, *8* (1), 1–14. https：//doi.org/101038/s41598-018-30153-x

Ma, L., Taylor, K. G., Lee, P. D., Dobson, K. J., Dowey, P. J., & Courtois, L. (2016). Novel 3D centimetre–to nano–scale quantification of an organic–rich mudstone：The Carboniferous Bowland Shale, Northern England. *Marine and Petroleum Geology*, *72*, 193–205. https：//doi.org/10.1016/j.marpetgeo.2016.02.008

Ma, X. & Zoback, M. D. (2017a). Laboratory experiments simulating poroelastic stress changes associated with depletion and injection in low–porosity sedimentary rocks. *Journal of Geophysical Research：Solid Earth*, *122* (4), 1–26. https：//doi.org/10.1002/2016JB013668

Ma, X. & Zoback, M. D. (2017b). Lithology–controlled stress variations and pad–scale faults：A case study of hydraulic fracturing in the Woodford Shale, Oklahoma. *Geophysics*, *82* (6). https：//doi.org/10.1190/GEO2017-0044.1

Ma, X. & Zoback, M. D. (2018). In situ variations with heterogeneous lithology in the Woodford shale, Oklahoma and modeling through viscous stress relaxation. *Rock Mechanics and Rock Engineering*.

Mack, M. & Warpinski, N. R. (1989). Mechanics of hydraulic fracturing. In M. J. Economides & K. Nolte (eds.), *Reservoir Stimulation* (3rd edn., p. 807). Wiley.

Marone, C. & Cox, S. J. D. (1994). Scaling of rock friction constitutive parameters：The effects of surface roughness and cumulative offset on friction of gabbro. *Pure and Applied Geophysics*, *143* (1-3), 359–385.

https : //doi.org/10.1007/BF00874335

Marone, C. & Kilgore, B. (1993) . Scaling of the critical slip distance for seismic faulting with shear strain in fault zones. *Nature*, *362* (6421), 618–621. https : //doi.org/10.1038/362618a0

Marone, C., Raleigh, C. B., & Scholz, C. H. (1990) . Frictional behavior and constitutive modeling of simulated fault gouge. *Journal of Geophysical Research*, *95*, 7007–7025.

Marongiu Porcu, M., Lee, D., Shan, D., & Morales, A. (2015) . Advanced Modeling of Interwell Fracturing Interference : An Eagle Ford Shale Oil Study. *SPE Hydraulic Fracturing Technology Conference*. https : //doi.org/10.2018/174902–MS

Martin, T., Kotov, S., Nelson, S. G., & Hughes, B. (2016) . Stimulation of unconventional reservoirs. In U. Ahmed & D. N. Meehan (eds.), *Unconventional Oil and Gas Resources : Exploitation and Development*. Boca Raton, FL : CRC Press.

Martínez–Garzón, P., Ben–Zion, Y., Abolfathian, N., Kwiatek, G., & Bohnhoff, M. (2016) . A refined methodology for stress inversions of earthquake focal mechanisms. *Journal of Geophysical Research : Solid Earth*, *121* (12), 8666–8687. https : //doi.org/10.1002/2016JB013493

Maury, J., Cornet, F. H., & Dorbath, L. (2013) . A review of methods for determining stress fields from earthquakes focal mechanisms ; Application to the Sierentz 1980 seismic crisis (Upper Rhine Graben) . *Bulletin de La Societe Geologique de France*, *184* (4–5), 319–334. https : //doi.org/10.2113/gssgfbull.184.4–5.319

Mavko, G., Mukerji, T., & Dvorkin, J. (2009) . *The Rock Physics Handbook*, *Second Edition : Tools for Seismic Analysis of Porous Media*. Cambridge University Press.

Maxwell, S. C. (2009) . Assessing the Impact of Microseismic Location Uncertainties On Interpreted Fracture Geometries. *SPE Annual Technical Conference and Exhibition*, 13. https : //doi.org/10.2118/125121–MS

Maxwell, S. C. (2012) . Statistical Evaluation for Comparative Microseismic Interpretation. *74th EAGE Conference & Exhibition Incorporating SPE EUROPEC 2012*, (June 2012), D023.

Maxwell, S. C. (2014) . *Microseismic Imaging of Hydraulic Fracturing : Improved Engineering of Unconventional Shale Reservoirs*. *Society of Exploration Geophysicists*. https : //doi. org/10.1190/1.9781560803164

Maxwell, S. C. & Cipolla, C. (2011) . SPE 146932 What Does Microseismicity Tell Us About Hydraulic Fracturing ? (November) .

Maxwell, S. C., Raymer, D., Williams, M., & Primiero, P. (2012) . Tracking microseismic signals fro the reservoir to the surface. *The Leading Edge*, (November) .

Maxwell, S. C., Shemeta, J., Campbell, E., & Quirk, D. (2008) . Microseismic Deformation Rate Monitoring. In *EAGE Passive Seismic Workshop – Exploration and Monitoring Applications* (p. SPE 116596) . https : //doi.org/10.2118/116596–MS

Maxwell, S. C., Urbancic, T. I., Steinsberger, N., & Zinno, R. (2002) . Microseismic Imaging of Hydraulic Fracture Complexity in the Barnett shale, Paper 77440. In *Society Petroleum Engineering Annual Technical Conference*. San Antonio, TX : Society of Petroleum Engineers.

Mayerhofer, M. J., Lolon, E., Warpinski, N. R., Cipolla, C. L., Walser, D.W., & Rightmire, C. M.（2010）. What is stimulated reservoir volume？ *SPE Production & Operations*, *25*（01）, 89–98. https：//doi. org/10.2118/119890–PA

McClure, M.W.（2017）. The Spurious deflection of log–log superposition–time derivative plots of diagnostic fracture–injection tests. *SPE Reservoir Evaluation & Engineering*, *20*（04）（November 2016）, 12. https：//doi.org/10.2118/186098–PA

McClure, M. W. & Horne, R. N.（2011）. Investigation of injection–induced seismicity using a coupled fluid flow and rate/state friction model. *Geophysics*, *76*（6）, WC181–WC198. https：//doi.org/10.1190/geo2011–0064.1

McClure, M.W. & Kang, C. A.（2017）. A Three–Dimensional Reservoir, Wellbore, and Hydraulic Fracturing Simulator that is Compositional and Thermal, Tracks Proppant and Water Solute Transport, Includes Non–Darcy and Non–Newtonian Flow, and Handles Fracture Closure SPE–182593. In *SPE Reservoir Simulation Conference in Montgomery*, *TX 20–22 February 2017*. Society of Petroleum Engineering. https：//doi.org/10.2118/182593–MS

McClure, M. W., Babazadeh, M., Shiozawa, S., & Huang, J.（2016）. Fully coupled hydromechanical simulation of hydraulic fracturing in 3D discrete–fracture networks. *SPE Journal*, *21*（04）, 1302–1320. https：//doi.org/10.2118/173354–PA

Mckernan, R., Mecklenburgh, J., Rutter, E., & Taylor, K.（2017）. Microstructural controls on the pressure–dependent permeability of Whitby Mudstone. *Geological Society of London Special Publication*, *454*. https：//doi.org/10.1144/SP454.15

McNamara, D. E., Benz, H. M., Herrmann, R. B., Bergman, E. A., Earle, P., Holland, A., ... Gassner, A.（2015）. Earthquake hypocenters and focal mechanisms in central Oklahoma reveal a complex system of reactivated subsurface strike–slip faulting. *Geophysical Research Letters*, *42*（8）, 2742–2749. https：//doi.org/10.1002/2014GL062730

McNutt, S. R.（1992）. Volcanic tremor. In *Encyclopedia of Earth System Science*（pp. 417–425）. Academic Press Inc.

McPhee, C., Reed, J., & Zubizarreta, I.（2015）. Best practice in coring and core analysis. *Developments in Petroleum Science*, *64*, 1–15. https：//doi.org/10.1016/B978–0–444–63533–4.00001–9

Meléndez–Martínez, J. & Schmitt, D. R.（2016）. A comparative study of the anisotropic dynamic and static elastic moduli of unconventional reservoir shales：Implication for geomechanical investigations. *Geophysics*, *81*（3）, D245–D261. https：//doi.org/10.1190/geo2015–0427.1

Michael, A. J.（1984）. Determination of stress from slip data：Faults and folds. *Journal of Geophysical Research*, *89*（B13）, 11517–11526.

Middleton, R. S., Carey, J.W., Currier, R. P., Hyman, J. D., Kang, Q., Karra, S., ... Viswanathan, H. S.（2015）. Shale gas and non–aqueous fracturing fluids：Opportunities and challenges for supercritical CO_2. *Applied Energy*, *147*, 500–509. https：//doi.org/10.1016/j.apenergy.2015.03.023

Miller, B., Paneitz, J., Mullen, M., Meijs, R., Tunstall, K., & Garcia, M.（2008）. The Successful

Application of a Compartmental Completion Technique Used to Isolate Multiple Hydraulic–Fracture Treatments in Horizontal Bakken Shale Wells in North Dakota. In *SPE Annual Technical Conf. and Exhibition*.

Miller, D. E., Daley, T. M., White, D., Freifeld, B. M., Robertson, M., Cocker, J., & Craven, M. (2012). Simultaneous Acquisition of Distributed Acoustic Sensing VSP with Multi–mode and Single–mode Fiber–optic Cables and 3C–Geophones at the Aquistore CO_2 Storage Site, *CSEG Recorder*, 28–33.

Miller, G., Lindsay, G., Baihly, J., & Xu, T. (2016). Parent well refracturing : Economic safety nets in an uneconomic market. *CC*, (May), 5–6. https : //doi.org/10.2118/180200–MS

Milliken, K. L. & Day–Stirrat, R. J. (2013). Cementation in mudrocks : Brief review with examples from cratonic basin mudrocks. *AAPG Memoir*, *103*, 133–150. https : //doi.org/10.1306/13401729H5252

Milliken, K. L., Rudnicki, M., Awwiller, D. N., & Zhang, T. (2013). Organic matter–hosted pore system, Marcellus Formation (Devonian), Pennsylvania. *AAPG Bulletin*, *97* (2), 177–200. https : //doi.org/10.1306/07231212O48

Mitchell, J. K. & Soga, K. (2005). *Fundamentals of Soil Behavior*. New York : John Wiley & Sons.

Mitchell, T. M. & Faulkner, D. R. (2009). The nature and origin of off–fault damage surrounding strike–slip fault zones with a wide range of displacements : A field study from the Atacama fault system, northern Chile. *Journal of Structural Geology*, *31* (8), 802–816. https : //doi.org/10.1016/j.jsg.2009.05.002

Mokhtari, M., Alqahtani, A. A., Tutuncu, A. N., & Yin, X. (2013). Stress–Dependent Permeability Anisotropy and Wettability of Shale Resources. In *Unconventional Resources Technology Conference* (pp. 2713–2728).

Montgomery, S. L., Jarvie, D. M., Bowker, K. A., & Pollastro, R. M. (2005). Mississippian Barnett Shale, Fort Worth basin, north–central Texas : Gas–shale play with multi–trillion cubic foot potential. *AAPG Bulletin*, *89* (2), 155–175. https : //doi.org/10.1306/09170404042

Moore, D. E. & Lockner, D. A. (2004). Crystallographic controls on the frictional behavior of dry and water–saturated sheet structure minerals. *Journal of Geophysical Research*, *109* (B3), 1–16. https : //doi.org/10.1029/2003JB002582

Moos, D. & Zoback, M. D. (1990). Utilization of observations of well bore failure to constrain the orientation and magnitude of crustal stresses : Application to continental deep sea drilling project and ocean drilling program boreholes. *Journal of Geophysical Research*, *95*, 9305–9325.

Moos, D. & Zoback, M. D. (1993). State of stress in the Long Valley caldera, California. *Geology*, *21*, 837. https : //doi.org/10.1130/0091–7613 (1993) 021<0837: SOSITL>2.3.CO ; 2

Moos, D., Vassilellis, G., Cade, R., Franquet, J., Lacazette, A., Bourtembourg, E., & Daniel, G. (2011). Predicting Shale Reservoir Response to Stimulation in the Upper Devonian of West Virginia. *SPE Annual Technical Conference and Exhibition*, 16.

Morales, A., Zhang, K., Gekhar, K., Marongiu Porcu, M., Lee, D., Shan, D., ... Acock, A. (2015). Advanced Modeling of Interwell Fracturing Interference : An Eagle Ford Shale Oil Study – Refracturing. *SPE Hydraulic Fracturing Technology Conference*. https : //doi.org/10.2116/179177–MS

Morales, A., Zhang, K., Gakhar, K., Porcu, M., Lee, D. Shan, D. Malpani, R. Pope, T, Sobernheim, D,

Acock, S. (2016). Advanced Modelling of Interwell Fracturing Interference : An Eagle Ford Shale Oil Study – Refracturing, SPE 179177–MS, SPE Hydraulic Fracturing Technology Conference, The Woodlands, Texas, 9–11 February 2016.

Morrow, C. A., Bo-Chong, Z., & Byerlee, J. D. (1986). Effective pressure law for permeability of Westerly granite under cycling loading. *Journal of Geophysical Research*, *91* (6), 3870–3876. https : //doi. org/10.1029/JB091iB03p03870

National Academies Press (2017). *Flowback and Produced Waters*. National Academies Press. https : //doi. org/10.17226/24620

National Research Council (2012). *Induced Seismicity Potential in Energy Technologies*. National Academies Press.

Nelson, P. H. (2003). A review of the multiwell experiment, Williams Fork and Iles Formations, Garfield County, Colorado. In *U.S. Geological Survey Digital Data Series DDS–69–B* (Chapter 15). U.S. Geological Survey.

Nelson, P. H. (2009). Pore–throat sizes in sandstones, tight sandstones, and shales. *AAPG Bulletin*, *93* (3), 329–340. https : //doi.org/10.1306/10240808059

Nelson, P. H., Gianoutsos, N. J., & Drake, R. M. (2015). Underpressure in mesozoic and paleozoic rock units in the midcontinent of the United States. *AAPG Bulletin*, *99* (10), 1861–1892. https : //doi. org/10.1306/04171514169

Nicholson, C. & Wesson, R. L. (1992). Triggered earthquakes and deep well activities. *Pure & Applied Geophysics*, *139* (3), 561–578.

Nicot, J. P., Scanlon, B. R., Reedy, R. C., & Costley, R. A. (2014). Source and fate of hydraulic fracturing water in the Barnett Shale : A historical perspective. *Environmental Science and Technology*, 2464–2471. https : //doi.org/dx.doi.org/10.1021/es404050r

Nolte, K. (1979). Determination of Fracture Parameters From Fracturing Pressure Decline, SPE–8341–MS. *SPE Annual Technical Conference and Exhibition*, *Las Vegas*, *Nevada*, *USA*, *23–26 September.* https : // doi.org/10.2118/8341–MS.

Nolte, K., Maniere, J. L., & Owens, K. A. (1979). After–Closure Analysis of Fracture Calibration Tests. Paper SPE 38676, Society of Petroleum Engineers.

Nur, A. & Byerlee, J. D. (1971). An exact effective sress law for elastic deformation of rock with fluids. *Journal of Geophysical Research*, 6414–6419.

Nuttall, B. C., Drahovzal, J. A., Eble, C., & Bustin, R. M. (2005). CO_2 Sequestration in Gas Shales of Kentucky (Vol. 19).

Nygaard, K. J., Cardenas, J., Krishna, P. P., Ellison, T. K., & Templeton–Barrett, E. L. (2013). Technical Considerations Associated with Risk Management of Potential Induced Seismicity in Injection Operations. In *5to. Congreso de Producción y Desarrollo de Reservas*. Retrieved from https : //pangea.stanford. edu/researchgroups/scits/sites/default/files/Argentina_Congress_May2013_TechConRiskManIndSeismicity_ Final.pdf

Odling, N. E., Gillespie, P., Bourgine, B., Castaing, C., Chiles, J. P., Christensen, N. P., . . . Watterson, J. (1999). Variations in fracture system geometry and their implications for fluid flow in fractures hydrocarbon reservoirs. *Petroleum Geoscience*, *5* (4), 373–384. https : //doi.org/10.1144/petgeo.5.4.373

Ogwari, P. O., DeShon, H. R., & Hornbach, M. J. (2018). The Dallas–Fort Worth Airport earthquake sequence : Seismicity beyond injection period. *Journal of Geophysical Research : Solid Earth*, *123* (1), 553–563. https : //doi.org/10.1002/2017JB015003

Ojha, S. P., Misra, S., Tinni, A., Sondergeld, C., & Rai, C. (2017). Pore connectivity and pore size distribution estimates for Wolfcamp and Eagle Ford shale samples from oil, gas and condensate windows using adsorption–desorption measurements. *Journal of Petroleum Science and Engineering*, *158*, 454–468. https : //doi.org/10.1016/j.petrol.2017.08.070

Parshall, J. (2018). "Enormous" merge play resource rivals major world gas fields, largest discoveries. *Journal of Petroleum Technology*, 18 March.

Passey, Q. R., Bohacs, K. M., Esch, W. L., Klimentidis, R., & Sinha, S. (2010). From Oil–Prone Source Rock to Gas–Producing Shale Reservoir – Geologic and Petrophysical Characterization of Unconventional Shale–Gas Reservoirs. *CPS/SPE International Oil & Gas Conference and Exhibition in China*, *SPE145849*, 1707–1735. https : //doi.org/10.2118/131350–MS

Patchen, D. G. & Carter, K. M., eds. (2015). *Utica Shale Appalachian Basin Exploration Consortium Final Report*. West Virginia University.

Patel, H., Johanning, J., & Fry, M. (2013). Borehole Microseismic, Completion and Production Data Analysis to Determine Future Wellbore Placement, Spacing and Vertical Connectivity, Eagle Ford Shale, South Texas. In *Unconventional Resources Technology Conference*, *Denver*, *Colorado*, 12–14 August 2013 (pp. 225–236). https : //doi.org/10.1190/urtec2013–026

Paterson, M. S. & Wong, T. (2005). *Experimental Rock Deformation – The Brittle Field*. Berlin : Springer.

Pathi, V. S. M. (2008). *Factors Affecting the Permeability of Gas Shales*. University of British Columbia.

Patzek, T., Male, F., & Marder, M. (2013). Gas production in the Barnett Shale obeys a simple scaling theory. *Proceedings of the National Academy of Sciences*, *110* (49), 19731–19736. https : //doi.org/10.1073/pnas.1313380110

Patzek, T., Male, F., & Marder, M. (2014). A simple model of gas production from hydrofractured horizontal wells in shales. *AAPG Bulletin*, *98* (12), 2507–2529. https : //doi.org/10.1306/03241412125

Paul, P., Zoback, M., & Hennings, P. (2009). Fluid Flow in a Fractured Reservoir Using a Geomechanically Constrained Fault–Zone–Damage Model for Reservoir Simulation. *SPE Reservoir Evaluation and Engineering*, *August* (4).

Peltonen, C., Marcussen, Ø., Bjørlykke, K., & Jahren, J. (2009). Clay mineral diagenesis and quartz cementation in mudstones : The effects of smectite to illite reaction on rock properties. *Marine and Petroleum Geology*, *26* (6), 887–898. https : //doi.org/10.1016/J.MARPETGEO.2008.01.021

Peng, S. & Xiao, X. (2017). Investigation of multiphase fluid imbibition in shale through synchrotron–based dynamic micro–CT imaging. *Journal of Geophysical Research : Solid Earth*, *122* (6), 4475–4491.

https : //doi.org/10.1002/2017JB014253

Peng, S., Yang, J., Xiao, X., Loucks, B., Ruppel, S. C., & Zhang, T. (2015). An integrated method for upscaling pore–network characterization and permeability estimation : Example from the Mississippian Barnett Shale. *Transport in Porous Media*, *109* (2), 359–376. https : //doi.org/10.1007/s11242–015–0523–8

Perez Altamar, R. & Marfurt, K. (2014). Mineralogy–based brittleness prediction from surface seismic data : Application to the Barnett Shale. *Interpretation*, *2* (4), T255–T271. https : //doi.org/10.1190/INT–2013–0161.1

Perez Altamar, R. & Marfurt, K. J. (2015). Identification of brittle/ductile areas in unconventional reservoirs using seismic and microseismic data : Application to the Barnett Shale. *Interpretation*, *3* (4), T233–T243. https : //doi.org/10.1190/INT–2013–0021.1

Peters, K. E., Walters, C. C., & Moldowan, J. M. (2005). Origin and preservation of organic matter. *The Biomarker Guide*, *1*, 3–17.

Pettegrew, J. & Qiu, J. (2016). *Understanding Wolfcamp Well Performance – A Workflow to Describe the Relationship Between Well Spacing and EUR*, 1–3. https : //doi.org/10.15530–urtec–2016–2464916

Poirier, J.–P. (1985). *Creep of Crystals : High-Temperature Deformation Processes in Metals, Ceramics and Minerals*. Cambridge University Press.

Pollastro, R. M. (2007). Total petroleum system assessment of undiscovered resources in the giant Barnett Shale continuous (unconventional) gas accumulation, Fort Worth Basin, Texas. *AAPG Bulletin*, *91* (4), 551–578. https : //doi.org/10.1306/06200606007

Pollastro, R. M., Jarvie, D. M., Hill, R. J., & Adams, C. W. (2007). Geologic framework of the Mississippian Barnett Shale, Barnett–Paleozoic total petroleum system, Bend arch–Fort Worth Basin, Texas. *AAPG Bulletin*, *91* (4), 405–436. https : //doi.org/10.1306/10300606008

Rahm, B. G. & Riha, S. J. (2012). Toward strategic management of shale gas development : Regional, collective impacts on water resources. *Environmental Science and Policy*, *17*, 12–23. https : //doi.org/10.1016/j.envsci.2011.12.004

Rainbolt, M. F., Corporation, A., & Esco, J. (2018). SPE–189853–MS Paper Title : Frac Hit Induced Production Losses : Evaluating Root Causes, Damage Location, Possible Prevention Methods and Success of Remediation Treatments, Part II Case Study V, Wolfcamp, " *PARENT* " – " *CHILD* " Relationship, *187192* (partI).

Raleigh, C. B., Healy, J. H., & Bredehoeft, J. D. (1976). An experiment in earthquake control at Rangely, Colorado. *Science*, *191*, 1230–1237.

Ramanathan, V., Boskovic, D., Zhmodik, A., Li, Q., Ansarizadeh, M., Michi, O. P., & Garcia, G. (2015). A Simulation Approach to Modelling and Understanding Fracture Geometry with Respect to Well Spacing in Multi Well Pads in the Duvernay – A Case.

Randen, T., Pedersen, S., & Sønneland, L. (2001). Automatic extraction of fault surfaces from three dimensional seismic data. In *SEG Technical Program Expanded Abstracts* (pp. 551–554). https : //doi.

org/10.1190/1.1816675

Randolph, P. L., Soeder, D. J., & Chowdiah, P. (1984). Porosity and Permeability of Tight Sands. SPE Unconventional Gas Recovery Symposium. https://doi.org/10.2118/12836-MS

Rassouli, F. (2018). Laboratory study on the effects of carbonates and clay content on viscoplastic deformation of shales at reservoir conditions. Stanford University.

Rassouli, F. S. & Zoback, M. D. (2018). Comparison of short-term and long-term creep experiments in shales and carbonates from unconventional gas reservoirs. *Rock Mechanics and Rock Engineering*. https://doi.org/10.1007/s00603-018-1444-y

Rassouli, F. S., Ross, C. M., & Zoback, M. D. (2016). Shale Rock Characterization Using Multi-Scale Imaging. American Rock Mechanics Association.

Raterman, K. T., Farrell, H. E., Mora, O. S., Janssen, A. L., Gomez, G. A., Busetti, S., ...Warren, M. (2017). Sampling a Stimulated Rock Volume: An Eagle Ford Example (pp. 24-26). https://doi.org/10.15530/urtec-20172670034

Revil, A., Grauls, D., & Brevart, O. (2002). Mechanical compaction of sand/clay mixtures. *Journal of Geophysical Research*, *107* (B11), 2293. https://doi.org/10.1029/2001JB000318

Reynolds, A. C., Bonnie, R. J. M., Kelly, S., Krumm, R., & Group, P. O. (2018). Quantifying Nanoporosity: Insights Revealed by Parallel and Multiscale Analyses, (July), 1-12. https://doi.org/10.15530/urtec-2018-2898355

Rickman, R., Mullen, M. J., Petre, J. E., Grieser, W. V., & Kundert, D. (2008). A Practical Use of Shale Petrophysics for Stimulation Design Optimization: All Shale Plays Are Not Clones of the Barnett Shale. *SPE Annual Technical Conference and Exhibition*, (Wang), 1-11. https://doi.org/10.2118/115258-MS

Rittenhouse, S., Currie, J., & Blumstein, R. (2016). Using Mud Weights, DST, and DFIT Data to Generate a Regional Pore Pressure Model for the Delaware Basin, New Mexico and Texas, 1243-1252.

Rong, G., Yang, J., Cheng, L., & Zhou, C. (2016). Laboratory investigation of nonlinear flow characteristics in rough fractures during shear process. *Journal of Hydrology*, *541*, 1385-1394. https://doi.org/10.1016/j.jhydrol.2016.08.043

Ross, D. J. K. & Bustin, M. (2009). The importance of shale composition and pore structure upon gas storage potential of shale gas reservoirs. *Marine and Petroleum Geology*, *26* (6), 916-927. https://doi.org/10.1016/j.marpetgeo.2008.06.004

Roy, B., Hart, B., Mironova, A., Zhou, C., & Zimmer, U. (2014). Integrated characterization of hydraulic fracture treatments in the Barnett Shale: The Stocker geophysical experiment. *Interpretation*, *2* (2), T111-T127. https://doi.org/10.1190/INT-2013-0071.1

Rubinstein, J. L. & Mahani, A. B. (2015). Myths and facts on wastewater injection, hydraulic fracturing, enhanced oil recovery, and induced seismicity. *Seismological Research Letters*, *86* (4), 1060-1067. https://doi.org/10.1785/0220150067

Rucker, W. K., Oil, E., States, U., Bobich, J., Oil, E., States, U., ... States, U. (2016). Low Cost Field Application of Pressure Transient Communication for Rapid Determination of the Upper Limit of

Horizontal Well Spacing, 2466–2474.

Rüger, A. & Gray, D. (2014). Analysis of anisotropic fractured reservoirs. *Encyclopedia of Exploration Geophysics*, N1–N14.

Ruina, A. (1983). Slip instability and state variable friction laws. *Journal of Geophysical Research*. https : // doi.org/10.1029/JB088iB12p10359

Rutledge, J. & Phillips, W. S. (2003). Hydraulic stimulation of natural fractures as revealed by induced microearthquakes, Carthage Cotton Valley gas field, east Texas. *Geophysics*, *68* (2), 441–452. https : // doi.org/10.1190/1.1567214

Rutledge, J., Downie, R., Maxwell, S., & Drew, J. (2013). Geomechanics of Hydraulic Fracturing Inferred from Composite Radiation Patterns of Microseismicity. *Proceedings of SPE Annual Technical Conference and Exhibition*, SPE 166370. https : //doi.org/10.2118/166370–MS

Rutledge, J., Phillips, W. S., & Mayerhofer, M. J. (2004). Faulting induced by forced fluid injection and fluid flow forced by faulting : An interpretation of hydraulic–fracture microseismicity, Carthage Cotton Valley gas field, Texas. *Bulletin of the Seismological Society of America*, *94* (5), 1817–1830. https : //doi. org/10.1785/012003257

Rutledge, J., Weng, X., Chapman, C., Yu, X., & Leaney, S. (2016). Bedding–Plane Slip as a Microseismic Source During Hydraulic Fracturing. *SEG International Exposition and 86th Annual Meeting*, 2555–2559. https : //doi.org/10.1190/segam2016–13966680.1

Rutledge, J., Yu, X., Leaney, S., Bennett, L., & Maxwell, S. (2014). Microseismic shearing generated by fringe cracks and bedding–plane slip. *SEG Technical Program Expanded Abstracts 2014*, 2267– 2272. https : //doi.org/10.1190/segam2014–0896.1

Rutter, E. H. (1974). The influence of temperature, strain rate and interstitial water in the experimental deformation of calcite rocks. *Tectonophysics*, *22* (3–4), 311–334. https : //doi.org/10.1016/0040–1951 (74) 90089–4

Rutter, E. H. & Mecklenburgh, J. (2018). Influence of normal and shear stress on the hydraulic transmissivity of thin cracks in a tight quartz sandstone, a granite, and a shale. *Journal of Geophysical Research : Solid Earth*, *123* (2), 1262–1285. https : //doi.org/10.1002/2017JB014858

Rutter, E. H., Hackston, A. J., Yeatman, E., Brodie, K. H., Mecklenburgh, J., & May, S. E. (2013). Reduction of friction on geological faults by weak–phase smearing, *Journal of Structural Geology*, *51*, 52–60.

Sahai, V., Jackson, G., & Rai, R. (2012). SPE 1557 Optimal Well W Spacing Configurations for Unconventional Gas Reservoirs. *Americas Unconventional Resources Conference*, *June 5–7, 2013*, (2010 0).

Saldungaray, P. & Palisch, T. (2012). Hydraulic fracture optimization in unconventional reservoirs. *World Oil*, (Spec. Suppl.), 7–13.

Sandrea, R. & Sandrea, I. (2014). New well–productivity data provide US shale potential insights. *Oil & Gas*, 66–77.

Sardinha, C., Petr, C., Lehmann, J., Pyecroft, J., Merkle, S., & Energy, N. (2014). Determining

Interwell Connectivity and Reservoir Complexity Through Frac Introduction to the Horn River Shales, (Table 1), 1–15.

Saunois, M., Jackson, R. B., Bousquet, P., Poulter, B., & Candell, J. G. (2016). The growing role of methane in anthropogenic climate change. *Environmental Research Letters*, *11*. https : //doi.org/doi : 10.1088/1748–9326/11/12/120207

Savage, H. M. & Brodsky, E. E. (2011). Collateral damage : Evolution with displacement of fracture distribution and secondary fault strands in fault damage zones. *Journal of Geophysical Research : Solid Earth*, *116* (3). https : //doi.org/10.1029/2010JB007665

Sayers, C. M. (1994). The elastic anisotrophy of shales. *Journal of Geophysical Research*, *99* (B1), 767. https : //doi.org/10.1029/93JB02579

Scales, M. M., DeShon, H. R., Magnani, M. B., Walter, J. I., Quinones, L., Pratt, T. L., & Hornbach, M. J. (2017). A decade of induced slip on the causative fault of the 2015 Mw4.0 Venus earthquake, Northeast Johnson County, Texas. *Journal of Geophysical Research : Solid Earth*, *122* (10), 7879–7894. https : // doi.org/10.1002/2017JB014460

Scanlon, B. R., Reedy, R. C., & Nicot, J. P. (2014). Comparison of water use for hydraulic fracturing for unconventional oil and gas versus conventional oil. *Environmental Science & Technology*, *48* (20), 12386–93. https : //doi.org/10.1021/es502506v

Scanlon, B. R., Reedy, R. C., Male, F., & Walsh, M. (2017). Water issues related to transitioning from conventional to unconventional oil production in the Permian Basin. *Environmental Science & Technology*, acs.est.7b02185. https : //doi.org/10.1021/acs.est.7b02185

Schieber, J. (2010). Common Themes in the Formation and Preservation of Intrinsic Porosity in Shales and Mudstones – Illustrated with Examples Across the Phanerozoic. *SPE Unconventional Gas Conference*. https : //doi.org/10.2118/132370–MS

Schoenball, M. & Ellsworth, W. L. (2017).Waveform–relocated earthquake catalog for Oklahoma and Southern Kansas illuminates the regional fault network. *Seismological Research Letters*, *88* (5), 1252–1258. https : //doi.org/10.1785/0220170083

Schoenball, M., Walsh, F. R., Weingarten, M., & Ellsworth, W. L. (2018). How faults wake up : The Guthrie–Langston, Oklahoma earthquakes. *The Leading Edge*, *37* (2), 100–106. https : //doi.org/10.1190/ tle37020100.1

Scuderi, M. M. & Collettini, C. (2016). The role of fluid pressure in induced vs. triggered seismicity : insights from rock deformation experiments on carbonates. *Scientific Reports*, *6* (24852). https : //doi. org/10.1038/srep24852

Scuderi, M. M., Collettini, C., & Marone, C. (2017a). Fluid–injection and the mechanics of frictional stability of shale–bearing faults. In *EGU General Assembly Conference Abstracts*.

Scuderi, M. M., Collettini, C., & Marone, C. (2017b). Frictional stability and earthquake triggering during fluid pressure stimulation of an experimental fault. *Earth and Planetary Science Letters*, *477*, 84–96. https : //doi.org/10.1016/j.epsl.2017.08.009

Segall, P. (1995). A note on induced stress changes in hydrocarbon and geothermal reservoirs.

Segall, P., Grasso, J. R., & Mossop, A. (1994). Poroelastic stressing and induced seismicity near the Lacq Gas Field, Southwestern France. *Journal of Geophysical Research*, *99* (15), 423.

Segall, P., Rubin, A. M., Bradley, A. M., & Rice, J. R. (2010). Dilatant strengthening as a mechanism for slow slip events. *Journal of Geophysical Research : Solid Earth*, *115* (12). https://doi.org/10.1029/2010JB007449

Sen, V., Min, K. S., Ji, L., & Sullivan, R. (2018). Completions and Well Spacing Optimization by Dynamic SRV Modeling for Multi-Stage Hydraulic Fracturing SPE 191571. In *SPE ATCE*.

Shaffer, D. L., Chavez, L. H., Ben-Sasson, M., Castrillon, S., Yip, N., & Elimelech, M. (2013). Critical review desalination and reuse of high-salinity shale gas produced water : Drivers, technologies, and future directions. *Environmental Science & Technology*, *47*, 9569–9583. https://doi.org/dx.doi.org/10.1021/es401966e

Shaffner, J., Cheng, A., Simms, S., Keyser, E., & Yu, M. (2011). The Advantage of Incorporating Microseismic Data into Fracture Models. *Canadian Unconventional Resources Conference*, 1–12.

Shanley, K.W., Cluff, R. M., &Robinson, J.W. (2004). Factors controlling prolific gas production from low permeability sandstone reservoirs implications for resource assessment prospect development and risk analysis. *AAPG Bulletin*, *88* (8), 1083–1121.

Shapiro, S. A. (2015). *Fluid-Induced Seismicity*. Cambridge University Press.

Shapiro, S. A., Dinske, C., Langenbruch, C., & Wenzel, F. (2010). Seismogenic index and magnitude probability of earthquakes induced during reservoir fluid stimulations. *The Leading Edge*, *March*, 304–309.

Shemeta, J. & Anderson, P. (2010). It's a matter of size : Magnitude and moment estimates for microseismic data. *The Leading Edge*, (March).

Shen, Y., Ge, H., Meng, M., Jiang, Z., & Yang, X. (2017). Effect of water imbibition on shale permeability and its influence on gas production. *Energy and Fuels*, *31* (5), 4973–4980. https://doi.org/10.1021/acs.energyfuels.7b00338

Shrivastava, K., Hwang, J., & Sharma, M. M. (2018). Formation of Complex Fracture Networks in the Wolfcamp Shale : Calibrating Model Predictions with Core Measurements from the Hydraulic Fracturing Test Site SPE-191630. In *SPE Annual Technical Conference and Exhibition*.

Siddiqui, M. A. Q., Ali, S., Fei, H., & Roshan, H. (2018). Current understanding of shale wettability : A review on contact angle measurements. *Earth-Science Reviews*, *181* (October 2017), 1–11. https://doi.org/10.1016/j.earscirev.2018.04.002

Siddiqui, S. & Kumar, A. (2016). Well Interference Effects for Multiwell Configurations in Unconventional Reservoirs. *SPE*.

Sigal, R. F. (2013). Mercury capillary pressure measurements on Barnett Core. *SPE Reservoir Evaluation & Engineering*, *16* (04), 432–442. https://doi.org/10.2118/167607–PA

Sileny, J., Hill, D. P., Eisner, L., & Cornet, F. H. (2009). Non-double-couple mechanisms of microearthquakes induced by hydraulic fracturing. *Journal of Geophysical Research : Solid Earth*, *114* (8),

1–15. https : //doi.org/10.1029/2008JB005987

Simpson, R. W. (1997) . Quantifying Anderson's fault types, *Journal of Geophysical Research*, *102*, 909–919.

Singh, H. (2016) . A critical review of water uptake by shales. *Journal of Natural Gas Science and Engineering*, *34*, 751–766. https : //doi.org/10.1016/j.jngse.2016.07.003

Sinha, S., Braun, E. M., Passey, Q. R., Leonardi, S. A., Wood, A. C., Zirkle, T., ... Kudva, R. A. (2012) . Advances in Measurement Standards and Flow Properties Measurements for Tight Rocks such as Shales. In *SPE/EAGE European Unconventional Resources Conference and Exhibition*. Society of Petroleum Engineers. https : //doi.org/10.2118/152257–MS

Skempton, A.W. (1960) . *Effective Stress in Soils*, *Concrete*, *and Rock*, *Pore Pressure and Suction in Soils*. London : Butterworths.

Skoumal, R. J., Brudzinski, M. R., & Currie, B. S. (2015) . Earthquakes induced by hydraulic fracturing in Poland township, Ohio. *Bulletin of the Seismological Society of America*, *105* (1), 189–197. https : //doi.org/10.1785/0120140168

Skoumal, R. J., Brudzinski, M. R., & Currie, B. S. (2018a) . Proximity of Precambrian basement affects the likelihood of induced seismicity in the Appalachian, Illinois, and Williston Basins, central and eastern United States. *Geosphere*, *14* (3), 1365–1379. https : //doi.org/10.1130/GES01542.1

Skoumal, R. J., Brudzinski, M. R., Barbour, A., Ries, R., & Currie, B. S. (2018b) . Earthquakes Induced by Hydraulic Fracturing Are Pervasive in Oklahoma. In *2018 Banff International Induced Seismicity Workshop*, *24–27 October 2018.*

Slatt, R. M. & Abousleiman, Y. (2011) . Merging sequence stratigraphy and geomechanics for unconventional gas shales. *The Leading Edge*, *30* (3), 274. https : //doi.org/10.1190/1.3567258

Smith, M. B. & Montgomery, C. (2015) . *Hydraulic Fracturing : Emerging Trends and Technologies in Petroleum Engineering*. Boca Raton, FL : CRC Press.

Sondergeld, C. H., Ambrose, R. J., Rai, C. S., & Moncrieff, J. (2010a) . Micro–Structural Studies of Gas Shales. *SPE Annual Technical Conference and Exhibition*, *SPE-131771*. https : //doi.org/10.2118/131771–MS

Sondergeld, C., Newsham, K., Comisky, J., Rice, M., & Rai, C. (2010b) . Petrophysical Considerations in Evaluating and Producing Shale Gas Resources. *SPE Unconventional Gas Conference*, 1–34. https : //doi.org/10.2118/131768–MS

Sone, H. (2012) . Mechanical properties of shale gas reservoir rocks and its relation to the in–situ stress variation observed in shale gas reservoirs. PhD Thesis, Stanford University. https : //doi.org/10.1017/CBO9781107415324.004

Sone, H. & Zoback, M. D. (2013a) . Mechanical properties of shale–gas reservoir rocks – Part 1: Static and dynamic elastic properties and anisotropy. *Geophysics*, *78* (5), D381–D392. https : //doi.org/10.1190/geo2013–0050.1

Sone, H. & Zoback, M. D. (2013b) . Mechanical properties of shale–gas reservoir rocks – Part 2: Ductile creep, brittle strength, and their relation to the elastic modulus. *Geophysics*, *78* (5), D393–D402. https : //doi.org/10.1190/geo2013-0051.1

Sone, H. & Zoback, M. D. (2014a) . Time-dependent deformation of shale gas reservoir rocks and its long-term effect on the in situ state of stress. *International Journal of Rock Mechanics and Mining Sciences*, *69*, 120–132. https : //doi.org/10.1016/j.ijrmms.2014.04.002

Sone, H. & Zoback, M. D. (2014b) . Viscous relaxation model for predicting least principal stress magnitudes in sedimentary rocks. *Journal of Petroleum Science and Engineering*, *124*, 416–431. https : //doi.org/10.1016/j.petrol.2014.09.022

Song, F. & Toksöz, M. N. (2011) . Full-waveform based complete moment tensor inversion and source parameter estimation from downhole microseismic data for hydrofracture monitoring. *Geophysics*, *76* (6), WC103–WC116. https : //doi.org/10.1190/geo2011-0027.1

Stanek, F. & Eisner, L. (2013) . New model explaining inverted source mechanisms of microseismic events induced by hydraulic fracturing, 2201–2205. https : //doi.org/10.1190/segam2013-0554.1

Stanek, F. & Eisner, L. (2017) . Seismicity induced by Hydraulic Fracturing in Shales : A Bedding Plane Slip Model. *Journal of Geophysical Research*, *122*. https : //doi.org/10.1002/2017JB014213

Staněk, F., Eisner, L., & Vesnaver, A. (2017) . Theoretical assessment of the full-moment-tensor resolvability for receiver arrays used in microseismic monitoring. *Acta Geodynamica et Geomaterialia*, *14*(2), 235–240. https : //doi.org/10.13168/AGG.2017.0006

Stein, S. & Wysession, M. (2003) . An Introduction to Seismology, Earthquakes and Earth Structure. Malden, MA : Blackwell Publishing.

Stephenson, B., Galan, E., Williams, W., Macdonald, J., Azad, A., Carduner, R., & Canada, S. (2018) . SPE-189863-MS Geometry and Failure Mechanisms from Microseismic in the Duvernay Shale to Explain Changes in Well Performance with Drilling Azimuth, 1–20.

Stover, C. W. & Coffman, J. L. (1989) . *Seismicity of the United States 1568–1989 (Revised) U.S. G.S. Professional Paper 1527* (Vol. 1989) .

Suarez-Rivera, R. & Fjær, E. (2013) . Evaluating the poroelastic effect on anisotropic, organic-rich, mudstone systems. In *Rock Mechanics and Rock Engineering* (Vol. 46, pp. 569–580) . https : //doi.org/10.1007/s00603-013-0374-y

Suarez-Rivera, R., Burghardt, J., Edelman, E., Stanchits, S., & Surdi, A. (2013) . Geomechanics Considerations for Hydraulic Fracture Productivity. *47th US Rock Mechanics/Geomechanics Symposium*. Retrieved from https : //www.onepetro.org/conference-paper/ARMA-2013-666

Suter, M. (1991) . State of stress and active deformation in Mexico and western Central America. In *Neotectonics of North America* (Vol. 1, pp. 401–421) . Geological Society of America Decade Map.

Takahashi, M., Mizoguchi, K., Kitamura, K., & Masuda, K. (2007) . Effects of clay content on the frictional strength and fluid transport property of faults, *Journal of Geophysical Research*, *112* (March) . https : //doi.org/10.1029/2006JB004678

Tarasov, B. & Potvin, Y. (2013) . Universal criteria for rock brittleness estimation under triaxial compression.

International Journal of Rock Mechanics and Mining Sciences, *59*, 57–69. https : //doi.org/10.1016/
j.ijrmms.2012.12.011

Tembe, S., Lockner, D. A., & Wong, T.-F. (2010) . Effect of clay content and mineralogy on frictional
sliding behavior of simulated gouges : Binary and ternary mixtures of quartz, illite, and montmorillonite.
Journal of Geophysical Research, *115* (B3), 1–22. https : //doi.org/10.1029/2009JB006383

Terzaghi, K. V. (1923) . Die Berechnung der Durchassigkeitsziffer des Tones aus dem Verlauf der
hydrodynamischen Spannungserscheinungen. *Sitzungsber. Akad.Wiss.Math. Naturwiss*, *132* (105) .

Teufel, L. W. & Logan, J. M. (1978) . Effect of displacement rate on the real area of contact and temperatures
generated during frictional sliding of Tennessee sandstone. *Pure and Applied Geophysics*, *116* (4–5), 840–
865. https : //doi.org/10.1007/BF00876541

The Academy of Medicine, Engineering and Science of Texas (2017) . *Environmental and Community Impacts
of Shale Development in Texas*. The Academy of Medicine, Engineering and Science of Texas. https : //doi.
org/10.25238/TAMESTstf.6.2017

Thomsen, L. (1986) . Weak elastic anisotropy. *Geophysics*, *51*, 1954–1966.

Tien, C. (1994) . *Adsorption Calculations and Modeling*. Butterworth–Heinemann.

Tinni, A., Fathi, E., Agarwal, R., Sondergeld, C., Akkutlu, Y., & Rai, C. (2012) . Shale
permeability measurements on plugs and crushed samples. In *SPE Canada Unconventional Resources
Conference* (pp. 1–14) . https : //doi.org/10.2118/162235-MS

Tinni, A., Sondergeld, C., & Rai, C. (2017) . Pore Connectivity Between Different Wettability Systems
in Organic–Rich Shales. *SPE Reservoir Evaluation & Engineering*, *20* (04), 1020–1027. https : //doi.
org/10.2118/185948-PA

Todd, T. & Simmons, G. (1972) . Effect of pore pressure on the velocity of compressional waves in
low–porosity rocks. *Journal of Geophysical Research*, *77* (20), 3731–3743. https : //doi.org/10.1029/
JB077i020p03731

Torsch, W. C. (2012) . Thermal and pore pressure history of the Haynesville Shale in north Louisiana : a
numerical study of hydrocarbon generation, overpressure, and natural hydraulic fractures. Master's Thesis,
Louisiana State University.

Townend, J. & Zoback, M. D. (2000) . How faulting keeps the crust strong. *Geology*, *28* (5), 399.
https : //doi.org/10.1130/0091–7613 (2000) 28<399: HFKTCS>2.0.CO ; 2

Ugueto, G., Huckabee, P., Reynolds, A., Somanchi, K., Wojtaszek, M., Nasse, D., . . . Ellis, D. (2018) .
SPE–189842–MS Hydraulic Fracture Placement Assessment in a Fiber Optic Compatible Coiled Tubing
Activated Cemented Single Point Entry System.

Ulmer–Scholle, D. S., Scholle, P. A., Schieber, J., & Raine, R. J. (2015) . *A Color Guide to the
Petrography of Sandstones, Siltstones, Shales and Associated Rocks*. American Association of Petroleum
Geologists. https : //doi.org/10.1306/M1091304

US Energy Information Agency (2013) . *Annual Energy Outlook 2013*. https : //doi.org/DOE/EIA–0383 (2015)

US Energy Information Agency (2017) . *Annual Energy Outlook 2017*. Retrieved from http : //www.eia.gov/

outlooks/aeo/pdf/0383（2017）.pdf

Vanorio, T., Prasad, M., & Nur, A.（2003）. Elastic properties of dry clay mineral aggregates, suspensions and sandstones. *Geophysical Journal International*, *155*（1）, 319–326. https：//doi.org/10.1046/j.1365–246X.2003.02046.x

Vanorio, T., Scotellaro, C., & Mavko, G.（2008）. The effect of chemical and physical processes on the acoustic properties of carbonate rocks. *The Leading Edge*, *27*（8）, 1040–1048. https：//doi.org/10.1190/1.2967558

Vavryčuk, V.（2007）. On the retrieval of moment tensors from borehole data. *Geophysical Prospecting*, *55*（3）, 381–391. https：//doi.org/10.1111/j.1365–2478.2007.00624.x

Vavryčuk, V.（2014）. Iterative joint inversion for stress and fault orientations from focal mechanisms. *Geophysical Journal International*, *199*（1）, 69–77. https：//doi.org/10.1093/gji/ggu224

Vavrycuk, V., Bohnhoff, M., Jechumtálová, Z., Kolár, P., & Šileny, J.（2008）. Non–double–couple mechanisms of microearthquakes induced during the 2000 injection experiment at the KTB site, Germany：A result of tensile faulting or anisotropy of a rock？ *Tectonophysics*, *456*, 74–93. https：//doi.org/10.1016/j.tecto.2007.08.019

Veatch, R.W. J.（1983）. Overview of current hydraulic fracturing design and treatment technology – Part1. *Journal of Petroleum Technology*, *35*（4）, 677–687. https：//doi.org/10.2118/10039–PA

Vega, B., Dutta, A., & Kovscek, A. R.（2014）. CT imaging of low–permeability, dual–porosity systems using high X–ray contrast gas. *Transport in Porous Media*, *101*（1）, 81–97. https：//doi.org/10.1007/s11242–013–0232–0

Vega, B., Ross, C. M., & Kovscek, A. R.（2015）. Imaging–based characterization of calcite–filled fractures and porosity in shales. *SPE Journal*. https：//doi.org/10.2118/2014–1922521–pa

Verberne, B. A., Spiers, C. J., Niemeijer, A. R., De Bresser, J. H. P., De Winter, D. A. M., & Plümper, O.（2013）. Frictional properties and microstructure of calcite–rich fault gouges sheared at sub–seismic sliding velocities. *Pure and Applied Geophysics*, *171*（10）, 2617–2640. https：//doi.org/10.1007/s00024–013–0760–0

Vermylen, J. P.（2011）. *Geomechanical Studies of the Barnett Shale*, *Texas*, *USA.* Stanford University.

Vermylen, J. P. & Zoback, M. D.（2011）. Hydraulic Fracturing, Microseismic magnitudes, and Stress Evolution in the Barnett Shale, Texas, USA. In *Society of Petroleum Engineers – SPE Hydraulic Fracturing Technology Conference 2011.*

Vernik, L.（1994）. Hydrocarbon–generation–induced microcracking of source rocks. *Geophysics*, *59*（4）, 555. https：//doi.org/10.1190/1.1443616

Vernik, L. & Nur, A.（1992）. Ultrasonic velocity and anisotropy of hydrocarbon source rocks. *Geophysics*, *57*（5）, 727–735. https：//doi.org/10.1190/1.1443286

Vernik, L. & Liu, X.（1997）. Velocity anisotropy in shales：A petrophysical study. *Geophysics*, *62*（2）, 521. https：//doi.org/10.1190/1.1444162

Waldhauser, F. & Ellsworth, W. L.（2000）. A double–difference earthquake location algorithm：Method and application to the Northern Hayward Fault, California. *Bulletin of the Seismological Society of America*, *90*（6）,

1353–1368. https : //doi.org/10.1785/0120000006

Wallace, R. E. (1951) . Geometry of shearing stress and relation to faulting. *Journal of Geology*, *59* (2), 118–130. https : //doi.org/10.1086/625831

Walls, J. & Nur, A. (1979) . Pore Pressure and Confining Pressure Dependence of Permeability in Sandstone. In *7th Formation Evaluation Symposium*. Calgary, Canada : Canadian Well Logging Society.

Walsh, F. R. (2017) . Seismotectonics of the central United States and probabilistic assessment of injection induced earthquakes. Stanford University.

Walsh, F. R. & Zoback, M. D. (2015) . Oklahoma's recent earthquakes and saltwater disposal. *Science Advances*, 1 (5) . https : //doi.org/10.1126/sciadv.1500195

Walsh, F. R. & Zoback, M. D. (2016) . Probabilistic assessment of potential fault slip related to injectioninduced earthquakes : Application to north–central Oklahoma, USA. *Geology*, *44* (12), 991–994. https : //doi.org/10.1130/G38275.1

Walsh, F. R., Zoback, M. D., Pais, D., Weingarten, M., & Tyrrell, T. (2017) . FSP1.0: A program for probabilistic estimation of fault slip potential resulting from fluid injection.

Walsh, J. B. (1981) . Effect of pore pressure and confining pressure on fracture permeability. *International Journal of Rock Mechanics and Mining Sciences & Geomechanics Abstracts*, 18, 429–435.

Walters, R. J., Zoback, M. D., Baker, J.W., & Beroza, G. C. (2015) . Characterizing and responding to seismic risk associated with earthquakes potentially triggered by fluid disposal and hydraulic fracturing. *Seismological Research Letters*, *86* (4) . https : //doi.org/10.1785/0220150048

Walton, I. & McLennan, J. (2013) . The role of natural fractures in shale gas production. In *Effective and Sustainable Hydraulic Fracturing*. https : //doi.org/10.5772/56404

Wang, F. P. & Gale, J. F.W. (2009) . Screening criteria for shale–gas systems. *Gulf Coast Association of Geological Societies Transactions*, *59*, 779–793. Retrieved from http : //archives.datapages.com/data/gcags_pdf/2009/WangGale.pdf

Wang, F. P. & Reed, R. M. (2009) . Pore Networks and Fluid Flow in Gas Shales, SPE 124253. In *Proceedings of the SPE Annual Technical Conference and Exhibition*. New Orleans, LA : Society of Petroleum Engineers.

Wang, H. & Sharma, M. M. (2018) . Estimating un–propped fracture conductivity and fracture compliance from diagnostic fracture injection tests. *SPE Journal*, *23* (05) . Retrieved from http : //arxiv.org/abs/1802.05112

Wang, Z. (2002a) . Seismic anisotropy in sedimentary rocks, part 1: A single–plug laboratory method. *Geophysics*, *67* (5), 1415. https : //doi.org/10.1190/1.1512787

Wang, Z. (2002b) . Seismic anisotropy in sedimentary rocks, part 2: A single–plug laboratory method. *Geophysics*, *67* (5), 1415. https : //doi.org/10.1190/1.1512787

Warpinski, N. R. & Branagan, P. T. (1989) . Altered–stress fracturing. *Journal of Petroleum Technology*, *SPE-17533-PA*, *41* (09), 990–997. https : //doi.org/10.2118/17533–PA

Warpinski, N. R. & Teufel, L.W. (1986) . AViscoelastic Constitutive Model for Determining In–Situ Stress

Magnitudes from Anelastic Strain Recovery of Core. In *SPE 61st ATCE New Orleans.*

Warpinski, N. R., Mayerhofer, M. J., & Agarwal, K. (2013). Hydraulic fracture geomechanics and microseismic source mechanisms. *SPE Journal, 18* (4), 766–780. https : //doi.org/10.2118/158935–PA

Warpinski, N. R., Moschovidis, Z. A., Parker, C. D., & Abou–Sayed, I. S. (1994). Discussion of comparison study of hydraulic fracturing models – test case : GRI staged field experiment no. 3. *SPE Production and Facilities (Society of Petroleum Engineers), 9* (SPE28158), 7–16.

Wenk, H. R., Voltolini, M., Mazurek, M., Van Loon, L. R., & Vinsot, A. (2008). Preferred orientations and anisotropy in shales : Callovo–oxfordian shale (France) and Opalinus clay (Switzerland). *Clays and Clay Minerals, 56* (3), 285–306. https : //doi.org/10.1346/CCMN.2008.0560301

Williams, L. B. & Hervig, R. L. (2005). Lithium and boron isotopes in illite–smectite : The importance of crystal size. *Geochimica et Cosmochimica Acta, 69* (24), 5705–5716. https : //doi.org/10.1016/j.gca.2005.08.005

World Stress Map. (n.d.). Retrieved from http : //dc–app3–14.gfz–potsdam.de/pub/introduction/introduction_frame.html

Wu, C.–H. & Sharma, M. M. (2016). Effect of Perforation Geometry and Orientation on Proppant Placement in Perforation Clusters in a Horizontal Well. *Hydraulic Fracturing Technology Conference,* 179117–MS. https : //doi.org/10.2118/179117–MS

Wu, K. & Olson, J. (2013). Investigation of Critical In Situ and Injection Factors in Multi–Frac Treatments : Guidelines for Controlling Fracture Complexity. *Proceedings of 2013 SPE Hydraulic Fracturing Technology Conference,* (2000). https : //doi.org/10.2118/163821–MS

Wu, W., Reece, J. S., Gensterblum, Y., & Zoback, M. D. (2017). Permeability evolution of slowly slipping faults in shale reservoirs. *Geophysical Research Letters,* 1–8. https : //doi.org/10.1002/2017GL075506

Xu, S., Rassouli, F. S., & Zoback, M. D. (2017). Utilizing a Viscoplastic Stress Relaxation Model to Study Vertical Hydraulic Fracture Propagation in Permian Basin. *Unconventional Resources Technology Conference.* https : //doi.org/10.15530/urtec–2017–2669793

Yang, F., Ning, Z., Zhang, R., Zhao, H., & Kroos, B. M. (2015). Investigations on the methane sorption capacity of marine shales from Sichuan Basin, China. *International Journal of Coal Geology, 146,* 104–117. https : //doi.org/10.1016/j.coal.2015.05.009

Yang, F., Xie, C., Ning, Z., & Kroos, B. M. (2016). High–pressure methane sorption on dry and moisture–equilibrated shales. *Energy and Fuels, 31* (1), 482–492. https : //doi.org/10.1021/acs.energyfuels.6b02999

Yang, Y. & Aplin, A. C. (2007). Permeability and petrophysical properties of 30 natural mudstones. *Journal of Geophysical Research : Solid Earth, 112* (3). https : //doi.org/10.1029/2005JB004243

Yang, Y. & Mavko, G. (2018). Mathematical modeling of microcrack growth in source rock during kerogen thermal maturation. *AAPG Bulletin.* https : //doi.org/10.1306/05111817062

Yang, Y. & Zoback, M. D. (2014). The role of preexisting fractures and faults during multistage hydraulic fracturing in the Bakken Formation. *Interpretation*, *2*（3）. https：//doi.org/10.1190/INT–2013–0158.1

Yang, Y. & Zoback, M. D.（2016）. Viscoplastic Deformation of the Bakken and Adjacent Formations and its Relation to Hydraulic Fracture Growth. *Rock Mechanics and Rock Engineering*, *49*（2）, 689–698. https：// doi.org/10.1007/s00603–015–0866–z

Yang, Y., Sone, H., Hows, A., & Zoback, M. D.（2013）. Comparison of Brittleness Indices in Organic–Rich Shale Formations. In *47th US Rock Mechanics / Geomechanics Symposium*（Vol.13, pp. 1398–1404）. Retrieved from http：//www.scopus.com/inward/record.url？ eid＝2–s2.0–84892858564&partnerID＝40&md 5＝f455e5d5e054a4c298d30166fdc0d351

Ye, Z., Janis, M., Ghassemi, A., & Riley, S.（2017）. Laboratory Investigation of Fluid Flow and Permeability Evolution through Shale Fractures, 24–26. https：//doi.org/10.15530/urtec–2017–2674846

Yoon, C. E., Huang, Y., Ellsworth, W. L., & Beroza, G. C.（2017）. Seismicity during the initial stages of the Guy–Greenbrier, Arkansas, earthquake sequence. *Journal of Geophysical Research：Solid Earth*, *122*（11）, 9253–9274. https：//doi.org/10.1002/2017JB014946

Yu, W. & Sepehrnoori, K.（2014）. Optimization of Well Spacing for Bakken Tight Oil Reservoirs. *Proceedings of the 2nd Unconventional Resources Technology Conference*,（2013）, 1981–1996. https：// doi.org/10.15530/urtec–2014–1922108

Zecevic, M., Daniel, G., & Jurick, D.（2016）. On the nature of long–period long–duration seismic events detected during hydraulic fracturing. *Geophysics*, *81*（3）, KS113–KS121. https：//doi.org/10.1190/ geo2015–0524.1

Zhang, D. & Yang, T.（2015）. Environmental impacts of hydraulic fracturing in shale gas development in the United States. *Petroleum Exploration and Development*, *42*（6）, 876–883. https：//doi.org/10.1016/S1876–3804（15）30085–9

Zhang, D., Ranjith, P. G., & Perera, M. S. A.（2016）. The brittleness indices used in rock mechanics and their application in shale hydraulic fracturing：A review. *Journal of Petroleum Science and Engineering*, *143*（February）, 158–170. https：//doi.org/10.1016/j.petrol.2016.02.011

Zhang, J., Kamenov, A., Zhu, D., & Hill, A. D.（2014）. Laboratory Measurement of Hydraulic Fracture Conductivities in the Barnett Shale. *SPE Hydraulic Fracturing Technology Conference*.

Zhang, J., Ouyang, L., Zhu, D., & Hill, A. D.（2015）. Experimental and numerical studies of reduced fracture conductivity due to proppant embedment in the shale reservoir. *Journal of Petroleum Science and Engineering*, *130*, 37–45. https：//doi.org/10.1016/j.petrol.2015.04.004

Zhang, X. & Sanderson, D. J.（1995）. Anisotropic features of geometry and permeability in fractured rock masses. *Engineering Geology*, *40*（1–2）, 65–75. https：//doi.org/10.1016/0013–7952（95）00040–2

Zhang, Y., Mostaghimi, P., Fogdon, A., Arena, A., Middleton, J., & Armstrong, R. T.（2017）. Determination of Local Diffusion Coefficients and Directional Anisotropy in Shale From Dynamic Micro–CT Imaging and Microscopy. In *Proceedings of the 5th Unconventional Resources Technology Conference*（pp. 1–13）. https：//doi.org/10.15530/urtec–2017–2695407

Zhang, Y., Person, M., Rupp, J., Ellett, K., Celia, M. A., Gable, C. W., ... Elliot, T.（2013）.

Hydrogeologic controls on induced seismicity in crystalline basement rocks due to fluid injection into basal reservoirs. *Groundwater*, *51* (4), 525–538. https : //doi.org/10.1111/gwat.12071

Zhang, Z. X. (2002). An empirical relation between mode I fracture toughness and the tensile strength of rock. *International Journal of Rock Mechanics and Mining Sciences*, *39* (3), 401–406. https : //doi.org/10.1016/ S1365–1609 (02) 00032–1

Zhu, H. & Tomson, R. (2013). Exploring Water Treatment, Reuse and Alternative Sources in Shale Production. Retrieved from http : //shaleplay.loewy.com/2013/11/exploring–water–treatment–reuse–and– alternative–sources–in–shale–production/

Ziarani, A. S. & Aguilera, R. (2012). Knudsen's permeability correction for tight porous media. *Transport in Porous Media*, *91* (1), 239–260. https : //doi.org/10.1007/s11242–011–9842–6

Zoback, M. D. (2007). *Reservoir Geomechanics*. Cambridge University. https : //doi.org/10.1017/ CBO9780511586477

Zoback, M. D. (2012). Managing the seismic risk posed by wastewater disposal. *Earth*, (*April*).

Zoback, M. D. & Arent, D. J. (2014). The opportunities and challenges of sustainable shale gas development. *Elements*, *10* (4). https : //doi.org/10.2113/gselements.10.4.251

Zoback, M. D. & Byerlee, J. D. (1975). The effect of cyclic differential stress on dilatancy in Westernly granite under uniaxial and triaxial conditions. *Journal of Geophysical Research*, *80*, 1526–1530.

Zoback, M. D. & Harjes, H. P. (1997). Injection induced earthquakes and crustal stress at 9 km depth at the KTB deep drilling site, Germany. *Journal of Geophysical Research*, *102*, 18477–18491.

Zoback, M. D. & Lund Snee, J.–E. (2018). Predicted and observed shear on pre–existing faults during hydraulic fracture stimulation. In *SEG Technical Program Expanded Abstracts*. Society of Exploration Geophysicists.

Zoback, M. D. & Townend, J. (2001). Implications of hydrostatic pore pressures and high crustal strength for the deformation of intraplate lithosphere. *Tectonophysics*, *336*, 19–30.

Zoback, M. D. & Zoback, M. L. (1991). Tectonic stress field of North America and relative plate motions. In D. B. Slemmons, E. R. Engdahl, M. D. Zoback, & D. D. Blackwell (eds.), *Neotectonics of North America. Geol. Soc. Amer.*, *Decade Map* (Vol. 1). Boulder, Co. : Geological Society of America.

Zoback, M. D., Mastin, L., & Barton, C. (1987). In situ stress measurements in deep boreholes using hydraulic fracturing, wellbore breakouts and Stonely wave polarization. In O. Stefansson (ed.), *Rock Stress and Rock Stress Measurements*, (pp. 289–299). Stockholm, Sweden : Centrek Publ., Lulea.

Zoback, M. D., Kohli, A., Das, I., & McClure, M. (2012). The Importance of Slow Slip on Faults During Hydraulic Fracturing Stimulation of Shale Gas Reservoirs. In *Society of Petroleum Engineers – SPE Americas Unconventional Resources Conference 2012.*

Zoback, M. D., Townend, J., & Grollimund, B. (2002). Steady–state failure equilibrium and deformation of intraplate lithosphere. *International Geology Review*, *44* (5). https : //doi.org/10.2747/0020– 6814.44.5.383

Zoback, M. L. (1992a). First and second order patterns of tectonic stress : The World Stress Map Project.

Journal of Geophysical Research, *97*, 11, 703–711, 728.

Zoback, M. L. (1992b). Stress field constraints on intraplate seismicity in eastern North America. *Journal of Geophysical Research*, *97* (B8), 11761–11782.

Zoback, M. L. & Zoback, M. D. (1980). State of stress in the conterminous United States. *Journal of Geophysical. Research*, *85*, 6113–6156.

Zoback, M. L. & Zoback, M. D. (1989). Tectonic stress field of the continental U.S. in geophysical framework of the continental United States. *GSA Memoir*, *172*, 523–539.

Zuo, J. Y., Guo, X., Liu, Y., Pan, S., Canas, J., & Mullins, O. C. (2018). Impact of capillary pressure and nanopore confinement on phase behaviors of shale gas and oil. *Energy and Fuels*, *32* (4), 4705–4714. https : //doi.org/10.1021/acs.energyfuels.7b03975.